Teach Yourself Java

独習
Java

第**6**版

山田祥寛 著

JN073050

SE
SHOEISHA

本書内容に関するお問い合わせについて

このたびは翔泳社の書籍をお買い上げいただき、誠にありがとうございます。弊社では、読者の皆様からのお問い合わせに適切に対応させていただくため、以下のガイドラインへのご協力をお願い致しております。下記項目をお読みいただき、手順に従ってお問い合わせください。

●ご質問される前に

弊社Webサイトの「正誤表」をご参照ください。これまでに判明した正誤や追加情報を掲載しています。

正誤表　　　https://www.shoeisha.co.jp/book/errata/

●ご質問方法

弊社Webサイトの「書籍に関するお問い合わせ」をご利用ください。

書籍に関するお問い合わせ　　　https://www.shoeisha.co.jp/book/qa/

インターネットをご利用でない場合は、FAXまたは郵便にて、下記"翔泳社 愛読者サービスセンター"までお問い合わせください。
電話でのご質問は、お受けしておりません。

●回答について

回答は、ご質問いただいた手段によってご返事申し上げます。ご質問の内容によっては、回答に数日ないしはそれ以上の期間を要する場合があります。

●ご質問に際してのご注意

本書の対象を越えるもの、記述個所を特定されないもの、また読者固有の環境に起因するご質問等にはお答えできませんので、予めご了承ください。

●郵便物送付先およびFAX番号

送付先住所　　　〒160-0006　東京都新宿区舟町5
FAX番号　　　　03-5362-3818
宛先　　　　　　（株）翔泳社 愛読者サービスセンター

はじめに

Java（ジャバ）は、旧Sun Microsystems社（2010年、Oracle社によって買収）が1995年に発表したプログラミング言語です。伝統的なCOBOL（1959年）、C（1972年）のような言語と比べれば、まだまだ若い言語ですが、それでも登場から30年近くが経過し、よい意味で枯れてきています。

現在では、企業システムでの利用を中心に、Webサービス、Androidアプリ、家電への組み込みなど、幅広い分野で活用されており、設計／開発、運用の総合的なノウハウは、他言語の追随を許しません。Python、Ruby、JavaScriptなどのスクリプト言語のような手軽さには若干欠けるきらいはあるものの、Java言語を学ぶことで得た知識は、他の言語／環境を学ぶときにもきっと役立つ基礎になるはずです。

本書では、そんなJavaに興味を持ち、基礎からきちんと学びたい、という皆さんに、最初の一歩を提供するものです。

近年では、ネット上にも有用な情報（サンプルコード）が大量に提供されています。これらを見よう見まねで使ってみるだけでも、それなりのコードを書けてしまうのは、Javaの魅力です。しかし、実践的なアプリ開発の局面ではどこかでつまずきの原因にもなるでしょう。一見して遠回りにも思える言語の確かな理解は、きっと皆さんの血肉となり、つまずいたときに踏みとどまるための力の源泉となるはずです。本書が、Javaプログラミングを新たに始める方、今後、より高度な実践を目指す方にとって、確かな知識を習得するための一冊となれば幸いです。

なお、本書に関するサポートサイトを以下のURLで公開しています。サンプルのダウンロードサービスをはじめ、本書に関するFAQ情報、オンライン公開記事などの情報を掲載していますので、合わせてご利用ください。

https://wings.msn.to/

最後にはなりましたが、タイトなスケジュールの中で筆者の無理を調整いただいた翔泳社の編集諸氏、そして、傍らで原稿管理／校正作業などの制作をアシストしてくれた妻の奈美、両親、関係者ご一同に心から感謝いたします。

山田祥寛

本書の読み方

サンプルファイルについて

● 本書で利用しているサンプルファイル（配布サンプル）は、以下のページからダウンロードできます。

https://wings.msn.to/index.php/-/A-03/978-4-7981-8094-6/

● 配布サンプルは、以下のようなフォルダー構造となっています。

```
/samples
    /selfjava    … 本書メインのサンプルプロジェクト
        /src/to/msn/wings/selfjava/chapXX    … 章単位のフォルダー
    /mylib    …第11章のモジュールで扱う外部プロジェクト
```

● 第7章以降では、サンプルコードのリスト見出しに「ファイル名（～パッケージ）」の形式でパッケージ名が明記されているものがあります。たとえば以下の場合は、to.msn.wings.selfjava.chap07.constructorパッケージの中のPerson.javaを意味しており、/src/to/msn/wings/selfjava/chap07/constructorフォルダーにサンプルファイルPerson.javaが配置されています。

▶リスト7.17　Person.java（chap07.constructorパッケージ）

```java
public class Person {
  public String name;
  public int age;
}
```

● 特にパッケージ名を明記していない場合は、章番号に準じてたとえば第2章の場合は、to.msn.wings.selfjava.chap02パッケージとして、/src/to/msn/wings/selfjava/chap02フォルダーにサンプルファイルが配置されています。

● 配布サンプルをVSCodeで開き、実行する方法については、p.28のNoteも合わせて参照してください。

● サンプルは、コマンドを使用する一部のものを除き、すべてVSCodeで確認しています。コンパイルエラーなどの表記もVSCodeの表記に合わせています。

● 執筆時点でVSCodeが対応していないことから、一部のサンプルについてはコマンドラインから動作を確認しています。❶アイコンの付いたサンプルについてはjavac／javaコマンドでコンパイル／実行してください。コマンドの使い方はp.43のコラムを参照してください。コマンド例は、配布サンプルのcommand.txtに収録しています。

動作確認環境

本書内の記述／サンプルプログラムは、次の動作環境で確認しています。

- Windows 11 Pro
- OpenJDK 21
- Visual Studio Code 1.84.2
- Extension Pack for Java 0.25.15

- macOS Monterey
- OpenJDK 21
- Visual Studio Code 1.84.2
- Extension Pack for Java 0.25.15

本書の構成

本書は11章で構成されています。各章では、学習する内容について、実際のコード例などをもとに解説しています。書かれたプログラムがどのように動いているのかを、実際に試しながら学ぶことができます。

練習問題

各章は、細かな内容の節にわかれています。途中には、それまで学習した内容をチェックする練習問題を設けています。その節の内容を理解できたかを確認しましょう。

この章の理解度チェック

各章の末尾には、その章で学んだ内容について、どのくらい理解したかを確認する理解度チェックを掲載しています。問題に答えて、章の内容を理解できているかを確認できます。

本書の表記

全体

- 紙面の都合でコードを折り返す場合、行末に ↩ を付けています。

- **14** ～ **21** は、それぞれJava 14～21で正式リリースされた機能を表します。
  また、**21 Preview** はJava 21でPreviewリリースされた機能を表します。

構文

本書の中で紹介するJavaの構文を示しています。クラスライブラリ（メソッド）の構文については、以下のルールに従って表記しています。

構文 splitメソッド

```
public String[] split (String sep [,int count])
修飾子  戻り値の型  メソッド名  引数の型  引数名（[...]は省略可）
```

Note／Column

注意事項や関連する項目、知っておくと便利なことがらを紹介します。

 note 注意事項や関連する項目の情報

 Column ➤ プラスアルファで知っておきたい参考／補足情報

エキスパートに訊く

初心者が間違えやすいことがら、注目しておきたいポイントについてQ＆A形式で紹介します。

 エキスパートに訊く

Q：Java学習者からの質問

A：エキスパートからの回答

目　次

第 1 章　イントロダクション　　　　　　　　　　　　1

第 2 章　Javaの基本　　　　　　　　　　　　　　45

第 3 章　演算子　85

第 4 章　制御構文　115

第 5 章　標準ライブラリ　153

第 6 章　コレクションフレームワーク　247

第 7 章　オブジェクト指向構文 ── 基本　　291

第8章 オブジェクト指向構文 —— カプセル化／継承／ポリモーフィズム　351

第9章　オブジェクト指向構文 ―― 入れ子のクラス／ジェネリクス／例外処理など　409

付録 A 「練習問題」「この章の理解度チェック」解答　617

コラム目次

サンプルファイルの入手方法

サンプルファイル（配布サンプル）は、以下のページからダウンロードできます。

https://wings.msn.to/index.php/-/A-03/978-4-7981-8094-6/

イントロダクション

この章の内容

Chapter 1

Javaは、旧Sun Microsystems社（2010年、Oracle社によって買収）が1995年に発表したプログラミング言語の一種です。現在では、サーバーサイド開発を中心に、Androidアプリ、家電への組み込みなど、幅広い分野で活用されています。

初期バージョン1.0のリリースが1996年ですから、伝統的なCOBOLが1959年、C言語が1972年に登場していることを見れば、比較的新しい言語でもあります。しかし、新しいとは言っても、すでに登場から30年近くが経過し、バージョンも2023年9月に21がリリース。企業システムを中心に開発事例を蓄積し、他言語からの影響を受けて言語仕様としても精力的に進化を重ねた結果、よい意味で枯れた言語になっています。

本章では、Javaを学ぶに先立って、Javaという言語の特徴を理解するとともに、学習のための環境を整えます。また、後半では簡単なサンプルを実行する過程で、Javaアプリの構造、基本構文を理解し、次章からの学習に備えます。

1.1 Javaとは?

Javaと言った場合、狭義ではプログラミング言語を指しますが、より広義には言語を取り巻くライブラリ、実行エンジンなどの環境（プラットフォーム）を示す用語でもあります。一般的にJavaを語る場合、言語とプラットフォームとは不可分なので、本節でも広くJava環境を対象に解説を進めます。

 ### 1.1.1 Javaの特徴

まずは、Javaの特徴を「オブジェクト指向」「Java仮想マシン」「ガベージコレクション」というキーワードから解説していきます。

オブジェクト指向

オブジェクト指向とは、プログラムの中で扱う対象をモノ（オブジェクト）になぞらえ、オブジェクトの組み合わせによってアプリを形成していく手法のことです（図1.1）。たとえば、一般的なアプリであれば、文字列を入力するためのテキストボックスがあり、操作を選択するためのメニューバーがあり、また、なにかしら動作を確定するためのボタンがあります。これらはすべてオブジェクトです。

また、アプリからファイル／ネットワークなど経由して情報を取得することもあるでしょう。こうした機能を提供するのもオブジェクトですし、オブジェクトによって受け渡しされるデータもまた、オブジェクトです。

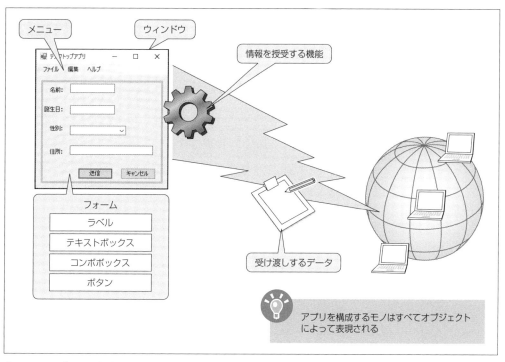

❖図1.1　オブジェクト指向とは?

　Javaに限らず、昨今のプログラミング言語の多くは、オブジェクト指向の考え方にのっとっており、その開発手法も円熟しています。つまり、本書で学んだ知識は、そのまま他の言語の理解につながりますし、他の言語で学んだ知識がJavaの理解に援用できる点も多くあります。本書でも、第7～9章で十分な紙数を割いて、オブジェクト指向構文について解説していきます。

Java仮想マシン

　Javaは、**Java仮想マシン**と呼ばれるソフトウェアの上で動作します（図1.2）。

　旧来の、たとえばC／C++のような言語は、プログラマーによって書かれたコードを、それぞれのプラットフォームが理解できる言語 —— マシン語に変換してから実行していました。この変換のことを**コンパイル**と言います。

　マシン語はそれぞれプラットフォームに固有のものなので、たとえばWindows環境に対応したアプリをLinux、macOSなど他の環境で実行することはできません。

　Javaでも同じく、コードを実行するためにコンパイルという手順を経ますが、その出力はマシン語ではありません。**Javaバイトコード**と呼ばれる、Java仮想マシンが解釈できる形式となります。このバイトコードを、それぞれのプラットフォームに対応した仮想マシンがネイティブコードに変換した上で実行するのです。

　よって、Javaでは個々のプラットフォームに応じて実行ファイルを準備する必要はありません。

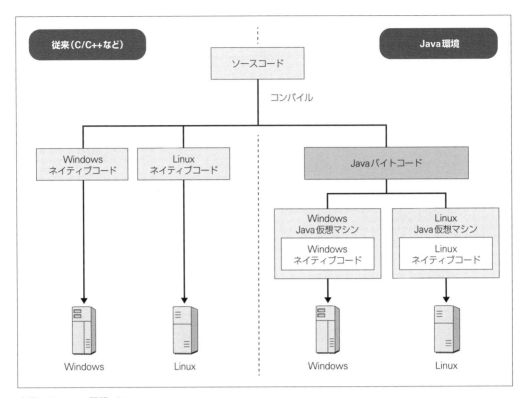

❖図1.2　Java仮想マシン

プラットフォームに対応したJava仮想マシンを準備しておくことで、仮想マシンが個々の環境の差異を吸収してくれるからです。このようなJavaの性質のことを「Write once, Run anywhere」（一度書いたら、どこででも動作する）と呼びます。

 かつて、「Javaは中間コードを介するため、C／C++のようなネイティブコードに比べると低速である」と言われた時代もありました。しかし、近年では、**JIT**（Just In Time）コンパイル技術が進歩したことで、ネイティブコードと比べても遜色がないまでに、実行速度も改善しています。JITコンパイルとは、実行時にバイトコード（の一部）をネイティブコードに変換／最適化するための技術です。Javaが遅い、とはもはや過去の評価と言ってよいでしょう。

ガベージコレクション

　ガベージコレクション（GC）とは、プログラムが確保したメモリ領域のうち、利用されなくなったものを自動的に解放する機能のことを言います。

　古いプログラミング言語では、メモリの確保から解放までをすべて自身で管理しなければならず、解放のし忘れはそのままメモリリークなどの致命的なバグの原因にもなっていました。**メモリリーク**

とは、解放されないメモリ領域がアプリを利用し続けることで徐々に増えていき、メモリが逼迫（ひっぱく）する状況のことです。逆に、メモリの解放を重複して行うことで、アプリの挙動が不安定になる場合もあります。

しかし、ガベージコレクションによって、メモリの解放を明示的に記述する必要がなくなるので、これらの問題はおのずと解決します。また、メモリ管理というアプリ本来の目的からすれば本質的ではないコーディングから解放されることで、コードがよりコンパクトに表せ、見通しもよくなるというメリットもあります。

1.1.2　Javaのエディション

Javaでは、様々な用途に対応するために、もともとは、以下のようなエディション（環境）を提供していました。

- Java SE（Java Platform, Standard Edition）
- Java EE（Java Platform, Enterprise Edition）
- Java ME（Java Platform, Micro Edition）

おおざっぱには、Javaアプリを開発／実行するための基盤となるのがJava SE、Java SEのもとで動作するサーバーアプリ開発のためのライブラリがJava EE、モバイル端末向けのJava MEという分類です。

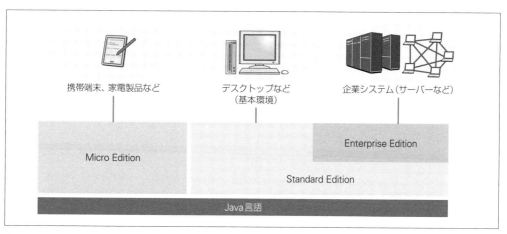

❖図1.3　Javaのエディション

ただし、Java EEは2018年にオープンソース化し、Jakarta EE（https://jakarta.ee/）と名前を改めていますし、Java MEは現在ではほぼ使われなくなっているので、実質、標準的なJavaと

してはJava SEが唯一のエディションです。本書の守備範囲も、環境に依らない標準Javaの世界
—— Java SEの世界が対象です。

　本格的なサーバーサイド開発、モバイル開発については、以下のような書籍で扱っているので、興
味のある方は、本書を読み終えたあとに併読することをお勧めします。

- 独習JSP＆サーブレット 第3版（翔泳社）
- はじめてのAndroidアプリ開発 Java編（秀和システム）
- 速習 Spring Boot（Amazon Kindle）

 ### 1.1.3　Javaの歴史

　Javaは、JDK（Java Development Kit）1.0としてリリースされたのが最初のバージョンです。そ
の後、Javaは表1.1のようなリリースを重ねて、現在の最新バージョン21に至っています。

❖表1.1　Javaのバージョン

バージョン	時期	主な新機能
1.0	1996年1月	最初のバージョン
1.1	1997年2月	国際化対応、データベース（JDBC）API、リフレクション
1.2	1998年12月	コレクションフレームワーク、strictfp、リフレクション、JITコンパイラー
1.3	2000年5月	HotSpot技術、JNDI、Java Sound
1.4	2002年2月	正規表現、ロギング、New I/O、assert
5.0	2004年9月	拡張for、ジェネリクス、列挙型、アノテーション、可変引数、オートボクシング
6	2006年12月	Unicode正規化、JDBC 4、コンパイラーAPI
7	2011年7月	マルチキャッチ、try-with-resources構文、ダイヤモンド演算子、整数リテラルの改善（区切り文字、2進数表現）
8	2014年3月	ラムダ式、Stream、Date-Time API、Optional、型アノテーション
9	2017年9月	モジュール、JShell、リアクティブストリーム
10	2018年3月	ローカル変数の型推論、バージョン表記の見直し
11	2018年9月	HttpClient、シングルJavaファイルの実行、Unicode 10対応
12	2019年3月	switch式（Preview）、新しいガベージコレクター（Experimental）
13	2019年9月	テキストブロック（Preview）、
14	2020年3月	レコード（Preview）、switch式、instanceofパターンマッチング（Preview）
15	2020年9月	テキストブロック、隠しクラス、シールクラス（Preview）
16	2021年3月	レコード、instanceofパターンマッチング
17	2021年9月	シールクラス、switchパターンマッチング（Preview）
18	2022年3月	@snippet（Javadocタグ）、標準API既定の文字エンコーディングがUTF-8
19	2022年9月	レコードパターンマッチング（Preview）、仮想スレッド（Preview）
20	2023年3月	Scoped Values（Incubator）
21	2023年9月	Sequenced Collections、レコードパターンマッチング、switchパターンマッチング、仮想スレッド

Java 2 という名称が採用されたのが、バージョン1.2です。また、環境に応じてエディションが整理されたのも、このバージョンからです。これによって、それまでJDKと呼ばれていたものは、J2SE（Java2 Platform, Standard Edition）と呼ばれるようになりました。

次の大きな変化は、J2SE 5.0です。言語仕様が強化され、現在のJava言語の基礎となるジェネリクス、アノテーション、列挙型といった機能が取り込まれています。当初は1.5とナンバリングされていましたが、あとにJ2SE 5.0が正式名称となります。

その後、バージョン6では、J2SEという呼称もJava SEに改められ、また、バージョンの小数点以下表記も廃止された結果、Java SE 6が新たな名称となります。

Java SE（Java）7〜9では、いずれも大小の新機能が加えられ、同様のコードがよりコンパクトに表現しやすくなっています。特にJava 8のラムダ式（10.1節）、Java 9のモジュール（11.3節）は大きな変化であり、モダンなJavaプログラミングには欠かせない知識です。

Java 10は、半年ごと（3、9月）にメジャーバージョンアップを行う新たなリリースモデルが取り入れられた最初のバージョンです。それまでのJavaは大きな機能追加を前提に、数年おきのバージョンアップが基本でした。これはこれで、安定性が重要視されるエンタープライズ用途では望ましい──緩やかなペースでしたが、年々早まる技術進化への遅れが目立つようにもなっていました。しかし、新たなリリースモデルの導入によって、時流に即した機能が敏速に実装されるようになっていきます。

また、タイミングを同じくして、プレビュー（https://openjdk.org/jeps/12）という概念も取り込まれています。新機能が正式に搭載される前に、プレビューとして仮実装され、動作を確認できるわけです。これによって、アプリ開発者は新機能をいち早く手元で検証し、将来に向けて準備できるようになりますし、Java実装者は問題のフィードバックを早期に得られるようになりました。

ただし、あくまでプレビューなので、将来的に仕様が変化する可能性があります（あくまで動作確認としてのみ利用すべきです）。本書でも、それと明示している場合を除いては、（プレビューではなく）正式導入のバージョンを記載しています。

補足 Javaのバージョン表記

Javaのバージョン表記についてJava 9で見直され、さらにJava 10で変更されました。具体的には、今後は以下のようなルールに従います。

```
$FEATURE.$INTERIM.$UPDATE.$PATCH
```

$FEATUREは、いわゆるメジャーバージョンです。半年スパンで提供されるバージョン番号に相当し、Java 21であれば21となります。機能追加や互換性のない機能の変更／削除などが発生する可能性があります。

$INTERIMはマイナーバージョン（中間リリース）に相当する番号で、互換性を維持する範囲での機能強化とバグフィックスを含みます。現時点では中間リリースの予定はなく、常にゼロになるはずです（将来に向けて予約された番号です）。

$UPDATEはバグフィックス／セキュリティパッチです。$FEATUREリリースの1か月後、以降は3か月おきに発生します。

そして、$PATCHがパッチリリースで、重大なバグ／セキュリティホールを解決するためのリリースです。リリース間隔は定められておらず、必要に応じて随時発生します。

このようなバージョンポリシーはささいと言えばささいな取り決めですが、バージョンアップの位置づけがバージョン番号からも明瞭となり、アプリ開発者にも誤解なく伝わる点は歓迎すべきことです。

1.2 Javaアプリを開発／実行するための基本環境

Javaの概要を理解したところで、ここからは実際にJavaを利用して開発（学習）を進めるための準備を進めていきましょう。

1.2.1 準備すべきソフトウェア

Javaでアプリを開発／実行するには、最低限、以下のソフトウェアが必要です。

（1）JDK（Java Development Kit）

JDK（Java Development Kit）は、Java仮想マシンをはじめ、コンパイラー、クラスライブラリ、デバッガーなどを備えた開発キットであり、Javaアプリを開発／実行するための基本ソフトウェアです。

現在、JDKを開発する中心となっているのはOpenJDKプロジェクト（`https://openjdk.org/`）です。OpenJDKは、名前の通り、オープンソース版JDKで、Oracleをはじめ、Red Hat、IBMなどの企業、個人開発者が集って、開発を進めています。ただし、OpenJDKが提供するのは、あくまでソースコードだけです。実際に利用できるパッケージは、参加各社がディストリビューションとして個別に提供しています（これを **JDKディストリビューション** と呼びます）。代表的なものには、以下のようなものがあります。

❖表1.2　主なJDKディストリビューション

ディストリビューション	URL
Oracle JDK	https://www.oracle.com/jp/java/technologies/java-se-glance.html
Oracle OpenJDK	https://jdk.java.net/
Red Hat build of OpenJDK	https://developers.redhat.com/products/openjdk/
Microsoft Build of OpenJDK	https://learn.microsoft.com/ja-jp/java/openjdk/
Azul Zulu Builds of OpenJDK	https://www.azul.com/downloads/
Temurin（Adoptium OpenJDK）	https://adoptium.net/

様々なディストリビューションがありますが、ここではOracle JDKとOracle OpenJDKについてのみ補足しておきます。これらは、いずれもOracleから提供されているディストリビューションで、内容的には同じものです。異なるのは、ライセンス体系とサポート期間です。

まず、Oracle OpenJDKはオープンソースライセンスで配布されるのに対して、Oracle JDKは独自のNFTC（Oracle No-Fee Terms and Conditions）ライセンスです。NFTCライセンスでも原則、商用／非商用の無料利用が可能ですが、一部の制約が課せられます。詳しくは、以下のページを参照してください。

● **Oracle No-Fee Terms and Conditions (NFTC)**
https://www.oracle.com/downloads/licenses/no-fee-license.html

制約の反面、Oracle JDKは長期サポートを提供しています。一方のOracle OpenJDKは次のバージョンがリリースされるまで（＝現状は半年）なので、注意してください。

ただし、学習で用いるならば、Oracle OpenJDKで十分のため、本書でもOracle OpenJDK 21を採用しています。

(2) コードエディター

Javaでコードを編集するために必要となります。使用するエディターはなんでもかまいません。たとえばWindows標準の「メモ帳」やmacOS標準の「テキストエディット」でも、Java開発は可能です。

ただし、編集の効率を考えれば、プログラミングに向いた以下のようなコードエディターを導入し、慣れておくことをお勧めします。

- Visual Studio Code（https://code.visualstudio.com/）
- Sublime Text（https://www.sublimetext.com/）
- Pulsar（https://pulsar-edit.dev/）

 note エディターの中でも、一般的なテキストを編集するためのエディターを**テキストエディター**と言います。コードエディターもテキストエディターの一種ですが、よりプログラミング向きの機能を備えており、コードの編集を効率化できます。

本書では、その中でもWindows、macOS、Linuxなど、主なプラットフォームに対応しており、人気も高いVisual Studio Code（以降はVSCode）を採用します。VSCodeでは、様々な拡張機能を提供しており、Javaだけでなく、メジャーな言語のほとんどに対応できます。本書で学んだことは、他の言語での学習にも役立つでしょう。

もちろん、それ以外のエディターを利用してもかまいません。本格的にプログラミングに取り組むならば、まずは慣れたひとつを見つけておくことです。

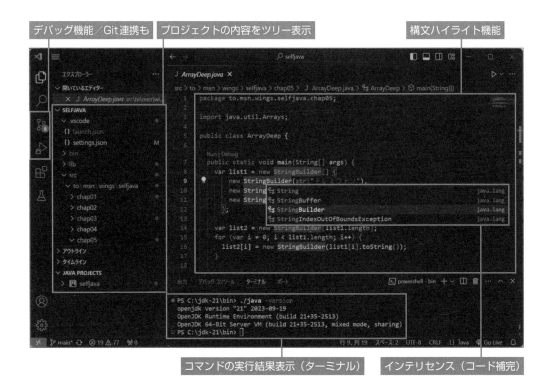

デバッグ機能／Git連携も　プロジェクトの内容をツリー表示　　　　　構文ハイライト機能

コマンドの実行結果表示（ターミナル）　　インテリセンス（コード補完）

❖図1.4　VSCodeのメイン画面

1.2.2　Oracle OpenJDKのインストール

　それでは、ここからは実際に自分の環境に必要なソフトウェアをインストールしていきましょう。まずは、Oracle OpenJDK（以降、OpenJDK）からです。

　なお、以下の手順はp.ivで示した動作環境を前提としています。異なるプラットフォーム／エディションを利用している場合には、パスや画面の名称、一部の操作が異なる可能性があるので、注意してください。

[1] OpenJDKをダウンロードする

　OpenJDKは、以下のページからダウンロードできます。本書では2023年9月時点での最新版である［JDK 21］へのリンクをクリックします。

● **JDK Builds from Oracle**
  https://jdk.java.net/

❖図1.5 Oracle OpenJDKのサイト

[OpenJDK JDK 21.X.XX General-Availability Release] 画面（X.XXはマイナー番号）が表示されたら、

- [Windows/x64] 行の［zip］リンク（Windowsの場合）
- [macOS/x64] 行の［tar.gz］リンク（macOSの場合）

をクリックし、ダウンロードを開始します。

[2] パッケージを解凍する

ダウンロードしたopenjdk-21_windows-x64_bin.zip（Windowsの場合）／openjdk-21_macos-x64_bin.tar.gz（macOSの場合）を任意のフォルダーに展開します。本書では「C:¥」に展開します。

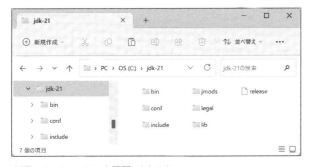

❖図1.6 OpenJDKを展開したところ

[3] インストールを確認する

展開が終了したら、ターミナルを起動して、以下のコマンドを入力してください。バージョン番号を確認できれば、Javaは正しく展開できています。

```
> cd C:/jdk-21/bin      ➡カレントフォルダーを移動
> ./java -version       ➡バージョンを確認
openjdk version "21" 2023-09-19
OpenJDK Runtime Environment (build 21+35-2513)
OpenJDK 64-Bit Server VM (build 21+35-2513, mixed mode, sharing)
```

 ### 1.2.3 Visual Studio Codeのインストール

Visual Studio Code（以降、VSCode）は、以下の本家サイトから入手できます。

　　　　https://code.visualstudio.com/Download

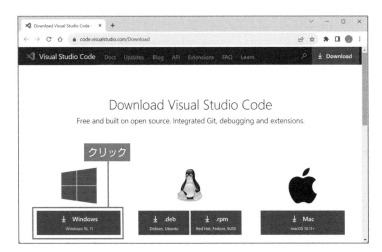

❖図1.7　VSCodeのダウンロードページ

　利用しているプラットフォームに応じて、適切なインストーラーをダウンロードしてください。一般的には、それぞれのプラットフォームロゴの直下にある大きなボタンから、標準的なパッケージをダウンロードできます。

[1] インストーラーを起動する

　ダウンロードしたVSCodeUserSetup-x64-x.xx.x.exe（x.xx.xはバージョン番号）をダブルクリックすると、図1.8のようにインストーラーが起動します。
　インストールそのものは、ほぼウィザードの指示に従うだけなので難しいことはありません。イン

ストール先も、既定の「C:¥Users¥ユーザー名 ¥AppData¥Local¥Programs¥Microsoft VS Code」のままで進めます。[インストール] ボタンをクリックすると、インストールが開始されます。

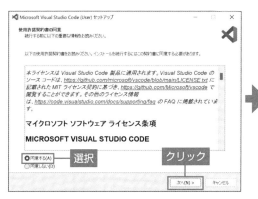

❖図1.8 [使用許諾契約書の同意] 画面

❖図1.9 [インストール先の指定] 画面

❖図1.10 [スタートメニューフォルダーの指定] 画面

❖図1.11 [追加タスクの選択] 画面

❖図1.12 [インストール準備完了] 画面

> *note* ［追加タスクの選択］画面で、［エクスプローラーのディレクトリコンテキストメニューに
> ［Codeで開く］アクションを追加する］をチェックしておくと、エクスプローラーから選択した
> フォルダーを直接VSCodeで開けるようになり、便利です。

❖図1.A　フォルダーをVSCodeで開く

> *note* macOS環境では、専用のインストーラーは存在しません。ダウンロードしたVSCode-darwin-
> universal.zipを解凍して、展開されたVisual Studio Code.appをアプリケーションフォルダー
> に移動してください。.appファイルをダブルクリックすると、VSCodeが起動します。

［2］VSCodeを起動する

　インストーラーの最後に［Visual Studio
Codeセットアップウィザードの完了］画面が
表示されます。［Visual Studio Codeを実行す
る］にチェックを付けて、［完了］ボタンをク
リックします。これでインストーラーを終了す
るとともに、VSCodeを起動できます。

　［Visual Studio Codeを実行する］にチェック
を付けずにインストーラーを終了してしまった
場合、スタートメニューからもVSCodeを起動
できます。［Visual Studio Code］ → ［Visual
Studio Code］を選択してください。

❖図1.13　［Visual Studio Codeセットアップウィザー
ドの完了］画面

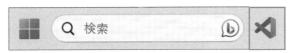

❖図1.B　VSCodeがタスクバーに登録された

［3］VSCodeを日本語化する

　インストール直後の状態で、VSCodeは英語表記となっています。日本語化しておいたほうが使いやすいので「Japanese Language Pack for Visual Studio Code」をインストールします。

　左のアクティビティバーから ⊞ （Extensions）ボタンをクリックすると、拡張機能の一覧が表示されます。上の検索ボックスから「japan」と入力すると、日本語関連の拡張機能が一覧表示されます。ここでは［Japanese Language Pack for Visual Studio Code］欄の［Install］ボタンをクリックしてください。

❖図1.14　拡張機能のインストール（言語パック）

　インストールが完了すると画面右下に再起動を促すダイアログが表示されるので［Change Language and Restart］ボタンをクリックしてください。

❖図1.15　再起動を促すダイアログ

　VSCodeが再起動し、メニュー名などが日本語表記に替わります。

［4］Java関連の拡張機能をインストールする

VSCodeでJavaアプリを開発／実行するために、本書では以下の拡張機能「Extension Pack for Java」を追加しておきます。［3］と同じ要領で、拡張機能を追加しておきましょう。拡張機能がインストールできたら、［拡張機能］ペインの［インストール済み］カテゴリーから、それぞれの機能が表示されていることを確認してください。

Extension Pack for Javaは、Java関連の拡張機能をまとめたオールインワンパッケージです。以下の拡張機能がまとめて反映されているはずです。

- IntelliCode
- Language Support for Java（TM）by Red Hat
- Debugger for Java
- Maven for Java
- Test Runner for Java
- Project Manager for Java

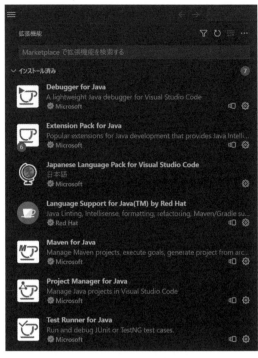

❖図1.16　インストールされた拡張機能を確認

［5］Javaを登録する

VSCodeでは、.javaファイルを保存したときに自動的にファイルをコンパイルしてくれます。その際に利用するJava（JDK）をあらかじめ登録しておきましょう。

これには、VSCodeのメニューバーから［ファイル］→［ユーザー設定］→［設定］で設定画面を開いた後、画面上部の［設定の検索］欄に「java:home」と入力します。

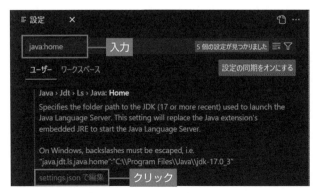

❖図1.17　［設定］画面

表示された画面から［settings.jsonで編集］リンクをクリックすると、設定ファイル（settings.json）が開きます。以下のように編集できたら、［エクスプローラー］ペインから （すべて保存）ボタンをクリックして、保存してください。

▶リスト1.1　settings.json

```json
{
  ...中略...
  "java.jdt.ls.java.home": "C:/jdk-21",        ➡利用するJavaのパス
}
```

　macOS環境、あるいは、異なるバージョンを利用している場合には、適宜、パスを読み替える必要があります。たとえばmacOS環境の場合、「/Library/Java/JavaVirtualMachines/jdk-21.jdk/Contents/Home」のように設定してください。

1.3　Javaプログラミングの基本

　OpenJDK + VSCodeをインストールできたところで、早速、VSCodeによるアプリ（プロジェクト）の作成からコードの入力、実行までの基本的な流れを追っていきます。

 ### 1.3.1　基本的なアプリの作成

　作成するのは、現在の日付を表示するだけの、ごく基本的なアプリです。

❖図1.18　本節で作成するサンプルの実行結果

　基本的なアプリの作成を通じて、VSCodeの使い方からJavaアプリの基本的な構造など、これから学習を進めていくのに必要な前提知識を習得します。

［1］　新規のプロジェクトを作成する

　VSCodeでアプリを作成するには、まず**プロジェクト**を作成する必要があります。プロジェクトとは、言うなればアプリの器です。アプリの実行に必要なプログラムコードや画像ファイル、設定ファイルなどは、すべてプロジェクトの配下に保存します。

　プロジェクトを作成するには、VSCodeを起動した状態で、メニューから［表示］→［コマンドパレット…］を選択します（[Ctrl]+[Shift]+[P]を押しても同じ意味です）。

❖図1.19　Javaプロジェクトの作成（1）

　表示されたコマンドパレットから「create java」のように入力すると、条件に合致するコマンドがリスト表示されるので、［Java: Create Java Project…］を選択します。ウィザードが起動するので、図1.20を参考に、プロジェクト作成に必要な情報を入力していきます。

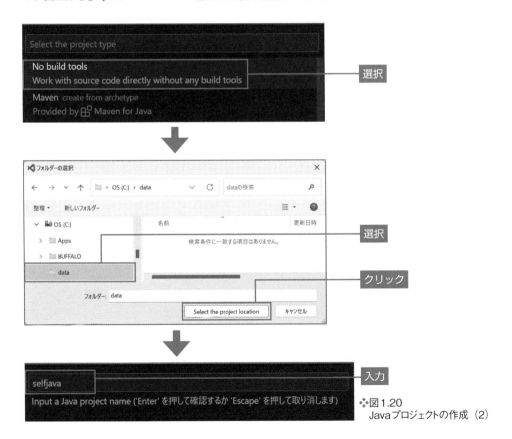

❖図1.20
Javaプロジェクトの作成（2）

最初に、プロジェクトを管理するために利用するビルドツールを聞かれますが、本書では特に用いません。[No build tools] を選択しておきましょう。

続いて、プロジェクトの作成先フォルダーを聞かれるので、本書では「C:¥data」を選択しておきます（変更してもかまいませんが、その場合は以降のパスも読み替えてください）。

最後に、プロジェクト名を入力して完了です。ここでは「selfjava」としておきます。[このフォルダー内のファイルの作成者を信頼しますか？] ダイアログが表示された場合は、[はい、作成者を信頼します] ボタンをクリックして進めてください。

[2] プロジェクトの内容を確認する

新しいプロジェクトが作成されます。まずは、[エクスプローラー] ペインに注目し、プロジェクト既定で、図1.21のようなフォルダー／ファイルが配置されていることを確認してください。自分で作成したコードは、/src フォルダーに保存します。

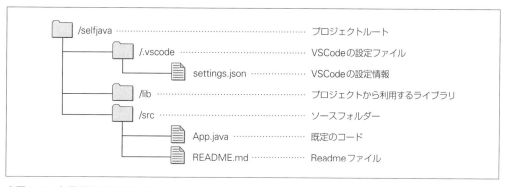

❖図1.21　初期状態で配置されているフォルダー／ファイル

ちなみに、物理的なフォルダー構造を表すのは [エクスプローラー] ペインですが、論理的なプロジェクト構造を表す [JAVA PROJECTS] ペインもあります。こちらは、より Java プロジェクトに特化した項目に絞った情報が表示され、メニューもそれに準じて変化しています。Java のアプリを開発していくならば、まずは [JAVA PROJECTS] ペインを優先して利用することをお勧めします。

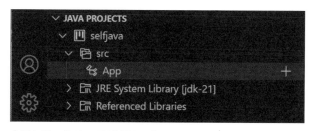

❖図1.22　[JAVA PROJECTS] ペイン

[JAVA PROJECTS] ペインは、VSCode上で.javaファイルを開くことで有効化されます。も
しもペインが表示されていない場合には、プロジェクト配下の/src/App.javaを開いてくださ
い。画面右下に [Opening Java Projects] ポップアップが表示され、左下に [拡張機能をア
クティブ化しています] と表示された後、拡張機能が有効化され、[JAVA PROJECTS] ペイン
が表示されます。

[3] パッケージを作成する

パッケージについては後述するので、ここではコードを分類するためのフォルダーのようなもの、
と捉えておいてください。本書では、/srcフォルダーの配下に章単位に/to.msn.wings.
selfjava.chap01のようなパッケージを作成して、その配下にコードを保存するものとします。

パッケージを作成するには、[JAVA PROJECTS] ペインから [selfjava] – [src] を選択し、
[＋] (New...) ボタンをクリックします。

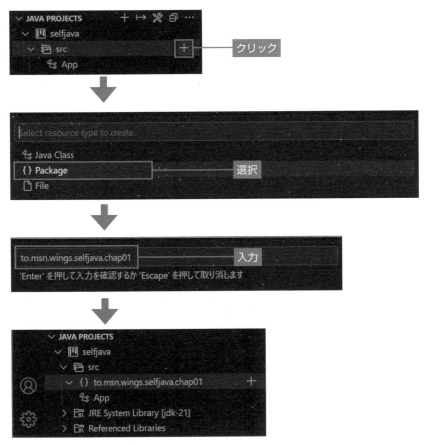

❖図1.23　パッケージの作成

最初に作成するリソースの種類を聞かれるので、［Package］を選択します。続いて、パッケージ名を聞かれるので、ここでは「to.msn.wings.selfjava.chap01」と入力しておきましょう。図1.23のように、/srcフォルダーの配下にto.msn.wings.selfjava.chap01パッケージ（フォルダー）が生成されます。

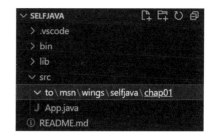
［4］module-info.javaを作成する

module-info.javaは、プロジェクト（アプリ）をモジュールとして扱うための設定ファイルです。11.3節で解説するテーマですが、アプリ全体に影響するものなので、あらかじめ作成しておきます。

これには、先ほどと同じく、［JAVA PROJECTS］ペインから［selfjava］－［src］を選択し、［＋］（New...）ボタンをクリックします。

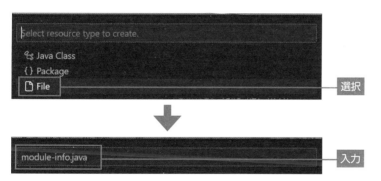

❖図1.24　module-info.javaの作成

作成するリソースの種類は「File」、名前は「module-info.java」とします（名前は固定です）。空のファイルが作成されるので、リスト1.2のように入力しておきましょう。

▶リスト1.2　module-info.java

```
module selfjava {
}
```

これで、アプリは`selfjava`モジュールに属するようになりました。

なお、module-info.javaを作成すると、既定で準備されたApp.javaに「Must declare a named package because this compilation unit is associated to the named module 'selfjava'」（モジュールに属している場合、クラスはパッケージに属さなければならない）のようなエラーメッセージが表示されます。

❖図1.25　［問題］ウィンドウ

あとからアプリを実行する際に問題になるので、［JAVA PROJECTS］ペイン上で「App」を右クリックし、表示されたコンテキストメニューから［Delete］を選択、ファイルを削除してください。「Are you sure you want to delete 'App'?」（本当に'App'を削除しますか?）ダイアログが表示されるので［Move to Recycle Bin］をクリックしてください。［問題］ウィンドウからエラーメッセージが表示されなくなっていることも確認しておきましょう。

[5] Hello.javaを作成する

以上で、プロジェクトの準備は完了です。ここからは、具体的なコード（.javaファイル）を作成していきます。

新規のファイルを作成する方法は、［3］でも触れた通りです。［selfjava］－［src］－［to.msn.wings.selfjava.chap01］を選択し、［＋］（New...）ボタンをクリックします。

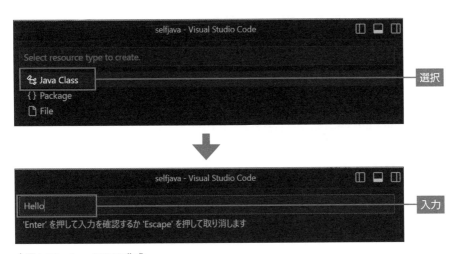

❖図1.26　Javaクラスの作成

作成するリソースの種類は「Java Class」、名前は「Hello」とします。さらに、エディター上で、作成するコードの種類（class）を指定して、完了です。

❖図1.27　作成するコードの種類を選択

 note 当面は最も標準的なクラス（class）を作成しますが、同様に、インターフェイス（interface）、enum（列挙体）、record（レコード）、abstract class（抽象クラス）、アノテーション（@interface）なども生成できます。詳しくは該当項で改めるとして、作成の方法については、いずれも同様なので、本項の手順を参考にしてください。

最低限のコードが自動生成されるので、以下のようなコードができあがるように、順を追ってコードを作成していきます（追記すべき箇所は太字です）。

▶リスト1.3　Hello.java

```
package to.msn.wings.selfjava.chap01;

import java.time.LocalDateTime; ──────────────────── ❸

public class Hello {
  public static void main(String[] args) { ─────────
    LocalDateTime time = LocalDateTime.now(); ─────── ❷   ❶
    System.out.println(time); ────────────────────── ❹
  }
}
```

まずは「public class Hello｛ … ｜」の内側で、「ma」とだけ入力してみましょう。候補リストが表示されるので、□main を選択すると、以下のような枠が生成されます（以降、mainブロックと呼びます（❶））。

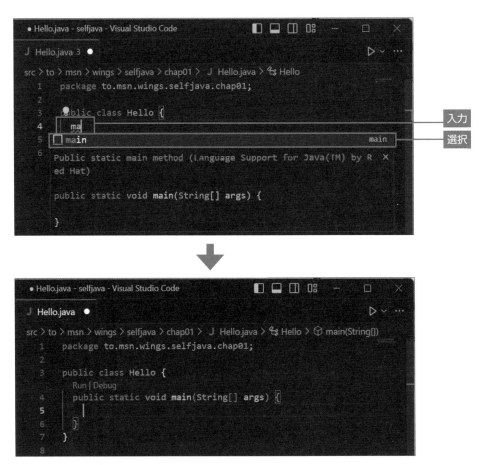

❖図1.28　mainブロックの自動生成

　これがインテリセンス機能です。コンテンツアシストなどとも呼ばれ、コードの入力を効率化してくれる仕組みなので、積極的に活用していきましょう（特に「main」による入力は、このあともよく利用することになります）。
　同じく、作成されたmainブロックの配下で、「LocalDa」と入力します（❷）。またもや候補リストが表示されるので、「LocalDateTime」を選択します。コードが補完されるとともに、❸のコードが自動的に追加されることを確認してください。

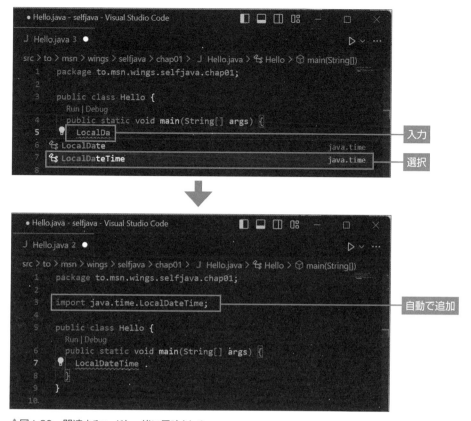

❖図1.29　関連するコードも一緒に反映される

　続けて、「time = LocalDateTime.」までを入力すると、さらに候補リストが表示されるので、「★ now()~」を選択します。最後に「;」（セミコロン）を入力して、❷の行は完了です。

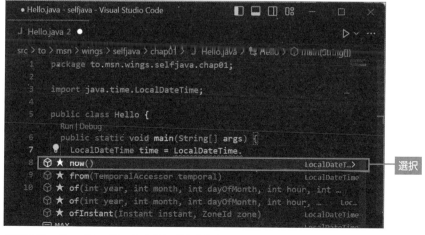

❖図1.30　「LocalDateTime」の後に「.」を入力

❹の行も同様に、インテリセンス機能を使って入力できます。「Sys」「o」「pr」のように、単語の区切りごとに、最初の文字を入力していってもかまいませんが、この行に限っては「sout」と入力してもかまいません。候補リストから「sout」を選択すると、「System.out.println();」までが補完されるので、カッコの中に「time」と入力して完了です。

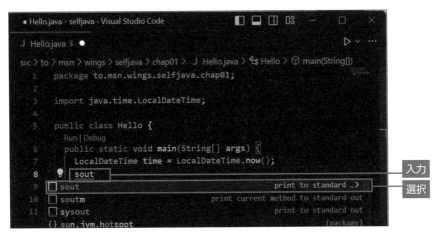

❖図1.31　「sout」で入力候補を表示

インテリセンス機能を活用することで、タイプ量を減らせるだけでなく、命令などがうろ覚えでもプログラムを正確に書き進められるわけです。

> *note* main、soutなどのキーワードで生成されるコードは、**スニペット**とも呼ばれます。snippet（断片）という名前の通り、定型的なコードの断片をあらかじめ用意してくれているわけですね。
>
> main、soutは特によく利用するスニペットですが、その他にも様々なスニペットが用意されているので、徐々に慣れていくと良いでしょう。右表に、主なスニペット（呼び出しのキーワード）をまとめておきます。
>
> キーワードによっては複数の候補が表示される場合もあります。その場合は、頭に ▨ が付いている方を選択してください。

❖表1.A　主なスニペット

キーワード	概要
if／ifelse	if命令
switch	switch命令
fori／foreach	for命令
while／dowhile	while／do...while命令
tryresources	try-with-resources構文
try_catch	例外処理
ctor	コンストラクター
method	メソッド

[6] コードを保存する

作成したコードを保存するには、［エクスプローラー］ペイン上部の 🗂 （すべて保存）ボタンをクリックします。

[7] アプリを実行する

　作成したアプリを実行するには、Ctrl + F5 ボタンを押すだけです。［ターミナル］ウィンドウに、p.17の図1.18のような結果が表示されれば、コードは正しく動作しています（ファイアウォールに関する警告ダイアログが表示される場合は、［アクセスを許可する］ボタンで先に進めてください）。

> *note* 以下の、いずれの操作でも同じ意味になります。
>
> - エディター右上のツールバーから ▷ 右の ⌄ ボタンを押下、表示されたメニューから［Run Java］を選択
> - メニューバーから［実行］－［デバッグなしで実行］を選択
> - ［エクスプローラー］ペインから該当の .java ファイルを右クリックし、表示されたコンテキストメニューから［Run Java］を選択
>
> いずれの場合も［ターミナル］ペインからプログラムをコマンド実行します。よって、繰り返し実行する場合は、ターミナルから ↑ で直前のコマンドを表示＆実行することも可能です。

　入力したコードに問題がある場合には、エディター上でも赤の波線で確認できます。この例であれば、「println」の「n」が不足しているので、これを修正し、再度実行します。

❖図1.32　エラーは赤い波線で通知される

　複数の問題がある場合には、［問題］ウィンドウからエラーを一度に確認することもできます。該当する行をダブルクリックすることで、該当するコードに移動できます。

❖図1.33　［問題］ウィンドウ（問題の一覧を表示）

[8] 生成されたファイルを確認する

コンパイル＆実行が成功したところで、生成されたファイルも確認しておきます。［エクスプローラー］ペインから/binフォルダーを展開してみましょう。

パッケージ構造に沿って、/to/msn/wings/selfjava/chap01のようなフォルダーができており、配下にはHello.classのようなファイルが確認できるはずです。これが実行可能ファイルで、**クラスファイル**とも呼ばれます。

❖図1.34　エクスプローラーから実行ファイルを確認

<img>*note*</img> 本節ではプロジェクトを一から作成しましたが、以降の学習を進める上で、サンプルコードをダウンロードしておくと便利です。

```
https://wings.msn.to/index.php/-/A-03/978-4-7981-8094-6/
```

ダウンロードしたファイルを解凍すると/selfjavaのようなフォルダーができるので、これをたとえば「C:¥data」フォルダーにコピーします（1.3.1項でフォルダーを作成済みの場合は上書きしてかまいません）。あとは、エクスプローラーから/selfjavaフォルダーを Shift ＋右クリックし、表示されたコンテキストメニューから［Codeで開く］を選択することで、プロジェクトを開けます。

初回は、以下のようなダイアログが表示されるので、［はい、作成者を信頼します］をクリックしてください。

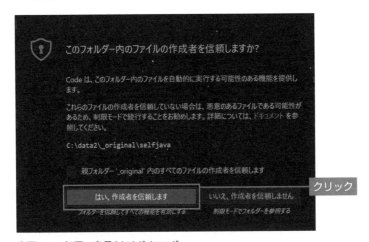

❖図1.D　初回に表示されるダイアログ

あとは、本文の方法で個々の.javaファイルを実行できます。

1.3.2　コードの全体像

では、最初のアプリを実行できたところで、コードの内容を読み解いていきましょう。ソースコードの全体像は、図1.35の通りです。

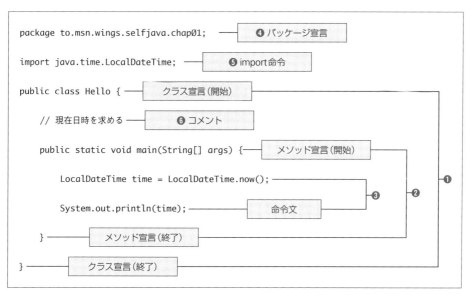

❖図1.35　ソースコード（Hello.java）の構造

クラス

Javaによるプログラムの基本は**クラス**です。クラスとは、アプリの中で特定の機能を担うかたまりです。たとえば、文字列であれば**String**というクラスによって表現できますし、平方根や絶対値などの数学機能は**Math**というクラスでまとめられています。また、テキストファイルの読み書きを担う**FileReader**／**FileWriter**のような、より高機能なクラスもあります。Javaアプリとは、これらのクラスを組み合わせることでできているのです。

そして、あらかじめ用意されたクラスを組み合わせるべき —— アプリ固有のコードもクラスとして表します。

自分でクラスを作成（宣言）するには、**class**というキーワードを利用します（図1.35-❶）。たとえばこの例であれば、**Hello**というクラスを宣言しています。

note Javaでは、ファイルもクラスと対応関係になければならない点に注意してください。つまり、**Hello**クラスは**Hello.java**というファイルで定義しなければなりません。

メソッド

class {...}配下に含まれる要素のことを**メンバー**と呼びます。メンバーには、フィールド、メソッド、コンストラクターなど、様々な要素がありますが、ここでは、その中でも特によく利用するメソッドを定義しています。

メソッドは、クラスの「機能」を表すためのメンバーで、アプリで実行すべき処理を表します（図1.35-❷）。メソッドの具体的な構文については第7章で解説するので、ここではまず「mainという名前のメソッドを定義している」と理解しておいてください。

一般的には、メソッドは自由に命名できますが、mainだけは特別です。Javaでは、アプリを起動したときに、まずmainメソッドを探して実行するからです。このようなメソッドのことを、アプリが最初に入っていく地点という意味で**エントリーポイント**と言います。

当面のサンプルでは、まずはほとんどのコードをmainメソッドの中に記述していきます。

ブロック

{...}で囲まれた部分を**ブロック**と呼びます。ブロックが表すものは、その時どきで変化します。たとえば図1.35-❷であれば、メソッドの外枠を表すので、メソッドで実行すべき命令（群）を列挙していきます。

ブロックは**入れ子**にすることもできます（図1.36）。たとえば以下は意味のないコードですが、構文としては正しいJavaのコードです。

```
public static void main(String[] args) {
  { { { { {   } } } } }
}
```

また、構文規則ではありませんが、ブロックの開始行「～{」と終了の「}」とは桁位置を合わせて、ブロック配下のコードには半角スペース4個でインデントを付けるようにしてください（ただし、本書では紙面の都合上、インデントは半角スペース2個で統一しています）。

ブロックの開始／終了の位置を揃える

インデントは半角スペース4個分

```
public class Hello {

    public static void main(String[] args) {

        LocalDateTime time = LocalDateTime.now();

        if (...) {

            System.out.println(time);

        }

    }
}
```

ブロックは入れ子にすることも可能

❖図1.36　ブロック

これによって、ブロックが入れ子になった場合にも、その範囲や階層関係を把握しやすくなります。

 エキスパートに訊く

Q：インデントは半角スペースで、とありましたが、タブ文字（Tab）を使ってはいけないのでしょうか。周りでも、使っている人はよく見かける気がします。

A：Javaの文法としては、タブ文字でも間違いではありません。

ただし、タブをインデントとして利用するのは**望ましくありません**。というのも、タブ文字は利用しているエディターによって表示桁数が異なり、見た目が変わってしまうおそれがあるからです（半角スペースでは、その心配はありません）。同じ理由から、インデントに半角スペースとタブを混在させてはいけません。

ちなみに、VSCodeでは以下の設定が既定なので、利用者がインデントの統一を意識する必要はほとんどないはずです。

● タブは自動的にスペースに変換
● インデント（タブ）サイズはスペース4個

既定の設定を変更したい場合には、/.vscodeフォルダー配下のsettings.jsonを編集してください（配布サンプルであれば、設定値だけを編集すれば良いようになっています）。

```
{
  ...中略...
  "editor.insertSpaces": true,    ➡タブをスペースに変換するか
  "editor.tabSize": 2             ➡タブのサイズ
}
```

命令文（文）

　プログラムとは、言うなればコンピューターへの指示を書き連ねた指示書です。そして、個々の指示を表すのが**命令文**です。単に、**文**とも言います。空のメソッドは、それそのものでは意味がないため、中に1つ以上の文を加えるのが一般的です。

　たとえば図1.35-❸であれば、2個の文が含まれています。まず、

```
LocalDateTime time = LocalDateTime.now();
```

は、現在時刻を求め、その値を**time**という名前の入れ物（変数）に保存します。Javaでは、文の末尾はセミコロン（;）で終えなければなりません。

次の行の、

```
System.out.println(...);
```

は「...」で指定された変数の中身をコンソールに表示しなさい、という意味です。この場合であれば、上の文で求めた現在時刻を表示します。今後も、様々な結果を表示するために利用するので、覚えておきましょう。

命令文と改行

上でも触れたように、文の終わりはセミコロン（;）によって表します。よって、1つの文が長い場合には、意味ある単語（キーワード）の区切りであれば、途中で改行や空白を加えてもかまいません。たとえば以下は、改行する意味こそありませんが、正しいJavaの文です。

```
System.
  out
  .
  println(
    time)
;
```

ただし、コードの読みやすさを考えれば、以下のようなルールに基づいて改行を加えるのが望ましいでしょう。

- 文が80桁を越えた場合に改行
- 改行位置は、カンマ（,）／ドット（.）、または演算子の直後
- 文の途中で改行した場合には、次の行にインデントを加える

逆に、1行に複数の文を連ねることもできます。改行はあくまで空白としての意味しかないので、文そのものはセミコロンで区切れていればよいのです。

```
System.out.println("こんにちは、"); System.out.println("世界！");
                    ❷                                ❶
```

ただし、これはよいコードではありません。というのも、一般的な開発環境（デバッガー）では、コードの実行を中断し、そのときの状況を確認する**ブレークポイント**と呼ばれる機能が備わっています。

しかし、ブレークポイントは行単位でしか設定できないので、上記のようなコードでは❶の直前で止めたいと思っても、1つ前の❷で止めざるをえません。

短い文であっても、「複数の文を1行にまとめない」が原則です。

パッケージ

図1.35-❹では、クラスが属するパッケージを宣言しています。パッケージとは、まずは、クラスを分類するための入れ物と考えてください。サンプルであれば、`to.msn.wings.selfjava.chap01`というパッケージを表しています。つまり、`Hello`クラスは、正確には、

> `to.msn.wings.selfjava.chap01`パッケージに属する`Hello`クラス

ということになります。

名前の解決

クラスは、正確には「パッケージ＋クラス名」で識別できます。たとえば`to.msn.wings.selfjava.chap01`パッケージに属する`Hello`クラスであれば、「`to.msn.wings.selfjava.chap01.Hello`」と表記できます。このような名前のことを**完全修飾名**（FQCN：Fully Qualified Class Name）と呼びます。

しかし、プログラムを記述する際に、いちいち完全修飾名で表すのは冗長です。たとえば、リスト1.3（p.23）のコードをすべて完全修飾名で表してみましょう。`System`クラスは`java.lang`パッケージに、`LocalDateTime`クラスは`java.time`パッケージに属するので、以下のようになります。

```
java.time.LocalDateTime time = java.time.LocalDateTime.now();
java.lang.System.out.println(time);
```

わずかに「`java.time.`」「`java.lang.`」のような接頭辞が付いただけですが、リスト1.3に比べると、随分と込み入ったように見えます。これが「`org.apache.commons.beanutils.converters.ByteArrayConverter`」のような名前にもなればなおさらです。

そこで登場するのが`import`命令です（図1.35-❺）。たとえば「`import java.time.LocalDateTime;`」で「このコードでは`java.time`パッケージの`LocalDateTime`クラスを利用しているよ」と、あらかじめ宣言しておきます。これによって、「`java.time.`」を省略した「`LocalDateTime`」という表記が許されるわけです。これを**名前の解決**と言います。

> *note* `java.lang`パッケージはよく利用されるという理由から、自動的に`import`されます。「`import java.lang;`」のような記述は不要です。

完全修飾名に対して、このようなクラス名だけの名前を単純名と言います。一般的に、コードの中で見かける名前のほとんどは単純名です。

なお、VSCodeでは`import`命令が不足していて、名前を認識できない場合（これを**名前を解決できない**と言います）、該当のコードに赤の波線が付いてエラーを通知します。その際に、該当箇所にマウスポインターを当てると、エラーメッセージとともに［クイックフィックス…］というリンクが表示されます。

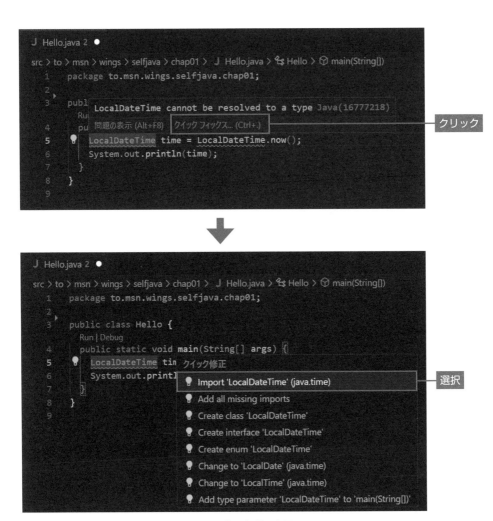

❖図1.37 import命令が不足している場合には修正候補を表示

　リンクをクリックし、次いで表示された候補リストから［Import 'LocalDateTime' (java.time)］を選択すると、自動的にimport命令を追加してくれます。p.24の手順で示した方法と合わせて活用することで、アプリ開発者がimport命令を直接編集する機会はほとんど発生しないでしょう。

ちなみに、利用していない**import**命令には黄色の波線が付いて警告を通知します。同じく、該当箇所にマウスポインターを当てると、エラーメッセージが表示されます。［クイックフィックス...］－［Remove all unused imports］を選択することで、未使用のインポートをまとめて削除できます。

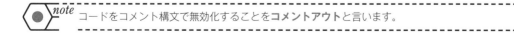

❖図1.E　未使用のインポートを一括削除

コメント

　コメントは、プログラムの動作には関係しないメモ書きです（図1.35-❻）。他人が書いたコードは大概読みにくいものですし、自分が書いたコードであっても、あとから見るとどこになにが書いてあるのかわからない、といったことはよくあります。そんな場合に備えて、コードの要所要所にコメントを残しておくことは大切です。

　Javaでは、コメントを記述するために3種類の記法を選択できます。

（1）単一行コメント（//）

　「//」からその行の末尾（改行）までをコメントと見なします。行の途中から記述してもかまいませんが、その性質上、文の途中にはさみこむことはできません。

```
System.out.println // これはダメ ("こんにちは、");
```

（2）複数行コメント（/*...*/）

　/*...*/でくくられた全体をコメントと見なします。複数行のコメントを記述するために用いる他、複数の文をまとめて無効化するようなケースでも利用できます。

コードをコメント構文で無効化することを**コメントアウト**と言います。

　もちろん、複数行コメントで単一行のコメントを表してもかまいません。

```
/*
System.out.println("いろは");
System.out.println("にほへと");
*/
/* 単一行コメントも書ける */
```

ただし、以下のように複数行コメントを入れ子にすることはできません。太字の範囲が1つのコメントと見なされてしまうからです。

```
/*
System.out.println("いろは");
/* System.out.println("にほへと");*/
System.out.println("イロハ");
*/
```

（3）ドキュメンテーションコメント（/**...*/）

ドキュメンテーションコメントとは、名前の通り、あとでドキュメントの生成に利用できるコメントです。クラスやそのメンバーの説明を記述するのに利用します。

/**...*/で表します。複数行コメントにも似ていますが、コメントの始まりはアスタリスク2個です。

たとえばリスト1.4は、Java標準のBufferedReaderというクラスに含まれるドキュメンテーションコメントの例です。ドキュメンテーションコメントでは、コメントの冒頭で概要を表したあと、「@author 作者名」のように「@...」形式のタグで付加情報を列挙していくのが基本です。

▶リスト1.4　BufferedReader.java

```
/**
 * Reads text from a character-input stream, ...        ➡クラスの概要
 *
 * @see FileReader                                       ➡関連項目
 * @author      Mark Reinhold                            ➡作者
 * @since       1.1                                      ➡導入されたバージョン
 */
public class BufferedReader extends Reader {
  ...中略...
  /**
   * Creates a buffering character-input stream that ... ➡コンストラクターの概要
   * @param  in   A Reader                                ➡引数
   * @param  sz   Input-buffer size
   * @exception  IllegalArgumentException  If {@code sz <= 0}  ➡例外
   */
```

```
public BufferedReader(Reader in, int sz) {
    ...中略...
}
...中略...
/**
 * Reads a single character.                          ➡メソッドの概要
 *
 * @return The character read, ...                     ➡戻り値
 * @exception  IOException  If an I/O error occurs      ➡例外
 */
public int read() throws IOException {
    ...中略...
}
...中略...
}
```

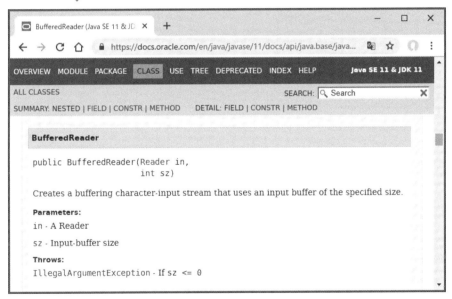

▶ドキュメンテーションコメントから生成された仕様書

　本書ではドキュメンテーションの細かな構文は割愛しますが、記法そのものはごく直観的なので、リスト1.4をまねするだけでもほぼ事足りるはずです。コメントになにを記述するのかを悩んだら、まずは最低限、ドキュメンテーションコメントのルールに沿って、クラス／メンバーの説明を記録してみるようにするとよいでしょう。

> *note* VSCodeを利用しているならば、ドキュメンテーションコメントの入力も簡単化できます。具体的には、メソッドの直前で「/**」まで入力してみましょう。ポップアップされた［Javadoc comment］メニューを選択すると、引数などの情報に基づいて、コメントの骨格が自動生成されます。
>
>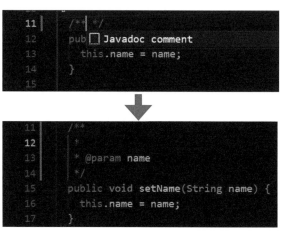
>
> ❖図1.F　Javadocコメントを自動生成
>
> なお、コメントからのドキュメント生成については、p.152のコラムで紹介しています。合わせて参照してください。

　3種類のコメントを理解したところで、いずれのコメントをどのように使い分けるかですが、まず、(3)のドキュメンテーションコメントは用途が限定されているので、明快です。(1)(2)は文法上はいずれを利用してもかまいませんが、まずは(1)を優先して利用することをお勧めします。

　それは、先にも触れたように、複数行コメントには入れ子にできないという制限があるためです。そして、同じ理由から「*/」を含んだコードをコメントアウトすることもできません。

```
System.out.println("こんにちは、世界！*/");
```

　特定のコードを大きくコメントアウトする際に、いちいち「*/」が含まれていないかを気にしなければならないのは、なかなか面倒です。

　一方、「//」であれば、そのような制限はありません。また、「//」で複数行をコメントアウトする場合にも、VSCodeであれば、該当するコードを選択して、Ctrl＋/でまとめてできるので、手間に感じることもないでしょう。

 1.3.3　簡単化されたmainメソッド 21 Preview

　以上が、基本的なJavaアプリの構造です。現在の日付を表示するだけのアプリなのに、書かなけ

ればならないコードは随分とたくさんだな、とは思いませんでしたか。定型的な決まり事、おまじないの世界とは言え、簡単なだけで意味がないことは最大限省きたいと思うのが人情です（特に、手軽に動作を確認したいと思う状況ならばなおさら！）。

```
package to.msn.wings.selfjava.chap01;

import java.time.LocalDateTime;

                        ┌─ 必要なのはこの部分だけ
public class Hello {
  public static void main(String[] args) {
    LocalDateTime time = LocalDateTime.now();
    System.out.println(time);
  }
}
```

❖図1.38　形式上のコードがほとんど

　そのような声に応えて、Java 21では**main**メソッドの記述を簡単化する仕組みが提供されています（ただし、執筆時点でPreviewの扱いです）。具体的には、リスト1.3のコードを以下のように書き換えられます。

▶リスト1.5　HelloSimple.java 🔋

```
import java.time.LocalDateTime;

void main() {
  LocalDateTime time = LocalDateTime.now();
  System.out.println(time);
}
```

> *note* 実行の都合上、HelloSimple.javaは**/src**フォルダーの直下に保存しておきましょう。やや難しげに説明するならば、**class {...}**が省略された場合、そのクラスは無名パッケージに属するからです。パッケージとフォルダー構造については7.8節で解説するので、まずは簡易化された**main**メソッドは、**/src**フォルダーの直下に保存する、とだけ理解しておきましょう。

　パッケージ、クラスの宣言が省かれたのみならず、メソッド定義も随分と簡素化されていますね（内部的には、現在のファイル名 ── ここではHelloSimpleがクラス名と見なされます）。引数宣言（**String[] args**）は今回は不要なので省略していますが、もちろん、必要であれば指定してもかまいません。

1.3.4　デバッグの基本

アプリを開発する過程で、**デバッグ**（debug）という作業は欠かせません。デバッグとは、バグ（bug）——プログラムの誤りを取り除くための作業です。VSCodeでも、デバッグを効率化するための様々な機能が提供されているので、アプリを実行できたところで、デバッグ機能についても利用してみましょう。

[1] ブレークポイントを設置する

コードエディターから「Local
DateTime time = LocalDate
Time.now();」の行の左（行番号
の左）をクリックして、ブレー
クポイントを設置します。**ブ
レークポイント**とは、実行中の
プログラムを一時停止させるた
めの機能です。デバッグでは、
ブレークポイントでプログラム
を中断し、その時点でのプログ
ラムの状態を確認していくのが
基本です。

```java
src > to > msn > wings > selfjava > chap01 > J Hello.java >
  1    package to.msn.wings.selfjava.chap01;
  2
  3   .import java.time.LocalDateTime;
  4
  5    public class Hello {
       Run | Debug
  6    public static void main(String[] args) {
  7       LocalDateTime time = LocalDateTime.now();
  8       System.out.println(time);
  9    }
 10  }
```

クリック

❖図1.39　ブレークポイントを設置

[2] launch.jsonファイルを作成する

（実行とデバッグ）–
[launch.jsonファイルを作成しま
す] リンクをクリックすると、
デバッガーのリストが表示され
るので、[Java] を選択します。
/.vscode フォルダーの配下に、
実行／デバッグに関わる設定
ファイル（launch.json）が生成
されます。

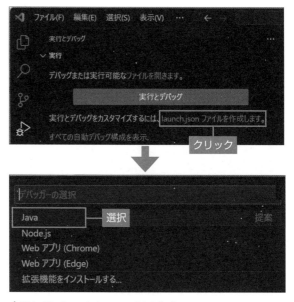

❖図1.40　launch.jsonファイルを作成

[3] アプリをデバッグ実行する

launch.jsonファイルを作成できたら、F5ボタンを押して、アプリをデバッグ実行してみましょう。[実行とデバッグ] ペインから「Current File」が選択されていることを確認した上で、▷ （デバッグの開始）ボタンをクリックしてもかまいません。

❖図1.41　ブレークポイントで中断された

アプリがデバッグ実行し、ブレークポイントで中断します。中断箇所は、中央のコードエディター、もしくは左下の [ブレークポイント] ペインから確認できます。コードエディターでは、現在止まっている行が黄の矢印で示されます。

また、左上の [変数] ペインからは、現在の変数の状態を確認できます。

[4] ステップ実行する

ブレークポイントからは、表1.3のようなボタンを使って、文単位にコードの実行を進められます。これをステップ実行と言います。ステップ実行によって、どこでなにが起こっているのか、細かな流れを追跡できるわけです。

❖表1.3　ステップ実行のためのボタン

種類	概要
	ステップイン（1文単位に実行）
	ステップオーバー（1文単位に実行。ただし、途中にメソッド呼び出しがあった場合には、これを実行したうえで次の行へ）
	ステップアウト（現在のメソッドが呼び出し元に戻るまで実行）

ここで ↻ （ステップオーバー）ボタンをクリックしてみましょう。コードエディター上の黄矢印が次の行に移動し、[変数] ペインの内容も変化していくことが見て取れます。

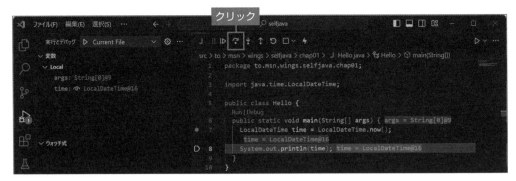

❖図1.42　ステップオーバーで1行ずつ進めていく

　このようにデバッグ実行では、ブレークポイントでアプリを一時停止し、ステップ実行しながら、変数の変化を確認していくのが一般的です。

[5] 実行を再開／終了する

　ステップ実行を止めて、通常の実行を再開したい場合には、（続行）ボタンをクリックしてください。実行が再開され、次のブレークポイントまで処理が進みます（ブレークポイントがなければ、最後まで処理が進みます）。

　デバッグ実行を終了したい場合には、□（停止）ボタンをクリックします。

☑ この章の理解度チェック

[1] Javaの特徴を「オブジェクト指向」「Java仮想マシン」「ガベージコレクション」というキーワードを含めて説明してみましょう。

[2] 図1.Gは、Javaのソースコードを図示したものです。空欄を埋めて、図を完成させましょう。

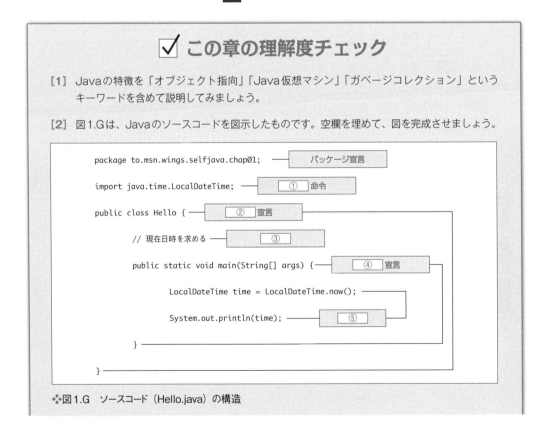

```
package to.msn.wings.selfjava.chap01;      ── パッケージ宣言

import java.time.LocalDateTime;      ──  ①  命令

public class Hello {      ──  ②  宣言

    // 現在日時を求める      ──  ③

    public static void main(String[] args) {      ──  ④  宣言

        LocalDateTime time = LocalDateTime.now();

        System.out.println(time);      ──  ⑤

    }

}
```

❖図1.G　ソースコード（Hello.java）の構造

[3] Javaアプリは、どのメソッドから実行されますか。また、そのようなメソッドのことをなんと呼ぶでしょうか。

[4] 文の末尾を示す記号を答えてください。

[5] Javaで使えるコメントの記法をすべて挙げてください。また、これらのコメントの違いを説明してください。

Column **Javaアプリをコマンドラインからコンパイル／実行する**

1.2.1項でも触れたように、Javaアプリの開発にVSCode＋拡張機能は必須ではありません（プラットフォーム標準のメモ帳などでも開発そのものは可能です）。ここでは、1.3.1項で作成したHello.javaを、コマンドラインからコンパイル／実行してみます。VSCodeでは自動化されていた手順を、自分の目と手でも確認するのは決して無駄なことではありません。

なお、本コラムで利用しているコマンドは、配布サンプルのcommand.txtに収録しています。一から入力するのが面倒という人は、こちらを利用してもかまいません。

[1] コードをコンパイルする

p.23で作成したHello.javaをコンパイルしてみましょう。Windowsのスタートボタンを右クリックして、表示されたコンテキストメニューから［ターミナル］を選択します。ターミナルが開くので、以下のコマンドを実行してください。

```
> $Env:Path += ";C:\jdk-21\bin"          ➡コマンドのパスを追加
> cd C:\data\selfjava\src                ➡/srcフォルダーに移動
> javac --enable-preview -source 21 --module-path . to/msn/wings/⏎
selfjava/chap01/Hello.java module-info.java   ➡コンパイルを実行
```

javacは、ソースコードをコンパイルするためのコマンドです。$Env:Pathでjavacの所在をあらかじめ登録しておくことで、呼び出しが可能になります。javacオプションの意味は、以下の通りです。

❖表1.B javacコマンドの意味

オプション	概要
--enable-preview	Preview機能を利用するか
-source	利用するJavaのバージョン
--module-path	モジュールの検索先（ここでは「.」でカレントフォルダー）

対象のソース（ここでは`Hello.java`）だけではなく、モジュール設定ファイル（`module-info.java`）も合わせてコンパイルする点にも注目です。

　コンパイルに成功すると、カレントフォルダー直下に`module-info.class`、`to/msn/wings/selfjava/chap01`フォルダー配下に`Hello.class`が、それぞれ生成されます。これが仮想マシン上で実行可能なクラスファイルです。

[2] コードを実行する

　クラスファイルを実行するには、javaコマンドで以下のコマンドを実行してください。javaコマンドには、`--module`オプションで「モジュール名/クラスの完全修飾名」を渡します。完全修飾名なので、区切り文字も「.」となっている点に注目です。

```
> java --enable-preview --module-path . --module selfjava/⏎
to.msn.wings.selfjava.chap01.Hello
```

　ちなみに、非モジュール環境では依存するクラスの検索先を表すためには、`--module-path`（モジュールパス）の代わりに、`--classpath`（**クラスパス**）を利用します。以下は、非モジュール環境（＝`module-info.java`がない環境）で`.java`ファイルをコンパイル＆実行するためのコードです。

```
> javac --enable-preview -source 21 -classpath . to/msn/wings/selfjava/⏎
chap01/Hello.java
> java --enable-preview -classpath . to.msn.wings.selfjava.chap01.Hello
```

Javaの基本

この章の内容

Chapter **2**

Java + VSCodeで簡単なアプリを実行し、大まかな構造を理解できたところで、本章からはいよいよコードを構成する個々の要素について詳しく見ていきます。

本章ではまず、プログラムの中でデータを受け渡しするための変数と、Javaで扱えるデータの種類（型）について学びます。

変数とは、一言で言うならば「データの入れ物」です（図2.1）。プログラムを最終的になんらかの結果（解）を導くためのデータのやり取りとするならば、やり取りされる途中経過のデータを一時的に保存しておくのが変数の役割です。

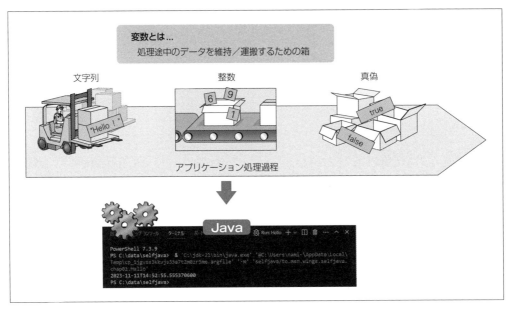

❖図2.1　変数は「データの入れ物」

 2.1.1　変数の宣言

変数を利用するにあたっては、まず、変数を宣言しなければなりません。変数の宣言とは、変数の名前をJavaに通知し、さらに、値を格納するための領域をメモリ上に確保することを言います。次に示すのは、その一般的な構文です。

構文 変数の宣言

```
データ型 変数名 [= 初期値] [,...]
```

データ型とは、変数に格納できる値の種類を表す情報です。たとえば以下であれば、「int（整数）値を入れるための、dataという名前の変数を準備しなさい」という意味です。

```
int data;
```

「変数dataには整数（正しくは−2147483648〜2147483647）しか入れられない」ように制限を課している、と言い換えてもよいでしょう。Javaでは、型をあらかじめ決めておくことで、誤った値を早い段階で排除できるのです。

複数の変数をまとめて宣言したい場合には、以下のようにカンマ区切りで列記することもできます。

```
int data1, data2;
```

ただし、p.32「命令文と改行」でも触れた理由から、お勧めできる書き方ではありません。原則として、変数は1つ1つを個別の文として宣言してください。

```
int data1;
int data2;
```

また、変数を宣言する際にまとめて初期値を設定することもできます。「=」は「右辺の値を左辺の変数に代入しなさい」という意味です。

```
int data1 = 108;
String message = "こんにちは、世界！";
```

さらに言うと、初期値は設定「できます」ではなく、**必ず設定する**ようにしてください。宣言に際してまとめて設定する癖を付けることで、初期化のし忘れを防ぎやすくなります。

 note 初期値のない変数の扱いは、変数のスコープ（有効範囲）によって変化します。詳しくは7.4節で解説します。

 2.1.2 識別子の命名規則

識別子とは、名前のことです。変数はもちろん、クラスやメソッドなどプログラムに登場するすべての要素は、互いを識別するためになんらかの名前を持っています。

Javaでは、次のルールに従って、識別子を命名できます。

1. すべてのUnicode文字を利用できる

2. ただし、1文字目は数字以外であること

3. アルファベットの大文字／小文字は区別される

4. 予約語でないこと

5. 文字数の制限はない

1. のルールに従えば、日本語を含むほとんどの文字を識別子として利用できます。たとえば「＞々Ⅲ麹b」は、Javaでは妥当な識別子です。しかし、一般的にこのような名前を付けることにメリットはほとんどありません。慣例的には、

　　英数字、アンダースコア（_）に限定する

のが無難です。特別な理由がない限り、識別子でのマルチバイト文字の利用は避けるようにしてください。

4. の**予約語**とは、Javaとしてあらかじめ意味が決められた単語（キーワード）のことです。具体的には、表2.1のようなものがあります。

❖表2.1　Javaの主な予約語

abstract	assert	boolean	break	byte
case	catch	char	class	const
continue	default	do	double	else
enum	exports*	extends	false	final
finally	float	for	goto	if
implements	import	instanceof	int	interface
long	module*	native	new	non-sealed*
null	open*	opens*	package	permits*
private	protected	provides*	public	record*
requires*	return	sealed*	short	static
strictfp	super	switch	synchronized	this
throw	throws	to*	transient	transitive*
true	try	uses*	var*	void
volatile	while	with*	yield*	_（アンダースコア）

　「*」はコンテキストキーワードで、特定の文脈でのみ利用が制限されます。ただし、文脈によって利用の是非を考慮するのは非建設的なので、まずは、上でまとめたものはどこであっても利用しない、と覚えておくのが無難でしょう。

　また、null、true、falseはリテラル（2.3節）です。ただし、識別子として利用できないのは同じなので、ここでは予約語の一部として扱っています。

 アンダースコア（_）は、Java 8以降で予約語となりました。アンダースコア1文字だけの識別子はエラーとなるので注意してください。

以上の理由から「data100」「_data」「DATA」「Data_data」はすべて正しい名前ですが、次のものはすべて不可です。

- 4data（数字で始まっている）
- i'mJava、f-name（記号が混在している）
- for（予約語である）

ただし、予約語を含んだ「forth」「form」などの名前は問題ありません。

2.1.3 よりよい識別子のためのルール

命名規則ではありませんが、コードを読みやすくするという意味では、以下の点も気にかけておきたいところです。

1. 名前からデータの内容を類推できる

　　○：score、birth　　　×：m、n

2. 長すぎない、短すぎない

　　○：password、name　　×：pw、realNameOrHandleName

3. ローマ字での命名は避ける

　　○：name、age　　　　×：namae、nenrei

4. 見た目にまぎらわしくない

　　△：tel／Tel（大文字小文字で区別）、user／usr（1文字違い）、record／records（単数形複数形で区別）

5. 1文字目のアンダースコアは、特別な意図を想定させるので避ける

　　○：price　　　　　　×：_price

6. 記法を統一する

　　△：mailAddress／mail_address／MailAddress

2. の「短すぎない」は、単語をむやみに省略してはいけない、という意味です。たとえば、userNameをunと略して理解できる人は、あまりいないはずです。わずかなタイプの手間を惜しむよりも、コードの読みやすさを優先すべきです（そもそもJavaに対応したエディターを利用しているならば入力補完の恩恵を受けられるので、タイプの手間を気にする必要はありません！）。ただし、「identifier→id」「initialize→init」「temporary→temp」のように、慣例的に略語を利用するものは、この限りではありません。

note もちろん、長い識別子が常によいわけではありません。長すぎる（＝具体的すぎる）識別子は、その冗長さによって、他のコードを埋没させてしまうからです。また、そもそもひと目で識別できない名前は、理想的な名前とは言えません。

6.の記法には、一般的には、表2.2のようなものがあります。

❖表2.2　識別子の記法

記法	概要	例
camelCase記法	先頭文字は小文字。以降、単語の区切りは大文字で表記	userName
Pascal記法	先頭文字を含めて、すべての単語の先頭を大文字で表記	UserName
アンダースコア記法	すべての文字は大文字（または小文字）で表記し、単語の区切りはアンダースコア（_）で表す	user_name、USER_NAME

　いずれの記法を利用しても誤りではありませんが、慣例的には、変数はcamelCase記法で、クラスはPascal記法で、定数（2.1.4項）はアンダースコア記法で表すのが一般的です。記法を統一することで、記法そのものが識別子の役割を明確に表現してくれます。

　識別子の命名は、プログラミングの中でも最も基本的な作業であり、それだけに、コードの可読性を左右します。変数やメソッドの名前を見るだけでおおよその内容を類推できるようにすることで、コードの流れが追いやすくなるだけでなく、間接的なバグの防止にもつながります（たとえばgetNameメソッドが名前とは関係ない値段を取得したり、あるいは、名前を取得するだけでなく更新する役割を持っていたら —— 皆さんは正しくコードを読み解けるでしょうか？）。

note　たとえば、以下のようなコードを考えてみましょう（まだ登場していない構文もありますが、まずは雰囲気としてのみつかんでください）。

```
String address = "421-0401,静岡県,牧之原市,帆毛田1-15-9";
// 市町村名が「榛原町」だったら...
if (address.split(",")[2].equals("榛原町")) { ... }
```

「address.split(",")[2]」が市町村名を表していることは、コードを読み解けば理解はできます。しかし、直観的ではありません。このような場合には、市町村名をいったん変数として切り出してしまいましょう。

```
String address = "421-0401,静岡県,牧之原市,帆毛田1-15-9";
String city = address.split(",")[2];
// 市町村名が「榛原町」だったら...
if (city.equals("榛原町")) { ... }
```

これによって、変数の名前（ここではcity）がそのままコードの意味を表しているので、コードの意図を把握しやすくなります。このような変数のことを**説明変数**、または**要約変数**と呼びます。説明変数には、長い文を適度に切り分けるという効果もあります。

2.1.4　定数

　本節の冒頭でも触れたように、変数とは「データの入れ物」です。入れ物なので、コードの中途で中身を入れ替えることもできます。一方、入れ物と中身がワンセットで、あとから中身を変更できない入れ物のことを**定数**と言います（図2.2）。定数とは、コードの中で現れる値に、名前（意味）を付与する仕組みとも言えます。

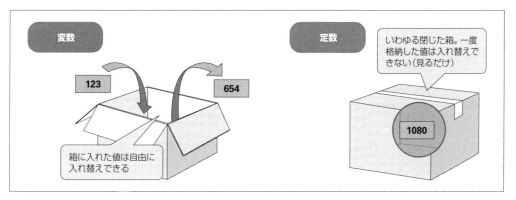

❖図2.2　定数

定数を使わない場合

　まずは、定数を使わ**ない**例から見てみましょう。

```java
int price = 1000;
double sum = price * 1.1;
```

　これは、ある商品の税抜き価格priceに対して、1.1を乗算して消費税10%を加味した支払い合計を求める例です。「*」についてはあとでまとめますが、算数の「×」（掛け算）に相当します。
　一見普通のコードに見えますが、このコードにはいくつかの問題があります。

（1）値の意味があいまいである

　まず1.1は、誰にとっても理解できる値ではありません。この例であれば、比較的類推しやすいかもしれませんが、コードが複雑になってくれば、1.1が値上げ率を表すのか、サービス料金を表すのか、それとも、まったく異なるなにかを表すのか、くみ取りにくくなります。少なくともコードの読み手に、無条件で一致した理解を求めるべきではありません。
　一般的には、コードに埋め込まれた値は自分以外の人間にとっては、意味を持たない謎の値だと考えるべきです（そのような値のことを**マジックナンバー**と言います）。

（2）値の修正に弱い

　将来的に、消費税率が12%、15%と変化したらどうでしょうか？　しかも、その際に、コードの

そちこちに1.1という値が散在していたら？

それらの値を漏れなく検索／修正するという作業が必要となります。これは面倒というだけでなく、修正漏れなどバグの原因となります（1.1という値で別の意味を持った値があったら、なおさらです）。

定数の利用

そこで、1.1というリテラルを、リスト2.1のように定数化します。

▶リスト2.1　Const.java

```
final double TAX = 1.1;
int price = 1000;
double sum = price * TAX;
System.out.println(sum);     // 結果：1100.0
```

定数を宣言するには、`final`というキーワードを利用します。以降は、変数宣言と同じなので、特筆すべき点はありません。

構文 定数の宣言

```
final データ型 定数名 = 値
```

定数名は、変数と区別するために、単語はすべて大文字表記、区切りはアンダースコア（_）で表すのが慣例です（このような表記をアンダースコア記法と言います）。それ以外の命名規則は識別子の命名規則に準ずるので、詳しくは2.1.2項を参照してください。

リスト2.1でも、定数を利用することで値の意味が明らかになり、コードの可読性も増したことが見て取れるでしょう。また、あとから消費税が変更になった場合にも、太字の部分だけを修正すればよいので、修正漏れの心配がありません。

> note 「定数」という語感から誤解されやすいのですが、`final`で修飾された変数は、厳密には「変更できない変数」ではありません。「再代入できない変数」です。つまり、定数であっても、値を変更できてしまう場合があるということです。詳しくは、3.2.2項で後述します。

練習問題　2.1

[1] 以下は変数の名前ですが、文法的に誤っているものがあります。誤りを指摘してください。誤りがないものは「正しい」と答えてください。

　①1data　　②Hoge　　③整数の箱　　④for　　⑤data-1

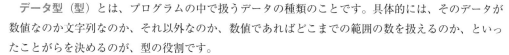

2.2 データ型

データ型（型）とは、プログラムの中で扱うデータの種類のことです。具体的には、そのデータが数値なのか文字列なのか、それ以外なのか、数値であればどこまでの範囲の数を扱えるのか、といったことがらを決めるのが、型の役割です。

前節でも見たように、Javaでは変数を宣言する際に、型も決定します。つまり、文字列を入れるべき変数に数値を代入することはできない、ということです。このような性質のことを**静的型付け**と言います。

2.2.1 データ型の分類

データ型は、大まかに**基本型**と**参照型**に分類できます。両者の違いは「値を格納する」方法です（図2.3）。基本型の変数には、値そのものが格納されます。対して、参照型の変数は、値の格納場所を表す情報（メモリ上のアドレスのようなもの）を格納します。実際の値は、別の場所に格納されているわけです。

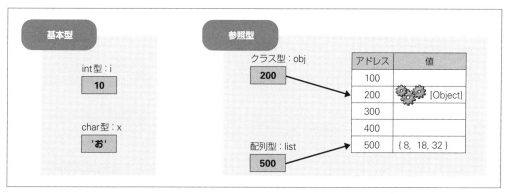

❖図2.3 基本型と参照型

この違いによって、実はプログラムの挙動にも様々な変化が出ますが、現時点ではそこまでは踏み込みません。詳しくは関連する項で解説するため、ここではまず、

　　基本型と参照型とでは値の扱いが異なる

という点だけを押さえておきましょう。

2.2.2　基本型の種類

　基本型と参照型と、名前だけを見ると基本型が主、参照型が従という関係に見えるかもしれませんが、Javaの基本は参照型です。基本型とは、その構造がシンプルで原始的である、という意味でのみ捉えておくとよいでしょう。そのため、基本型は**プリミティブ（原始）型**と呼ばれることもあります。

　とはいえ、理解しやすいという意味で、基本型は型を学ぶために適した題材です。そこで本書でも、まずはシンプルな基本型から解説していきます。基本型には、表2.3のような型があります（これ以外の型はすべて参照型です）。

❖表2.3　Javaで利用可能な基本型。既定値を持つのはローカル変数（7.4.2項）以外

分類	データ型	サイズ	データ範囲	既定値
整数	byte	1バイト	−128〜127	0
	short	2バイト	−32768〜32767	0
	int	4バイト	−2147483648〜2147483647	0
	long	8バイト	−9223372036854775808〜9223372036854775807	0
浮動小数点	float	4バイト	$\pm 1.40239846 \times 10^{-45} \sim \pm 3.40282347 \times 10^{38}$	0
	double	8バイト	$\pm 4.94065645841246544 \times 10^{-324} \sim$ $\pm 1.79769313486231570 \times 10^{308}$	0
真偽	boolean	（1ビット）	true | false	false
文字	char	2バイト	Unicode文字1文字（\u0000〜\uffff）	\u0000

　では、ここからはそれぞれの型について詳しく説明していきます。

 ### 2.2.3　整数型

　整数型は、格納できる値の範囲によって、以下の5種類に分類できます。

- byte
- short
- int
- long
- char

　これだけあると、どれを利用すればよいのか迷ってしまいそうです。実際のプログラミングでは、どのように使い分ければよいのでしょうか？　結論から言ってしまえば、

　　特別な理由がなければint型を利用する

です。

まず、byte／charは（内部的には数値として表現されますが）本来はバイトデータ、文字を格納するための型です。小さな整数として利用することもできますが、意図があいまいになるので、整数値を格納する用途としては利用すべきではありません。

そして、小さな整数を表すshort型ですが、まず利用する機会はありません。例外として、外部のデータソースと16ビットの符号付き整数をやり取りする際に、ビット長を明確にするために利用することもありますが、そのくらいです。カウンター変数（4.2.3項）のように数値範囲が限られる状況でも、まず現在のコンピューターが最も効率的に扱うと思われるint型（32ビット）を利用します。

long型は、int型では対応できない数値範囲を扱う場合にだけ採用してください。

2.2.4　浮動小数点型

浮動小数点型は、小数点数を表すためのデータ型です。float、doubleと値範囲の異なる型が用意されていますが、著しくリソースが制限されるなど、メモリへの負担が懸念される状況でなければ、値範囲も大きく精度にも優れたdoubleを優先して利用します。

浮動小数点型は、小数点数を扱えるだけでなく、値範囲という意味でも整数型よりも絶対値の大きな値を扱えるデータ型です。ただし、これは浮動小数点型の短所と表裏でもあります。というのも、long／doubleともに占有するメモリは64ビットであるにもかかわらず、表現できる値範囲に差があるのは、内部的な値の持ち方にカラクリがあるからです。

まず、整数型はすべての値範囲を等間隔に表現できます。これは当たり前と思われるかもしれませんが、浮動小数点型は異なります。

　　　絶対値が大きくなるにしたがって、値のとび幅も大きく

なります（図2.4）。

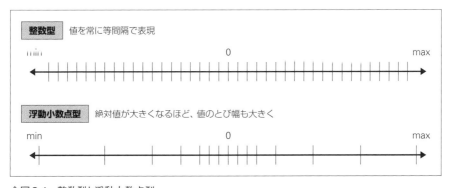

❖図2.4　整数型と浮動小数点型

これは、浮動小数点型が内部的には、図2.5のような形式で値を保持しているためです（このような内部形式は、IEEE 754という規格で決められています）。

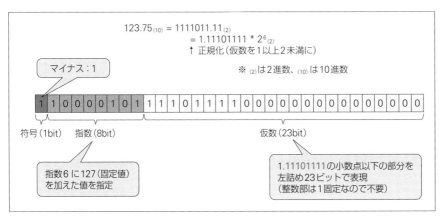

❖図2.5　浮動小数点の値の持ち方（-123.75の例）

小数点数を「●○×10▲△」の形式に分解して管理しているわけです。●○を**仮数**、▲△を**指数**と呼びます。

ごく単純化した例ですが、たとえば1.23×10^1〜1.24×10^1の間隔に比べて、1.23×10^{100}〜1.24×10^{100}の間隔が離れていることは、すぐに理解できるでしょう。

浮動小数点数を扱う際には、この性質を念頭に置いてください。この性質によって、浮動小数点数を比較／演算したり、あるいは浮動小数点数と整数とを相互に変換した際に、厳密には正しい結果が得られないことがあります。具体的な例と対策については、3.1.5項で触れます。

note 浮動小数点数では、指数の持ち方によって様々な表記が可能です。たとえば、以下はいずれも同じ意味です（いずれも2進数）。

- 110.101×2
- 11.0101×2^2
- 1.10101×2^3

しかし、表記がバラバラのままでは扱いにくいので、一般的には、仮数が1以上2未満になるようにそろえて表現します（ここでは最後の表記）。これを**浮動小数点数の正規化**と呼びます。

 2.2.5　文字型

文字型は、単一の文字を表す型です。

ただし、文字を文字として保持しているわけではありません。Unicode（UTF-16）と呼ばれる文字コード体系に従って、文字を対応する数値（文字コード）で表したものを保持しています（図2.6）。

❖図2.6　文字は文字コード（数値）で表現できる（［文字コード一覧］より）

char型のサイズは16ビットであり、ということは、0〜65535の整数を表現できる型とも言えます。よって、以下のようにchar型に数値を代入することもできます。

```
char c = 128;
```

ただし、先ほども触れたように、整数値を格納するためにchar型を利用するのは避けてください。charの本来の意味から逸脱した用途は、コードの意図をわかりにくくするからです。

> 基本型には、複数の文字を表す、いわゆる文字列型がない点にも注目です。代わりに、String
> という文字列を表すためのクラス（参照型）が用意されているのです。Stringクラスについて
> は5.2節で詳しく解説します。

2.2.6　真偽型

真偽型（boolean）は、true（真）／false（偽）という2つの状態を表現する特別な型です。論理型とも呼ばれます。True／Falseでも、"true"／"false"でもありません。裸の値ですべて小文字のtrue／falseと表します。

ごく単純な型であまり誤解のしようもありませんが、一点だけ、C言語に慣れている人は、真偽型を

数値型と相互変換することはできない

点に注目してください。たとえば0をfalse、1をtrueと見なすことはできません（型が異なるので、互いに代入／比較するなどの操作はすべてエラーとなります）。

2.2.7　型推論

　Java 10以降では、varキーワードを利用することで、変数を宣言する際にデータ型を省略できるようになりました。

構文 変数の宣言（型推論）

```
var 変数名 = 初期値
```

■ **記述例**

```
var i = 108;
var str = "こんにちは、世界！";
```

　もちろん、データ型が省略されたからと言って、型の制約がなくなるわけではありません。代入された値からコンパイラーが自動的に型を推論し、決定します（これを**型推論**と言います）。ですから、上の例であれば、変数iはint型ですし、変数strがString型となります。

　ここで、以下のようなコードがコンパイルエラーになることも確認しておきましょう。

```
var i = 108;
i = "こんにちは、世界！";    // エラー (cannot convert from String to int)
```

varはなんでもありのvariant型ではないのです。

varキーワードの制約

　varによる変数宣言は、型を明記した変数宣言とほぼ同じように表せますが、いくつかの制限もあります。

（1）初期値は省略できない

　初期値から型を推論するのがvarの役割ですから、当然です。初期値を省略した場合には、「Cannot use 'var' on variable without initializer（初期値なしの変数はvarでは宣言できない）」のようなエラーとなります。

　逆に言えば、varを利用することで、宣言時の初期値の設定が強制されるということでもあります。これは、p.47でも述べた理由から、あるべき姿と言えます。

（2）複数の変数をまとめて宣言できない

　以下のようなコードは不可です。型を明記した宣言でも、複数宣言を避けるようにしていれば、特に迷うことはないでしょう（2.1.1項）。

```
var i = 10, j = 10;
```

（3）フィールド宣言では利用できない

フィールドについては7.2節で詳しく解説しますが、まずはローカル変数（メソッドの中で宣言する変数）でしか、varは利用できない、と覚えておきましょう。

 ## エキスパートに訊く

Q：結局のところ、暗黙的な型指定（var）と明示的な型（2.1.1項）と、いずれを利用すべきなのでしょうか。使い分けのルールなどがあれば、教えてください。

A：まず、右辺で型が明記されている場合、あるいは、型が明らかな場合には、素直にvarの恩恵にあずかるべきでしょう。たとえば、右辺でnew（2.5.1項）、キャスト（2.4.2項）を呼び出している場合です。

悩ましいのが、数値型の宣言です。

```
byte b1 = 0;
var b2 = 0;
```

この場合、b1はbyte型ですが、b2はint型となります（2.3.3項）。よって、数値型を利用する場合には、型を明示したほうが安全、という主張もあります。あるいは、「int／doubleを基本とし、それ以外の型を利用する場合は明示する」「型によって区別するくらいならば、すべての数値型を明記する」という判断もあるかもしれません。

あるいは、以下のようなケースではどうでしょう。

```
var person = getPersonById(13);
```

メソッド名から戻り値の型がPersonであることは類推できますが、明らかと断じてよいかは、人によって判断がわかれるかもしれません。

ただし、Javaに先だって型推論を導入したC#の現況を見ていると、「そこまで神経質になる必要はない」と著者は考えます。C#でも、varの導入当初は似たような議論がありましたが、近年では総じて積極的に利用していけばよいという風潮で落ち着いてきています。コード補完、ツールヒントなど、コードエディターの補助機能を前提にすれば、型を見失うという状況は、ほとんどないということでしょう（しかし、「コードを読むのはGitHubなどブラウザー上であることも多いのでコードエディターを前提とすべきではない」という反論もあります）。

以上、様々な議論はありますが、本書では

　　型を明示すべき状況を除いては、積極的にvarを利用すればよい

という立場をとります。もちろん、varがすべて、というわけではなく、型を明示したほうが読みやすいと感じるならば、旧来通りの書き方をしてもかまいません。そしてなにより、チーム内での方針があるならば、まずはそれに従い、統一するのが大前提です。

練習問題　2.2

[1] Javaで利用可能な基本型のデータ型を5つ以上挙げてみましょう。

[2] 基本型と参照型の違いを、格納方法の観点から説明してみましょう。

2.3　リテラル

リテラルとは、データ型に格納できる値そのもの、また、値の表現方法のことです。リテラルには、それぞれのデータ型に応じて、整数リテラル、浮動小数点数リテラル、真偽リテラル、文字／文字列リテラルなどがあります。ただし、真偽リテラルについては、すでに前節でも触れているので、ここでは、これを除くその他のリテラルについて解説します。

2.3.1　整数リテラル

整数リテラルは、さらに以下のように分類できます。

10進数リテラルは、私たちが日常的に使っている、最も一般的な整数の表現で、正数（108）、負数（–13）、ゼロ（0）を表現できます。負数には、リテラルの先頭に「–」（マイナス）を付けます。同様に「+」（プラス）を付けて正数であることを明示することもできますが、冗長なだけで意味はありません。

10進数の他、16進数、8進数、2進数も表現できます。16進数は0〜9に加えてa〜f（A〜F）のアルファベットで10〜15を表し、接頭辞には「0x」を付与します。同様に、8進数は0〜7で値そのものを表し、接頭辞として「0」（ゼロ）を付与します。2進数は0／1で数値を表し、接頭辞は「0b」です。「x」「b」は、それぞれ「heXadecimal」（16進数）、「Binary」（2進数）という意味です。大文字小文字を区別しないので、それぞれ「X」「B」としてもかまいません。

いずれも利用できない数値を含んだ値——2進数であれば「0b120」のような値——は、コンパイルエラーとなるので注意してください。

 ## 2.3.2 浮動小数点数リテラル

浮動小数点数リテラルは、整数リテラルに比べると少しだけ複雑です。一般的な「1.41421356」のような小数点数だけでなく、指数表現で表すこともできます。**指数表現**とは、

　　　　＜仮数部＞ E ＜符号＞ ＜指数部＞

の形式で表されるリテラルのことです。

　　　　＜仮数部＞ ×10の ＜符号＞ ＜指数部＞乗

で、本来の小数値に変換できます。一般的には、非常に大きな（小さな）数値を表すために利用します。

```
1.4142e5      ➡  1.4142×10⁵     ➡  141420.0
1.173205e-3  ➡  1.173205×10⁻³ ➡  0.001173205
```

指数を表す「e」は大文字小文字を区別しないので、「1.4142e5」「1.173205e-3」はそれぞれ「1.4142E5」「1.173205E-3」でも同じ意味です。

 note 指数表現では、1732を「173.2e1」（173.2×10）、「17.32e2」（17.32×10²）、「1.732e3」（1.732×10³）…のように、同じ値を複数のパターンで表現できてしまいます。そこで一般的には、仮数部が「0.」＋「0以外の数値」で始まるように表すことで、表記を統一します（p.56でも触れた正規化です）。この例であれば、「0.1732e4」とします。
ちなみに、先頭のゼロは省略できるので、「.1732e4」としても同じ意味です。

 note 16進数でも指数表現を利用できます。ただし、10進数の場合と異なり、「0x3.4p7」のように「p」または「P」区切りで指数を表記します。

```
0x3.4p7 ➡ (3 + 4 × 1/16) × 2⁷ ➡ 3.25 × 2⁷ ➡ 416.0
```

指数部は（16進数ではなく）10進数で表現され、2の累乗となる点に注意してください。

以上のように、数値リテラルには様々な表記が用意されています。ただし、これらの表記はあくまで見かけ上のものにすぎません。Javaにとっては、「18」（10進数）、「0x12」（16進数）、「0.18e2」（指数表現）いずれもが10進数の18なのです（ここでは、型の違いはおいておきます）。どの表記を選ぶかは、その時どきでの読みやすさに応じて決めるべきです。

2.3.3 補足 型サフィックスと区切り文字

数値リテラル（整数／浮動小数点）に共通して利用できる、型サフィックスと区切り文字（数値セパレーター）について補足しておきます。

型サフィックス

数値リテラルでは特に指定がない場合、整数はint、浮動小数点数はdoubleと見なされます。ただし、文脈によっては明示的にデータ型を指定したい場合もあります。たとえば、以下のコードはコンパイルエラーとなります。

```
System.out.println(2147483648);
```

数値リテラルは既定でint型と見なされるのに、2147483648はint型の上限2147483647を越えているからです。

このように、データ型が勝手に決められると困る場合には、数値リテラルに型を表す接尾辞（サフィックス）を付与してください。利用できる型サフィックスには、表2.4のようなものがあります。

❖表2.4　主な型サフィックス

データ型	サフィックス	例
long	l、L	100L
float	f、F	3.5F
double	d、D	3D

先ほどの例であれば、以下のように変更することで正しく動作します（今度は、リテラルがlong型の範囲に収まっているからです）。

```
System.out.println(2147483648L);
```

型サフィックスは大文字／小文字を区別しないので、たとえば100Lは100lでも誤りではありません。ただし、「l」（小文字のエル）は数字の1と区別が付きにくいので、通常は大文字の「L」とすべきです。

なお、byte／short型を表す型サフィックスはありません。Javaでは、int型リテラルを代入する際に、それぞれの型範囲に収まっているならば、自動的に対応する変数の型へと変換されるからです。

```
short num = 108;        ➡正しい
short num = 89765;      ➡shortの範囲外なのでエラー
```

数値セパレーター

Java 7以降では、桁数の大きな数値の可読性を改善するために、数値リテラルの中に桁区切り文字（_）を記述できるようになりました（**数値セパレーター**）。たとえば以下は、いずれも正しい数値リ

テラルです。

```
var value = 1_234_567;
var pi = 3.141_592_653_59;
var num = 0.123_456e10;
```

　日常的に利用する桁区切り文字である「,」でないのは、Javaにおいてカンマはすでに別な意味を持っているためです。

　数値セパレーターは、あくまで人間の可読性を助けるための記号なので、数値リテラルの中で自由に差し挟むことができます。一般的には3桁単位に区切るのが普通ですが、以下のような数値リテラルも誤りではありませんし、

```
12_34_56           ➡2桁ごとに区切り
12__34             ➡連続した区切り文字
```

以下のように、2/16進数でも利用できます。

```
var a = 0b01_01_01;    ➡10進数で21
var b = 0xf4_240;      ➡10進数で1000000
var c = 023_420;       ➡10進数で10000
```

　ただし、数値セパレーターを挿入できるのは数値の間だけです。よって、以下のようなリテラルは不可です。

```
_123_456_789、123_456_    ➡数値の先頭／末尾
1._234                    ➡小数点の隣
12345_F                   ➡型サフィックスの隣
0x_99、0_x99              ➡数値プレフィックスの中／隣
```

　また、Integer.parseIntメソッド（5.1.2項）のように数値文字列を受け取るメソッドではセパレーターを正しく認識できません。

2.3.4　文字リテラル

　文字リテラルは、シングルクォート（'）でくくって表します。（文字列ではなく）文字なので、シングルクォートの中ではUnicode文字を1つだけ表します（空文字もありません）。Unicode文字は、文字そのものとして表せるのはもちろん、「\uxxxx」形式の16進数文字コードでも表せます。
　たとえば以下のコードは、意味的に等価です。

```
System.out.println('あ');
System.out.println('\u3042');
```

「\〜」は、**エスケープシーケンス**と呼ばれる表記の一種です。主に、タブ／改行など特別な意味を持つ（＝ディスプレイに表示できない、などの）文字を表記するために利用します。表2.5に、主なものを示します。

❖表2.5　主なエスケープシーケンス

エスケープシーケンス	概要
\t	タブ文字
\b	バックスペース（1文字削除）
\n	改行（ラインフィード）
\r	復帰（キャリッジリターン）
\f	フォームフィード（改ページ）
\'	シングルクォート
\"	ダブルクォート
\\	バックスラッシュ
\xxx	8進数の文字
\uxxxx	Unicode文字

note　「\」の表示は、環境によって異なります。Windows環境では「¥」として表示されますが、macOS環境では「\」として表示されます。ただし、Windows環境でも（たとえば）VSCodeのように「\」として表示するものもあります。
本書ではWindows環境でのパス表記を除いては「\」で表記しますが、まずは、環境によって見た目は変化する可能性がある、と覚えておきましょう。

2.3.5　文字列リテラル

シングルクォートでくくる文字リテラルに対して、文字列リテラルはダブルクォート（"）でくくります。よって、文字列リテラルには、文字列の開始／終了を表す「"」そのものを含めることができない点に注意してください。

たとえば以下のコードは不可です。

```
System.out.println("You are "GREAT" player!");
```

「You are "GREAT" player!」という文字列を意図したコードですが、実際には「You are 」「player!」という文字列リテラルの間に、不明な識別子GREATがあるものと見なされてしまいます。

このようなケースでは、エスケープシーケンスを利用して、以下のように表します。

```
System.out.println("You are \"GREAT\" teacher!!");
```

「\"」は（文字列リテラルの開始／終了でない）ただの「"」と見なされるので、今度は意図したメッセージが表示されることが確認できます。

> *note* 文字リテラルでもこの事情は同じで、「'」を表すにはエスケープシーケンスで「\'」としなければなりません。

```
var c = '\'';
```

文字列リテラル（複数行）15

Java 15以降では、「"""」…「"""」（前後にダブルクォートが3個）で複数行の文字列リテラル（**テキストブロック**）を表現できるようになりました。

```
var str = """ ─────────────────────────── ❶
    夏は夜。□□□ ─────────────────── ❹
      月のころはさらなり、\ ─────────── ❻
    闇もなほ、"ほたる"の多く飛びちがひたる。""";
      ❸              ❺              ❷
```

「"""」でくくるだけですが、微妙に注意すべき点があります。

❶〜❷ 開始の「"""」は改行で終わること

「"""」の直後に文字列を続けた場合には、「String literal is not properly closed by a double-quote」のようなエラーとなり、正しく認識されません。一方、終了の「"""」の直前には文字列があってもかまいません。

なお、リテラル内での改行は「\n」、「\r\n」いずれで表してもかまいません。コンパイル時に、一律「\n」で正規化されるからです。

❸ 先頭のインデントは最小桁に合わせて削除される

テキストブロックの中にインデントがある場合には、もっともインデントの少ない行に合わせて、インデントが除去されます（この例であれば、網掛け部分が除去されます）。その性質上、コードの都合でインデントを加えても、リテラルに余計な空白が加わることはありません。

> *note* 正確には、終了の「"""」（❷）は「直前に文字列があってもかまわない」ではなく、文字列に続けて、閉じの「"""」をそのまま記述するべきです。というのも、以下のように改行を加えた場合、最小桁は網掛けの部分と見なされ、本来は意図したであろうインデントが除去されなくなってしまうからです。
>
> ```
> var str = """
>     夏は夜。
>     ...
> """;
> ```

❹ 行末の空白は除去される

テキストブロック行末の空白も除去されます。よって、明示的に行末の空白を残したい場合には、エスケープシーケンス「\s」で空白を表現してください。

❺ 「"」も自由に利用できる

終端文字は「"""」なので、ブロック内のリテラルには自由に「"」を加えてかまいません。ただし、「"""」を表すには、「\"""」のようにエスケープ処理をしてください。

❻ 形式上の改行は「\」で表す

コード上の都合でだけ改行している場合には、行末に「\」を付与します。この場合、改行されずに、リテラルとしては、そのまま行が継続されます。

つまり、この例であれば「月のころはさらなり、闇もなほ、〜」のように、「闇もなほ」の前の改行は無視されます。

note テキストブロックが導入される以前は、複数行リテラルは、以下のようにエスケープシーケンスと「+」演算子（3.1.2項）を用いて表現するのが一般的でした。

```
var str = "夏は夜。\n" +
          "  月のころはさらなり、" +
          "闇もなほ、\"ほたる\"の多く飛びちがひたる。";
```

テキストブロックによって記号類が少なくなり、結果、リテラルの見通しも随分と改善したことが見て取れますね。

練習問題　2.3

[1] 以下の記法を利用して、リテラルを表現してみましょう。値はなんでもかまいません。

①16進数リテラル　　②数値セパレーター　　③改行区切りの文字列
④指数表現　　⑤文字リテラル

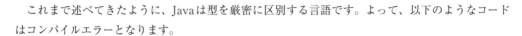

2.4 型変換

これまで述べてきたように、Javaは型を厳密に区別する言語です。よって、以下のようなコードはコンパイルエラーとなります。

```
int num = 108;
String str = num;    // エラー (cannot convert from int to String)
```

数値を無条件に文字列に変換することはできない、というわけです。

しかし、例外的に異なる型への代入（変換）が許されている場合があります。これらの変換ルールは意外と複雑で、時として、思わぬバグの一因となることもあります。まずは本節で、基本的な変換のルールを押さえておきましょう。

 2.4.1 暗黙的な変換

型変換には、大きく暗黙的な変換と明示的な変換とがあります。まずは、暗黙的な変換から解説していきます。

暗黙的な変換が許されるのは、

　　数値型で、値範囲の狭い型から広い型へ代入する場合

です。値範囲を拡大することから**拡大変換**とも言います。

たとえば以下は暗黙的変換の例です。

```
int i = 10;
long l = i;
```

`long`型は`int`型よりも値範囲が広いので、暗黙的な変換（代入）が許されるわけです。暗黙的な型変換の対象となる型を、表2.6にまとめます。

❖表2.6 暗黙的な変換が可能な型

変換元	変換可能な型
boolean	―
char	int、long、float、double
byte	short、int、long、float、double
short	int、long、float、double
int	long、float、double
long	float、double
float	double
double	―

ただし、整数型から浮動小数点型への変換では、いわゆる情報落ち（桁落ち）が発生することがあります。たとえば、以下のようなケースです。

```
int i = 16777217;
float f = i;
System.out.println(f);     // 結果：1.6777216E7
```

　float型は仮数部を23ビットで表します。そのため、24ビット以上を消費する16777217（＝ $2^{24}+1$）をfloat値に変換した場合には桁の一部が情報落ちしてしまうのです。

　拡大変換と言えども、整数型と浮動小数点型では保証できる精度が異なる点に注意してください。

2.4.2　明示的な変換（キャスト）

　一方、広い型から狭い型への代入（縮小変換）は、実際の値に関わらずエラーとなります。たとえば以下の例では、int型の変数i（値は13）は、byte型の範囲に収まっていますが、そのままでは代入できません。ここではたまたま値がbyte型の範囲内に収まっているだけで、int型の値がbyte型の許容範囲に収まっている保証がないからです。

```
int i = 13;
byte b = i;     // エラー (cannot convert from int to byte)
```

　しかし、値が型の範囲内にあることは明らかなのに、無制限に縮小変換を禁止するのはいきすぎです。そこでJavaでは、**型キャスト（キャスト）**構文を利用して、明示的に変換の意思を表明した場合に限って、縮小変換を認めています。これが**明示的変換**です。

構文 型キャスト

（データ型）変数

■**記述例**

```
int i = 13;
byte b = (byte)i;     // エラーは解消
```

　明示的変換の対象となるのは、表2.7のものです。

　char型は、符号なし整数を表す型です（負数範囲を持ちません）。よって、すべての数値型から見て縮小変換となり、型キャストが必要です。

❖表2.7　明示的な変換が可能な型

変換元	変換可能な型
byte	char
short	byte、char
char	byte、short
int	byte、short、char
long	byte、short、char、int
float	byte、short、char、int、long
double	byte、short、char、int、long、float

縮小変換の注意点

　ただし、明示的変換は、あくまでアプリ開発者が値範囲を保証することを前提としています。以下のように値範囲を超えた変換は、思わぬ結果をもたらします。

```java
int i = 32768;
short s = (short)i;
System.out.println(s);    // 結果：−32768
```

　これは一見して不可解な結果に思われるかもしれませんが、符号あり整数の内部表現 ── 2の補数を知っていれば、理解は容易です。2の補数では、以下のルールで整数を表します。

- すべてのビットがゼロで0を表す
- 最上位のビットが0で正数を表す
- 最上位のビットが1で負数を表す（残りのビットを反転し、1を加えたものが絶対値）

　よって、上の例であれば、図2.7のように読み解けます。short型への変換によって桁落ちが発生し、結果、最上位となった桁が符号と見なされてしまうのです。

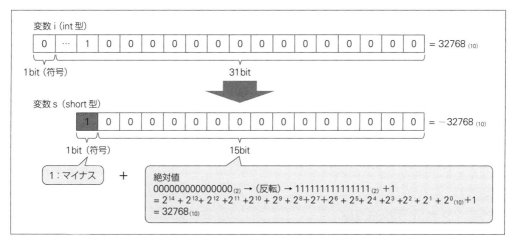

❖図2.7　桁落ちの原理

　以上は、キャストによる情報落ちの一例にすぎません。そして、実際のアプリではこうした暗黙的な値の変化を追うのは困難です。縮小変換に際しては値のチェックは欠かせませんし、そもそも縮小変換の利用そのものを最小限にとどめるようにしてください。

> **note**
> 表2.7を見るとわかるように、型キャストでは文字列（String）と数値とを相互に変換することはできません。これには、ラッパークラス／Stringクラスを利用します。詳しくは5.1節で解説します。

練習問題 2.4

[1] 以下のコードには、誤りがあります。修正して、正しいコードにしてみましょう。また、誤りの理由を説明してください。

```
long m = 10;
int i = m;
```

2.5 参照型

Javaで扱う型の大部分は参照型です。本書では、直観的に理解しやすいという理由から、基本型を先に解説しましたが、Javaのコードを本格的に書いていくうえで、参照型の理解は欠かせません（実際、前節でも触れたStringは参照型です）。

Javaの参照型は、さらに、以下のように分類できます。

- クラス型
- インターフェイス型
- 配列型

このうち、インターフェイスは8.3.3項で解説するため、現時点では「クラス型と似たようなもの」とだけ理解しておいてください。本節では、残るクラス型と配列型、そして参照型の理解に伴って、nullという概念について解説します。

2.5.1 クラス型

プログラムで扱う対象をオブジェクト（モノ）になぞらえ、オブジェクトの組み合わせによってアプリを形成していく手法のことを**オブジェクト指向**プログラミングと言います。Javaもまた、オブジェクト指向言語の一種です。

さて、そのオブジェクトは、言い換えれば、コードの中で実際に操作できるモノ —— もっと言えば、メモリ上に実在するデータです。たとえば、これまでに何度も出てきた文字列も、オブジェクトの一種です（図2.8）。

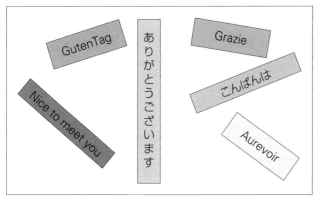

❖図2.8　いろいろな文字列

　文字列オブジェクトは、プログラム上で扱うために、以下のようなものを備えている必要があります。

- 文字列そのもの（データ）
- 文字列の長さを求める、部分文字列を切り出す、文字列を検索する、などの機能（道具）

　しかし、数多く存在する文字列オブジェクトそれぞれに対して、いつもデータと道具を一から準備するのは非効率です。そこで、すべての文字列を普遍的に表現／操作できるようなひな形が必要となります。それが**クラス**です（図2.9）。

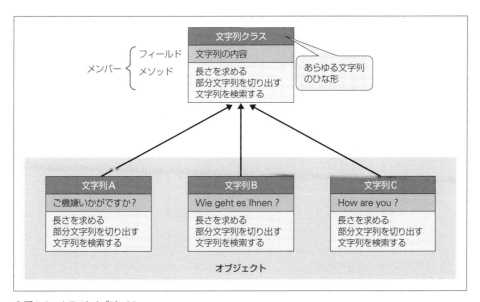

❖図2.9　クラスとオブジェクト

　クラスで用意されたデータの入れ物を**フィールド**、データを操作するための道具を**メソッド**と言います。双方を総称して**メンバー**と呼ぶ場合もあります。

　オブジェクト指向プログラミングの世界では、あらかじめ用意されたひな形（クラス）から、具体的なデータ（値）を備えたオブジェクトを作成し、操作そのものはオブジェクト経由で行うのが基本です。

　クラスが設計図、オブジェクトが設計図をもとに作成された製品、と言い換えてもよいでしょう。Javaでは、あらかじめ豊富なクラスが用意されており、これらを組み合わせることで、アプリ個別の要件を実現していきます。もちろん、クラスはアプリ開発者が自ら準備することもできます（詳しくは第7章も参照してください）。

インスタンス化とメンバーの呼び出し

　クラスをもとに、具体的なモノを作成する作業のことを**インスタンス化**、インスタンス化によってできるモノのことを**オブジェクト**、または**インスタンス**と言います（図2.10）。インスタンス化とは、クラスを利用するために「クラスの複製を作成し、自分専用のメモリ領域を確保すること」と言ってもよいでしょう。

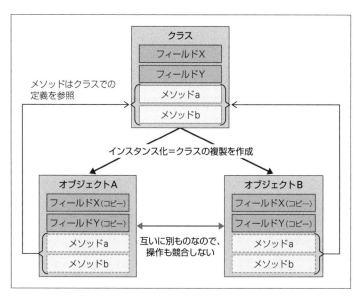

❖図2.10　クラスとオブジェクト（インスタンス）

クラスをインスタンス化するには、**new**というキーワードを利用します。

構文 newキーワード

```
クラス名 変数名 = new クラス名(引数, ...)
```

引数とは、オブジェクトを生成する際に必要な情報です。インスタンス化にあたって引数を必要としない場合にも、カッコは**省略できません**。

指定できる引数は、クラスによって決まっているので、詳しくは、関係するクラスが登場したところで順に解説していきます。たとえば、ファイル（**File**）クラスであれば、対象となるファイルのパスを指定します。

```
File f = new File("C:/data/sample.dat");
```

newによって生成されたオブジェクトは、変数に格納されます。より正確には、オブジェクトへの参照（メモリへのアドレスのようなもの）が格納されます。なお、実体としてのオブジェクトと、その参照とは、もちろん別ものですが、文脈として明らかな場合には、あえて「オブジェクトの参照」という言い回しはしません。

note Java 10以降であれば、varを使って、以下のように表しても同じ意味です。p.59でも触れた理由から、以降では、積極的にvarを利用していきます。

```
var f = new File("C:/data/sample.dat");
```

作成されたオブジェクトからは、あらかじめ用意されたメンバーにもアクセスできます。具体的な構文は、以下の通りです。

構文 フィールド／メソッドの呼び出し

```
オブジェクト.フィールド [= 値]
オブジェクト.メソッド(引数, ...)
```

たとえば**File**オブジェクトfからファイルの名前を取り出すには、**getName**メソッドを呼び出します。

```
var name = f.getName();
```

引数がない場合にも、メソッドの後ろのカッコは省略できません（インスタンス化のときと同じです）。

クラスフィールド／クラスメソッド

ただし、フィールド／メソッドによっては、オブジェクトを生成せずに、クラスから直接呼び出せるものがあります（どのようなケースかは7.6節で解説します）。このようなフィールド／メソッドの

ことを**クラスフィールド／クラスメソッド**、または**静的フィールド／静的メソッド**と呼びます。

クラスフィールド／クラスメソッドの呼び出し

```
クラス.フィールド名 [= 値]
クラス.メソッド(引数, ...)
```

　たとえば、最初に登場した「System.out.println」の「out」は、実はSystemクラスのクラスフィールドです。詳しく読み解くならば、System.outフィールドから得たPrintStreamオブジェクトを介して、インスタンスメソッドprintlnメソッドを呼び出す、という意味になります。PrintStreamは、一般的なデータ出力を提供するクラスで、この場合であれば、標準出力（コンソール）に書き込むための役割を担います。

　クラスフィールド／クラスメソッドに対して、オブジェクト（インスタンス）を生成してから呼び出すフィールド／メソッドのことを**インスタンスフィールド／インスタンスメソッド**と呼びます。

null値

　参照型では、変数がオブジェクトへの参照を持たない状態を表す特別な値として、**null**があります。以下のように参照型の変数に対して明示的にnullをセットすることもできますし、そもそも参照型のフィールド（7.2節）であれば、明示的に初期化しない限り、nullが初期値となります（宣言だけでオブジェクトが生成されるわけではありません）。

```
File f = null;
```

　null状態にある変数に対して、フィールド／メソッドにアクセスすると、実行時にNullPointerExceptionという例外（エラー）が発生するので注意してください。呼び出しの前提となるべき実体がないため、当然そのメンバーにもアクセスできません。

```
File f = null;
String name = f.getName();    // 結果：エラー（NullPointerException）
```

　NullPointerExceptionを避けるには、できるだけnull値そのものが発生しないようなコーディングを心掛けるべきです。たとえば、配列（2.5.2項）を返すような処理であれば、該当する要素がない場合にも（nullではなく）空の配列を返すようにするとよいでしょう。また、変数を宣言する際には、まずは初期化を前提とします。

　null値を利用するのは、オブジェクトが存在しないことを明示的に示したい場合、もしくは、生成済みのオブジェクトを破棄したい場合などに限定してください（nullを代入するということは、現在持っている参照を明示的に外す、ということです）。

 note null値を扱わざるをえない場合も、Java 8以降であれば、null値を「安全に」扱うためのOptionalクラスが用意されています。今後は、こちらの利用を検討してください。詳しくは、7.7.3項で解説します。

Object型

Object型は、あらゆる参照型の値を代入できる、いわゆる「なんでもあり」の型です。すべての参照型についての共通の機能を提供するルートの型とも言って良いでしょう。

具体的なコードでも、Object型の挙動を確認します。

```
Object o = 10;              ➡初期値はint型
o = "Hoge";                 ➡文字列の代入も可
o = new File("C:\\data");   ➡Fileオブジェクトも
```

果たして、初期値は整数型なのに、その後、文字列、File型と、データ型に依らず、様々な値を自由に代入できることが確認できます。

> *note* 正確にはint型は基本型ですが、Object型への代入に際しては、便宜的に参照型に形を変えてくれるので、代入にはなんら問題ありません（このような仕組みをオートボクシングと言います。詳しくは5.1.1項を参照してください）。そうした意味では、Object型にはすべての型を代入できる、と言い換えても良いでしょう。

「結局、Object型って何もの？」と思うかもしれませんが、本質的な理解には、継承／オーバーライドのような概念が前提となります。詳細は9.1節に譲るとして、ここではまず、「なんでも代入できる」性質だけを押さえておいてください。

2.5.2 配列型

int、double、Stringなどの型はいずれも、一度に1つの値を持ちます。しかし、処理によっては、複数の値をまとめて扱いたいケースもよくあります。たとえば、次に示すのは書籍タイトルを管理する例です。

```
var title1 = "Androidアプリ開発の教科書 第3版";
var title2 = "作って学べるHTML＋JavaScriptの基本";
var title3 = "Pythonでできる! 株価データ分析";
var title4 = "Vue 3 フロントエンド開発の教科書";
var title5 = "独習C# 第5版";
```

title1、title2...と通し番号が付いているので、見た目にはデータをまとめて管理しているようにも見えます。しかし、Javaからすれば、title1、title2とは（どんなに似ていても）なんの関係もない独立した変数です。たとえば、登録されている書籍の冊数を知りたいと思ってもすぐにカウントすることはできませんし、すべての書籍タイトルを列挙したいとしても変数を個々に並べるしか術はありません。

そこで登場するのが配列です。int、double、Stringなどの型が値を1つしか扱えないのに対し

て、配列には複数の値を収めることができます（図2.11）。配列は、仕切りのある入れ物だと考えてもよいでしょう。仕切りで区切られたスペース（要素と言います）のそれぞれには番号が振られ、互いを識別できます。

配列を利用することで、互いに関連する値の集合を1つの名前で管理できるので、まとめて処理する場合にもコードが書きやすくなります。

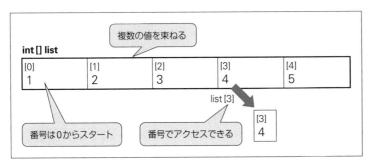

❖図2.11　配列

なお、Javaには、よく似た仕組みとしてコレクションがあります。配列が言語仕様に組み込まれた仕組みなのに対して、コレクションは標準ライブラリの一種です。Javaのお作法としては、まずはコレクションを優先して利用すべきですが、配列ももちろん無視することはできません。

また、配列はその他の言語でもほぼ同じような形で提供されていることから、他の言語を学んだことがある人であれば、直観的にも理解しやすいという特長があります。よって、本書でもまずは配列について解説していきます。

配列の宣言

配列の宣言には、いくつかの構文があります。

（1）配列のサイズだけを宣言

配列のサイズ（＝いくつの要素を格納できるか）だけを宣言しておく構文です。

 配列の宣言（サイズ指定）

```
データ型[]　配列名 = new データ型[要素数]
```

■ **記述例**

```
int[] list = new int[5];
```

 配列を扱う場合、配列そのものと、配下の要素とは区別してください。この例であれば、「基本型であるint」を要素に持った配列（参照型）を宣言しています。

（2）初期値を伴う宣言

配列型でも、これまでと同じく、宣言と初期化とをまとめて表現できます。

構文 配列の宣言（初期値あり）

```
データ型[] 配列名 = { 要素1, 要素2, ... }
```

■ **記述例**

```
int[] list = { 1, 2, 3, 4, 5 };
```

こちらの構文では、{...}で指定された要素の個数が、そのまま配列のサイズとなります。末尾の要素は、以下のようにカンマで終えてもかまいません。

```
String[] list = {
  "すずめの子 そこのけそこのけ お馬が通る",
  "目には青葉 山ほととぎす 初がつお",
  "朝顔に つるべとられて もらい水",
};
```

特に改行区切りで要素を列記しているような状況では、あとから要素を追加する場合にもカンマの追加漏れを防げます。

---

note 要素の1つ1つが長い ── たとえばクラス型の配列などは、そもそも改行で区切ることで、コードも見やすくなります。たとえば以下は`File`オブジェクトの配列です。

```
File[] files = {
  new File("C:/data/sample.dat"),
  new File("C:/data/books.txt"),
  new File("C:/data/access.log"),
};
```

配列型の宣言と初期化とを別の文で表すこともできます。ただし、その場合には初期値の前に「new データ型[]」を付与しなければならない点に注意してください。

```
int[] list;
list = new int[]{ 1, 2, 3, 4, 5 };
```

もちろん、この例は冗長なだけで、あえてこのように表す意味はありません。また、p.32「命令文と改行」で述べた理由からも、できるだけ宣言から初期化までを1つの文でまとめるのが望ましいでしょう。

(3) varによる配列宣言

(1)(2)は、それぞれvar命令を使って、以下のように書き換えることもできます。

```
var list = new int[5];
var list = new int[] { 1, 2, 3, 4, 5 };
```

初期値を伴う (2) の構文をvarで書き換えた場合には、右辺の「new データ型 []」は省略できません。

配列へのアクセス

このように宣言した配列には、以下のようにブラケット構文（[...]）でアクセスできます。

構文 配列へのアクセス

```
配列名[インデックス番号]
```

■ 記述例

```
System.out.println(list[0]);     // 結果：1
```

ブラケットでくくられた数値は、**インデックス番号**、または**添え字**と言い、配列の何番目の要素を取り出すのかを表します。インデックス番号は0から始まるので、要素数が5の場合は、利用できるインデックス番号は0〜4ということです。

配列サイズを超えてインデックス番号を指定した場合には、ArrayIndexOutOfBoundsExceptionという例外（エラー）が発生します。配列サイズを知りたい場合には、lengthフィールドにアクセスしてください。

```
System.out.println(list.length);     // 結果：5
```

インデックス番号は0スタートなので、インデックス番号の最大値は「list.length - 1」で求められます。

> *note*
> 配列は、newによってインスタンス化される一種のオブジェクトです（よって、lengthのようなフィールドにアクセスできるわけです）。
> ただし、文字列とStringのように、対応関係にあるクラスがあるわけではありません。あくまで言語仕様に組み込まれた、仮想的な（＝便宜的な）クラスです。

要素の値を書き換えるにも、ブラケット構文を利用します。

```
list[1] = 15;
```

ただし、要素を追加することはできないので、注意してください。たとえば以下はインデックスが配列サイズを超えているので、ArrayIndexOutOfBoundsException例外（エラー）が発生します。

```
var list = new int[] { 1, 2, 3, 4, 5 };
list[5] = 6;     // 結果：ArrayIndexOutOfBoundsException
```

あとから要素を追加／削除するような可変の配列を表現するならば、`ArrayList`クラス（6.2.1項）を利用してください。

多次元配列

インデックスが1つだけの配列を**1次元配列**と言います。対して、インデックスが複数の配列を宣言することもできます。これを**多次元配列**と言います。

 多次元配列の宣言（サイズ指定）

データ型[][] 配列名 = new データ型[要素数1][要素数2]

■記述例

```
int[][] list = new int[3][5];
```

次元が増えた分、ブラケットも `[][]` のように連ねます。この例であれば、3×5の2次元配列を宣言したことになります。

もちろん、ブラケットを増やしていけば、3次元、4次元…と次元を増やしていくことも可能です。ただし、直観的に理解できるという意味では、普段よく利用するのは3次元配列まででしょう。

```
int[][][] list = new int[3][4][5];     // 3×4×5の3次元配列
```

それぞれの配列のイメージを、図2.12でも示しておきます。一般的に、表形式で表せるようなデータは2次元配列で、立体的な構造をとるデータは3次元配列で表します。

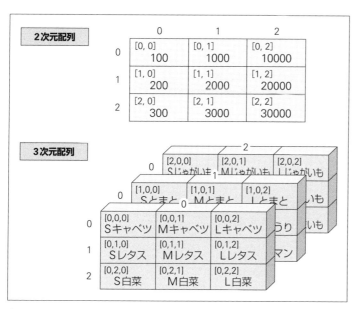

❖図2.12　多次元配列

もちろん、多次元配列に対して、初期値を引き渡すこともできます。これには{...}に対して、次元の数だけ{...}を入れ子にしてください。

構文 多次元配列の宣言（初期値を指定）

```
データ型[][] 配列名 = {
  { 値, 値, ... },
  { 値, 値, ... },
  ...
}
```

■ **記述例**

```
int[][] list = {
  { 1, 2, 3 },
  { 4, 5, 6 },
  { 7, 8, 9 },
};
```

var命令を使っても、同様に表せます。

```
var list = new int[][] {
  { 1, 2, 3 },
  { 4, 5, 6 },
  { 7, 8, 9 },
};
```

多次元配列から値を取り出すのも、1次元配列の場合とほぼ同じです。ブラケット構文で、それぞれの次元のインデックス番号を指定します。

```
System.out.println(list[0][1]);    // 結果：2
```

note 多次元配列とは、言うなれば「配列のそれぞれの要素が配列」である配列（配列の配列）と考えると、理解しやすいでしょう。たとえば本文のコードであれば、「サイズ3のint配列」を要素として3個持つ配列を表しています。

長さがふぞろいな配列

　先ほどの例では、いわゆる縦と横の長さがそろっていたのに対して、2次元目の要素数が異なる「ギザギザな」配列（図2.13）を定義することもできます。言語によっては、このような配列を区別してジャグ配列と呼ぶこともあります。

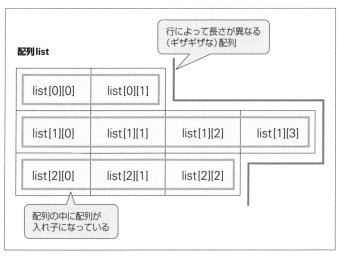

❖図2.13　ギザギザな配列

　「ギザギザな」配列の構文は、以下の通りです。

構文 多次元配列の宣言（長さが異なる例）

```
データ型[][] 変数名 = new データ型[要素数][]
変数名[インデックス] = new データ型[要素数]
```

■ **記述例**

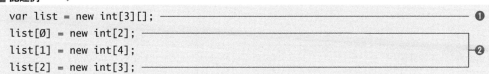

　先ほどと異なる点は、最初の宣言（❶）では上位（外側）配列のサイズだけを指定している点です（図2.14）。そのうえで、下位（内側）配列のサイズを個々に宣言していくのです（❷）。

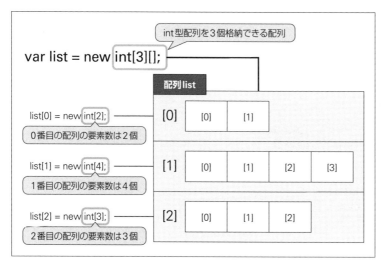

❖図2.14　要素数の異なる多次元配列の解読

もちろん、「ギザギザな」配列に対して、初期値を引き渡すこともできます。

▶リスト2.2　ArrayJagged.java

```
var list = new int[][] {
  { 1, 2 },
  { 3, 4, 5, 6 },
  { 7, 8, 9 },
};

System.out.println(list[1][2]);     // 結果：5
```

この記法は、p.80の例と同じです。本質的には、Javaでは2次元目のサイズがそろっているかどう
かに違いはありません。

> *note* 多次元配列でも、配列のサイズを求めるのは length フィールドの役割です。ただし、p.80の記述
> 例、リスト2.2の配列サイズは、いずれも3となります（要素数を合算した9ではありません！）。
> 多次元配列は、あくまで「要素が配列である」1次元の配列だからです。変数 list は、int[] 型
> の要素を3個持っています。

注意　配列型の様々な宣言

Javaでは、C言語の名残からブラケットを、（型名ではなく）変数名に付与することを許していま
す。たとえば以下は意味的には等価です。

```
int[] list = { 1, 2, 3 };
int list[] = { 1, 2, 3 };
```

ただし、配列が型情報であることを考えれば、配列を意味するブラケットも型名に付与すべきです。型名にブラケットを付与することで、表記の揺らぎを防ぎ、コードの可読性を維持できるというメリットもあります。たとえば、以下はいずれも意味的に等価ですが、これだけの表記が無秩序に散在しているのは望ましい状態ではありません（最初のコードがあるべきです）。

```
○  int[][] list;
△  int[] list[];
△  int list[][];
```

✓ この章の理解度チェック

[1] リスト2.Aのコードで間違っているポイントを3つ挙げてください。

▶リスト2.A　Practice1.java

```
package to.msn.wings.selfjava.chap02.practice;

public class Practice1 {
  public static void main(String[] args) {
    data = 'こんにちは、世界！';
    System.out.println(data)
  }
}
```

[2] 次の文章はパッケージに関する説明です。空欄を埋めて、文章を完成させてください。

クラスは「パッケージ＋クラス名」で一意に識別できます。このような名前のことを　①　、名前空間を省いた名前のことを　②　と言います。
ただし、いつも　①　で表記するのは大変なので、あらかじめ「●○パッケージを利用している」ことを　③　命令で宣言しておくことで、　②　で表記できるようになります。これを名前の　④　と言います。

[3] リスト2.Bのコードは、定数を使って値引き率10%を定義し、元の値である500円の支払額を求めるコードです。支払額は整数に丸めたものを表示します。空欄を埋めて、コードを完成させてください。

▶リスト2.B　Practice3.java

```
  ①   double DISCOUNT =   ②  ;
var price = 500;
var sum = price *   ③  ;
System.out.  ④  ((  ⑤  )sum);    // 結果：450
```

[4] 次の文章は、Javaの基本構文について述べたものです。正しいものには○、間違っているものには×を付けてください。

（　　）true（真）／false（偽）の2つの状態を表現する型を真偽型（boolean）という。

（　　）文字列リテラルはダブルクォート、またはシングルクォートでくくる。

（　　）short型の型サフィックスは「～s」である。

（　　）暗黙的な変換は常に安全なので、桁落ちなどの情報の欠落は発生しない。

（　　）メソッド／フィールドなどにアクセスするには、必ずnewキーワードでクラスをインスタンス化しなければならない。

[5] 次のようなコードを実際に作成してください。

① var型推論を利用して、double型の変数valueを10で初期化する。
②「ようこそ、🔗Javaの世界へ！」という改行を含んだ文字列を表示する。
③ String型の変数strを宣言し、初期値としてnullを渡す。
④ var型推論を利用せず、int型で5×4サイズの多次元配列dataを宣言する。
⑤ var型推論を利用して、int型のギザギザな配列listを宣言する（中身は「2, 3, 5」「1, 2」「10, 11, 12, 13」）。

演算子

Chapter **3**

この章の内容

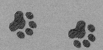

演算子（オペレーター）とは、与えられた変数やリテラルに対して、あらかじめ決められた処理を施すための記号です。これまでにも、右辺の値を左辺の変数に代入するための＝演算子や、数値を加算するための＋演算子などが登場しました（図3.1）。演算子によって処理される変数／リテラルのことを**被演算子（オペランド）**と呼びます。

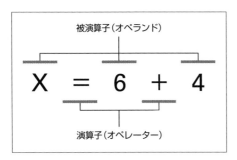

❖図3.1　演算子

Javaの演算子は、大きく、

- 算術演算子
- 代入演算子
- 関係演算子
- 論理演算子
- ビット演算子

の5つに分類できます。本章でも、この分類に沿って、解説を進めます。

 コードを構成する基本的な単位に**式**（Expression）という概念があります。式とは、なにかしらの値を持つ存在です。つまり、変数やリテラルは式ですし、これらを演算／処理した結果も式です。
1.3.2項で登場した文（Statement）とは、こうした式から構成され、セミコロン（;）で終わる構造のことを指します（式と異なり、値を返さなくてもかまいません）。
また、複数の文を束ねるための構造を**ブロック**と呼びます。

 **3.1** 算術演算子

算術演算子では四則演算をはじめ、日常的な数学で利用する演算子を提供します（表3.1）。代数演算子とも言います。

❖表3.1　主な算術演算子

演算子	概要	用例	
+	加算	2 + 3	➡ 5
−	減算	5 − 2	➡ 3
*	乗算	2 * 4	➡ 8
/	除算	6 / 3	➡ 2
%	剰余（割った余り）	10 % 4	➡ 2
++	前置加算（代入前に加算）	i = 3; j = ++i	➡ jは4
++	後置加算（代入後に加算）	i = 3; j = i++	➡ jは3
−−	前置減算（代入前に減算）	i = 3; j = −−i	➡ jは2
−−	後置減算（代入後に減算）	i = 3; j = i−−	➡ jは3

算術演算子はいずれも直観的に理解できるものばかりですが、それでも利用に際しては注意すべき点があります。

 3.1.1　非数値が混在する演算

+は、オペランドの型によって動作が変化する演算子です。具体的には、左右のオペランドがともに数値型であるかどうかによって、挙動が決まります。リスト3.1は、その具体的な例です。

▶リスト3.1　NoNumber.java

```java
import java.time.LocalDateTime;
...中略...
System.out.println(1 + 2);        // 結果：3 ─────────────❶
System.out.println("a" + 5);      // 結果：a5 ────────────❷
System.out.println(5 + "b");      // 結果：5b ────────────❸
System.out.println("1" + "2");    // 結果：12 ────────────❹
System.out.println("a" + LocalDateTime.now()); ─────────┐
    // 結果：a2023-09-05T16:48:46.7239136000 ────────────┴❺
System.out.println(1 + LocalDateTime.now());    // 結果：エラー ───❻
```

❶は、左右いずれのオペランドも数値型なので、双方を加算した結果を返します。

しかし、❷❸のように、オペランドのいずれか（または双方とも）が文字列の場合、+演算子はオペランドを文字列として結合します（順番も関係ありません）。これは❹のように一見数値に見える"1"、"2"のような値でも同じです。クォートでくくられた"1"、"2"はいずれも文字列なので、双方を文字列として連結した"12"を返します。

❺は、オペランドの片方がオブジェクト（非文字列）である例です。この場合、内部的にはtoStringメソッド（9.1.1項）で文字列変換したうえで、双方を結合します。ただし、オペランドが数値とオブジェクト（非文字列）の組み合わせである場合には文字列変換は行われず、そのままエラーとなるので注意してください（❻）。

3.1.2　＋演算子による文字列結合

+演算子による文字列連結は、一般的に非効率です。というのも、Stringクラスは、内部的には固定の文字列を表すからです。つまり、一度生成された文字列をあとから変更することはできません。一見して+演算子で連結しているように見えるのも、内部的には、

- もとの文字列
- 連結する文字列
- 結果文字列

と、合計3個のStringオブジェクトを生成しているのです（図3.2）。このオーバーヘッドは、2〜3回の連結では無視できるものですが、ループなどで連結の回数が増えた場合にはガベージコレクションの増大にもつながり、無視できないものとなります。

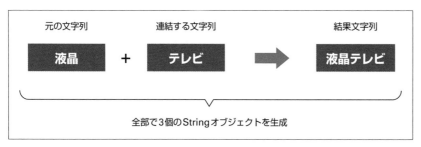

❖図3.2　＋演算子による文字列連結

そこで、連続する文字列連結には、StringBuilderクラスのappendメソッドを利用すべきです。StringBuilderクラスは、あらかじめ一定のサイズを確保した可変長の文字列を表します。文字列を連結するに際しても、あらかじめ確保した領域の範囲内で文字列長を自由に変更できるので、インスタンスの生成／破棄が頻繁に発生することもありません。

　実際に、両者の違いを確認してみましょう。リスト3.2／3.3は、文字列「いろは」を10万回繰り返し連結するコードを、それぞれ+演算子、StringBuilderクラスで表した例です（for命令については4.2.3項も合わせて参照してください）。

▶リスト3.2　ConcatString.java

```java
var result = "";
for (var i = 0; i < 100000; i++) {
  result += "いろは";
}
```

▶リスト3.3　ConcatBuilder.java

```java
var builder = new StringBuilder();
for (var i = 0; i < 100000; i++) {
  builder.append("いろは");
}
var result = builder.toString();
```

　それぞれの実行時間は、著者環境でリスト3.2が3777ミリ秒かかるのに対して、リスト3.3は4ミリ秒と、ほぼ一瞬で完了しました。

　なお、StringBuilderクラスでは、最初に確保した文字列サイズを超えて文字列を連結しようとすると、文字列サイズを自動で拡張します。こうしたメモリの再割り当てはそれなりにオーバーヘッドの大きな処理なので、あらかじめ文字量が想定できているならば、インスタンス化の際にサイズを明示しておくことをお勧めします。これによって、StringBuilderによる連結処理をより効率化できます。

```java
var builder = new StringBuilder(1000);
```

> note　本文は、あくまで簡易化された説明です。実際には、+演算子でも内部的にはStringBuilderオブジェクトに変換されるなど、一定の効率化が図られています。よって、単発の文字列連結には+演算子を利用すべきです（メソッド呼び出しよりも演算子のほうが、コードはシンプルだからです）。ただし、ループ内の文字列連結では、StringBuilderが繰り返し生成されるため、やはり非効率となります。本文のような例では、依然としてStringBuilderを利用すべきです。

　なお、StringBuilderによく似たクラスとして、StringBufferもあります。基本的な役割は同じですが、排他制御（11.1.2項）を提供するだけ低速です。それで賄えるならば、まずはStringBuilderクラスを利用する、が基本です。たとえばメソッド内の変数であれば排他制御は不要なので、StringBuilderクラスで十分です。

3.1.3　インクリメント演算子／デクリメント演算子

++／--は、与えられたオペランドに対して1を加算／減算するための演算子です。**インクリメント演算子、デクリメント演算子**とも言います。たとえば、次の式は意味的に等価です。

```
i++  ⬄  i = i + 1
i--  ⬄  i = i - 1
```

いわゆる加算／減算演算子の省略記法ですが、役割が限定される分、コードの意図は明確になります。変数をカウントアップ／カウントダウンする局面では、原則として++／--演算子を優先して利用してください。

以下に、++／--演算子を利用するうえでの注意点をまとめておきます。

前置／後置演算での挙動

++／--演算子をオペランドの前方に置くことを**前置演算**、後方に置くことを**後置演算**と言います。そして、++／--単体では、いずれも同じ結果を得られます。

```
i++  ⬄  ++i
```

しかし、演算の結果を他の変数に代入する際には要注意です（リスト3.4）。

▶リスト3.4　Increment.java

```
var i = 3;
var j = ++i; ─────────────────────────────────────── ❶
System.out.println(i);    // 結果：4
System.out.println(j);    // 結果：4

var m = 3;
var n = m++; ─────────────────────────────────────── ❷
System.out.println(m);    // 結果：4
System.out.println(n);    // 結果：3
```

❶のように前置演算を用いた場合、++演算子は変数iをインクリメントしたあとで、変数jにその結果を代入します（図3.3）。一方、後置演算（❷）では、++演算子は変数nに代入したあとで、変数mをインクリメントします。この違いを理解していないと、予期せぬ挙動に迷うことにもなるので、十分に注意してください。

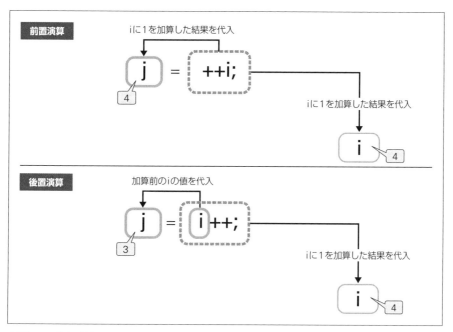

❖図3.3　前置演算／後置演算（i = 3の場合）

リテラル操作は不可

　++／--演算子は、オペランドに対して直接影響を及ぼします。その性質上、以下のような操作は
すべて不可です。

```
1++;                           ❶リテラルへの操作
(m++)++;                       ❷インクリメント演算子の入れ子
final int n = 1;
n++;                           ❸定数への操作
```

　❷が不可であるのは、++／--演算子の戻り値は、（変数ではなく）演算結果の値そのものである
からです。❶と同じく、リテラルを操作することはできません。このような例では、複合代入演算子
（3.2節）で「m += 2;」のようにしてください。

3.1.4　除算とデータ型

　除算では、オペランドのデータ型（整数型であるか、浮動小数点型であるか）に要注意です。

整数型同士の除算

　算術演算子では、演算の結果はオペランドのデータ型によって変化します。たとえばオペランドが

整数型の場合、演算結果も整数型となりますし、浮動小数点型であれば結果も浮動小数点型です。

これは通常、あまり意識しなくてもよいことですが、除算に限っては要注意です。リスト3.5の例を見てみましょう。

▶リスト3.5　DivInteger.java

```
System.out.println(3 / 4);      // 結果：0
```

一見して疑問に思うかもしれませんが、これは当然正しい結果です。整数同士の除算なので、結果も整数となってしまうのです。

演算結果をdouble型に代入しても、整数化されるのは演算のタイミングなので、結果は同じです。

```
double result = 3 / 4;
System.out.println(result);      // 結果：0.0
```

このような場合には、オペランドのいずれかを明示的にdouble型とすることで、正しい結果を得られます。double型リテラルの接尾辞は「d」でした。

```
System.out.println(3d / 4);      // 結果：0.75
```

ゼロ除算での挙動

整数型と浮動小数点型とでは、ゼロ除算の挙動も異なります（リスト3.6）。

▶リスト3.6　DivZero.java

```
System.out.println(5 / 0);      // 結果：エラー (/ by zero) ──────────❶
System.out.println(5 % 0);      // 結果：エラー (/ by zero) ──────────❷
System.out.println(5d / 0);     // 結果：Infinity ─────────────────❸
System.out.println(5d % 0);     // 結果：NaN ────────────────────❹
```

❶❷と❸❹の違いは、オペランドが整数（5）であるか浮動小数点数（5d）であるかという点です。整数のゼロ除算は実行時エラーとなりますが、浮動小数点数のゼロ除算はInfinity（無限大）、NaN（Not a Number：非数）という特殊な値になります。

3.1.5　浮動小数点数の演算には要注意

浮動小数点数を含んだ演算では、時として意図した結果を得られない場合があります。たとえばリスト3.7のようなコードを見てみましょう。

▶リスト3.7　CalcFloat.java

```
System.out.println(Math.floor((0.7 + 0.1) * 10));      // 結果：7.0
```

`Math.floor`は、小数点数を切り捨てるための命令です。この場合、(0.7 + 0.1) × 10は8なので、小数点以下を切り捨てても8となるはずです。しかし、結果は7。

　これは、浮動小数点型が、内部的には2進数で演算されるために発生する誤差です。10進数ではごく単純に表せる0.1という値ですら、2進数の世界では0.0001100110011...という**無限循環小数**となります。結果、(0.7 + 0.1) × 10も、内部的には7.999999999999999...のような値となり、正しい結果を得られません。

　このような問題を避けるためには、`BigDecimal`クラスを利用してください（リスト3.8）。

▶リスト3.8　CalcBigDecimal.java

```java
import java.math.BigDecimal;
...中略...
var bd1 = new BigDecimal("0.7");
var bd2 = new BigDecimal("0.1");
var bd3 = new BigDecimal("10");
System.out.println(bd1.add(bd2).multiply(bd3));    // 結果：8.0
```

　`BigDecimal`クラスは、内部的には小数点数を整数と小数点位置とに分けて管理することで、浮動小数点数では避けられなかった誤差を防ぎます。`add`、`subtract`、`multiply`、`divide`メソッドが、それぞれ「+」「-」「*」「/」を意味します。

　予想通り、演算誤差が解消され、確かに正しい結果（= 8）が得られたことが確認できます。

> *note*　`BigDecimal`クラスをインスタンス化するときには、浮動小数点数リテラルを利用してはいけません。リテラルの段階で、誤差が発生してしまうからです。引数は文字列リテラルとして指定する、が原則です。
>
> 　✕　`var bd1 = new BigDecimal(0.7);`

> *note*　VSCodeでは、メソッドに、引数の名前が薄字で補って表示される場合があります。ただし、これは引数の意味を視認しやすくするための、見た目だけの問題で、本来のコードに引数名（ここでは「val:」）が追加されているわけではありません。

```java
public static void main(String[] args) {
  var bd1 = new BigDecimal(val:"0.7");
  var bd2 = new BigDecimal(val:"0.1");
  var bd3 = new BigDecimal(val:"10");
  System.out.println(bd1.add(bd2).multiply(bd3));
}
```

❖図3.A　引数の名前を補って表示

練習問題　3.1

[1] 前置演算と後置演算の違いについて説明してください。

[2] Javaで以下の演算を実行した場合の結果を答えてください。エラーとなる演算は、「エラー」と答えてください。

①"4" + "5"　　②1++　　③1Ø / 6　　④2.Ø / Ø　　⑤1Ø % 4

3.2　代入演算子

　左辺で指定した変数に対して、右辺の値を設定（代入）するための演算子です（表3.2）。すでに何度も出てきた＝演算子は、代表的な代入演算子の1つです。また、代入演算子には、算術演算子やビット演算子などを合わせた機能を提供する**複合代入演算子**も含まれます。

❖表3.2　主な代入演算子

演算子	概要	用例	
=	変数などに値を代入	x = 1Ø	
+=	左辺と右辺を加算した結果を、左辺に代入	x = 6; x += 4;	➡1Ø
-=	左辺から右辺を減算した結果を、左辺に代入	x = 6; x -= 4;	➡2
*=	左辺と右辺を乗算した結果を、左辺に代入	x = 6; x *= 4;	➡24
/=	左辺を右辺で除算した結果を、左辺に代入	x = 6; x /= 4;	➡1
%=	左辺を右辺で除算した余りを、左辺に代入	x = 6; x %= 4;	➡2
&=	左辺と右辺をビット論理積した結果を、左辺に代入	x = 1Ø; x &= 2;	➡2
|=	左辺と右辺をビット論理和した結果を、左辺に代入	x = 1Ø; x |= 2;	➡1Ø
^=	左辺と右辺をビット排他論理和した結果を、左辺に代入	x = 1Ø; x ^= 2;	➡8
<<=	左辺を右辺の値だけ左シフトした結果を左辺に代入	x = 1Ø; x <<= 2;	➡4Ø
>>=	左辺を右辺の値だけ右シフトした結果を左辺に代入	x = 1Ø; x >>= 2;	➡2

　複合代入演算子は、「左辺と右辺の値を演算した結果をそのまま左辺に代入する」ための演算子です。つまり、次のコードは意味的に等価です（●は、複合演算子として利用できる任意の算術／ビット演算子を表すものとします）。

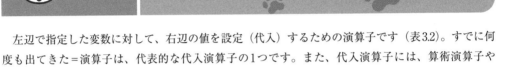

```
i ●= j;  ⟷  i = i ● j;
```

算術／ビット演算した結果をもとの変数に書き戻したい場合には、複合代入演算子を利用することで、コードをよりシンプルに表せます。算術／ビット演算子については、それぞれ対応する節を参照してください。

3.2.1 基本型／参照型による代入

データ型は大きく基本型と参照型とに分類でき、双方には様々な違いがあります。その1つが、代入での挙動です。まずは、具体的なサンプルで確認してみましょう（リスト3.9）。

▶リスト3.9　Substitution.java

```java
var x = 1;
var y = x;
x += 10;
System.out.println(x);     // 結果：11
System.out.println(y);     // 結果：1

var builder1 = new StringBuilder("あいう");
var builder2 = builder1;
builder1.append("えお");
System.out.println(builder1.toString());    // 結果：あいうえお
System.out.println(builder2.toString());    // 結果：あいうえお
```

❶は直観的にも問題ないでしょう。基本型の値は、変数にもそのまま格納されるので、変数xの値を変数yに引き渡す際にも、その値はコピーされます。よって、元の変数xを変更しても、コピー先の変数yに影響は及びません。

一方、参照型の代入は少し複雑です。❷では、例としてStringBuilderオブジェクトを変数builder1に代入し、その中身をさらに変数builder2に代入しています。しかし、参照型では、（値そのものではなく）値を格納しているメモリ上のアドレスが変数に格納されます。よって、「builder2 = builder1」とは、

　　変数builder1に格納されているアドレスを、変数builder2にコピーしている

にすぎません（図3.4）。結果として、変数builder1、builder2は同じオブジェクトを指していることになり、変数builder1への変更はそのままbuilder2にも影響を及ぼすことになります。

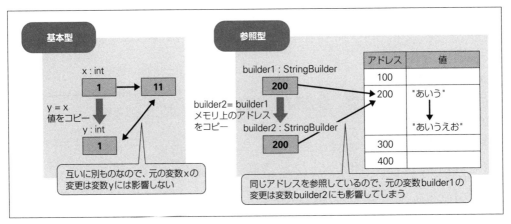

❖図3.4 基本型と参照型の違い（代入）

note プログラムで扱う値は、コンピューター上のメモリに格納されます。メモリには、それぞれの場所を表すための番地（**アドレス**）が振られています。

しかし、コード中で意味のない番号を記述するのでは読みにくく、タイプミスの原因にもなります。それぞれ値の格納先に対して、人間が視認しやすい名前を付けておくのが変数の役割です。変数とは、メモリ上の場所に対して付けられた名札とも言えます。

3.2.2 定数は「再代入できない変数」

2.1.4項で触れた定数への代入についても補足しておきます。

「定数」という語感から誤解されやすいのですが、`final`で修飾された変数は、厳密には「変更できない変数」ではありません。「再代入できない変数」です。つまり、定数であっても、値を変更できてしまう場合があるということです。

ここで、前項同様、基本型と参照型に分けて、挙動の違いを確認しておきましょう。

まずは、基本型から。こちらはシンプルです。再代入できないということは、そのまま値を変更できないということだからです。コードでも確認しておきます。

```
final int VALUE = 10;
VALUE = 15;    // エラー (The final local variable VALUE cannot be assigned.)
```

ところが、参照型になると、事情が変わってきます。たとえば以下の例で❶と❷はともにエラーとなるでしょうか？

```
final int[] VALUES = { 10, 20, 30 };
VALUES = new int[] { 15, 25, 35 };     ────────────────────── ❶
VALUES[0] = 100;                       ────────────────────── ❷
```

　定数を「変更できない変数」と捉えてしまうと、❶と❷はいずれもエラーとなることを期待するはずです。ですが、そうはなりません。❶はエラーですが、❷は動作します。

　まず、❶は配列そのものを再代入しているので、`final`の規約違反です。しかし、❷は配列自身はそのままに、その内容だけを書き換えています（図3.5）。これは`final`違反とは見なされません。これが、定数（`final`変数）が必ずしも変更できないわけではない、と述べた理由です。

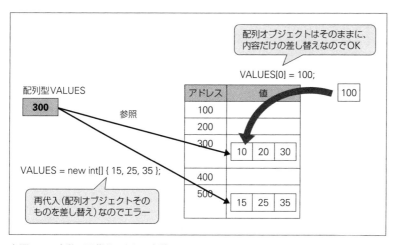

❖図3.5　定数＝再代入できない変数

　なお、参照型でも、たとえば`String`型では、上のような問題は起こりません。`String`型は値を変更できない型（＝不変型）だからです。不変型で「再代入できない」とは「値を変更できない」と同意です。

3.3　関係演算子

　関係演算子は、左辺と右辺の値を比較し、その結果を`true`／`false`として返します（表3.3）。詳細はあとで解説しますが、主に`if`、`while`、`for`などの条件分岐／繰り返し命令で、条件式を表すために利用します。**比較演算子**とも言います。

演算子	概要	用例
==	左辺と右辺の値が等しい場合はtrue	5 == 5 　➡true
!=	左辺と右辺の値が等しくない場合にtrue	5 != 5 　➡false
<	左辺が右辺より小さい場合にtrue	5 < 10 　➡true
>	左辺が右辺より大きい場合にtrue	5 > 10 　➡false
<=	左辺が右辺以下の場合にtrue	5 <= 10 　➡true
>=	左辺が右辺以上の場合にtrue	5 >= 10 　➡false
?:	条件演算子。「条件式 ? 式1 : 式2」。条件式がtrueの場合は式1、falseの場合は式2を返す	5 > 10 ? "正解" : "不正解" 　➡不正解

　関係演算子は、算術演算子とも並んで理解しやすい演算子ですが、よく利用するがゆえに細かな点では注意すべきポイントもあります。

3.3.1　同一性と同値性

　比較演算子を利用するうえで、**同一性**（Identity）と**同値性**（Equivalence）を区別することは重要です。

- 同一性：オブジェクト参照同士が同じオブジェクトを参照していること
- 同値性：オブジェクトが同じ値を持っていること

　以上を踏まえて、まずはリスト3.10のサンプルを見てみましょう。

▶リスト3.10　CompareStringBuilder.java

```java
var builder1 = new StringBuilder("あいう");
var builder2 = new StringBuilder("あいう");
System.out.println(builder1 == builder2);    // 結果：false
```

　変数builder1、builder2は、いずれも「あいう」という文字列を表します。しかし、双方を==演算子で比較した結果はfalse―― 等しくないと見なされてしまうのです。

　もちろん、これはバグではなく、==演算子の仕様です。正確には、==演算子はオペランドの同一性を比較します。この例であれば、builder1、builder2は一見して同じ文字列を表しますが、別々に作成された異なるオブジェクトです（図3.6）。よって、==演算子も「同一でない」と見なすわけです。

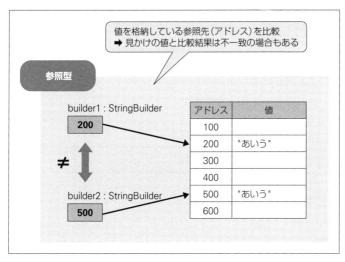

❖図3.6 同一性と同値性

　そこで登場するのが、equalsメソッドです。equalsメソッドは、オブジェクトをその値でもって比較します。たとえばStringBuilderオブジェクトであれば、含まれる文字列を比較します。

　同値性の比較ルールはクラス（オブジェクト）によって異なりますが、まずは、オブジェクト（参照型）はequalsメソッドによって比較する、と覚えておいてください。

　ちなみに、値そのものを格納している基本型では、値が比較の対象となるので、こうした問題は発生しません。

 ただし、文字列の比較では（参照型であるにもかかわらず）==演算子で同値比較しているように見える場合があるので、要注意です。たとえば以下のようなケースです。

▶リスト3.A　CompareString.java

```java
var str1 = "あいう";
var str2 = "あいう";


System.out.println(str1 == str2);         // 結果：true
System.out.println(str1 == "あ" + "いう"); // 結果：true
```

Javaでは、文字列リテラルによって生成されたStringオブジェクトは、

　　同値である限り、同一である

という性質があるからです。しかし、このような現象は限定的な条件下だけのものであり、文字列でも比較にはequalsメソッドを利用すべきです。

3.3.2 浮動小数点数の比較

3.1.5項でも触れたように、浮動小数点数は内部的には2進数として扱われるため、厳密な演算には不向きです。その事情は、比較においても同様です。

たとえば、リスト3.11の比較式は、Javaではfalseとなります。

▶リスト3.11　CompareFloat.java

```
System.out.println(0.2 * 3 == 0.6);    // 結果：false
```

浮動小数点数の比較では、以下のような方法を利用してください。

BigDecimalクラスによる比較

浮動小数点数による演算には、まずはBigDecimalクラス（3.1.5項）を利用するのが基本です。比較には、そのcompareToメソッドを利用してください（リスト3.12）。

▶リスト3.12　CompareBigDecimal.java

```
import java.math.BigDecimal;
...中略...
var bd1 = new BigDecimal("0.2");
var bd2 = new BigDecimal("3");
var bd3 = new BigDecimal("0.6");
System.out.println(bd1.multiply(bd2).compareTo(bd3));    // 結果：0
```

compareToメソッドは、オブジェクトの値が引数よりも大きい場合は1、小さい場合は–1、等しい場合は0を、それぞれ返します。

equalsメソッドもありますが、こちらは有効桁数まで判定する点に注意してください（たとえば1.0と1.00は異なる値と見なされます）。一方、compareToメソッドは有効桁数は無視するので、1.0と1.00は等しいと見なします。

丸め単位を利用した比較

ただし、BigDecimalクラスによるコードは冗長になりがちで、実行効率もよくありません。これを嫌うならば、リスト3.13のような方法もあります。

▶リスト3.13　CompareDouble.java

```
final double EPSILON = 0.00001; ──────────────────────────── ❶
var x = 0.2 * 3;
var y = 0.6;
System.out.println(Math.abs(x - y) < EPSILON);    // 結果：true
```

定数EPSILON（❶）は、誤差の許容範囲を表します（図3.7）。**計算機イプシロン、丸め単位**などとも呼ばれます。この例では、小数第5位までの精度を保証したいので、イプシロンは0.00001とします。

あとは、浮動小数点数同士の差を求め（`Math.abs`は絶対値を求める命令です）、その値がイプシロン未満であれば、保証した桁数までは等しいということになります。

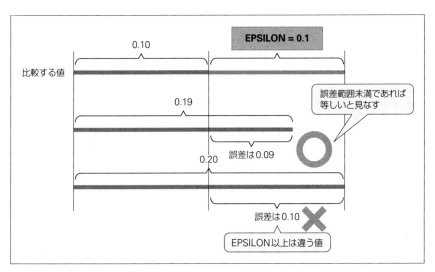

❖図3.7　浮動小数点数の比較（小数点以下第1位の場合）

3.3.3　配列の比較

配列の比較には、`==`演算子はもちろん、`equals`メソッドも利用できません。いずれも参照を比較するため、たとえばリスト3.14のようなコードは期待した結果を得られません。

▶リスト3.14　CompareArray.java

```java
var data1 = new String[] { "あ", "い", "う" };
var data2 = new String[] { "あ", "い", "う" };
System.out.println(data1 == data2);        // 結果：false
System.out.println(data1.equals(data2));   // 結果：false
```

配列を比較するには、`Arrays`クラス（`java.util`パッケージ）の`equals`メソッドを利用してください。

```java
System.out.println(Arrays.equals(data1, data2));    // 結果：true
```

ただし、equals メソッドでも入れ子の配列は対応できません。これには、deepEquals メソッド
を利用してください（リスト3.15）。

▶リスト3.15　CompareArrayDeep.java

```java
import java.util.Arrays;
...中略...
var data1 = new int[][] {
  { 1, 2, 3 },
  { 4, 5, 6 },
  { 7, 8, 9 },
};
var data2 = new int[][] {
  { 1, 2, 3 },
  { 4, 5, 6 },
  { 7, 8, 9 },
};
System.out.println(Arrays.equals(data1, data2));        // 結果：false
System.out.println(Arrays.deepEquals(data1, data2));    // 結果：true
```

さらに、Java 9以降であれば、配列の大小を比較するための compare メソッドもあります（リス
ト3.16）。compare メソッドでは、配列を先頭要素から順に比較し、より大きい／小さい要素が見つ
かったところで、配列全体として大小を確定します。戻り値は、配列1＞配列2の場合は正数、配列
1＝配列2の場合は0、配列1＜配列2の場合は負数です。

▶リスト3.16　CompareArrayMethod.java

```java
import java.util.Arrays;
...中略...
var data1 = new int[] {1, 3};
var data2 = new int[] {1, 2, 3};
var data3 = new int[] {1, 2, 3};
var data4 = new int[] {1, 3, 1};
var data5 = new int[] {1, 2, 3, 4};
System.out.println(Arrays.compare(data1, data2));    // 結果：1 —————————— ❶
System.out.println(Arrays.compare(data2, data3));    // 結果：0
System.out.println(Arrays.compare(data3, data4));    // 結果：−1
System.out.println(Arrays.compare(data3, data5));    // 結果：−1 ————————— ❷
```

文字列の比較と同じで、要素の多寡は配列の大小に影響しません。❶でも、配列サイズはdata2の
方が大きいものの、2番目の要素を比較した時に3＞2なので、data1＞data2と見なされます。
ただし、❷のように存在する要素の値までが等しい場合には、配列サイズが大きい方が大きいと見
なされます。

3.3.4 オートボクシングされた値の比較

オートボクシングされた基本型の値を==演算子で比較する場合、不可思議な結果が得られます。まずは、リスト3.17のコードを確認してみましょう。

> *note* 本項の理解には、オートボクシングの理解が前提となります。ここではコードの意図のみを説明するので、5.1.1項でオートボクシングを理解したあと、再度読み解くことをお勧めします。

▶リスト3.17　CompareInteger.java

```java
Integer i1 = 108;
Integer i2 = 108;
System.out.println(i1 == i2);     // 結果：true ──────────────── ❶

Integer j1 = 256;
Integer j2 = 256;
System.out.println(j1 == j2);     // 結果：false ─────────────── ❷
```

❶と❷がいずれも参照で比較するならば、いずれもfalseにならなければいけませんし、値で比較するならば、いずれもtrueになるはずです。しかし、双方の結果は異なります。

結論から言ってしまうと、これはオートボクシングに際して、

　　一部の基本型の値がメモ化（キャッシュ）された

ことによります。具体的には、以下の値がメモ化の対象となります。

- true／false
- byte値
- \u0000〜\u007fのchar値
- −128〜127範囲のshort／int

これらの値ではメモ化の結果、参照の比較と値の比較とが同じ結果を得られます。もっと言うならば、

　　boolean／byte値はオートボクシングによっても==演算子の結果は変動しないが、それ以外の基本型では値範囲によってボクシング前後で結果が変動する可能性がある

ということです。

上の結果であれば、int型の値108はメモ化の対象範囲内ですが、256は範囲から外れるので、双

演算子

方の結果がくい違います。これらの挙動は直観的でもなければ、メモ化の細かな挙動を覚えておくことも建設的ではありません。まずは、

オートボクシングされた基本型の値（ラッパーオブジェクト）は、equalsメソッドで比較する

と覚えておくのがシンプルです。

3.3.5 条件演算子

「?:」は、与えられた条件式がtrueの場合は式1を、さもなくば式2を返す演算子です。条件に応じて値を振り分けることから**条件演算子**とも呼ばれます。

構文 条件演算子

```
条件式 ? 式1 : 式2
```

リスト3.18は、変数ageが20以上であれば「おとな」、さもなければ「こども」を表示するサンプルです。

▶リスト3.18　Condition.java

```
var age = 30;
System.out.println(age >= 20 ? "おとな" : "こども");    // 結果：おとな
```

変数ageの値を20未満にしたときに、結果が変化することも確認してください。

条件演算子は、オペランドを3個必要とすることから、**三項演算子**と呼ばれることもあります。ちなみに、「*」「/」のように、オペランドが2個の演算子を**二項演算子**、「++」「--」のようにオペランドが1個の演算子を**単項演算子**と呼びます。一般的には、二項演算子では演算子の前後にオペランドを、単項演算子では演算子の前後いずれかにオペランドを、それぞれ記述します。
最も種類が多いのは二項演算子で、逆に三項演算子は条件演算子（?:）だけです。演算子によっては、「-」のように用途によって単項演算子になったり二項演算子になったりするものもあります（「-5」「5 - 2」のように、です）。

式の値を振り分けるような状況では、if命令（4.1.1項）よりもシンプルに表現できますが、以下のような注意／制約もあります。

（1）式1、2はなんらかの値を返すこと

たとえば、以下のようなコードは不可です。printlnメソッドは値を返さないからです。

```
flag ? System.out.println("おとな") : System.out.println("こども");
```

この例であれば、if命令で表すか、以下のように文字列だけを分岐します。

```
System.out.println(flag ? "おとな" : "こども");
```

（2）条件演算子の乱用はコードの可読性を落とす

たとえば、以下のコードを見てみましょう。

```
System.out.println(x1 ? x2 ? 2 : 1 : 0);
```

コードそのものはシンプルですが、どのような条件のときにどの値が採用されるかを知るには、おそらく一息以上の時間が必要でしょう。カッコを付ければ、若干改善されますが、それでも直観的とは言えません（if命令で表したほうが素直です）。

```
System.out.println(x1 ? (x2 ? 2 : 1) : 0);
```

練習問題 3.2

[1] String型の変数valueがnullの場合は「値なし」、そうでなければvalueの値を出力するようなコードを、条件演算子を利用して書いてみましょう。

[2] 以下の式を評価した場合の結果をtrue／falseで答えてください。エラーになる式は「エラー」とします。

①"123".equals("123")

②"123" == 123

③new StringBuilder("あいう") == new StringBuilder("あいう")

④Arrays.equals(new int[] { 1, 2, 3 }, new int[] { 1, 2, 3 })

3.4 論理演算子

論理演算子は、複数の条件式（または真偽値）を論理的に結合し、その結果をtrue／falseとして返します（表3.4）。前述の関係演算子と組み合わせて利用するのが一般的です。論理演算子を利用することで、より複雑な条件式を表現できるようになります。

❖表3.4　主な論理演算子（用例のxはtrue、yはfalseを表すものとする）

演算子	概要	用例	
&&	論理積。左右の式がともにtrueの場合にtrue	x && y	➡false
||	論理和。左右の式いずれかがtrueの場合にtrue	x || y	➡true
^	排他的論理和。左右の式いずれか一方だけがtrueの場合にtrue	x ^ y	➡true
!	否定。式がtrueの場合はfalse、falseの場合はtrue	!x	➡false

　論理演算子の結果は、左右の式の値によって決まります。左式／右式の値と具体的な論理演算の結果を、表3.5にまとめておきます。

❖表3.5　論理演算子による評価結果

左式	右式	&&	||	^
true	true	true	true	false
true	false	false	true	true
false	true	false	true	true
false	false	false	false	false

　これらの規則をベン図で表現すると、図3.8のようになります。

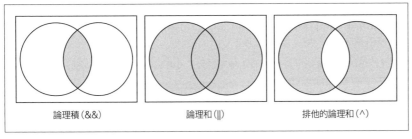

論理積(&&)　　　　　論理和(\|\|)　　　　　排他的論理和(^)

❖図3.8　論理演算子

3.4.1　ショートカット演算（短絡演算）

　論理積／論理和演算では、「ある条件のもとでは、左式だけが評価されて右式が評価されない」場合があります。このような演算のことを**ショートカット演算**、あるいは**短絡演算**と言います。
　まずは、具体的な例を見てみましょう（図3.9）。

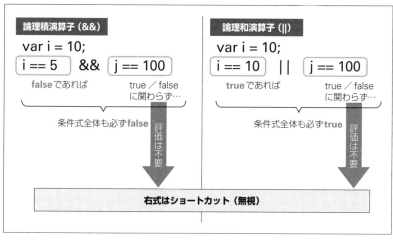

❖図3.9　ショートカット演算（短絡演算）

　表3.5で見たように、論理積（&&）演算子では、左式がfalseである場合、右式がtrue／false
いずれであるとに関わらず、条件式全体はfalseとなります。つまり、左式がfalseであった場合、
論理積演算子では右式を評価する必要がないわけです。そこで、論理積演算子は、このようなケース
で右式の実行をショートカット（スキップ）します。

　論理和（||）演算子でも同様です。論理和演算子では、左式がtrueである場合、右式に関わら
ず、条件式全体は必ずtrueとなります。よって、この場合は右式の評価をスキップするのです。

> note
> ちなみに、論理積／論理和演算子には、もうひとつ「&」「|」演算子があります（3.5節）。判定
> のルールは「&&」「||」演算子と同じですが、ショートカットの性質を持たない点が異なります。

　ショートカット演算を利用した典型的なコードを、リスト3.19に示します（if命令については
4.1.1項も合わせて参照してください）。

▶リスト3.19　Shortcut.java

```java
String str = null;
// 変数strが「https://」で始まる場合にメッセージを表示
if (str != null && str.startsWith("https://")) {
  System.out.println("「https:// ～」で始まります。");
}
```

　startsWithは、文字列が指定された文字列（ここでは「https://」）で始まるかどうかを確認
するためのメソッドです。startsWithメソッドだけを呼び出す、以下のコードは不可です。

```
if(str.startsWith("https://")) {...}
```

変数strがnullの場合、startsWithメソッド呼び出しはNullPointerException例外の原因となるからです（2.5.1項）。これを避けるには、リスト3.19のように、「str != null」でnullチェックをしてからメソッドを呼び出します。先ほども触れたように、&&演算子は左式がfalseの場合に右式の評価をスキップします。つまり、この例であれば、変数strがnullであればstartsWithメソッドも呼び出されません。

ちなみに、リスト3.19を以下のように書き換えた場合には（&&→&）、やはりNullPointerException例外（エラー）となります。&演算子は、左辺の値に関わらず、ショートカット演算しないからです。

```
if(str != null & str.startsWith("https://")) {...}
```

- -

note nullチェックには、!=演算子の他にもObjects.isNull／Objects.nonNull静的メソッド（java.utilパッケージ）も利用できます。本文のコードは、以下のように書いても同じ意味です。

```
if(!Objects.isNull(str) && str.startsWith("https://")) {...}
if(Objects.nonNull(str) && str.startsWith("https://")) {...}
```

また、nullチェックとequalsメソッドの組み合わせであれば、同じくObjects.equals静的メソッドを利用できます。

```
if(str != null && str.equals(str2)) {...}
➡ if(Objects.equals(str, str2)) {...}
```

Objects.equalsメソッドでは、比較するオブジェクトのいずれかがnullであってもNullPointerException例外は発生しません（明示的なnullチェックは不要です）。

- -

3.5 ビット演算子

ビット演算子は、ビット演算を行うための演算子です（表3.6）。ビット演算とは、整数を2進数で表したときの各桁（ビット単位）を論理計算する演算のことです。初学者は利用する機会もそれほど多くないので、まず先に進みたいという方は、この節を読み飛ばしてもかまいません（本書では、ビット演算の具体的な例を9.3.4項で扱っています）。

❖表3.6　主なビット演算子
（用例は「元の式➡2進数表記の式➡2進数での結果➡10進数での結果」の形式で表記）

演算子	概要	用例
&	論理積。左式／右式の双方にセットされているビットをセット	10 & 1 ➡ 1010 & 0001 ➡ 0000 ➡ 0
|	論理和。左式／右式のいずれかにセットされているビットをセット	10 | 1 ➡ 1010 | 0001 ➡ 1011 ➡ 11
^	排他的論理和。左式／右式のいずれかでセットされており、かつ、双方にセットされていないビットをセット	10 ^ 1 ➡ 1010 ^ 0001 ➡ 1011 ➡ 11
~（チルダ）	否定。ビットを反転	~10 ➡ ~1010 ➡ 0101 ➡ −11
<<	ビットを左にシフト	10 << 1 ➡ 1010 << 1 ➡ 10100 ➡ 20
>>	ビットを右にシフト	10 >> 1 ➡ 1010 >> 1 ➡ 0101 ➡ 5
>>>	ビットを右にシフトし、シフト分をゼロで埋める	10 >>> 2 ➡ 1010 >>> 2 ➡ 0010 ➡ 2

　ビット演算子は、さらに**ビット論理演算子**と**ビットシフト演算子**とに分類できます。これらの挙動は初学者にとってはわかりにくいと思いますので、それぞれの大まかな流れを補足しておきます。

3.5.1　ビット論理演算子

　たとえば、図3.10は論理積演算子（&）を利用した演算の流れです。

　このように、ビット演算では、与えられた整数を2進数に変換したうえで、それぞれの桁について論理演算を実施します。論理積では、双方のビットが1（true）である場合にだけ結果も1（true）、それ以外は0（false）を返します。ビット演算子は、演算の結果（ここでは0001）を再び10進数に戻したもの（ここでは1）を返します。

　もうひとつ、否定（~）演算子についても見てみましょう（図3.11）。

　否定演算では、すべてのビットを反転させるので、結果は1010（10進数で10）になるように思えます。しかし、結果は（実際に試してみればわかるように）−6です。これは、否定演算子が正負を表す符号も反転させているためです。

　ビット値で負数を表す場合、「ビットを反転させて

```
10進数      2進数      10進数

  5    →    0101
  3    →   &0011
            ───────
           0001    →    1
```

❖図3.10　ビット論理演算子

```
10進数      2進数      10進数

  5    →    ~0101

           1010    →    -6
```

❖図3.11　否定演算子

1を加えたものが、その絶対値となる」というルールがあります。つまり、ここでは「1010」を反転させた「0101」に1を加えた「0110」（10進数では6）が絶対値となり、符号を加味した結果が−6となるわけです。

3.5.2 ビットシフト演算子

図3.12は、左ビット演算子を使った演算の例です。

ビットシフト演算も、10進数をまず2進数として演算するまでは同じです。そして、その桁を左または右に指定の桁だけ移動します。左シフトした場合、シフトした分、右側の桁を0で埋めます。つまり、ここでは「1010」（10進数では10）が左シフトの結果「101000」となるので、演算結果はその10進数表記である40となります。

10進数		2進数		10進数
10	→	1010		
		———		<< 2
		101000	→	40

❖図3.12　ビットシフト演算子

右ビットシフトも、基本的な考えは左シフトと同じですが、シフトの結果、左側にできた空きビット（符号ビット）をどのような値で埋めるかが問題となります。何度か触れていますが、整数型では最上位のビットは符号を表します（0が正数、1が負数です）。このとき、最上位のビット（符号）を維持するシフトを**算術シフト**、最上位のビットに関わらず、0で穴埋めするシフトを**論理シフト**と言います。

Javaでは、算術シフトを>>演算子、論理シフトを>>>演算子と、区別しています（図3.13）。

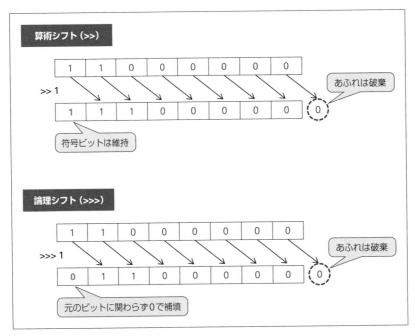

❖図3.13　算術シフトと論理シフト

3.6 演算子の優先順位と結合則

式に複数の演算子が含まれている場合、これらがどのような順序で処理されるかを知っておくことは重要です。このルールを規定したものが、演算子の**優先順位**と**結合則**です。特に、式が複雑な場合には、これらのルールを理解しておかないと、思わぬところで思わぬ結果に悩まされることになるので注意してください。

3.6.1 優先順位

たとえば、数学の世界で考えてみましょう。「5 + 4 × 6」は、「9 × 6 = 54」ではなく「5 + 24 = 29」です。こうなるのは、数学の世界では + 演算よりも × 演算を先に計算しなければならないというルールがあるためです。言い換えれば、× 演算は + 演算よりも優先順位が高い、ということです。

同様に、Javaの世界でも、すべての演算子に対して優先順位が決められています（表3.7）。1つの式の中に複数の演算子がある場合、Javaは優先順位の高い順に演算を行います。

この章ではまだ触れていないものもありますが、まずはこんな演算子もあるんだな、という程度でながめてみましょう。

❖表3.7　演算子の優先順位

優先順位	演算子
高い	（引数）、[]、.、new
	++（後置）、--（後置）
	++（前置）、--（前置）、+（単項）、-（単項）、!、~、（キャスト）
	*、/、%
	+、-（算術）
	<<、>>、>>>
	>、>=、<、<=、instanceof
	==、!=
	&
	^
	|
	&&
	||
	?:
低い	=、+=、-=、*=、/=、%=、&=、|=、^=、<<=、>>=、>>>=

このようにして見ると、随分とたくさんあるものです。これだけの演算子の優先順位をすべて覚えるのは現実的ではありませんし、苦労して書いたコードをあとで読み返したときに、演算の順序がひと目でわからないようでは、それもまた問題です。

そこで、複雑な式を書く場合には、できるだけ丸カッコを利用して、演算子の優先順位を明確にしておくことをお勧めします。丸カッコで囲まれた式は、最優先で処理されます（数学の場合と同じです）。

```
5 * 3 + 4 * 12 ➡ (5 * 3) + (4 * 12)
```

この程度の式であれば、あえて丸カッコを付ける必要性は感じられないかもしれません。しかし、もっと複雑な式の場合は、丸カッコによって優先順位が明確になるので、コードが読みやすくなり、誤りも減ります。丸カッコはうるさくならない範囲で、積極的に利用すべきです。

 ## 3.6.2 結合則

異なる演算子の処理順序を決めるのが優先順位であるとすれば、同じ優先順位の演算子を処理する順序を決めるのが結合則です。**結合則**とは、優先順位の同じ演算子が並んでいる場合に、演算子を左から右、右から左のいずれの方向に処理するかを決めるルールです。

表3.8に、基本的なルールをまとめておきます。

❖表3.8　演算子の結合則

結合性	演算子の種類	演算子
左 ⟶ 右	算術演算子	+、-、*、/、%、++（後置）、--（後置）
	比較演算子	<、<=、>、>=、==、!=、===、!==
	論理演算子	&&、||
	ビット演算子	<<、>>、>>>、&、^、
右 ⟶ 左	算術演算子	++（前置）、--（前置）、+（単項）、-（単項）
	代入演算子	=、+=、-=、*=、/=、% =、&=、^=、|=、<<=、>>=、>>>=
	論理演算子	!
	ビット演算子	~
	条件演算子	?:
	その他	（キャスト）

たとえば、以下の式は意味的に等価です。

```
5 * 6 / 2 ⟷ (5 * 6) / 2
```

これは*演算子と/演算子の優先順位は同じで、かつ、左→右（**左結合**）の結合則を持つためです。

二項演算子では、大部分が左結合の性質を持っており、右結合となるのは代入演算子のみです（それ以外で右結合となるのは、単項演算子と三項演算子です）。たとえば、以下の式は意味的に等価です。

```
j = i += 10  ⟷  j = (i += 10)
```

=と+=が同じ優先順位で、**右結合**の性質を持つので、右から順に評価されているのです（図3.14）。上の式では、変数iに10を加えた結果が変数jに代入されます。

概念だけ聞くと、結合則は難しく聞こえるかもしれませんが、具体的に見れば、実はごく当たり前のルールを示していることがわかるでしょう。

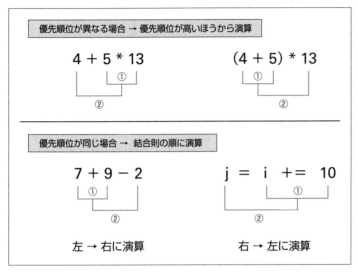

❖図3.14　結合則

☑ この章の理解度チェック

[1] 表3.Aは、Javaで利用できる演算子についてまとめたものです。空欄を埋めて表を完成させてください。ただし、⑤は3個以上挙げてください。

❖表3.A　Javaで利用できる主な演算子

種類	演算子
①	+、−、*、/、%、++、−−など
②	=、+=、−=、*=、/=など
関係演算子	==、!=、<、>、条件演算子（ ③ ）など
④	&&、‖、^、!など
ビット演算子	⑤

[2] リスト3.Bのコードは、代入演算子を利用したものです。コードが終了したときの変数x、y、builder1、builder2の値を答えてください。

▶リスト3.B　Practice2.java

```java
var x = 6;
var y = x;
y -= 2;

var builder1 = new StringBuilder("いろは");
var builder2 = builder1;
builder1.append("にほへと");
```

[3] リスト3.Cのコードは正しく動作しません。その理由を説明したうえで、正しいコードに直してみましょう。

▶リスト3.C　Practice3.java

```java
String str = null;
if(str.endsWith(".java")) {
    System.out.println("拡張子は.javaです。");
}
```

 ヒント ----- endsWithは、文字列が指定された文字列で終わるかを確認するためのメソッドです。-----

[4] 次の文章は、演算子の処理についてまとめたものです。空欄を埋めて、文章を完成させてください。

式の中に複数の演算子が含まれている場合、どのような順序で処理するのかを定義したものが　①　と　②　です。「x + y * z」では、「x + y」よりも「y * z」のほうが　①　が　③　ので、「y * z」が先に計算されます。
また、「x - y + z」では、「+」「-」演算子の　①　は　④　で、かつ、左➡右の　②　を持つので、「x - y」が先に計算されます。右➡左の　②　を持つ二項演算子は　⑤　だけです。

制御構文

Chapter **4**

一般的に、プログラムの構造は、大きく3つに分類できます。

- 順次（順接）：記述された順に処理を実行
- 選択：条件によって処理を分岐
- 反復：特定の処理を繰り返し実行

順次／選択／反復を組み合わせながらプログラムを開発していく手法のことを**構造化プログラミング**と言い、多くのプログラミング言語の基本的な考え方となっています。そして、それはJavaも同じで、構造化プログラミングのための**制御構文**を標準で提供しています。本章では、これらの制御構文について解説していきます。

4.1 条件分岐

ここまでのプログラムは、記述された順に処理を実行していくだけでした（いわゆる順次です）。しかし、実際のアプリでは、ユーザーからの入力値や実行環境、その他の条件によって、処理を切り替えるのが一般的です。いわゆる構造化プログラミングの「選択」です。

本節では、条件分岐構文に属する if／switch という命令について、順に見ていくことにします。

 4.1.1 if命令——単純分岐

if は、与えられた条件が true／false いずれであるかによって、実行すべき処理を決める命令です。その名の通り、「もしも〜だったら…、さもなくば…」という構造を表現しているわけです。

構文 if命令

```
if(条件式) {
    ...条件式がtrueのときに実行する処理...
} else {
    ...条件式がfalseのときに実行する処理...
}
```

具体的なサンプルも見てみましょう。リスト4.1は、変数iの値が10であった場合に「変数iは10です。」というメッセージを、そうでなかった（＝変数iが10でなかった）場合に「変数iは10ではありません。」というメッセージを表示します。

```
var i = 10;
if (i == 10) {
  System.out.println("変数iは10です。");
} else {
  System.out.println("変数iは10ではありません。");
}    // 結果：変数iは10です。
```

変数iを10以外の値に書き換えて実行すると、「変数iは10ではありません。」というメッセージが表示されることも確認してみましょう。

このように、if命令では、指定された条件式がtrue（真）である場合は、その直後のブロックを、false（偽）である場合にはelse以降のブロックを、それぞれ選択して実行します。

ブロックとは、{...}で囲まれた部分のことです。if、else直後のブロックのことを、それぞれifブロック、elseブロックと言います。

> *note* この程度の分岐であれば、条件演算子を利用してもかまわないでしょう。以下のコードはリスト4.1のif命令を条件演算子で置き換えたものです。
>
> ```
> System.out.println(i == 10 ?
>   "変数iは10です。" : "変数iは10ではありません。");
> ```

変数iが10のときだけ処理を実行したい場合には、リスト4.2のようにelse以降を省略してもかまいません。

▶リスト4.2 IfBasic2.java

```
var i = 10;
if (i == 10) {
  System.out.println("変数iは10です。");
}
```

条件式を指定する場合の注意点

if命令に限らず、制御構文を扱うようになると、条件式の記述は欠かせません。以下では、条件式を表す場合に注意しておきたい点を、いくつかまとめておきます。

(1) 「10 == i」という書き方

比較演算子は=ではなく==である点に注意してください。言語によっては、

```
if (i = 10) { ... }
```

のような条件式を認めるものもあるため（そして、それはたいてい誤りです）、人によっては、意図して以下のようなコードを書く場合もあります。

```
if (10 == i) { ... }
```

このようにすることで、誤って「10 = i」とした場合にも、数値リテラル（10）に変数は代入できず、コンパイルエラーとなるからです。

しかし、Javaではそもそも「i = 10」はboolean値を返さないので、コンパイルエラーとなります。あえて「10 == i」といった一見して特異な式を表す必要はありません（特別な意図があるのではないかと勘繰られてしまうため、むしろ「読みにくいコード」となります）。

(2) boolean型の変数を==で比較しない

たとえば、以下のようなコードを書くべきではありません。

```
if(flag == true)
```

これは、単に、

```
if(flag)
```

と書けば十分だからです。同じく、「flag == false」は「!flag」と表すべきです。

「flag == true」「flag == false」という表現が望ましくないのは、単に冗長という理由だけではありません。

（1）でも触れたように、==を誤って=と書いてしまうのはよくあることです。そして、

```
if(flag = false)
```

は代入式「flag = false」がfalseを返すので、コンパイルエラーとなりません。しかも、flagの値に関わらず、ブロックの内容は実行されなくなってしまいます。

このような問題も、boolean値の==比較を避ければ、未然に防げます。

(3) 条件式からはできるだけ否定を取り除く

論理演算子は複合的な条件を表すのに欠かせませんが、時として、思わぬバグの温床ともなるので要注意です。特に否定＋論理演算子の組み合わせは、一般的な人間の感覚でわかりにくいので、できるだけ肯定表現に置き換えるべきです。

```
// 役職がマネージャーでもチーフでもない場合
if ((!member.isManager()) && (!member.isChief())) { ... }
```

このような場合に利用できるのが**ド・モルガンの法則**です。一般的に、次のような関係が成り立ちます。

```
!A && !B == !(A || B)
!A || !B == !(A && B)
```

上の関係が成り立つことは、ベン図を利用することで簡単に証明できます（図4.1）。

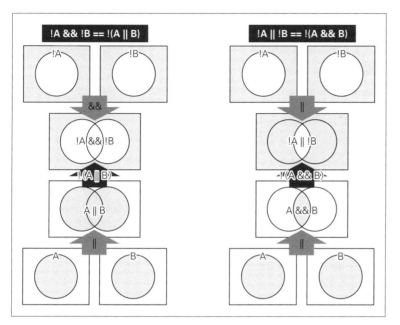

❖図4.1 ド・モルガンの法則

ド・モルガンの法則を利用することで、先ほどの条件式は以下のように書き換えられます。否定同士の論理積に比べると、ぐんと意味がとりやすくなったと思いませんか。

```
if (!(member.isManager() || member.isChief())) { ... }
```

さらに否定を取り除くならば、処理そのものをelseブロックに移動してもかまいません。

```
if (member.isManager() || member.isChief()) {
  ; ➡空文
} else {
  ...任意の処理...
}
```

ifブロックは省略できないので、このように空文だけを書いておきます。**空文**とは、文末のセミコロンだけを示した中身のない文のことです。実質的な意味はありませんが、空文を明示することで、コードの抜けではなく、意図して空としていることを示せます。

補足 if命令によるコメントアウト

if命令は、コメントアウトの用途で利用することもできます。

```
if (false) {
  ...コメントアウトするコード...
}
```

条件式がfalse固定なので、ブロック配下のコードは常に実行されません。条件式が定数（リテラル）であることから、**定数条件式**とも言います。

複数行にまたがるコードをまとめてコメントアウトできるという意味では、/*...*/と同じですが、異なる点——ifならではのメリットもあります。

- 複数行コメントを含んだコードもコメントアウトできる（/*...*/の入れ子はできません）
- 「if (DEV) {...}」のようにすることで、定数値を変更するだけで複数箇所の有効／無効をまとめて切り替えられる

ただし、もちろんメリットばかりではありません。というのも、ifはもともとコメントアウトを目的とした構文ではありません。乱用によって、本来の条件分岐とコメントとが区別しにくくなり、結果としてコードが読みにくくなるおそれもあります。

基本は、開発／本番環境の切り替えなど、限られた用途でのみ利用してください。

4.1.2 if命令——多岐分岐

else ifブロックを利用することで、「もしも◇◇だったら…、■■であれば…、いずれでもなければ…」という多岐分岐も表現できます。

構文 if...else if命令

```
if(条件式1) {
  ...条件式1がtrueのときに実行する処理...
} else if(条件式2) {
  ...条件式2がtrueのときに実行する処理...
}
...
} else {
  ...条件式1、2...がいずれもfalseのときに実行する処理...
}
```

else ifブロックは、分岐に応じて必要な数だけ列記できます。

具体的な例も見てみましょう（リスト4.3）。

▶リスト4.3　IfElse.java

```
var i = 100;
if (i > 50) {
  System.out.println("変数iは50より大きいです。");
} else if (i > 30) {
  System.out.println("変数iは30より大きく、50以下です。");
} else {
  System.out.println("変数iは30以下です。");
}    // 結果：変数iは50より大きいです。
```

しかし、この結果を疑問に感じる人もいるかもしれません。変数iは、条件式「i > 50」にも「i > 30」にも合致するのに、表示されるメッセージは「変数iは50より大きいです。」だけ。メッセージ「変数iは30より大きく、50以下です。」も表示されるのではないでしょうか。

結論から言ってしまうと、ここで示したものが（当然ながら）正しい結果です。というのも、if...else if命令では、

　　　複数の条件に合致しても、実行されるブロックは最初に合致した1つだけ

だからです。つまり、ここでは「i > 50」のブロックに最初に合致するので、それ以降のブロックは無視されます。

よって、リスト4.4のようなコードは意図した結果にはなりません。

▶リスト4.4　IfElse2.java

```
var i = 100;
if (i > 30) {
  System.out.println("変数iは30より大きく、50以下です。");
} else if (i > 50) {
  System.out.println("変数iは50より大きいです。");
} else {
  System.out.println("変数iは30以下です。");
}    // 結果：変数iは30より大きく、50以下です。
```

この場合、変数iは最初の条件式「i > 30」に合致してしまうため、次の条件式「i > 50」はそもそも判定すらされないのです（図4.2）。else ifブロックを利用する場合には、条件式を範囲の狭いものから順に記述してください。

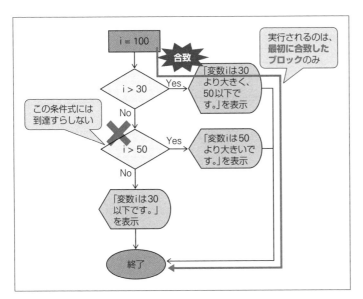

❖図4.2 if命令（複数分岐の注意点）

別解として、リスト4.4の太字部分を「i > 30 && i <= 50」のように書き換えても動作します。しかし、あえて条件式を複雑にするよりも、リスト4.3のように正しい順序で記述したほうがコードも簡潔になりますし、思わぬ間違いも防げるでしょう。

4.1.3　if命令──入れ子構造

if命令は、互いに入れ子にすることもできます。たとえばリスト4.5は、図4.3のような分岐を表現する例です。

▶リスト4.5　IfNest.java

```java
var i = 1;
var j = 0;
if (i == 1) {
  if (j == 1) {
    System.out.println("変数i、jは1です。");
  } else {
    System.out.println("変数iは1ですが、jは1ではありません。");
  }
} else {
  System.out.println("変数iは1ではありません。");
}    // 結果：変数iは1ですが、jは1ではありません。
```

このように制御命令同士を入れ子に記述することを**ネストする**と言います。ここでは、if命令のネストについて例示しますが、後述するswitch、while／do...while、forなどの制御命令でも同じようにネストは可能です。

ネストの深さには制限はありませんが、コードの読みやすさ、テストの容易性という意味では、あまりに深いネストは避けるべきです。また、ネストに応じてインデント（字下げ）を付けることで階層を視覚的に把握できるので、コードの可読性が向上します。構文規則ではありませんが、心掛けておくとよいでしょう。

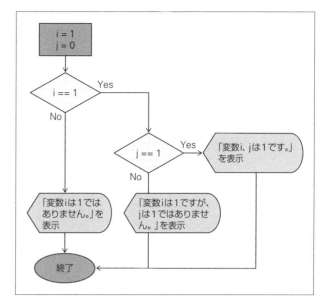

❖図4.3　if命令（入れ子）

 ## 4.1.4　補足 中カッコは省略可能

if、else if、elseブロック配下の文が1つである場合、ブロックを表す{...}は省略できます。よって、リスト4.6は構文的には正しいコードです。

▶リスト4.6　IfOmit.java

```
var i = 1;
if (i == 1)
  System.out.println("変数iは1です。");
else
  System.out.println("変数iは1ではありません。");
    // 結果：変数iは1です。
```

しかし、{...}を省略しても、それほどコードが短くなるわけではありません。むしろ、ブロックの範囲が不明確になり、バグの温床にもなりやすいことからお勧めしません。

たとえば、リスト4.7のような例を考えてみましょう。

▶リスト4.7　IfOmit2.java

```java
var i = 1;
var j = 0;
if (i == 1)
  if (j == 1)
    System.out.println("変数i、jは1です。");
else
  System.out.println("変数iは1ではありません。");
```

　インデントだけを見ると、「変数i、jの双方が1の場合」または「変数iが1でない場合」に、それぞれ対応するメッセージを表示するコードに見えます。よって、上の例であれば、なにも表示されない、が正しい結果のはずです。

　しかし、実際には「変数iは1ではありません。」というメッセージを表示します。結論から言ってしまうと、

　　　中カッコを省略した場合、elseブロックは直近のif命令に対応している

ものと見なされるのです。そのため、ここでは条件式「j == 1」がfalseなので、対応するelseブロックでメッセージ「変数iは1ではありません。」が表示されてしまう、というわけです。もちろん、これは本来の意図からすれば、誤った動作です。

　意図した挙動で実行するには、リスト4.8のように{...}で、ブロックの対応関係を明示してください。

▶リスト4.8　IfOmit3.java

```java
var i = 1;
var j = 0;
if (i == 1) {
  if (j == 1) {
    System.out.println("変数i、jは1です。");
  }
} else {
  System.out.println("変数iは1ではありません。");
}
```

　サンプルを実行すると、今度はなにも表示されなくなり、正しく条件分岐されていることが確認できます。ここで示したのは、{...}を省略した場合のまぎらわしい例の1つにすぎませんが、このような状況を考えても、{...}はきちんと明示するのが無難です（そもそもあとから文を書き足した場合に、{...}も書き足すのはかえって面倒ですし、それこそ漏れの原因となります）。

4.1.5 switch命令

ここまでの例を見てもわかるように、if命令を利用することで、シンプルな条件分岐から複雑な多岐分岐までを柔軟に表現できます。しかし、リスト4.9のような例ではどうでしょうか？

▶リスト4.9　SwitchPre.java

```java
var rank = "甲";

if (rank.equals("甲")) {
  System.out.println("大変良いです。");
} else if (rank.equals("乙")) {
  System.out.println("良いです。");
} else if (rank.equals("丙")) {
  System.out.println("がんばりましょう。");
} else {
  System.out.println("？？？");
}
```

「変数.equals(値)」の条件式が同じように並んでいるため、見た目にも冗長に思えます。このようなケースでは、switch命令を利用すべきでしょう。switch命令は、「等価演算子による多岐分岐」に特化した条件分岐命令です。switch命令を利用することで、同じような式を繰り返し記述する必要がなくなるので、コードがすっきりと読みやすくなります。

構文 switch命令

```java
switch(式) {
  case 値1:
    ...「式 = 値1」の場合に実行する処理...
    break;
  case 値2:
    ...「式 = 値2」の場合に実行する処理...
    break;
  ...
  default:
    ...すべての値に合致しない場合に実行する処理...
    break;
}
```

リスト4.10は、先ほどのコードをswitch命令で書き換えたものです。

```java
var rank = "甲";

switch (rank) {
  case "甲":
    System.out.println("大変良いです。");
    break;

  case "乙":
    System.out.println("良いです。");
    break;

  case "丙":
    System.out.println("がんばりましょう。");
    break;

  default:
    System.out.println(" ？？？ ");
    break;
}
```

switch命令では、次のような流れで実行すべき処理を決定します。

1. switchブロックの式を評価

2. **1.** の値に合致するcase句を実行

3. 対応するcase句が見つからない場合には、default句を実行

「式」には、整数型（byte／short／int）、char／String型、または列挙型（9.3節）のいずれかを指定できます。

　構文上、default句は必須ではありませんが、どのcase句にも合致しなかった場合の挙動をあいまいにしないという意味で、省略すべきではありません。また、構文上は、default句をcase句の前に記述することもできますが、混乱のもとにもなるので、そうすべきではありません（最後の落としどころ、という意味でも末尾に書くべきです）。

case／defaultは句

　case／defaultはブロックではなく、「xxxxx ：」の形式で表された**句**（ラベル）である点にも注目です。

　ifは、条件に合致したelse if／elseブロックを選択的に実行するための命令でしたが、switch命令では、式に合致したcase句に処理を移動するだけです（図4.4）。該当する句を終えたあと、switchブロックを抜けるには、明示的にbreak命令を指定しなければなりません。

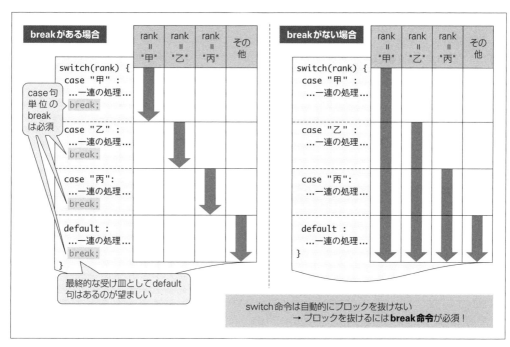

❖図4.4　switch命令

　break命令のないcase／default句では、そのまま後続のcase／default句が実行されてしまうので注意してください。

フォールスルーが許されるケース

　break命令を意図的に略して、複数のcase／default句を続けて実行することを**フォールスルー**と言います。ただし、フォールスルーは一般的にコードを読みにくくする原因となるので、リスト4.11のような例外を除いては避けるべきです。

　その例外とは、文を挟まずに複数のcase句を列記する場合です。

▶リスト4.11　SwitchFall.java

```java
var drink = "ビール";
switch (drink) {
  case "日本酒":
  case "ビール":
  case "ワイン":
    System.out.println("醸造酒です。");
    break;
  case "ブランデー ":
  case "ウイスキー ":
```

```
    System.out.println("蒸留酒です。");
    break;
}     // 結果：醸造酒です。
```

　列記された case 句は、いわゆる or 条件を表します。よって、この例では変数 drink が「日本酒」「ビール」「ワイン」である場合に「醸造酒です。」というメッセージを、「ブランデー」「ウイスキー」である場合に「蒸留酒です。」というメッセージを、それぞれ出力します。

4.1.6　switch式 14

　Java 14 以降では、switch の新たな構文が提供され、等値分岐がより表現しやすくなっています。早速ですが、具体的な例も見てみましょう。以下は、リスト 4.11 を、switch 式で書き換えた例です。

▶リスト4.12　SwitchExp.java

```
var drink = "ビール";
System.out.println(switch(drink) {
    case "日本酒", "ビール", "ワイン" -> "醸造酒です。";
                        ❷
    case "ブランデー ", "ウイスキー " -> "蒸留酒です。";
    default -> "不明";
});     // 結果：醸造酒です。
```
❶ ❸

　このコードには、注目すべきポイントがいくつか含まれています。

❶アロー演算子を利用できる

　従来の case 句に代わって、アロー演算子「->」を使った分岐表現が可能になります。

構文　case句（アロー演算子）

```
case value -> exp
```
value	：比較する値
exp	：switchとして返す式（値）

　exp の部分は {...}（ブロック）でくくることで、複数の文を書くこともできます。たとえば以下は、❶をブロック構文で書き換えたものです（もちろん、この例では単一の式なので、あえてブロック化する意味はありません）。

```
case "日本酒", "ビール", "ワイン" -> {
  yield "醸造酒です。";
}
```

yieldは、指定された値を返しなさい、という意味です。非ブロック構文では式（exp）の値がそのまま返されるので（戻り値であることが明らかなので）、yieldは省略できていたわけです。

ブロック／非ブロック構文に関わらず、アロー演算子を利用した場合にはcase単位のbreak命令は不要です。

case句への複数値の指定

case句を列記しなくても、値そのものをカンマ区切りで複数列記できます。❷の例であれば、「変数drinkが日本酒、ビール、ワインいずれかの場合」という意味になります。

❸switchを式として表せる

switchを、式として表せるようになりました。この例であれば、switchの結果をそのままprintlnメソッドに渡せている点に注目です。このような書き方が可能になるのは、switchが式として値を返すからです。

switchが式になるに伴い、default句も必須となります。値を返さないパターンがあってはいけないからです（ただし、列挙型（9.3節）では列挙子を網羅していればdefault句を省略してもかまいません）。

---

note 本文では、拡張構文としてアロー演算子を利用していますが、実は、従来のcase句でも複数値、yieldの利用は可能です。

```
case "日本酒", "ビール", "ワイン" :
    yield "醸造酒です。";
```

あくまで、アロー演算子は「条件値 -> 戻り値」の形式で、対応する値をシンプルに返す場合のシンタックスシュガーと考えておけば良いでしょう。
ただし、breakを省略できるのは、あくまでアロー演算子のみです。switch文（＝yieldを伴わないswitch）＋case句の組み合わせでは、これまで同様、breakを省略することはできません。

 ## 4.1.7 switchによるパターンマッチング 21

Java 21以降では、case句に（リテラル値だけでなく）型を指定できるようになりました。式を（値ではなく）型で判定し、合致する場合に対応する句を実行するわけです。このような仕組みをパターンマッチングと呼びます。

たとえばリスト4.13は、変数objが整数型（Integer）の場合にはその絶対値を、文字列型（String）である場合には先頭文字を、nullの場合にはその旨を、それぞれメッセージ表示する例です。

▶リスト4.13　SwitchMatch.java

```java
// Object型（2.5.1項）には任意の型の値を代入できる
Object obj = -123;

switch (obj) {
  // 変数objがInteger型の場合、絶対値を求める
  case Integer i -> System.out.println(Math.abs(i));
  // 変数objがString型の場合、先頭文字を取得
  case String str -> System.out.println(str.substring(0, 1));
  case null -> System.out.println("nullです。");                    ―❶
  // それ以外の型の場合はエラーメッセージ
  default -> System.out.println("意図しない値です。");
}
```

> **note** Math.absは与えられた数値の絶対値を求めるためのメソッド、String#substringメソッドは指定された範囲の部分文字列を取り出すためのメソッドです。詳しくは5.6.1項、5.2.7項も参照してください。

型を判定するには、以下の構文でcase句を表します。

構文 case句（型判定）

```
case 型名 変数名
```

「変数名」にはcase句でアクセスできる変数を指定します。型判定された後の「変数名」は（Object型ではなく）それぞれ対応するInteger、String型と見なされるので、それぞれの型に応じたMath.abs／String#substringメソッドなどが正しく呼び出せる点にも注目してください。

ちなみに、❶のnull判定がない状態で、変数objにnullが渡されると、NullPointerException（エラー）となります。また、default句とまとめて、以下のようにも表せます。

```
case null, default -> System.out.println("意図しない値です。");
```

note 一般的な値判定のswitch式であれば、null、空文字列など、空を意味する値をまとめて判定するようなコードも表せます。

▶リスト4.A　SwitchExpression.java

```
String str = "";
System.out.println(switch(str) {
  case "Hoge" -> "ほげ";
  case null, default, "" -> "無効";
});  // 結果：無効
```

型判定に条件式を加える

型判定を伴うcase句では、when節を加えて条件式を付与することもできます。たとえばリスト4.14は、

❶変数objがInteger型で、かつ、15以上のとき

❷変数objがInteger型のとき

❸変数objがString型で、かつ、文字列長が10未満のとき

に、それぞれ該当するcase句を実行する例です。

▶リスト4.14　SwitchWhen.java

```
Object obj = 123;

switch (obj) {
  case Integer i when i >= 15 -> System.out.println("15以上の整数です。"); ── ❶
  case Integer i -> System.out.println("整数です。"); ───────────────── ❷
  case String str when str.length() < 10 -> System.out.println⏎
("10文字未満の文字列です。"); ──────────────────────────── ❸
  default -> System.out.println("意図しない型です。");
}
```

when付きのcase句を利用する場合には、

複数のcase句が条件に合致する場合がある

点に注意してください。たとえば上記の例では、❶と❷の値範囲が重複しています（正しくは、❷が❶を含んでいます）。

このような場合にも、実行されるのは合致した**最初の**case句だけです。合致したすべてのcase句が実行されるわけではありません。

よって、when付きのcase句を利用する場合には、値範囲の狭いものから先に記述しなければなりません。リスト4.14で❶と❷とを逆にした場合、コードは正しく動作しません。

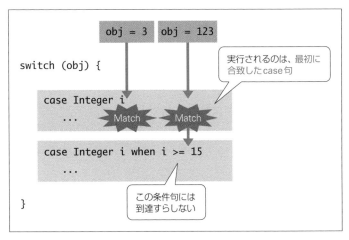

❖図4.5　when付きのcase句（順序に注意）

練習問題　4.1

[1] 条件分岐構文を使って、90点以上であれば「優」、70点以上であれば「良」、50点以上であれば「可」、それ以下の場合は「不可」と表示するコードを作成してください。点数が75点であった場合の結果を表示させてください。

[2] 条件式「!X && !Y」を「!(X || Y)」に置き換えられることを、ベン図を使って証明してみましょう。

4.2　繰り返し処理

条件分岐と並んでよく利用されるのが、繰り返し処理 —— 構造化プログラミングでいうところの「反復」です。繰り返し命令には、while／do...while、for／拡張forなど、よく似た命令が用意されています（図4.6）。個々の構文だけではなく、それぞれの特徴を理解しながら学習を進めてください。

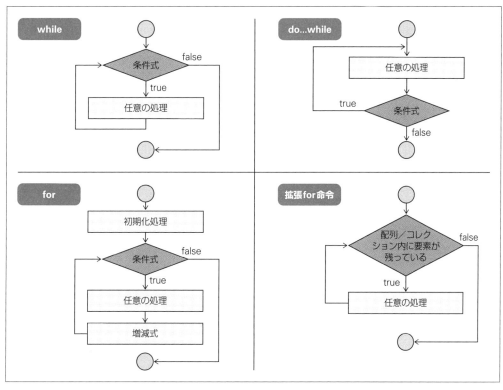

❖図4.6　繰り返し構文 ── while／do...while／for／拡張for命令

 ### 4.2.1　while／do...while命令

　while／do...while命令は、与えられた条件式がtrue（真）である間、配下の処理を繰り返します。while／do...while命令の一般的な構文は、次の通りです。

構文 while命令

```
while(条件式) {
    ...条件式がtrueである間、繰り返し実行する処理...
}
```

構文 do...while命令

```
do {
    ...条件式がtrueである間、繰り返し実行する処理...
} while(条件式);
```

do...while命令の末尾には、文の終端を表すセミコロン（;）が必要となる点に注意してください。

それでは早速、具体的な例も見てみましょう。リスト4.15とリスト4.16は、それぞれ変数iの値が1〜5で変化する間、処理を繰り返し実行するコードです。

▶リスト4.15　WhileBasic.java

```java
var i = 1;
while (i < 6) {
  System.out.println(i + "番目のループです。");
  i++;
}
```

▶リスト4.16　WhileDo.java

```java
var i = 1;
do {
  System.out.println(i + "番目のループです。");
  i++;
} while (i < 6);
```

いずれも、結果は以下の通りです。

```
1番目のループです。
2番目のループです。
3番目のループです。
4番目のループです。
5番目のループです。
```

結果だけを見ると、while命令もdo...while命令も同じ動きをしているように見えるかもしれません。実際、while／do...while命令は、多くの場合に、同じように振る舞います。しかし、実はwhile／do...while命令には、リスト4.15とリスト4.16の結果だけではわからない重要な違いがあります。

試しに、各リストの太字部分を「i = 6」のように書き換えてみましょう。すると、リスト4.16では「6番目のループです。」というメッセージが一度だけ表示されますが、リスト4.15ではなにも表示されません（図4.7）。

これは、while命令がループの先頭で条件式を判定（**前置判定**）するのに対して、do...while命令はループの末尾で判定（**後置判定**）するからです。このため、条件式が最初からfalseである場合に、while命令は一度もループを実行しませんが、do...while命令は最低一度はループを実行することになります。

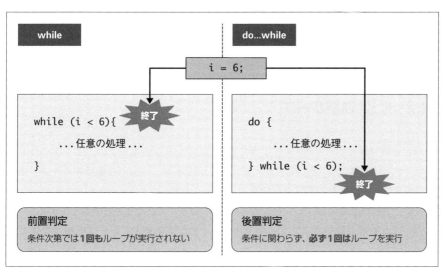

❖図4.7　whileとdo...whileの違い

注意 {...}は省略しない

　if命令と同じく、while／do...whileなどの繰り返し命令でも、配下の文が1つであれば{...}を省略できます。しかし、そうするべきではありません。たとえば、リスト4.17のようなコードではどのような結果を得られるでしょうか？

▶リスト4.17　WhileOmit.java

```
var i = 1;
while (i < 6)
  Console.WriteLine(i++);
  Console.WriteLine("********");
```

　直観的には、変数iの値（1、2...）と「********」が交互に表示されるようにも見えますが、実際には以下のような結果が得られます。

```
1
2
3
4
5
********
```

{...}が省略されたときの暗黙のブロックは1文だけだからです。これはインデントに惑わされた一例にすぎませんが、ブロックの範囲を視覚的に明らかにするためにも、{...}を省略すべきではありません。

4.2.2 補足 無限ループ

無限ループとは、永遠に終了しない —— 終了条件がtrueにならないループのことです。たとえばリスト4.17から「i++;」を削除、またはコメントアウトしてみましょう。「1番目のループです。」というメッセージが延々と表示され、終了しなくなってしまいます。

リスト4.17でのループの終了条件は「i < 6」がfalseになること、つまり、変数iが6以上になることですが、「i++;」を取り除いたことで、変数iが1のまま変化せず、ループを終了できなくなっているのです（図4.8）。

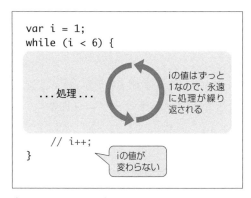

❖図4.8　無限ループ

このような無限ループは、コンピューターへの極端な負荷の原因ともなり、（アプリだけでなく）コンピューターそのものをフリーズさせる原因ともなります。繰り返し処理では、まずループが正しく終了するかをきちんと確認してください。

 note プログラミングのテクニックとして、意図的に無限ループを発生させることもあります。しかし、その場合も必ずループの脱出ルートを確保しておくべきです。手動でループを脱出する方法については、4.3節で詳しく解説します。

4.2.3　for命令

条件式の真偽によってループを制御するwhile／do...while命令に対して、for命令はあらかじめ指定された回数だけ処理を繰り返します。

for命令

```
for(初期化式; 継続条件式; 増減式) {
  ...ループ内で実行する処理...
}
```

たとえばリスト4.18は、先ほどのリスト4.16（p.134）をfor命令で書き換えたものです。

▶リスト4.18　ForBasic.java

```
for (var i = 1; i < 6; i++) {
  System.out.println(i + "番目のループです。");
}
```

for命令の3つの式

先ほどの構文でも見たように、for命令は「初期化式」「継続条件式」「増減式」で、ループの継続／終了を管理します。

（1）初期化式

まず、初期化式（ここでは「var i = 1」）は、forブロックに入った最初のループで一度だけ実行されます。一般的には、ここで**カウンター変数（ループ変数）**を初期化します。カウンター変数とは、for命令によるループの回数を管理する変数のことです。

 note カウンター変数には、慣例的にi、j、k...を利用します。この慣例は、古くはFORTRANの時代にまでさかのぼります。FORTRANでは「暗黙の型宣言」という仕組みがあり、i～nではじまる変数は整数型と見なされるという規則がありました。

カウンター変数は、原則として、初期化式の中で宣言と初期化とをまとめるようにしてください。リスト4.19のように書くことも可能ですが、そうすべきではありません。

▶リスト4.19　ForBad.java

```
int i;
for (i = 1; i < 6; i++) { ... }
```

コードが冗長になるだけでなく、カウンター変数がforブロックの外でも参照できてしまうからです。初期化式として宣言されたカウンター変数はforブロックの中でのみ有効です（変数の有効範囲については7.4節も参照してください）。

(2) 継続条件式

継続条件式は、forループを継続するための条件を表します。ループを開始するたびに判定し、条件を満たさなくなったところで、forブロックを終了します。

この例では「i < 6;」なので、カウンター変数iが6未満（1〜5）である間だけループを繰り返します。

(3) 増減式

そして最後の式は、ループ内の処理が1回終わるたびに実行されます。一般的には、カウンター変数を増減するためのインクリメント／デクリメント演算子、または、複合代入演算子で表します。ここでは「i++」としているので、ループのつど、カウンター変数iに1加算します。もちろん、「i += 2」とすればカウンター変数を2ずつ加算することもできますし、「i--」として1ずつ減算することも可能です。

以上を前提に、forループの挙動を図4.9にもまとめておきます。

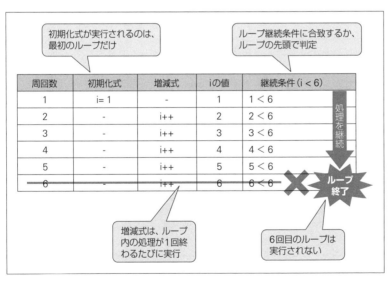

❖図4.9　forループを処理する流れ

リスト4.15とリスト4.18を比べるとわかるように、カウンター変数を伴うループではfor命令を利用することで、変数の管理を一か所にまとめられるので、コードがシンプルになり、たとえば増減式の欠落など、誤りも防ぎやすくなります。

for命令利用時の注意点

for命令を利用するうえで、注意すべき点を以下にまとめておきます。

（1）無限ループはfor命令でも発生する

無限ループは、while／do...while命令だけで発生するものではありません。for命令でも、式の組み合わせによっては無限ループの原因となります。たとえば、次に示すforブロックは無限ループです。

```java
for (var i = 1; i < 6; i--) { ... }
```

カウンター変数iの初期値が1で、その後は「i--」で減算されていくだけなので、条件式「i < 6」がfalseになることは永遠にないからです。

また、次のようなforループも無限ループです。

```java
for (var i = 1; ; i++) { ... }     ➡継続条件式を省略
for (; ;) { ... }                  ➡すべての式を省略
```

継続条件式が省略されると、for命令は無条件にtrue（継続）と見なすためです。

while／do...while命令と同じく、意図的に無限ループを表すこともありますが、その場合も必ず別の脱出ルートを確保するのを忘れないようにしてください（ループの脱出については4.3節も参照してください）。

（2）カウンター変数に浮動小数点型を利用しない

カウンター変数に浮動小数点型を利用するのは意味がないだけでなく、有害なので避けてください。たとえばリスト4.20のコードは正しく動作しません。

▶リスト4.20　ForFloat.java

```java
for (var i = 0.1f; i <= 1.0; i += 0.1f) {
  System.out.println(i);
}
```

```
0.1
0.2
0.3
```

```
0.4
0.5
0.6
0.70000005
0.8000001
0.9000001
```

浮動小数点型では0.1を厳密に表現できません。そのため、わずかながら演算誤差が発生し、ループは9回で終了してしまいます。また、出力した変数iの値も正しくありません。

ちなみに、double型とした場合にはループそのものは10回繰り返されますが、意図した値が得られないのは同じです。

（3）ブロック配下でカウンター変数を操作しない

たとえばリスト4.21のようなコードは避けてください。

▶リスト4.21　ForBlock.java

```java
for (var i = 1; i <= 10; i++) {
  if (i % 2 == 0) {
    i++;
  }
  System.out.println(i);
}
```

```
1
3
5
7
9
11
```

変数iが2の倍数である（＝2で割り切れる）場合に変数iをインクリメントすることで、2の倍数以外を出力するようにしています（もちろん、この例であれば、増減式で「i += 2」とすればよいだけですが、それはおいておきます）。

しかし、これはいくつかの点で問題があります。まず、変数iの変化を追うのが、こんなに単純なコードであるにもかかわらず、困難です。また、バグも混入しています。本来、変数iの上限は10であることを想定していますが、サンプルを実行すると、上限を超えて11まで出力されます。

これは、カウンター変数を操作したことによる問題の一例ですが、まずは

カウンター変数は増減式でのみ更新する

ことを原則としてください。特定の条件でループをスキップしたい場合には、continue命令（4.3.2項）を利用します。

ループ全般での注意点

その他、for命令に限ったことではありませんが、繰り返し処理を記述するにあたっては、以下の点にも留意してください。

（1）ループ内のオブジェクト生成

オブジェクトの生成はそれなりにオーバーヘッドの大きな処理です。細かな生成／破棄の繰り返しは、ガベージコレクションを頻発させ、アプリのパフォーマンスを劣化させます。ループ内のオブジェクト生成は要否を吟味し、最大限避けてください。

特に文字列連結のように無意識にオブジェクトを生成するような状況には要注意です（具体的な対策は3.1.2項も参照してください）。

（2）ループ内の例外処理

try...catchは例外（エラー）処理のための命令です（詳しくは9.2節で解説します）。tryブロックへの移動は、相応のオーバーヘッドがかかることはよく知られています。ループ内のtry...catch命令はオーバーヘッドも大きくなりやすく、処理効率を悪化させるので、最大限避けてください。

ループ内で例外が発生したときに残りのループを継続させなければならないのか（その場合はループ内側の例外処理が必要です）は、常に要否を吟味してください。

カンマによる複数式の列挙

カンマ（,）で区切ることで、for命令の3式（初期化式／継続条件式／増減式）に複数の式を列挙することもできます。たとえばリスト4.18は、リスト4.22のように書き換えることもできます。

▶リスト4.22　ForComma.java

```java
for (var i = 1; i < 6; System.out.println(i + "番目のループです。"), i++);
```

この場合、printlnメソッドとインクリメント演算子とが、増減式としてループのたびに実行されるわけです。

最後のセミコロン（;）は空文です。セミコロンがない場合、次の文がfor配下の命令と見なされてしまうので要注意です。

好みにもよりますが、ブロック内の記述がごく単純な場合には、カンマ式を用いることで、コードをコンパクトに記述できます。

もうひとつ例を見てみましょう（リスト4.23）。

▶リスト4.23　ForComma2.java

```java
for (int i = 1, j = 1; i < 6; i++, j++) {
  System.out.println(i * j);
}
```

```
1
4
9
16
25
```

ここでは、初期化式でカウンター変数i／jを初期化し、増減式ではi／jの双方をインクリメントしています。カンマ式を利用することで、より複雑なforループを表現することもできるのです。

いずれも積極的に利用すべき書き方ではありませんが（ましてや乱用すべきではありません）、他人が書いたコードを読める目を養うという意味で、このような書き方もできることを押さえておくのは無駄ではありません。

4.2.4　拡張for命令

ここまでに紹介してきたwhile／do...while命令とはやや毛色の異なる命令が拡張forです。拡張forは、指定された配列やコレクション（第6章）の要素を取り出して、先頭から順番に処理します。

構文　拡張for命令

```
for(データ型 仮変数 : 配列／コレクション) {
  ...個々の要素を処理するためのコード...
}
```

仮変数とは、配列／コレクションから取り出した要素を一時的に格納するための変数です。拡張forブロックの配下では、仮変数を介して個々の要素にアクセスします（図4.10）。

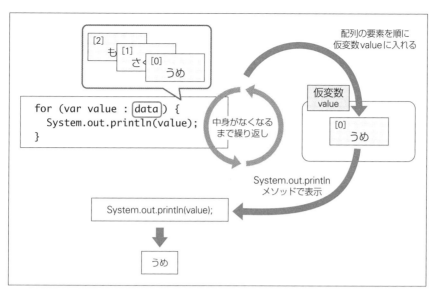

❖図4.10　拡張for命令

　たとえば以下は、配列の内容を順に読み出すコードです。同じ内容を、リスト4.24はfor命令で、リスト4.25は拡張for命令で、それぞれ表しています。

▶リスト4.24　ForeachFor.java

```java
var data = new String[] { "うめ", "さくら", "もも" };
for (var i = 0; i < data.length; i++) {
  System.out.println(data[i]);
}
```

▶リスト4.25　Foreach.java

```java
var data = new String[] { "うめ", "さくら", "もも" };
for (var value : data) {      ➡拡張for命令
  System.out.println(value);
}
```

　いずれも、結果は以下の通りです。

```
うめ
さくら
もも
```

両者を比べれば一目瞭然、シンプルさにおいては後者が勝っています。カウンター変数はあくまでループを管理するための便宜的な変数で、特にネストされたループの中では入力ミスの原因ともなります。拡張for命令では、いわゆる便宜的な変数を排除することで、潜在的なバグの原因を取り除いているわけです。

> *note* forループ（4.2.3項）と異なり、仮変数への操作が拡張forループに影響することもありません。しかし、仮変数への操作は誤解を招き、結果として、コードの流れを追いにくくします。意図しない仮変数への代入を避けるには、仮変数をfinal宣言しておくのもよいでしょう。

```java
for (final String value : data) {
  System.out.println(value);
}
```

例 コマンドライン引数を取得する

　実行時にアプリに引き渡すパラメーターのことを**コマンドライン引数**と言います。コマンドライン引数を指定するには、VSCodeを利用しているならば、1.3.4項で作成した/.vscode/launch.jsonを以下のように編集してください。

▶リスト4.26　launch.json

```json
{
  "version": "0.2.0",
  "configurations": [
    {
      "type": "java",
      "name": "Current File",
      "request": "launch",
      "args":["太郎", "次郎", "三郎"],
      "mainClass": "${file}"
    },
    ...中略...
}
```

　これで、「太郎」「次郎」「三郎」という3個の引数を指定したという意味になります。

　このように指定されたコマンドライン引数は、エントリーポイント（mainメソッド）の引数argsとして受け取れます。引数argsは文字列配列なので、たとえばここでは、拡張for命令で順に取り出してみましょう（リスト4.27）。

▶リスト4.27　CommandArgs.java

```java
public static void main(String[] args) {
  for (var value : args) {
    System.out.println("こんにちは、" + value + "さん!");
  }
}
```

実行そのものは、［実行とデバッグ］ペインから「Current File」が選択されていることを確認したうえで、▷（デバッグの開始）ボタンをクリックしてください。

❖図4.11　サンプルを実行

　以下のような結果が得られれば、サンプルは正しく動作しています。サンプルの動作を確認できたら、他のサンプルに影響が出ないよう、argsオプションを除去しておきましょう（launch.jsonそのものを削除してもかまいません）。

```
こんにちは、太郎さん！
こんにちは、次郎さん！
こんにちは、三郎さん！
```

　ちなみに、一般的にはコマンドラインから実行するはずなので、その方法についても触れておきます。プロジェクトをビルドしたあと、ターミナルから以下のコマンドを実行します。

```
> $Env:Path += ";C:\jdk-21\bin"      ➡Javaへのパスを追加
> cd C:\data\selfjava\bin            ➡カレントフォルダーを移動
> java --enable-preview --module-path . --module selfjava/to.msn.wings.⏎
selfjava.chap04.CommandArgs 太郎 次郎 三郎
```

練習問題　4.2

[1] while命令とdo...while命令との違いを説明してください。

[2] for命令を利用して、図4.Aのような九九表を作成してみましょう。

```
1 2 3 4 5 6 7 8 9
2 4 6 8 10 12 14 16 18
3 6 9 12 15 18 21 24 27
4 8 12 16 20 24 28 32 36
5 10 15 20 25 30 35 40 45
6 12 18 24 30 36 42 48 54
7 14 21 28 35 42 49 56 63
8 16 24 32 40 48 56 64 72
9 18 27 36 45 54 63 72 81
```

ヒント　文字列を改行なしで出力するには、System.out.printメソッドを使用します。

❖図4.A　九九表を表示

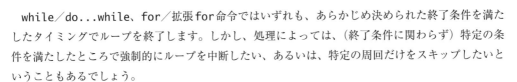

4.3　ループの制御

while／do...while、for／拡張for命令ではいずれも、あらかじめ決められた終了条件を満たしたタイミングでループを終了します。しかし、処理によっては、（終了条件に関わらず）特定の条件を満たしたところで強制的にループを中断したい、あるいは、特定の周回だけをスキップしたいということもあるでしょう。

Javaでは、このような場合に備えていくつかのループ制御命令を用意しています。

4.3.1　break命令

breakは、現在のループを強制的に中断する命令です。4.1.5項ではswitchブロックを抜けるための命令と言いましたが、一般的にはwhile／do...while、for／拡張forなどのブロックの中で利用できます。

早速、具体例を見てみましょう。リスト4.28は、1～100の値を加算していき、合計値が1000を超えたところでループを脱出します（図4.12）。

```java
int i;
int sum = 0;

for (i = 1; i <= 100; i++) {
  sum += i;
  if (sum > 1000) {
    break;
  }
}

System.out.println("合計が1000を超えるのは、1～" + i + "を加算したときです。");
    // 結果：合計が1000を超えるのは、1～45を加算したときです。
```

この例のように、break命令はifのような条件分岐命令と合わせて利用するのが一般的です（無条件にbreakしてしまうと、そもそもループが1回しか実行されません）。

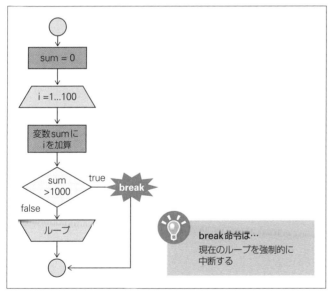

❖図4.12　break命令

> ＊note　リスト4.28で変数iをfor命令とは別に宣言しているのは、変数iをforループの外でも参照するためです。for命令の初期化式として宣言されたカウンター変数は、ループの中でしか参照できません（詳しくは7.4.4項で解説します）。

4.3.2 continue命令

ループそのものを完全に抜けてしまうbreak命令に対して、現在の周回だけをスキップし、ループそのものは継続して実行するのがcontinue命令の役割です。

リスト4.29は、1〜100の範囲で偶数値だけを加算し、その合計値を求めるサンプルです（図4.13）。

▶リスト4.29　Continue.java

```java
var sum = 0;

for (var i = 0; i <= 100; i++) {
  if (i % 2 != 0) {
    continue;
  }
  sum += i;
}

System.out.println("合計値は" + sum + "です。");      // 結果：合計値は2550です。
```

このように、continue命令を用いることで、特定条件の下（ここではカウンター変数iが奇数のとき）で、現在の周回をスキップすることができます。

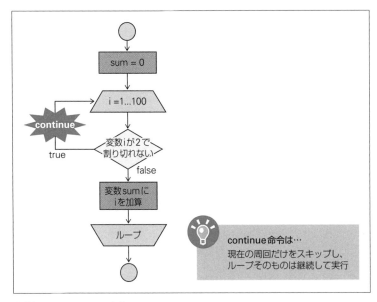

❖図4.13　continue命令

偶数／奇数の判定は、値が2で割り切れるか（2で割った余りが0か）どうかで判定しています。よく利用する方法なので覚えておくとよいでしょう。

4.3.3　入れ子のループを中断／スキップする

制御命令は互いに入れ子（ネスト）にできます。ネストされたループの中で、無条件にbreak／continue命令を使用した場合、内側のループだけを脱出／スキップします。

具体的な例も見てみましょう。リスト4.30は、九九表を作成するためのサンプルです。ただし、各段ともに50を超えた値は表示しないものとします。

▶リスト4.30　BreakNest.java

```java
for (var i = 1; i < 10; i++) {
  for (var j = 1; j < 10; j++) {
    var result = i * j;
    if (result > 50) {
      break;
    }
    System.out.printf(" %2d", result);
  }
  System.out.println();
}
```

内側のループ

外側のループ

```
 1  2  3  4  5  6  7  8  9
 2  4  6  8 10 12 14 16 18
 3  6  9 12 15 18 21 24 27
 4  8 12 16 20 24 28 32 36
 5 10 15 20 25 30 35 40 45
 6 12 18 24 30 36 42 48
 7 14 21 28 35 42 49
 8 16 24 32 40 48
 9 18 27 36 45
```

> *note*　「printf(" %2d", result)」は、変数resultを最低2桁で表示しなさい、という意味です（不足時は空白で補います）。詳しくは、5.2.9項も参照してください。

ここでは、変数result（カウンター変数iとjの積）が50を超えたところで、break命令を実行しています。これによって内側のループを脱出するので、結果として、積が50以下である九九表を出力できるわけです。

では、これを「値が一度でも50を越えたら、九九表そのものの出力を停止する」には、どのようにしたらよいでしょうか？　これを表すのが、リスト4.31です。

▶リスト4.31　BreakNest2.java

```
limit: ─────────────────────────────────────────── ❶
for (var i = 1; i < 10; i++) {
  for (var j = 1; j < 10; j++) {
    var result = i * j;
    if (result > 50) {
      break limit; ─────────────────────────────── ❷
    }
    System.out.printf(" %2d", result);
  }
  System.out.println();
}
```

```
1  2  3  4  5  6  7  8  9
2  4  6  8 10 12 14 16 18
3  6  9 12 15 18 21 24 27
4  8 12 16 20 24 28 32 36
5 10 15 20 25 30 35 40 45
6 12 18 24 30 36 42 48
```

❶のように、脱出したいループの頭にラベルを付与します。ラベルの命名は、2.1.2項で解説した識別子の命名規則に従います。

構文 ラベル

ラベル名 :

あとは、❷のようにbreak／continue命令にもラベルを付与するだけです。これで、指定されたループを脱出できます。

構文 break／continue命令（ラベル構文）

break ラベル名
continue ラベル名

同様の理由から、ループ内のswitch命令についても要注意です。switchブロックの中で単に
breakを呼び出しても、switchブロックを脱出するだけです（ループを抜け出すことはできま
せん）。
switch命令の内部からループを抜けるには、ラベル構文を利用してください。

☑ この章の理解度チェック

[1] リスト4.Bは、コマンドライン引数から受け取った整数値を順に取り出し、一律、1.5倍した
ものを出力するコードです（引数に数値以外が渡された場合は考慮しません）。空欄を埋めて、
コードを完成させてください。

 ヒント 文字列を数値に変換するには、Integerクラスのparse Intメソッドを使用します。

▶リスト4.B　Practice1.java

```java
public static void main(String[] args) {
    ①   (var value :  ②  ) {
     var i = Integer.parseInt(  ③  );
     System.out.println(  ④   * 1.5);
    }
}
```

[2] リスト4.28（p.147）をwhile命令を使って書き換えてみましょう。

[3] for命令とcontinue命令とを使って、100〜200の範囲にある奇数値の合計を求めてみま
しょう。

[4] switch命令を使って、変数languageの値が「Scala」「Kotlin」「Groovy」であれば
「JVM言語」、「C#」「Visual Basic」「F#」であれば「.NET言語」、さもなければ「不明」と
表示するコードを作成してください。

[5] [4] のコードを、if命令を使って書き換えてみましょう。

Column ソースコードからドキュメントを生成する──**javadoc**コマンド

1.3.2項でも触れたように、Javaの世界では/*〜*/の形式でソースコードにドキュメントを生成できるのでした。そして、生成したドキュメンテーションコメントは、以下のようなコマンドでドキュメント化できます。

たとえば以下は/**src**フォルダー配下の**to.msn.wings**以下のパッケージをドキュメント化し、その結果を/**doc**フォルダーに保存しなさい、という意味です。生成されたドキュメントは、/doc/index.htmlから確認できます。

```
> $Env:Path += ";C:\jdk-21\bin"
> cd C:\data\selfjava
> javadoc --source-path src -d doc -subpackages to.msn.wings
```

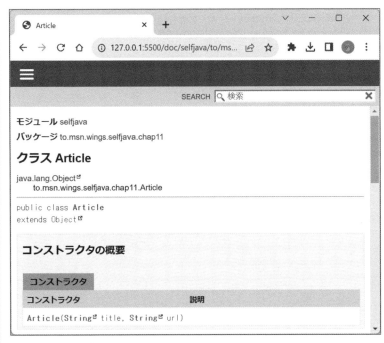

❖図4.B　自動生成されたドキュメント

標準ライブラリ

Chapter **5**

この章の内容

Java SEでは標準で利用できる数多くのクラス群（標準ライブラリ）を提供しています。もちろん、本書で標準ライブラリの膨大な機能をすべて解説することはできませんが、その中でもよく利用するものは限られます。本章では、初学者がまず押さえておきたい基本的なクラスに絞って解説していきます（表5.1）。

なお、クラスのインスタンス化、メンバー呼び出しなどの基本的な構文については、2.5.1項も合わせて参照してください。

❖表5.1　本章で解説するクラス

クラス	概要
Integer／Long／Doubleなど	基本型のラッパークラス
String	文字列の加工／整形、部分文字列の検索／取得など
Pattern／Matcher	正規表現を利用した文字列の検索や置換、分割など
LocalDateTime／OffsetDateTime／ZonedDateTimeなど	日付／時刻を操作（Date-Time API）
Period／Duration	日付／時刻値の差分を操作
Calendar／Date	日付／時刻を操作
BufferedWriter／BufferedReader	ファイルの読み書き
BufferedInputStream／BufferedOutputStream	バイナリデータの読み書き
ObjectInputStream／ObjectOutputStream	オブジェクトのシリアライズ／デシリアライズおよびストリームによる入出力
Math	絶対値や平方根、四捨五入、三角関数などの演算機能
BigInteger	long型の範囲を超える整数を扱う
Random	乱数を生成
NumberFormat	数値を整形
Arrays	配列を操作
Files	フォルダー／ファイルシステムを操作
HttpClient	HTTP経由でコンテンツを取得

5.1 ラッパークラス

Javaでは、基本型（2.2.1項）をオブジェクトとして扱うために**ラッパークラス**と呼ばれるクラス群を用意しています。ラッパークラスとは、「単なる値にすぎない基本型のデータを包んで（＝ラップして）、オブジェクトとしての機能を付与するためのクラス」のことです。具体的には、表5.2のようなラッパークラスが用意されています。

ただし、ラッパークラスは基本型に比べて、メモリの消費量は大きく、処理効率も劣ります。また、参照型ということはnull値（NullPointerException例外）を考慮しなければなりません。

一般的に、ラッパークラスを利用するのはコレクション（第6章）に対して数値をセットするなど、ごく限られた場合だけで、まずは基本型を優先して利用すべきです。

❖表5.2　ラッパークラスと対応する基本型

ラッパークラス	対応関係にある基本型
Boolean	boolean
Byte	byte
Character	char
Double	double
Float	float
Integer	int
Long	long
Short	short

5.1.1　基本型⇔ラッパーオブジェクトの変換 ——ボクシング／アンボクシング

Javaでは、基本型からラッパーオブジェクトへの変換を暗黙的に実施するための仕組みを備えています。これを**ボクシング**（boxing）と言います。

たとえば以下は、int型の値をInteger型に変換（代入）する、基本的なボクシングの例です。

```
Integer int_obj = 108;
```

一方、ラッパーオブジェクトから基本型への暗黙的な変換のことを**アンボクシング**（unboxing）と言います。たとえば以下のように、ラッパーオブジェクトを基本型の変数に代入する際に発生します。

```
int i = int_obj;
```

ボクシング／アンボクシングと合わせて、**オートボクシング**と呼ぶ場合もあります。

> *note* オートボクシングの代わりに、明示的な変換には以下のメソッドも利用できます。
>
> ```
> Long value = Long.valueOf(10);  ————————— ❶基本型→ラッパーオブジェクト
> long num = value.longValue();   ————————— ❷ラッパーオブジェクト→基本型
> ```
>
> ちなみに❶は、コンストラクターでも書けますが、こちらは非推奨です。
>
> ```
> Long value = new Long(10);  ➡非推奨
> ```
>
> というのも、valueOfメソッドはキャッシュ機能を備えており、同じ値の変換にはオブジェクトを再利用しようとします。対して、コンストラクターは常に新規のオブジェクトを生成することから、わずかながら非効率だからです。

オートボクシングの発生は極力避けるべき

オートボクシングによって、開発者は基本型⇔ラッパーオブジェクトの変換をほとんど意識しなくても済みます。ただし、オートボクシングに際しては、内部的にオブジェクトの生成／破棄が発生しているという点を忘れてはいけません（それは相応のオーバーヘッドを発生する処理です）。

たとえば、リスト5.1のようなコードは、頻繁なオートボクシングの発生につながるので避けるべきです。

▶リスト5.1　AutoBoxing.java

```java
// Longはlongの誤り
Long result = 0L;

// 1～10000の総和を求める
for (var i = 1; i < 10000; i++) {
  // アンボクシング（加算）＋ボクシング（代入）の発生
  result += i;
}
System.out.println(result);
```

一見してごくシンプルなコードですが、long型をLong型と入力ミスした結果、非効率なコードになっています。具体的には、太字の部分でアンボクシングとボクシングとが交互に発生します。ループの回数が増えれば、オーバーヘッドはさらに高まるでしょう。

もちろん、これは極端な例です（Longをlongとすることで、問題は解消します）。しかし、オートボクシングに安易に頼るべきでないことは理解できるでしょう。繰り返しにはなりますが、ラッパーオブジェクトそのものの利用は最大限避けるようにしてください（まずは基本型が優先です）。

5.1.2　数値⇔文字列の変換

p.68の表2.7を見てもわかるように、型キャストでは文字列（String）から数値に変換することはできません。これには、ラッパークラスのparseXxxxxメソッドを利用してください（リスト5.2）。parseXxxxxのXxxxxは型に応じてInt、Longなどに置き換えます。

▶リスト5.2　ConvertNumber.java

```java
System.out.println(Integer.parseInt("108"));        // 結果：108
System.out.println(Double.parseDouble("1.2345"));   // 結果：1.2345
System.out.println(Integer.parseInt("FF", 16));     // 結果：255 ————❶
System.out.println(Double.parseDouble("0.653e2"));  // 結果：65.3
```

整数型の`parseXxxxx`メソッドは、第2引数に基数を指定することで、2〜36進数表現からの解析も可能です（❶）。いずれのメソッドも、指定された数値文字列が正しくない（＝変換できる形式でない）場合には、`NumberFormatException`例外（エラー）を返します。

同様に、数値を文字列に変換するには、`String`クラスの`valueOf`メソッド、またはラッパークラスの`toString`メソッドを利用します（リスト5.3）。

▶リスト5.3 ConvertString.java

```java
System.out.println(String.valueOf(108));        // 結果：108
System.out.println(Integer.toString(108));      // 結果：108
System.out.println(Double.toString(1.2345));    // 結果：1.2345
System.out.println(Integer.toString(255, 16));  // 結果：ff ──────────────❶
System.out.println(Integer.toHexString(255));   // 結果：ff
```

整数型の`toString`メソッドのほうは第2引数を指定することで、n進数文字列を取得することも可能です（❶）。また、2、8、16進数への変換ならば、それぞれ`toBinaryString`／`toOctalString`／`toHexString`を利用してもかまいません。

5.2 文字列の操作

文字列型の実体は`String`というクラスです。文字列リテラルを表すということは、内部的には`String`クラスのインスタンスを生成するということなのです。

`String`クラスは、文字列の加工／整形、部分文字列の検索／取得など、文字列の操作に関わる機能を提供します。

> *note* `String`オブジェクトは、（文字列リテラルではなく）コンストラクターによって生成することもできます。
>
> ```java
> var str = new String("あいうえお");
> ```
>
> ただし、このようなコードは無駄なインスタンスを生成する原因となるので避けてください。というのも、このコードでは、文字列リテラル「あいうえお」によってインスタンスが生成されたあと、コンストラクター（`new String(...)`）で再度インスタンスを生成するという意味になってしまうからです。
> 文字列インスタンスは、まずは文字列リテラルによって生成するのが基本です。

5.2.1 文字列の長さを取得する

文字列の長さ（文字数）を取得するには、lengthメソッドを利用します（リスト5.4）。

▶リスト5.4 StrLength.java

```java
var str1 = "WINGSプロジェクト";
System.out.println(str1.length());     // 結果：11 ──────────────── ❶

var str2 = "叱る";
System.out.println(str2.length());     // 結果：3 ───────────────── ❷
```

❶のように、lengthメソッドは日本語（マルチバイト文字）も1文字としてカウントします。ただし、特殊な例外がある点に注意してください。たとえば❷は、見た目の文字数は2文字ですが、結果は3文字です。どこで1文字増えているのでしょうか？

結論から言ってしまうと、これは「叱」という文字が**サロゲートペア**であることから生じる問題です。一般的に、Unicode（UTF-16）は1文字を2バイトで表現します。しかし、Unicodeで扱うべき文字が増えるに従って、2バイトで表現できる文字数（65536文字）では不足する状況が出てきました。そこで一部の文字を4バイトで表現することで、扱える文字数を拡張することになりました。これがサロゲートペアです。

しかし、lengthメソッドではサロゲートペアを識別できないので、4バイト＝2文字と見なします。先ほどの例であれば、「叱」が2文字、「る」が1文字で、合計3文字となります。

サロゲートペアを含んだ文字列を正しくカウントするには、lengthメソッドの代わりに、codePointCountメソッドを利用してください。

構文 codePointCountメソッド

```
public int codePointCount(int begin, int end)
```

begin ：長さを求める開始位置
end   ：長さを求める終了位置

リスト5.5は、その具体的な例です。

▶リスト5.5 StrCodePoint.java

```java
var str = "叱る";
System.out.println(str.codePointCount(0, str.length()));     // 結果：2
```

引数begin／endは省略できない点に注意してください。文字列全体の長さを求めるには、引数begin／endにそれぞれ0（先頭）、str.length()（末尾）を指定します。

5.2.2 文字列を比較する

equalsメソッドによる文字列比較については、3.3.1項でも触れました。ただし、equalsメソッ
ドはあくまで等しいかどうかを比較するだけです。辞書的な大小を比較したいならば、compareTo
メソッドを利用してください（リスト5.6）。

▶リスト5.6　StrCompare.java

```
var str = "def";
System.out.println(str.compareTo("abc"));           // 結果：3
System.out.println(str.compareTo("def"));           // 結果：0      ❶
System.out.println(str.compareTo("xyz"));           // 結果：-20
System.out.println(str.compareToIgnoreCase("DEF")); // 結果：0      ❷
```

compareToメソッド（❶）は、現在の文字列オブジェクト（str1）と引数の文字列（str2）を
比較して、str1 > str2であれば正数、str1 < str2であれば負数、str1 = str2であれば0を、
それぞれ返します。

compareToメソッドは大文字／小文字を区別しますが、区別しないで比較するならばcompare
ToIgnoreCaseメソッド（❷）を利用します。

構文 compareTo／compareToIgnoreCaseメソッド

```
public int compareTo(String str)
public int compareToIgnoreCase(String str)

str：比較する文字列
```

同じく、大文字／小文字を区別しないequalsIgnoreCaseメソッドもあります（リスト5.7）。

▶リスト5.7　StrEquals.java

```
var str = "Wings";
System.out.println(str.equals("WINGS"));            // 結果：false
System.out.println(str.equalsIgnoreCase("WINGS"));  // 結果：true
```

標準ライブラリ
5

5.2.3 文字列が空であるかを判定する

文字列が空であるかを判定するには、isEmptyメソッドを利用します（リスト5.8）。

▶リスト5.8　StrEmpty.java

```java
var str1 = "";
var str2 = "いろはにほへと";
System.out.println(str1.isEmpty());     // 結果：true
System.out.println(str2.isEmpty());     // 結果：false
```

lengthメソッドで「文字列長が0であるか」を判定してもかまいませんが、isEmptyのほうが目的特化している分、コードの意図が明確になります。

さらに、Java 11では、空文字列、もしくは空白だけかを判定するisBlankメソッドも追加されています（リスト5.9）。

▶リスト5.9　StrBlank.java

```java
var str1 = "";
var str2 = "␣□␣␣";
System.out.println(str1.isEmpty());     // 結果：true
System.out.println(str1.isBlank());     // 結果：true
System.out.println(str2.isEmpty());     // 結果：false
System.out.println(str2.isBlank());     // 結果：true
```

isBlankメソッドが、空文字だけでなく、空白だけの文字列も「空」と見なしている点に注目です。ここで言う空白とは、以下のものを含みます。

- 半角／全角スペース
- タブ（\t）
- ラインフィード（\n）
- キャリッジリターン（\r）
- フォームフィード（\f）

 ### 5.2.4　文字列の前後から空白を除去する

文字列から前後の空白を除去するには、stripメソッドを利用します（リスト5.10）。ここで言う空白は、isBlankメソッドが認識するものと同じです。

また、文字列前方の空白だけを除去するstripLeading、後方の空白だけを除去するstrip

Trailingメソッドもあります。

▶リスト5.10　StrStrip.java

```
var str = "␣␣Wings Project␣␣";
System.out.println(str.strip());              // 結果：Wings Project
System.out.println(str.stripLeading());       // 結果：Wings Project␣␣
System.out.println(str.stripTrailing());      // 結果：␣␣Wings Project
```

　なお、stripXxxxxはJava 11で追加されたメソッドです。それ以前のバージョンではtrim／trimLeft／trimRightメソッドを利用してください。trimXxxxxメソッドはstripXxxxxメソッドとほぼ同じ挙動をとりますが、唯一、全角スペースを空白と**見なしません**。

5.2.5　文字列を検索する

　ある文字列の中で、特定の部分文字列が登場する文字位置を取得するには、indexOf／lastIndexOfメソッドを利用します。indexOf／lastIndexOfメソッドの違いは、検索を前方／後方いずれから開始するかです。

構文 indexOf／lastIndexOfメソッド

```
public int indexOf(String str [,int index])
public int lastIndexOf(String str [,int index])
```

```
str    ：検索する部分文字列
index  ：検索開始位置（先頭は0）
```

　まずは、具体的なサンプルを見てみましょう（リスト5.11）。

▶リスト5.11　StrIndex.java

```
var str = "にわにはにわにわとりがいる";
System.out.println(str.indexOf("にわ"));         // 結果：0 ————————————❶
System.out.println(str.indexOf("にも"));         // 結果：-1 ————————————❷
System.out.println(str.lastIndexOf("にわ"));     // 結果：6 ————————————❸
System.out.println(str.indexOf("にわ", 3));      // 結果：4 ————————————❹
System.out.println(str.lastIndexOf("にわ", 3));  // 結果：0 ————————————❺
```

　❶はindexOfメソッドの最も基本的な例です。文字列を先頭から順に検索して、見つかった場合にはその文字位置を返します（図5.1）。文字位置は、配列と同じく、先頭文字が0となる点に注意してください。引数strが見つからなかった場合には、indexOfメソッドは-1を返します（❷）。

同じく、❸はlastIndexOfメソッドの最もシンプルな例です。文字列を後方から検索します。ただし、戻り値はあくまで**先頭からの文字位置**である点に注意してください。

引数indexを指定することで、検索開始位置を指定することもできます（❹❺）。それぞれ❹は引数indexから文字列末尾まで、❺は文字列先頭までが検索範囲です。

なお、引数indexには値の制約はありません。文字列範囲を外れた場合の挙動は、表5.3の通りです。

❖表5.3　引数indexの指定パターン

メソッド	負数	文字数以上
indexOf	文字列全体を検索（引数indexが0と同じ）	結果なし（-1を返す）
lastIndexOf	結果なし（-1を返す）	文字列全体を検索（引数indexが「length() - 1」と同じ）

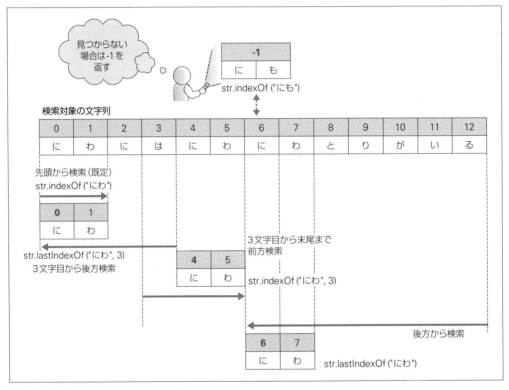

❖図5.1　indexOf／lastIndexOfメソッド

5.2.6　文字列に特定の文字列が含まれるかを判定する

文字列に指定された文字列が含まれるかを判定するには、containsメソッドを利用します。単に含まれるかだけでなく、ある文字列が先頭／末尾に位置するか（＝文字列がある文字列で始まる／終

わるか）を判定するならば、startsWith／endsWithメソッドも利用できます。

構文 contains／startsWith／endsWithメソッド

```
public boolean contains(String s)
public boolean startsWith(String prefix [,int offset])
public boolean endsWith(String suffix)
```

s	：検索する文字列
prefix	：接頭辞
offset	：検索開始位置
suffix	：接尾辞

リスト5.12は、具体的な例です。

▶リスト5.12　StrContains.java

```
var str = "WINGSプロジェクト";

System.out.println(str.contains("プロ"));           // 結果：true
System.out.println(str.startsWith("WINGS"));        // 結果：true
System.out.println(str.startsWith("WINGS", 3));     // 結果：false ──────── ❶
System.out.println(str.endsWith("WINGS"));          // 結果：false
```

startsWithメソッドでは、検索開始位置（引数offset）を指定できる点にも注目です（❶）。引数offsetが指定された場合には、その位置を文字列の開始と見なして判定します。

> *note* 別解として、indexOfメソッドが0を返すかで判定することも可能です。ただし、コードが冗長になるうえ、意図としても不明瞭になるので、あえてそうする理由はありません。ある目的を実現するために複数の方法があるならば、より目的特化した方法を優先して利用するのが原則です。それによって、コードの趣旨をより誤解なく表現できます。
>
> ```
> System.out.println(str.indexOf("プロ") > 0);       // 結果：true（部分一致）
> System.out.println(str.indexOf("WINGS") == 0);     // 結果：true（前方一致）
> ```

 ### 5.2.7　部分文字列を取得する

substringメソッドは、元の文字列から部分的な文字列を抜き出します。

構文 substringメソッド

```
public String substring(int begin [,int end])
```

begin：検索開始位置（先頭は0）
end ：検索終了位置

begin～end － 1文字を抜き出します。以下のような引数の組み合わせでは、いずれもエラーとなるので注意してください。

- ● begin より end が小さい
- ● 引数 begin／end が負数
- ● 文字列の末尾を超える

具体的な例でも確認しておきます（リスト5.13）。

▶リスト5.13　StrSubstring.java

```
var str = "WINGSプロジェクト";
System.out.println(str.substring(5, 7));    // 結果：プロ
System.out.println(str.substring(5, 2));    // 結果：エラー（begin > end なため）
System.out.println(str.substring(-5));      // 結果：エラー（beginが負数なため）
System.out.println(str.substring(15));      // 結果：エラー（文字列の末尾を超えるため）
```

lastIndexOfメソッドと合わせて利用することで、たとえばメールアドレスからドメイン部分だけを取り出すようなことも可能です（リスト5.14）。

▶リスト5.14　StrSubstring2.java

```
var mail = "yamada@example.com";
System.out.println(mail.substring(mail.lastIndexOf("@") + 1));
    // 結果：example.com
```

ただし、1文字単位で抜き出したい場合には、（substringメソッドではなく）charAtメソッドを利用してください。

```
System.out.println(mail.charAt(0));    // 結果：y
```

文字列からすべての文字を取得する際にも利用できます。

```
for (var i = 0; i < mail.length(); i++) {
  System.out.println(mail.charAt(i));
}    // 結果：y、a、m、a、d、a、@、e、x、a、m、p、l、e、.、c、o、m
```

ただし、指定された文字がサロゲートペアの場合、charAtメソッドはサロゲート値を返します（リスト5.A）。

▶リスト5.A　StrCharAt.java

```
var str = "叱る";
System.out.println((int) str.charAt(0));     // 結果：55362
```

5.2.8　文字列を特定の区切り文字で分割する

文字列を特定の区切り文字で分割するには、splitメソッドを利用します。

構文 splitメソッド

```
public String[] split(String sep [,int limit])
```

sep　　：区切り文字
limit　：最大の分割数

まずは、具体的な例を見てみましょう（リスト5.15）。

▶リスト5.15　StrSplit.java

```
var str1 = "うめ,もも,さくら";
var result1 = str1.split(",");
System.out.println(String.join("&", result1));      ──────────────❶
    // 結果：うめ＆もも＆さくら

var str2 = "うめ,もも,さくらとあんず";
var result2 = str2.split("[,と]");
System.out.println(String.join("&", result2));      ──────────────❷
    // 結果：うめ＆もも＆さくら＆あんず

var str3 = "うめ,もも,さくら";
var result3 = str3.split("");
System.out.println(String.join("&", result3));      ──────────────❸
    // 結果：う＆め＆,＆も＆も＆,＆さ＆く＆ら
```

```
var str4 = "うめ,もも,さくら,あんず";
var result4 = str4.split(",", 3);
System.out.println(String.join("&", result4)); —————————— ❹
    // 結果：うめ&もも&さくら,あんず
```

❶は最もスタンダードな例です。引数sepで指定された区切り文字でもって文字列を分割します。固定文字列だけでなく、正規表現を利用すれば、あいまいな区切り文字を表現することもできます。たとえば❷は、「,」「と」のいずれかで分割する例です。

> note 正規表現（5.3節）とは、あいまいな文字列パターンを表現するための記法です。ちなみに、引数sepは、常に正規表現として解釈されます。よって、❶も正しくは（固定文字列ではなく）「,」を表す正規表現です。

引数sepには空文字列を渡すこともできます（❸）。その場合、文字列は文字単位で分割されます。

❹は、引数limitを指定した例です。この場合、splitメソッドは引数limitの指定値を上限に分割処理を実施します。最後の要素には、分割されなかった残りの文字列がまとめて含まれる点に注目してください。

なお、❶～❹の結果表示にも利用していますが、文字列配列を特定の区切り文字で連結するには、joinメソッドを利用します。

構文 joinメソッド

```
public static String join(CharSequence delimiter, Iterable elements)
public static String join(CharSequence delimiter, CharSequence... elements)
```

delimiter：区切り文字（空の場合は文字列をそのまま連結）
elements ：連結する文字列

第2構文では、連結対象の文字列を必要な数だけ列記できます。このように個数が決まっていない引数のことを**可変長引数**と言います。可変長引数については、7.7.1項で詳しく解説します。

```
System.out.println(String.join(",", "うめ", "もも", "さくら"));
    // 結果：うめ,もも,さくら
```

> note CharSequenceは、文字（char）の並び（sequence）を表します。String、StringBuilder、StringBufferのようなクラスはすべてCharSequenceの機能を引き継いでいます。よって、現時点では、CharSequence型の引数には、String、StringBuilder、StringBufferいずれでも引き渡せる、ととらえておけばよいでしょう。
> 同じく、Iterableは列挙可能なオブジェクトを表します。列挙可能、とは拡張forループの対象にできる、ということです。Iterable型の引数には、配列、コレクション（第6章）などを引き渡せます。

5.2.9 文字列を整形する

formatメソッドを利用することで、指定された書式文字列に基づいて文字列を整形できます。

構文 formatメソッド

```
public static String format([Locale l,] String format, Object... args)
```

l   ：整形に利用するロケール
format ：書式文字列
args   ：書式に割り当てる値

引数format（書式文字列）には、**書式指定子**と呼ばれるプレイスホルダーを埋め込むことができます（図5.2）。プレイスホルダーとは、引数args,...で指定された文字列を埋め込む場所、と考えればよいでしょう。書式文字列で書式指定子以外の部分はそのまま出力されます。

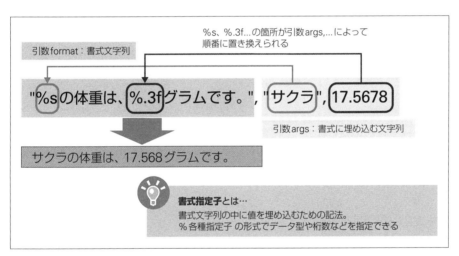

❖図5.2　String.formatメソッド

書式指定子は、以下の形式で表せます。

構文 書式指定子

```
%[index$][flag][width][.precision]conversion
```

index   ：引数argsの何番目の値を埋め込むか（先頭は0番目）
flag   ：出力形式
width   ：出力する最小の文字数
precision ：桁数（意味はconversionによって異なる）
conversion ：引数argsの型

conversionに指定できる文字には、表5.4のようなものがあります。

❖表5.4　引数conversionの主な値

分類	変換文字	概要
一般	b、B	ブール値
	h、H	ハッシュコードを16進数に変換
	s、S	文字列
文字	c、C	Unicode文字
整数	d	10進整数
	o	8進整数
	x、X	16進整数
浮動小数点	e、E	浮動小数点数形式の10進数
	f	10進小数点数
日付／時刻	t、T	日付／時刻変換文字の接頭辞
パーセント	%	リテラル '%'（u0025）
行区切り文字	n	プラットフォーム固有の行区切り文字

formatメソッドの利用例

ここで具体的な例も見ていきましょう（リスト5.16）。

▶リスト5.16　StrFormat.java

```java
import java.time.LocalDateTime;
import java.util.Locale;
...中略...
System.out.println(String.format(                                      ❶
  "%sは%s、%d歳です。", "サクラ", "女の子", 1));
    // 結果：サクラは女の子、1歳です。

System.out.println(String.format(                                      ❷
  "名前は%1$s、%3$d歳です。%1$sは、元気です。", "サクラ", "女の子", 1));
    // 結果：名前はサクラ、1歳です。サクラは、元気です。

System.out.println(String.format("%5sです。", "サクラ"));               ❸
    // 結果：　　サクラです。

System.out.println(String.format("%-5sです。", "サクラ"));              ❹
    // 結果：サクラ　　です。

System.out.println(String.format("%2sです。", "サクラ"));               ❺
    // 結果：サクラです。
```

```
System.out.println(String.format("10進数 %08d", 12345));  ──────────── ❻
    // 結果：10進数 00012345

System.out.println(String.format("16進数 %#x", 10));  ──────────── ❼
    // 結果：16進数 0xa

System.out.println(String.format("小数点数 %.2f", 123.456));  ──────────── ❽
    // 結果：小数点数 123.46

System.out.println(String.format("指数／小文字 %.2e", 123.456));  ──────────── ❾
    // 結果：指数／小文字 1.23e+02

System.out.println(String.format("指数／大文字 %.2E", 123.456));  ──────────── ❿
    // 結果：指数／大文字 1.23E+02

var d = LocalDateTime.now();
System.out.println(String.format("%tF", d));  ──────────── ⓫
    // 結果：2023-09-08

System.out.println(String.format("%tr", d));  ──────────── ⓬
    // 結果：03:19:34 午後

System.out.println(String.format("%1$tY年 %1$tm月 %1$td日", d));  ──────────── ⓭
    // 結果：2023年 09月 08日

System.out.println(String.format(Locale.GERMAN, "%f", 1234.567));  ──────────── ⓮
    // 結果：1234,567000

System.out.println(String.format(Locale.US, "%tr", d));  ──────────── ⓯
    // 結果：03:19:34 PM

System.out.printf("%.2sです。\n", "サクラ");  ──────────── ⓰
    // 結果：サクです。
```

それぞれの結果について、補足しておきます。

❶～❷シンプルなパターン

❶は、最もシンプルなパターンです。書式指定子のconversionだけを指定しています。この場合、%s、%s、%d...が、それぞれ引数args,...によって順に置き換えられます。❷のように、1$、2$...とすることで、1番目、2番目...の引数を参照します。引数args,...に対応するものがなくてもかまいません（たとえば❷であれば、「女の子」に対応すべき「2$」がありません）。

❸～❺文字列の表示幅

引数width（文字列の最小幅）を指定したパターンです。値の桁数が不足している場合は左側が空白で埋められます（＝右詰め）。右側を埋めたい（＝左詰め）場合にはwidthを負数で指定してください（❹）。

最小幅なので、埋め込まれた値の長さ（幅）がwidth以上の場合には、意味がありません（❺）。もし指定幅で切り捨てたい場合には、以下のようにprecision（先頭にピリオド）として指定してください。

```
System.out.println(String.format("%.2sです。", "サクラ"));
    // 結果：サクです。
```

❻～❼整数の場合

❻は10進数の整数を表示するパターンです。「08」は値を最大8桁で表示し、不足部分は0で補いなさい、という意味です（❼）。

%o、%xを利用すれば、8／16進数による表記も可能です。「#」は値に接頭辞「0」「0x」を付与しなさい、という意味です。ただし、%dでの「#」はエラーとなります。

❽～❿浮動小数点の場合

❽は小数点数を表示するパターンです。「.2」のように引数precisionを利用することで、小数点以下の桁数を表すこともできます（桁数に満たない場合は0で補います）。

%eを利用すれば、指数表現も可能です（❾）。「.2」の意味は❽と同じです。また、%E（大文字）とすることで、指数を表すeも大文字となります（❿）。

⓫～⓭日付／時刻の場合

%t、%Tを利用することで、日付／時刻の整形も可能です。ただし、%t、%Tはそれだけでは意味をなさないので、後ろに日付／時刻書式の指定が必要です。主な日付／時刻書式は、表5.5の通りです。

❖表5.5　主な日付／時刻書式

分類	書式	概要
標準	D	日付（%tm/%td/%tyと同じ）
	F	日付（%tY-%tm-%tdと同じ）
	T	時刻（%tH:%tM:%tSと同じ）
	r	時刻（%tI:%tM:%tS %Tpと同じ。%Tpの位置はロケールにより異なる）
カスタム	Y	年（4桁）
	y	年（下2桁）
	m	月（01～13。13は太陰暦のための特殊な値）
	d	日（01～31）
	e	日（1～31）
	H	時（00～23）

分類	書式	概要
カスタム	I	時（Ø1～12）
	k	時（Ø～23）
	l	時（1～12）
	M	分（ØØ～59）
	S	秒（ØØ～6Ø。6Ø はうるう秒のための特殊な値）
	L	ミリ秒（ØØØ～999）
	p	午前／午後（am／pm など。ロケールによる。接頭辞が T の場合は大文字）

標準の書式は決められたフォーマットで日付／時刻を整形します（⓫⓬）。標準の書式で賄えないものは、カスタム書式の組み合わせで表します（⓭）。

⓮～⓯ロケールを指定した場合

format メソッドでは、指定されたロケール（引数 loc）によって整形の結果も変化する点に注目です。たとえばドイツ（GERMAN）の場合、小数点は「,」になりますし、アメリカ（US）の場合、午後は「PM」という表記に変化します。

⓰printf メソッド

整形した文字列をそのまま表示したいならば、（format の代わりに）printf メソッドを利用してもかまいません。以下の文は、同じ意味です。

```java
System.out.println(String.format("%.2sです。", "サクラ"));
System.out.printf("%.2sです。\n", "サクラ");
```

printf メソッドでは、自動では末尾に改行文字は付与しないので、明示的に「\n」で改行している点にも注目です。

現在の文字列をフォーマット文字列として整形する 15

Java 15 以降では、format のインスタンスメソッド版として formatted メソッドが追加されています。つまり、現在の文字列（レシーバー）をフォーマット文字列として、与えられた値を割り当てることが可能になります。

構文 formatted メソッド

```java
public String formatted(Object... args)
```

args：書式に割り当てる値

たとえばリスト 5.16 −❷は formatted メソッドを利用することで、以下のように書き換えが可能です。

▶リスト5.17　StrFormatted.java

```java
var str = "名前は%1$s、%3$d歳です。%1$sは、元気です。";
System.out.println(str.formatted("サクラ", "女の子", 1));
```

 5.2.10　文字列テンプレートによる文字列フォーマット `21 Preview`

　Java 21からは、さらに**文字列テンプレート**と呼ばれる機能が追加され、変数（式）をもとにした文字列組み立てを、よりシンプルなコードで表せるようになりました。たとえば以下は、変数（式）の値に基づいて文字列を組み立てる例です。

▶リスト5.18　StrTemplate.java❶

```java
import static java.lang.StringTemplate.STR; ──────────────────❸
...中略...
var name = "鈴木 一誠";
System.out.println(STR."こんにちは、\{name}さん！"); ──────────❶
  // 結果：こんにちは、鈴木 一誠さん！
System.out.println(STR."こんにちは、\{name.split(" ")[1]}さん！"); ──❷
  // 結果：こんにちは、一誠さん！
```

　❶は文字列テンプレートの基本です（STR."..."の形式で文字列リテラルを表します）。文字列テンプレートでは\{...}の形式で変数（式）を埋め込むことが可能になります。これまでのJavaであれば、変数とリテラルを「＋」演算子で連結していたところなので、コードがぐんとシンプルになります。
　式、なので、❷のようなメソッド呼び出し＋配列アクセス式を埋め込むことも可能です。ただし、リテラルに複雑な式を埋め込むことは、コードの見通しを悪化させます。複雑な式は、変数として切り出すことをお勧めします。

 note 　STRの実体は、**StringTemplate**クラスの静的フィールドなので、❸のようにあらかじめインポートしておく必要があります。STRの戻り値は、**StringTemplate.Processor**オブジェクトです。**StringTemplate.Processor**を実装することで、テンプレートプロセッサー（＝テンプレートを処理するためのルール）を自作することも可能です。

formatの代替となるFMTプロセッサー

　埋め込み文字列に**format**メソッドのような書式文字列を指定できるFMTプロセッサーもあります。具体的な例も見てみましょう。

```
import static java.util.FormatProcessor.FMT;
...中略...
var pref = "千葉";
var temp = 26.8;
var humi = 55.0;

System.out.println(FMT."""
  %5s\{pref}県の気象
  温度：%5.1f\{temp}℃
  湿度：%5.1f\{humi}%
""");
```

```
    千葉県の気象
温度： 26.8℃
湿度： 55.0%
```

FMTプロセッサーを利用する場合は、\{...}の直前に%...の形式で書式文字列を付与します。

練習問題　5.1

[1] substringメソッドを利用して、文字列「プログラミング言語」から「ミング」という文字列を抜き出してみましょう。

[2] splitメソッドを利用して、「鈴木\t太郎\t男\t50歳\t広島県」のような文字列をタブ文字で分割し、その結果を&でつないで出力してみましょう。

5.3　正規表現

　正規表現（Regular Expression）とは「あいまいな文字列パターンを表現するための記法」です。おおざっぱに表現するなら、「ワイルドカードをもっと高度にしたもの」と言い換えてもよいかもしれません。ワイルドカードとは、たとえばWindowsのエクスプローラーなどでファイルを検索するために使う「*.java」「*day*.java」といった表現です。「*」は0文字以上の文字列を意味してい

るので、「*.java」であれば「Math.java」や「X.java」のようなファイル名を表しますし、「*day*.java」なら「Today.java」や「day01.java」「Today99.java」のように、ファイル名に「day」という文字を含む.javaファイルを表します。

ワイルドカードは比較的なじみのあるものだと思いますが、あくまでシンプルな仕組みなので、複雑なパターンは表現できません。そこで登場するのが正規表現です。たとえば、[0-9]{3}-[0-9]{4}という正規表現は一般的な郵便番号を表します（図5.3）。「0〜9の数値3桁」+「-」+「0〜9の数値4桁」という文字列のパターンを、これだけ短い表現の中で端的に表しているわけです。

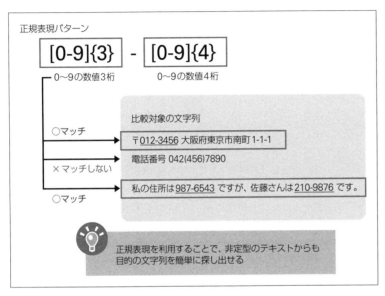

❖図5.3　正規表現

たったこれだけのチェックでも、正規表現を使わないとしたら、煩雑な手順を踏まなければなりません（おそらく、文字列長が8桁であること、4桁目に「-」を含むこと、それ以外の各桁が数値で構成されていることを、何段階かに分けてチェックしなければならないでしょう）。しかし、正規表現を利用すれば、正規表現パターンと比較対象の文字列を指定するだけで、あとは両者が合致するかどうかを正規表現エンジンが判定してくれるのです。

単にマッチするかどうかの判定だけではありません。正規表現を利用すれば、たとえば、掲示板への投稿記事から有害なHTMLタグだけを取り除いたり、任意の文書からメールアドレスだけを取り出したり、といったこともできます。

正規表現とは、非定型のテキスト、HTMLなど、散文的な（ということは、コンピューターにとって再利用するのが難しい）データを、ある定型的な形で抽出し、データとしての洗練度を向上させる——いわば、人間のためのデータと、システムのためのデータをつなぐ橋渡し的な役割を果たす存在とも言えます。

5.3.1　正規表現の基本

　正規表現によって表されたある文字列パターンのことを**正規表現パターン**と言います。また、与えられた正規表現パターンが、ある文字列の中に含まれる場合、文字列が正規表現パターンに**マッチする**と言います。

　先ほどの図5.3でも見たように、正規表現パターンにマッチする文字列は1つだけとは限りません。1つの正規表現パターンにマッチする文字列は、多くの場合、複数あります。

　ここでは、正規表現の中でも特によく使うものについて、その記法を紹介していきます（表5.6）。取り上げるのは、数多くあるパターンのほんの一部ですが、これらを理解し、組み合わせるだけでもかなりの文字列パターンを表現できるようになるはずです。

❖表5.6　Javaで利用できる主な正規表現パターン

分類	パターン	マッチする文字列
基本	XYZ	「XYZ」という文字列
	[XYZ]	X、Y、Zいずれかの1文字
	[^XYZ]	X、Y、Z以外のいずれかの1文字
	[X–Z]	X～Zの範囲の中の1文字
	[X|Y|Z]	X、Y、Zのいずれか
量指定	X*	0文字以上のX（"so*n"の場合 "sn"、"son"、"soon"、"sooon"などにマッチ）
	X?	0、または1文字のX（"so?n"の場合 "sn"、"son"にマッチ）
	X+	1文字以上のX（"so+n"の場合 "son"、"soon"、"sooon"などにマッチ）
	X{*n*}	Xとn回一致（"so{2}n"の場合 "soon"にマッチ）
	X{*n*,}	Xとn回以上一致（"so{2,}n"の場合 "soon"、"sooon"にマッチ）
	X{*m*,*n*}	Xとm～n回一致（"so{2,3}n"の場合 "soon"、"sooon"にマッチ）
位置指定	^	行の先頭に一致
	$	行の末尾に一致
文字セット	.	任意の1文字
	\w	大文字／小文字の英字、数字、アンダースコアに一致（"[A-Za-z0-9_]"と同意）
	\W	文字以外に一致（"[^\w]"と同意）
	\d	数字に一致（"[0-9]"と同意）
	\D	数字以外に一致（"[^0-9]"と同意）
	\n	改行（ラインフィード）に一致
	\r	復帰（キャリッジリターン）に一致
	\t	タブ文字に一致
	\s	空白文字に一致（"[\n\r\t\v\f]"と同意）
	\S	空白以外の文字に一致（"[^\s]"と同意）
	\~	「~」で表される文字

　たとえば表5.6を手がかりに、URLを表す正規表現パターンを読み解いてみましょう。

```
http(s)?://([\w-]+\.)+[\w-]+(/[\w ./?%&=-]*)?
```

まず、「http(s)?://」に含まれる「(s)?」は、「s」が0〜1回登場することを意味します。つまり、「http://」または「https://」にマッチします。

続く「([\w-]+\.)+[\w-]+」は、英数字／アンダースコア（\w）、ハイフンで構成される文字列で、途中にピリオド（\.）を含むことを意味します。そして、「(/[\w ./?%&=-]*)?」で後続の文字列が英数字、アンダースコア（\w）、その他の記号（_、-、?、%、&など）を含む文字から構成されることを意味します。

以上が、おおざっぱな正規表現の基本ですが、本書ではここまでにとどめます。あとは、以降のサンプルを見ながら、あるいは、本書のサンプルコードを読み解きながら、徐々に表現の幅を広げていきましょう。『詳説 正規表現 第3版』（オライリージャパン刊）などの専門書を併読するのもお勧めです。

では、ここからはJavaで正規表現を扱う方法について解説していきます。

5.3.2　文字列が正規表現パターンにマッチしたかを判定する

文字列が正規表現パターンにマッチしているかを判定するには、Patternクラス（java.util.regexパッケージ）のmatches静的メソッドを利用します。正規表現によるマッチの最も簡単な方法です。パターンが文字列全体に一致（＝完全一致）する場合にだけtrueを返します。

構文 matchesメソッド

```
public static boolean matches(String regex, CharSequence input)
```

regex：正規表現
input：検索する文字列

たとえばリスト5.20は、文字列配列telを順にチェックし、電話番号と見なせる場合にはその値を、さもなければ「アンマッチ」と出力する例です。

▶リスト5.20　RegMatches.java

```
import java.util.regex.Pattern;
...中略...
var tel = new String[] { "080-0000-0000", "084-000-0000", "184-0000" };
var rx = "\\d{2,4}-\\d{2,4}-\\d{4}"; ──────────────────── ❶
for (var t : tel) {
  System.out.println(Pattern.matches(rx ,t) ? t : "アンマッチ"); ────── ❷
}
```

```
080-0000-0000
084-000-0000
アンマッチ
```

Javaの文字列リテラルにおいて「\」は意味を持った予約文字です。したがって、本来の正規表現パターンである「\d」として認識させるには、「\」を「\\」としてエスケープしなければなりません（❶）。

> *note* matchesメソッドは、既定で完全一致で検索します。もしも前方一致、後方一致、部分一致で検索したいならば、以下のようにしてください。
>
> ● 前方一致　　\\d{2,4}-\\d{2,4}-\\d{4}.*
> ● 後方一致　　.*\\d{2,4}-\\d{2,4}-\\d{4}
> ● 部分一致　　.*\\d{2,4}-\\d{2,4}-\\d{4}.*

Patternクラスのmatchesメソッドとほぼ同じ意味で、Stringクラスのmatchesメソッドも利用できます。たとえば❷は、以下のように書き換えても動作します。

```
System.out.println(t.matches(rx) ? t : "アンマッチ");
```

5.3.3　正規表現で文字列を検索する

単にマッチしたかどうかを判定するだけでなく、マッチした文字列をもとの文字列から抜き出したい場合には、Pattern／Matcherクラスを利用します。

まずは、具体的な例を見てみましょう。リスト5.21は、文字列から電話番号だけを抜き出すためのコードです。

▶リスト5.21　RegMatcher.java

```java
import java.util.regex.Pattern;
...中略...
var str = "会社の電話は0123-99-0000です。自宅は000-123-4567だよ。";
var ptn = Pattern.compile("(\\d{2,4})-(\\d{2,4})-(\\d{4})");  ────────── ❶
var match = ptn.matcher(str);  ─────────────────────── ❷
while (match.find()) {
  System.out.println("開始位置：" + match.start());
  System.out.println("終了位置：" + match.end());
  System.out.println("マッチング文字列：" + match.group());
  System.out.println("市外局番：" + match.group(1));       ❸
  System.out.println("市内局番：" + match.group(2));
  System.out.println("加入者番号：" + match.group(3));
  System.out.println("-----");
}
```

```
開始位置：6
終了位置：18
マッチング文字列：0123-99-0000
市外局番：0123
市内局番：99
加入者番号：0000
-----
開始位置：24
終了位置：36
マッチング文字列：000-123-4567
市外局番：000
市内局番：123
加入者番号：4567
-----
```

　まずは、Patternクラスのcompile静的メソッドで正規表現パターン（Patternオブジェクト）を準備します（❶）。Patternクラスは、new演算子ではインスタンス化できない点に注意です。

構文 compileメソッド

> public static Pattern compile(String *regex* [,int *flags*])
>
> ---
> *regex*：正規表現
> *flags*：マッチフラグ（5.3.4項を参照）

　Patternオブジェクトを生成できたら、そのmatcherメソッドで、文字列検索のための正規表現エンジン（Matcherオブジェクト）を生成します（❷）。

構文 matcherメソッド

> public Matcher matcher(CharSequence *input*)
>
> ---
> *input*：検索文字列

　あとは、生成したMatcherオブジェクトを使って、検索を実行するだけです。Matcherオブジェクトの主なメソッドを、表5.7にまとめておきます。

メソッド	概要
boolean find([int *start*])	次のマッチを検索（引数*start*は検索開始位置）
boolean lookingAt()	文字列先頭からマッチするか
boolean matches()	文字列全体にマッチするか
int start([int *group*])	開始位置を取得
int end([int *group*])	終了位置を取得
String group([int *group*])	int番目にマッチした部分文字列を取得

❸であれば、findメソッドがfalseとなる（＝次の結果がなくなる）まで、マッチングを繰り返し、その結果――文字列の開始位置（start）、終了位置（end）、マッチした文字列（group）を取得しているわけです。

groupメソッドは、引数を省略した場合にはマッチした文字列全体を、引数を指定した場合にはサブマッチ文字列を、それぞれ取得します（図5.4）。サブマッチ文字列とは、正規表現の中で丸カッコでくくられた部分（サブマッチパターン）にマッチした部分文字列のことです。サブマッチパターンのことは、**グループ**、または**キャプチャグループ**とも言います。

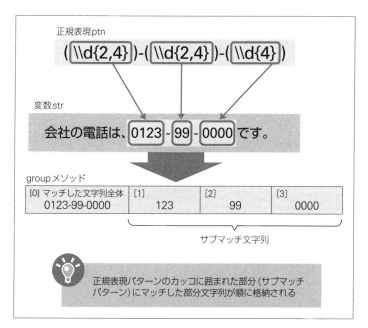

❖図5.4　マッチング情報の格納（groupメソッド）

groupメソッドを利用することで、グループにマッチした文字列を先頭から順に取り出せるわけです。0は、マッチング文字列全体を指す点に注意してください（引数を省略した場合と同じです）。この例であれば、0番目から順に「電話番号全体」「市外局番」「市内局番」「加入者番号」を表します。

note Matcherオブジェクトにも、マッチングの是非を確認するためのmatchesメソッドがある点に注目です。意味的には、Stringクラスのmatchesメソッド、Patternクラスのmatchesメソッドとほぼ同じ意味ですが、内部的な動作が異なります。Stringクラスのmatchesメソッド、Patternクラスのmatchesメソッドは、その性質上、正規表現をそのつどコンパイルしますが、Matcherクラスのmatchesメソッドは（あらかじめコンパイルされたパターンを利用するので）不要です。

つまり、同一パターンを用いて繰り返し検索を行う場合には、Matcherのほうが有利です。対して、使い捨ての検索を実行するならば、Stringクラスのmatchesメソッド、Patternクラスのmatchesメソッドのほうがコードがシンプルになります。

5.3.4　正規表現オプションでマッチング時の挙動を制御する

Patternクラスをインスタンス化する際には、第2引数に検索オプション（マッチフラグ）を渡すこともできます。表5.8に、主なフラグをまとめておきます。

❖表5.8　主なマッチフラグ（Patternクラスのメンバー）

設定値	概要
CASE_INSENSITIVE	大文字小文字を区別しない
MULTILINE	複数行モードの有効化
DOTALL	「.」が行末記号を含む任意の文字にマッチ
UNICODE_CASE	Unicodeに準拠した大文字と小文字を区別しないマッチングを有効化
UNIX_LINES	「\n」だけを行末記号として扱う
LITERAL	パターンをリテラル文字として解析（「\d」などの意味を無効化）
COMMENTS	空白とコメントの有効化

ここでは、主なフラグについて具体的な例とともに動作を確認しておきます。

大文字／小文字を区別しない

リスト5.22は、文字列に含まれるメールアドレスを、大文字／小文字を区別せずに検索する例です。

▶リスト5.22　RegIgnore.java

```java
import java.util.regex.Pattern;
...中略...
var str = "仕事用はwings@example.comです。プライベート用はYAMA@example.comです。";
var ptn = Pattern.compile("[a-z0-9.!#$%&'*+/=?^_{|}~-]+@[a-z0-9-]+↵
(\\.[a-z0-9-]+)*", Pattern.CASE_INSENSITIVE);
var match = ptn.matcher(str);
```

```
while (match.find()) {
  System.out.println(match.group());
}
```

```
wings@example.com
YAMA@example.com
```

大文字小文字を無視するには、`Pattern.CASE_INSENSITIVE`値を指定します。大文字小文字に関わらず、すべてのメールアドレスが取得できていることが確認できます。

太字の部分を省略すると、結果が「wings@example.com」だけになることも確認しておきましょう。

note 別解として、「A-Za-z」のように大文字／小文字双方のパターンを明示することも可能です。ただし、フラグとして指定したほうがシンプルですし、なにより間違い（抜け）も防げます。まずはフラグを優先して利用してください。

```
"[A-Za-zØ-9.!#$%&'*+/=?^_{|}~-]+@[A-Za-zØ-9-]+(\\.[A-Za-zØ-9-]+)*"
```

マルチラインモードを有効にする

マルチラインモード（複数行モード）とは「^」「$」の挙動を変更するためのモードです。まずは、マルチラインモードが無効である場合の挙動からです（リスト5.23）。

▶リスト5.23　RegMulti.java

```
import java.util.regex.Pattern;
...中略...
var str = "1Ø人のインディアン。\n1年生になったら";
var ptn = Pattern.compile("^\\d*");
var match = ptn.matcher(str);
while (match.find()) {
  System.out.println(match.group());
}
```

この場合、正規表現「^」は、単に文字列の先頭を表すので「1Ø」だけにマッチします。では、マルチラインモードを有効にするとどうでしょう。

```
var ptn = Pattern.compile("^\\d*", Pattern.MULTILINE);
```

この場合、「^」は行頭を意味するようになります。結果、文字列先頭の「10」はもちろん、改行の直後にある「1」にもマッチするようになるのです。

これは「$」（文字列の末尾）についても同様です。マルチラインモードを有効にした場合、「$」は行末にもマッチします。

note オプション値を複数同時に設定する場合には、「|」で連結します。

```
var ptn = Pattern.compile("^[a-z0-9._-]*",
    Pattern.MULTILINE | Pattern.CASE_INSENSITIVE);
```

DOTALL モードを有効にする

DOTALL モードとは、「.」の挙動を変更するためのモードです。まずは、DOTALL モードが無効である場合の挙動からです（リスト5.24）。

▶リスト5.24　RegSingle.java

```
import java.util.regex.Pattern;
...中略...
var str = "初めまして。\nよろしくお願いします。";
var ptn = Pattern.compile("^.+");
var match = ptn.matcher(str);
while (match.find()) {
  System.out.println(match.group());
}
```

⬇

```
初めまして。
```

既定では正規表現「.」は、「\n」（改行）を除く任意の文字にマッチします。よって、文字列先頭（^）から改行の前までがマッチング結果として得られます。

では、DOTALL モードを有効にするとどうでしょう。

```
var ptn = Pattern.compile("^.+", Pattern.DOTALL);
```

この場合、「.」は改行文字も含むようになります。結果、以下のように、改行をまたがったすべての文字列にマッチするようになります。文字列を単一の行と見なしてマッチングすることから、シ

ングルラインモードとも呼ばれます。

```
初めまして。
よろしくお願いします。
```

正規表現パターンにコメントを加える

COMMENTSオプションを有効にすることで、正規表現パターンにコメントを付与できるように
なります。たとえば以下は、リスト5.22にコメントを加えたものです。

▶リスト5.25　RegIgnore.java

```
var str = "仕事用はwings@example.comです。プライベート用はYAMA@example.comです。";
var ptn = Pattern.compile(
  """
  [a-z0-9.!\\#$%&'*+/=?^_{|}~-]+  # local
  @                              # delimiter
  [a-z0-9-]+(\\.[a-z0-9-]+)*     # domain
  """, Pattern.CASE_INSENSITIVE | Pattern.COMMENTS);
```

COMMENTSオプションを有効にした場合、正規表現パターンに含まれる空白／改行は無視され、
また、行末に「#〜」形式のコメントを加えられるようになります。複雑な正規表現パターンを解読
するのは大概厄介ですが、正規表現を意味ある部位ごとに表現できるので、可読性が改善します。

ちなみに、コメントモードでは「#」は予約文字です。正規表現として意味のある「#」を用いる
場合には、太字のように「\\#」とエスケープしてください。

補足 埋め込みフラグ

正規表現オプションは、Patternクラスのcompileメソッドの引数として指定する他、**埋め込み
フラグ**として指定することもできます。たとえば、以下は同じ意味です。

```
var ptn = Pattern.compile("[a-z0-9.!#$%&'*+/=?^_{|}~-]+@[a-z0-9-]+⏎
(\\.[a-z0-9-]+)*", Pattern.CASE_INSENSITIVE);
```

```
var ptn = Pattern.compile("(?i)[a-z0-9.!#$%&'*+/=?^_{|}~-]+@[a-z0-9-]+⏎
(\\.[a-z0-9-]+)*");
```

(?フラグ)の形式で、正規表現パターンの中に埋め込みます。ただし、フラグの適用範囲は埋め
込み場所によって変化するので注意してください。

たとえば上の例では、パターンの先頭で宣言しているので、パターン全体に適用されますが、以下
のように途中に埋め込んでもかまいません。

```
var ptn = Pattern.compile("[a-z0-9.!#$%&'*+/=?^_{|}~-]+@(?i)[a-z0-9-]+↵
(\\.[a-z0-9-]+)*");
```

この場合は指定された**以降**でのみフラグは有効になります。よって、上の例であれば、「xxxxx@
example.com」「xxxxx@EXAMPLE.COM」にはマッチしますが、「XXXXX@example.com」にはマッ
チしません。

また、途中でフラグを無効にしたい場合には、(?-フラグ)という指定も可能です。

```
var ptn = Pattern.compile("(?i)[a-z0-9.!#$%&'*+/=?^_{|}~-]+@(?-i)↵
[a-z0-9-]+(\\.[a-z0-9-]+)*");
```

利用可能な主なフラグを、表5.9にまとめておきます。

❖表5.9　正規表現の埋め込みフラグ

フラグ	オプション
?i	CASE_INSENSITIVE
?m	MULTILINE
?s	DOTALL
?u	UNICODE_CASE
?d	UNIX_LINES
?x	COMMENTS

5.3.5　例 正規表現による検索

正規表現による基本的な検索の手順を理解できたところで、よく利用する正規表現の概念をいくつ
か、具体的な例とともに補足しておきます。

最長一致と最短一致

最長一致とは、正規表現で「*」「+」などの量指定子を利用した場合、できるだけ長い文字列を一
致させなさい、というルールです。

具体的な例で、挙動を確認してみましょう（リスト5.26）。

▶リスト5.26　RegLongest.java

```
import java.util.regex.Pattern;
...中略...
var tags = "<p><strong>WINGS</strong>サイト<a href='index.html'><img src=↵
'wings.jpg' /></a></p>";
var ptn = Pattern.compile("<.+>"); ──────────────────────────────── ❶
var match = ptn.matcher(tags);
while (match.find()) {
  System.out.println(match.group());
}
```

「<.+>」は、

　　<...>の中に「.」（任意の文字）が「+」（1文字以上）

で、<strong>、<img>のようなタグにマッチすることを想定しています。

　このコードを実行してみると、どのような結果を得られるでしょうか？　おそらくは以下のような結果を期待しているはずです。

```
<p>
<strong>
</strong>
<a href='index.html'>
<img src='wings.jpg' />
</a>
</p>
```

しかし、そうはならず、すべてのタグ文字列がまとめて出力されます。

```
<p><strong>WINGS</strong>サイト<a href='index.html'><img src='wings.jpg'>⏎
</img></a></p>
```

　これが「できるだけ長い文字列を一致」させる、最長一致の挙動です。もしも個々のタグを取り出したいならば、❶を、

```
var ptn = Pattern.compile("<.+?>");
```

のように修正します。「+?」は最短一致を意味し、今度は「できるだけ短い文字列を一致」させようとします。果たして、今度は個々のタグが分解された結果が得られるはずです。

　同じく「*?」「{n,}?」「??」などの最短一致表現も可能です。

名前付きキャプチャグループ

　正規表現パターンに含まれる(...)でくくられた部分のことを、グループ、またはキャプチャグループと言います。5.3.3項では、これらグループにマッチした文字列を「group(0)」のようにインデックス番号で参照していましたが、グループに意味ある名前を付与することもできます。これを**名前付きキャプチャグループ**と言います。

　たとえばリスト5.27は、リスト5.21（p.177）を名前付きキャプチャグループで書き換えた例です。

▶リスト5.27　RegMatcherNamed.java

```
import java.util.regex.Pattern;
...中略...
var msg = "会社の電話は0123-99-0000です。自宅は000-123-4567だよ。";
var ptn = Pattern.compile("(?<area>\\d{2,4})-(?<city>\\d{2,4})-
(?<local>\\d{4})");                                              ──── ❶
var match = ptn.matcher(msg);
while (match.find()) {
  System.out.println("開始位置：" + match.start());
  System.out.println("終了位置：" + match.end());
  System.out.println("マッチング文字列：" + match.group());
  System.out.println("市外局番：" + match.group("area"));
  System.out.println("市内局番：" + match.group("city"));       ──── ❷
  System.out.println("加入者番号：" + match.group("local"));
  System.out.println("-----");
}
```

　名前は、グループの先頭で?<...>の形式で宣言するだけです（❶）。この例であれば、市外局番
（area）、市内局番（city）、加入者番号（local）をそれぞれ命名しています。
　これら名前付きキャプチャグループにアクセスするには、groupメソッドにも（インデックス番
号ではなく）文字列を渡します（❷）。
　リスト5.21と同じ結果を得られることを確認してください。

グループの後方参照

　グループにマッチした文字列は、正規表現パターンの中であとから参照することもできます（後方
参照）。たとえばリスト5.28は文字列から「<a href="...">...</a>」（「...」は同じ文字列）を
取り出す例です。

▶リスト5.28　RegAfter.java

```
import java.util.regex.Pattern;
...中略...
var str = "<p>サポートサイト<a href=\"https://www.wings.msn.to/\">
https://www.wings.msn.to/</a></p>";
var ptn = Pattern.compile("<a href=\"(.+?)\">\\1</a>");          ──── ❶
var match = ptn.matcher(str);
if (match.find()) {
  System.out.println(match.group());
}    // 結果：<a href="https://www.wings.msn.to/">https://www.wings.msn.to/</a>
```

一般的なグループは「\1」（ここでは、エスケープして「\\1」）のような番号で後方参照できます。もちろん、複数のグループがある場合は、\2、\3...のように指定します（❶）。

名前付きキャプチャグループも利用できます。その場合は、❶を以下のように書き換えてください。

```
var ptn = Pattern.compile("<a href=\"(?<link>.+?)\">\\k<link></a>");
```

名前付きキャプチャグループを参照するには「\k<名前>」とします。

参照されないグループ

これまでに何度も見てきたように、正規表現では、パターンの一部を(...)でくくることで、部分的なマッチング文字列を取得できます。ただし、(...)はサブマッチの目的だけで用いるばかりではありません。たとえば、「*」「+」の対象をグループ化するために用いるような状況もあります。たとえば、リスト5.29の例を見てみましょう。

▶リスト5.29　RegNoRef.java

```
import java.util.regex.Pattern;
...中略...
var str = "仕事用はwings@example.comです。プライベート用はYAMA@example.comです。";
var ptn = Pattern.compile("([a-z0-9.!#$%&'*+/=?^_{|}~-]+)@([a-z0-9-]+⏎
(\\.[a-z0-9-]+)*)", Pattern.CASE_INSENSITIVE);
var match = ptn.matcher(str);
while (match.find()) {
  System.out.println(match.group());
  System.out.println(match.group(1));
  System.out.println(match.group(2));
  System.out.println(match.group(3));
  System.out.println("-----");
}
```

```
wings@example.com
wings
example.com
.com
-----
YAMA@example.com
YAMA
example.com
.com
-----
```

この例では、正規表現パターン（❶）に3個のグループが含まれています。

しかし、3番目のグループは「*」の対象を束ねるためのもので、サブマッチを目的としたものではありません（図5.5）。そのようなグループは、あとから参照する際にも間違いのもとになりますし、そもそも参照しない値を保持しておくのはリソースの無駄遣いです。

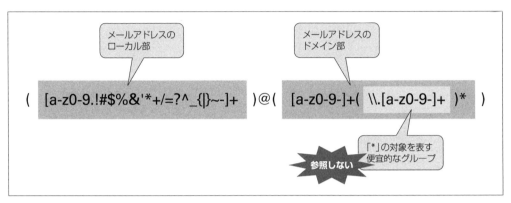

❖図5.5　参照しないグループ

そのような場合には、`(?:...)`とすることで、サブマッチの対象から除外できます。たとえば❶を、以下のように書き換えてみましょう。

```
var ptn = Pattern.compile("([a-z0-9.!#$%&'*+/=?^_{|}~-]+)@([a-z0-9-]+↵
(?:\\.[a-z0-9-]+)*)", Pattern.CASE_INSENSITIVE);
```

3番目のグループが存在しなくなった結果、`IndexOutOfBoundsException`（指定された値が範囲外）のようなエラーが発生します。

先読みと後読み

正規表現では、前後の文字列の有無によって、本来の文字列がマッチするかを判定する表現があります（表5.10）。

❖表5.10　先読みと後読み

表現	概要
A(?=B)	肯定的先読み（Aの直後にBが続く場合だけ、Aにマッチ）
A(?!B)	否定的先読み（Aの直後にBが続かない場合だけ、Aにマッチ）
(?<=B)A	肯定的後読み（Aの直前にBがある場合だけ、Aにマッチ）
(?<!B)A	否定的後読み（Aの直前にBがない場合だけ、Aにマッチ）

それぞれの例をリスト5.30に示します。

```java
import java.util.regex.Pattern;
...中略...
// 与えられたパターンと入力文字列でマッチした結果を表示
private static void match(Pattern ptn, String input) {
  var match = ptn.matcher(input);
  while (match.find()) {
    System.out.println(match.group());
  }
  System.out.println("---");
}
...中略...
var re1 = Pattern.compile("いろ(?=はに)");
var re2 = Pattern.compile("いろ(?!はに)");
var re3 = Pattern.compile("(?<=。)いろ");
var re4 = Pattern.compile("(?<!。)いろ");
var msg1 = "いろはにほへと";
var msg2 = "いろものですね。いろいろと";
match(re1, msg1);     // 結果：いろ
match(re1, msg2);     // 結果：(なし)
match(re2, msg1);     // 結果：(なし)
match(re2, msg2);     // 結果：いろ、いろ、いろ
match(re3, msg1);     // 結果：(なし)
match(re3, msg2);     // 結果：いろ
match(re4, msg1);     // 結果：いろ
match(re4, msg2);     // 結果：いろ、いろ ─────────────── ❶
```

　先読み、後読みに関わらず、カッコの中はマッチング結果には含まれない点に注意してください。また、❶は、先に「。」がない「いろ」を検索するので、「。いろ」が除外され、2個の「いろ」を拾っています。

Unicodeプロパティで特定の文字群を取得する

　Unicodeで定義された個々の文字には、それぞれの特性を表すためにプロパティ（属性）が割り当てられています。たとえば文字がひらがな／カタカナを表すのか、空白／記号を表すのか、などの情報です。これらのプロパティを正規表現パターンとして表せるようにしたものがUnicodeプロパティエスケープと呼ばれる構文です。\p{...}の形式で表します。

　たとえば以下は、文字列からカタカナだけを取り出す例です。

```
var str = "WINGSプロジェクトは2003年に発足した執筆者コミュニティです。";
var ptn = Pattern.compile("\\p{IsKatakana}+");
var match = ptn.matcher(str);
while (match.find()) {
  System.out.println(match.group());
}    // 結果：プロジェクト、コミュニティ
```

カタカナ以外にも、以下のようなプロパティを利用できます。

❖表5.11　よく利用するUnicodeプロパティエスケープ

プロパティ	概要
\p{L}	文字
\p{P}	句読点
\p{N}	数字（ローマ数字なども含む）
\p{Zs}	空白
\p{IsUppercase}	英大文字（半角、全角）
\p{IsLowercase}	英小文字（半角、全角）
\p{IsHiragana}	ひらがな
\p{IsKatakana}	カタカナ
\p{IsHan}	漢字

また、（たとえば）カタカナを含ま**ない**を表すならば、\P{Kana}（Pが大文字）とします。

 ### 5.3.6　正規表現で文字列を置換する

StringクラスのreplaceAllメソッドを利用すれば、正規表現にマッチした文字列を置き換えることもできます。

構文 replaceAllメソッド

```
public String replaceAll(String regex, String replacement)
```

regex　　　：正規表現
replacement：置き換え後の文字列

たとえばリスト5.32は、文字列に含まれるURLをHTMLのアンカータグで置き換える例です。

▶リスト5.32　RegReplaceAll.java

```java
var str = "サポートサイトはhttps://www.wings.msn.to/です。";
System.out.println(str.replaceAll(
  "(?i)http(s)?://([\\w-]+\\.)+[\\w-]+(/[\\w ./?%&=-]*)?",
  "<a href=\"$0\">$0</a>"
));
```

サポートサイトは\<a href='https://www.wings.msn.to/'>https://www.wings.msn.to/⏎
\</a> です。

構文そのものはごくシンプルですが、ここで注目したいのは、正規表現による置き換えでは、置き換え後の文字列（引数replacement）に置き換え前のマッチした文字列を含めることができるという点です。$0はマッチした文字列全体、$1、$2...はそれぞれサブマッチ文字列を表します。この例であれば、表5.12のような値がそれぞれ$0...$3に格納されます（ここで利用しているのは$0だけです）。

❖表5.12　特殊変数の中身（サンプルの場合）

変数	格納されている値
$0	https://www.wings.msn.to/
$1	s
$2	msn.
$3	/

replaceAllメソッドは、名前の通り、マッチしたすべての文字列を置き換えの対象とします。もしも最初の1つだけを置き換える場合には、replaceFirstメソッドを利用してください。

note　固定文字列で文字列を置き換えるならば、replaceAll／replaceFirstメソッドの代わりにreplaceメソッドを利用します。

▶リスト5.B　RegReplace.java

```java
var str = "名前は桜。桜と呼ばれます。";
System.out.println(str.replace("桜", "サクラ"));
    // 結果：名前はサクラ。サクラと呼ばれます。
```

名前付きキャプチャグループの例

replaceメソッドでも名前付きキャプチャグループを利用できます。ここで付けた名前は、引数replacementに${名前}で埋め込めます。

たとえばリスト5.33は、メールアドレスからローカル名とドメイン部を取り出して「ドメイン部のローカル名」と置き換える例です。

▶リスト5.33　RegReplaceNamed.java

```
var str = "仕事用はwings@example.comです。";
System.out.println(str.replaceAll(
"(?i)(?<localName>[a-z0-9.!#$%&'*+/=?^_{|}~-]+)@(?<domain>[a-z0-9-]+↵
(?:\\.[a-z0-9-]+)*)",
"${domain}の${localName}"));
    // 結果：仕事用はexample.comのwingsです。
```

${...}構文を利用することで、サブマッチパターンが複数ある場合（さらに、それを順不同で埋め込む場合）に、対応関係がわかりやすくなります。

5.3.7　正規表現で文字列を分割する

正規表現で文字列を分割するには、Patternクラスのsplitメソッドを利用します。

構文 splitメソッド

```
public String[] split(CharSequence input [,int limit])
```

input：分割する文字列
limit：最大の分割数

たとえばリスト5.34は、文字列を「1桁以上の数値＋わ」で分解するコードです。

▶リスト5.34　RegSplit.java

```
import java.util.regex.Pattern;
...中略...
var str = "にわに3わうらにわに51わにわとりがいる";
var re = Pattern.compile("\\d{1,}わ");
var result = re.split(str);
System.out.println(String.join(" ", result));
    // 結果：にわに うらにわに にわとりがいる
```

ほぼ同じ内容を String クラスの split メソッド（5.2.8項）でも表せます。ただし、こちらは正規表現をそのつどコンパイルします。同じパターンを再利用する場合には、Pattern クラスの利用をお勧めします。

練習問題　5.2

[1] 正規表現を利用して、文字列「住所は〒16Ø–ØØØØ　新宿区南町Ø–Ø–Øです。\n あなたの住所は〒21Ø–9999 川崎市北町1–1–1ですね」から郵便番号だけを取り出してみましょう。

[2] 正規表現を利用して、文字列「お問い合わせは support@example.com まで」のメールアドレス部分を、

```
<a href="mailto:メールアドレス">メールアドレス</a>
```

で置き換えてみましょう。なお、メールアドレスは正規表現で「(?i)[a–zØ–9.!#$%&'*+/=?^_{|}~–]+@[a–zØ–9–]+(?:¥\\.[a–zØ–9–]+)*」と表すものとします。

5.4　日付／時刻の操作

　日付／時刻値を操作するには、まずは Date-Time API を使うのが基本です。Date-Time API の実体は、java.time パッケージで用意されたクラス群です。表5.13に、Date-Time API が提供する主なクラスをまとめておきます。

❖表5.13　Date-Time API の主なクラス

日時	日付	時刻	時差	地域	概要
LocalDateTime	LocalDate	LocalTime	×	×	ローカル日時
OffsetDateTime	—	OffsetTime	○	×	時差情報付きの日時
ZonedDateTime	—	—	○	○	時差／地域固有の情報付きの日時

　一般的には、時差情報を必要としない状況では LocalXxxxx クラスを、さもなければ Zoned Xxxxx クラスを、という使い分けになるでしょう（OffsetXxxxx クラスを利用する機会はあまりありません）。

5.4.1　日付／時刻オブジェクトを生成する

Date-Time APIでは、オブジェクトを生成／初期化するために様々な方法を用意しています。

（1）現在の日付／時刻から生成する

nowメソッドを利用します（リスト5.35）。ただし、XxxxxDateでは日付だけを、XxxxxTimeでは時刻だけを、それぞれ返します。

▶リスト5.35　TimeNow.java

```
import java.time.LocalDate;
import java.time.LocalDateTime;
import java.time.LocalTime;
import java.time.OffsetDateTime;
import java.time.ZonedDateTime;
...中略...
System.out.println(LocalDateTime.now());
    // 結果：2023-09-08T21:37:04.403733600
System.out.println(OffsetDateTime.now());
    // 結果：2023-09-08T21:37:04.403733600+09:00
System.out.println(ZonedDateTime.now());
    // 結果：2023-09-08T21:37:04.404732300+09:00[Asia/Tokyo]
System.out.println(LocalDate.now());          // 結果：2023-09-08
System.out.println(LocalTime.now());          // 結果：21:37:04.404732300
```

（2）指定された年月日、時分秒から生成する

ofメソッドを利用します（リスト5.36）。ただし、LocalXxxxx、OffsetXxxxx、ZonedDateTimeクラスで、それぞれ指定できる引数が異なる点に注意してください（表5.14）。

❖表5.14　ofメソッドの引数（○：必須、△：任意、×：指定不可）

クラス名	year	month	day	hour	minute	second	nano	offset/zone
LocalDateTime	○	○	○	○	○	△	△	×
OffsetDateTime	○	○	○	○	○	○	○	○
ZonedDateTime	○	○	○	○	○	○	○	○
LocalDate	○	○	○	×	×	×	×	×
LocalTime	×	×	×	○	○	△	△	×
OffsetTime	×	×	×	○	○	○	○	○

※ year：年、month：月（1～12）、day：日（1～31）、hour：時（0～23）、minute：分（0～59）、second：秒（0～59）、nano：ナノ秒（0～999,999,999）、offset：タイムゾーンのオフセット値、zone：タイムゾーン

```java
import java.time.LocalDate;
import java.time.LocalDateTime;
import java.time.LocalTime;
import java.time.Month;
import java.time.OffsetDateTime;
import java.time.OffsetTime;
import java.time.ZoneId;
import java.time.ZoneOffset;
import java.time.ZonedDateTime;
...中略...
// LocalDateTimeの生成
var ldt1 = LocalDateTime.of(2024, 1, 10, 10, 20, 30, 513);          ──── ❶
var ldt2 = LocalDateTime.of(2024, Month.JANUARY, 10, 10, 20, 30);  ──── ❷
var ldt3 = LocalDateTime.of(2024, 1, 40, 10, 20, 30);              ──── ❸
System.out.println(ldt1);  // 結果：2024-01-10T10:20:30.000000513
System.out.println(ldt2);  // 結果：2024-01-10T10:20:30
System.out.println(ldt3);  // 結果：エラー (java.time.DateTimeException: Invalid ⏎
                                      value for DayOfMonth (valid values 1 - 28/31): 40)

// LocalDate ／ LocalTimeの生成
var ld = LocalDate.of(2024, 1, 10);          ──── ❹
System.out.println(ld);    // 結果：2024-01-10
var lt = LocalTime.of(10, 20, 30);           ──── ❺
System.out.println(lt);    // 結果：10:20:30
var ldt4 = LocalDateTime.of(ld, lt);         ──── ❻
System.out.println(ldt4);  // 結果：2024-01-10T10:20:30

// OffsetDateTimeの生成
var odt = OffsetDateTime.of(2024, 1, 10, 10, 20, 30, 999,
  ZoneOffset.ofHours(9));                    ──── ❼
System.out.println(odt);   // 結果：2024-01-10T10:20:30.000000999+09.00
// OffsetTimeの生成
var ot = OffsetTime.of(10, 20, 30, 999, ZoneOffset.ofHours(9));  ──── ❽
System.out.println(ot);    // 結果：10:20:30.000000999+09:00

// ZonedDateTimeの生成
var zdt = ZonedDateTime.of(2024, 1, 10, 10, 20, 30, 999,
  ZoneId.of("Asia/Tokyo"));                  ──── ❾
System.out.println(zdt);
    // 結果：2024-01-10T10:20:30.000000999+09:00[Asia/Tokyo]
```

❶〜❸LocalDateTimeの生成

❶は最も基本的なLocalDateTimeの生成手段です。年月日、時分秒、ナノ秒から日時を生成しています。ナノ秒は省略してもかまいません。❷のように、月をMonth型で指定することも可能です。指定できる値はJANUARY〜DECEMBERです。

❸は、引数に決められた時間範囲を超えた値を指定したパターンです。その場合は、自動的な繰り上げ／繰り下げは行われず、エラーとなります。時間範囲とは、たとえば月であれば1〜12ですし、分であれば0〜59です。

❹〜❻LocalDate／LocalTimeの生成

❹と❺は、それぞれ日付／時間だけのLocalDate／LocalTimeオブジェクトを生成しています。❻のように、LocalDate／LocalTimeを組み合わせて、LocalDateTimeオブジェクトを生成することも可能です。

❼〜❽OffsetDateTime／OffsetTimeの生成

OffsetDateTime／OffsetTimeオブジェクトを生成するには、末尾の引数にタイムゾーンオフセット値（ZoneOffsetオブジェクト）を渡します。オフセット値は、ZoneOffset.ofHours静的メソッドに時差（ここでは9）を渡すことで生成できます。もしも時、分を指定したい場合には、以下のようにofHoursMinutesメソッドを利用します。

```
ZoneOffset.ofHoursMinutes(7, 30)
```

❾ZonedDateTimeの生成

同じくZonedDateTimeを生成するには、末尾の引数にタイムゾーン（ZoneIdオブジェクト）を渡します。タイムゾーンは、ZoneId.of静的メソッドに「Asia/Tokyo」「Europe/Berlin」「Pacific/Honolulu」のようなゾーンIDを渡すことで生成できます。

利用できるタイムゾーンのリストは、以下のようなコードで確認してください。

```
for(var id : ZoneId.getAvailableZoneIds()) {
  System.out.println(id);
}
```

（3）日付／時刻文字列から変換する

parseメソッドを利用します。

構文 parseメソッド

```
public static T parse(CharSequence text [, DateTimeFormatter formatter])
```

T	：日付／時刻オブジェクト
text	：解析対象の日付／時刻文字列
formatter	：解析に利用するフォーマッター

引数formatterには、表5.15のような値を指定できます（その他にも、フォーマッターを自作する方法は5.4.4項を参照してください）。

❖表5.15 解析に利用するフォーマッター（DateTimeFormatterクラスのフィールド）

フィールド	概要	textの形式（例）
BASIC_ISO_DATE	ISO日付	20240110
ISO_LOCAL_DATE	ローカルなISO日付 （LocalDateの既定）	2024-01-10
ISO_OFFSET_DATE	オフセット付きのISO日付	2024-01-10+09:00
ISO_DATE	オフセット付きかオフセットなしのISO日付	2024-01-10+09:00; 2024-01-10
ISO_LOCAL_TIME	オフセットなしの時刻 （LocalTimeの既定）	10:20:30
ISO_OFFSET_TIME	オフセット付きの時刻 （OffsetTimeの既定）	10:20:30+09:00
ISO_TIME	オフセット付きかオフセットなしの時刻	10:20:30+09:00; 110:20:30
ISO_LOCAL_DATE_TIME	ローカルなISO日時 （LocalDateTimeの既定）	2024-01-10T10:20:30
ISO_OFFSET_DATE_TIME	オフセット付きの日時 （OffsetDateTimeの既定）	2024-01-10T10:20:30+09:00
ISO_ZONED_DATE_TIME	タイムゾーンを指定した日時 （ZonedDateTimeの既定）	2024-01-10T10:20:30+09:00[Asia/Tokyo]
ISO_DATE_TIME	タイムゾーンID付きの日時	2024-01-10T10:20:30+09:00[Asia/Tokyo]
ISO_ORDINAL_DATE	年と日数	2024-123
ISO_WEEK_DATE	年と週数	2024-W40-5
RFC_1123_DATE_TIME	RFC 1123 / RFC 822	Wed, 10 Jan 2024 10:20:30 GMT

リスト5.37は、その具体的な例です。引数formatterを省略した場合には、各クラス既定のフォーマッターで解析します。

▶リスト5.37 TimeParse.java

```java
import java.time.LocalDate;
import java.time.ZonedDateTime;
import java.time.format.DateTimeFormatter;
...中略...
System.out.println(LocalDate.parse(
  "2024-01-10", DateTimeFormatter.ISO_DATE));
    // 結果：2024-01-10
System.out.println(LocalDate.parse(
  "2024-123", DateTimeFormatter.ISO_ORDINAL_DATE));
    // 結果：2024-05-02
```

標準ライブラリ

```
System.out.println(LocalDate.parse(
  "2024-W40-5", DateTimeFormatter.ISO_WEEK_DATE));
    // 結果：2024-10-04
System.out.println(ZonedDateTime.parse(
  "2024-01-10T10:20:30.000000999+09:00[Asia/Tokyo]",
  DateTimeFormatter.ISO_DATE_TIME));
    // 結果：2024-01-10T10:20:30.000000999+09:00[Asia/Tokyo]
```

5.4.2　日付／時刻を比較する ——equals／isBefore／isAfterメソッド

日付／時刻同士（dt1／dt2）を比較するには、equals／isBefore／isAfterメソッドを利用します。equalsはdt1／dt2が等しいか、isBeforeはdt1 < dt2か、isAfterはdt1 > dt2かを、それぞれ判定するメソッドです。

構文 equals／isBefore／isAfterメソッド

```
public boolean equals(Object other)
public boolean isBefore(T other)
public boolean isAfter(T other)
```

other：比較する日時オブジェクト
T　　：日時オブジェクトの型

リスト5.38には、具体的な例を示します（以降は、LocalDateTimeを中心に例示しますが、基本的な用法はいずれのクラスも同様です）。

▶リスト5.38　TimeEquals.java

```
import java.time.LocalDateTime;
...中略...
var dt1 = LocalDateTime.of(2023, 12, 31, 10, 20, 30);
var dt2 = LocalDateTime.of(2024, 1, 10, 10, 20, 30);

System.out.println(dt1.equals(dt2));      // 結果：false
System.out.println(dt1.isBefore(dt2));    // 結果：true
System.out.println(dt1.isAfter(dt2));     // 結果：false
```

5.4.3 年月日、時分秒などの時刻要素を取得する

表5.16のgetXxxxxメソッドを利用します。ただし、XxxxxDateクラスは時間を取得するためのメソッドを、XxxxxTimeクラスは日付を取得するためのメソッドを、それぞれ持ちません。

❖表5.16　日付／時刻要素を取得するためのメソッド

メソッド	概要
int getYear()	年を取得
Month getMonth()	月を取得（列挙型）
int getMonthValue()	月を取得（1〜12）
int getDayOfMonth()	日を取得（1〜31）
DayOfWeek getDayOfWeek()	曜日を取得
int getDayOfYear()	その年の何日目かを取得（1〜366）
int getHour()	時を取得（0〜23）
int getMinute()	分を取得（0〜59）
int getSecond()	秒を取得（0〜59）
int getNano()	ナノ秒を取得（0〜999,999,999）

それぞれの戻り値を、具体的なコードでも確認しておきます（リスト5.39）。

▶リスト5.39　TimeGet.java

```
import java.time.LocalDateTime;
...中略...
var dt = LocalDateTime.of(2024, 1, 10, 10, 20, 30, 123);
System.out.println(dt.getYear() + "年" +
  dt.getMonthValue() + "月" +
  dt.getDayOfMonth() + "日 " +
  dt.getDayOfWeek() + " " +
  dt.getHour() + "時" +
  dt.getMinute() + "分" +
  dt.getSecond() + "秒" +
  dt.getNano() + "ナノ秒");
    // 結果：2024年1月10日 WEDNESDAY 10時20分30秒123ナノ秒
System.out.println("月名は" + dt.getMonth() +
  " 今年" + dt.getDayOfYear() + "日目");
    // 結果：月名はJANUARY 今年10日目
```

任意の日付／時刻要素を取得するためのgetメソッドもあります（リスト5.40）。

```
import java.time.LocalDateTime;
import java.time.temporal.ChronoField;
...中略...
var dt = LocalDateTime.of(2024, 1, 10, 10, 20, 30, 123);
var week = new String[] {
    "日曜日", "月曜日", "火曜日", "水曜日",
    "木曜日", "金曜日", "土曜日"};

System.out.println(dt.get(ChronoField.YEAR) + "年" +
    dt.get(ChronoField.MONTH_OF_YEAR) + "月" +
    dt.get(ChronoField.DAY_OF_MONTH) + "日" +
    week[dt.get(ChronoField.DAY_OF_WEEK) -1] + " "+
    dt.get(ChronoField.HOUR_OF_DAY) + "時" +
    dt.get(ChronoField.MINUTE_OF_HOUR) + "分" +
    dt.get(ChronoField.SECOND_OF_MINUTE) + "秒" +
    dt.get(ChronoField.NANO_OF_SECOND) + "ナノ秒");
    // 結果：2024年1月10日火曜日 10時20分30秒123ナノ秒
```

引数に指定できる主な値は、表5.17です。

❖表5.17 取得する日付／時刻要素（java.time.temporal.ChronoFieldクラスの主なフィールド）

フィールド	概要
ERA	紀元
YEAR	年
MONTH_OF_YEAR	月（1〜12）
DAY_OF_MONTH	日（1〜31）
DAY_OF_WEEK	曜日（1〜7）
DAY_OF_YEAR	その年の何日目（1〜366）
AMPM_OF_DAY	午前／午後
HOUR_OF_AMPM	時（0〜11）
HOUR_OF_DAY	時（0〜23）
MINUTE_OF_HOUR	分（0〜59）
SECOND_OF_MINUTE	秒（0〜59）
MILLI_OF_SECOND	ミリ秒（0〜999）
MICRO_OF_SECOND	マイクロ秒（0〜999,999）
NANO_OF_SECOND	ナノ秒（0〜999,999,999）

> *note* Date-Time APIで提供されるクラスは、イミュータブル（不変）です。よって、日時要素を設定するための setXxxxx メソッドは存在しません。

5.4.4 日付／時刻値を整形する

日付／時刻値を整形するには、formatメソッドを利用します。

構文 formatメソッド

```
public String format(DateTimeFormatter formatter)
```

formatter：整形に利用するフォーマッター

引数formatterは、p.197の表5.15で示した値の他、表5.18のメソッドで明示的にフォーマッター
を生成することもできます。

❖表5.18　フォーマッターを生成するためのメソッド（DateTimeFormatterクラスのメソッド）

メソッド	概要
DateTimeFormatter ofLocalizedDate(FormatStyle *dateStyle*)	ロケール固有の日付フォーマット
DateTimeFormatter ofLocalizedTime(FormatStyle *timeStyle*)	ロケール固有の時刻フォーマット
DateTimeFormatter ofLocalizedDateTime(FormatStyle *dateTimeStyle*)	ロケール固有の日時フォーマット
DateTimeFormatter ofLocalizedDateTime(FormatStyle *dateStyle*, FormatStyle *timeStyle*)	ロケール固有の日付と時刻スタイルを持つフォーマット

引数dateTimeStyle／dateStyle／timeStyleに設定できる値は、表5.19の通りです。

❖表5.19　整形のためのスタイル（FormatStyleクラスのメンバー）

フィールド	概要（例）
FULL	最多の詳細を含むフルテキストのスタイル（Thursday, November 15, 2018）
LONG	詳細を含む長いテキストのスタイル（November 15, 2018）
MEDIUM	詳細を含む中テキストのスタイル（Nov 15, 2018）
SHORT	短いテキストのスタイル。通常は数値（11/15/18）

リスト5.41は、その具体的な例です。

▶リスト5.41　TimeFormat.java

```java
import java.time.LocalDateTime;
import java.time.ZoneId;
import java.time.ZonedDateTime;
import java.time.format.DateTimeFormatter;
import java.time.format.FormatStyle;
...中略...
var dt1 = LocalDateTime.of(2024, 1, 10, 10, 20, 30);
var dt2 = ZonedDateTime.of(2024, 1, 10, 10, 20, 30, 0, ZoneId.of("Asia/Tokyo"));
```

```
System.out.println(dt1.format(
  DateTimeFormatter.ofLocalizedDate(FormatStyle.FULL)));
    // 結果：2024年1月10日水曜日
System.out.println(dt2.format(
  DateTimeFormatter.ofLocalizedDateTime(FormatStyle.LONG)));
    // 結果：2024年1月10日 10:20:30 JST
System.out.println(dt1.format(
  DateTimeFormatter.ofLocalizedDate(FormatStyle.MEDIUM)));
    // 結果：2024/01/10
System.out.println(dt2.format(
  DateTimeFormatter.ofLocalizedDateTime(FormatStyle.SHORT)));
    // 結果：2024/01/10 10:20
```

自作の書式を適用する

標準スタイルで賄えない書式は、ofPatternメソッドで自作することもできます。

構文 ofPatternメソッド

---

public static DateTimeFormatter ofPattern(String *pattern* [,Locale *locale*])

pattern：パターン文字列
locale ：ロケール

引数patternには、表5.20のような書式指定子を含めることができます。

❖表5.20　日付／時刻の主な書式指定子

指定子	概要	例	指定子	概要	例
G	紀元	AD、西暦	a	午前／午後	AM、午前
u、y、Y	年	2024	H	時（0～23）	0
Q	四半期	3	k	時（1～24）	24
M、L	月	11	K	午前／午後の時（0～11）	0
w	年における週	25	h	午前／午後の時（1～12）	12
W	月における週	3	m	分	29
D	年における日	246	s	秒	45
d	月における日	13	S	ミリ秒	712
E	曜日の名前	Fri、金	z	タイムゾーン	JST
e	曜日の番号 （1＝日曜日、...7＝土曜日）	1	Z	タイムゾーン	+0900
			X	タイムゾーン	+09

リスト5.42は、具体的な例です。

▶リスト5.42　TimePattern.java

```java
import java.time.LocalDateTime;
import java.time.ZoneId;
import java.time.ZonedDateTime;
import java.time.format.DateTimeForm
...中略...
var dt1 = LocalDateTime.of(2024, 1, 1, 10, 20, 30);
var dt2 = ZonedDateTime.of(2024, 1, 1, 10, 20, 30, 0, ZoneId.of("Asia/Tokyo"));
System.out.println(dt1.format(DateTimeFormatter.ofPattern("y.MM.dd H:m:s")));
    // 結果：2024.01.01 10:20:30
System.out.println(dt2.format(
  DateTimeFormatter.ofPattern("Y年L月d日（E）a K時m分s秒（z）")));
    // 結果：2024年1月1日（月）午前 10時20分30秒（JST）
```

標準書式 or カスタム書式

　書式は、できるだけ標準フォーマッターの利用を優先してください。標準フォーマッターのほうがシンプルに表せるというのもそうですが、現在のロケール（地域）情報に応じて適切なフォーマットを選択してくれるからです。

　たとえばリスト5.43の例を見てみましょう。

▶リスト5.43　TimeFormatLocale.java

```java
import java.time.LocalDateTime;
import java.time.ZoneId;
import java.time.ZonedDateTime;
import java.time.format.DateTimeFormatter;
import java.time.format.FormatStyle;
import java.util.Locale;
...中略...
var locale = Locale.JAPAN;
var zone = ZoneId.of("Asia/Tokyo");
var dt = ZonedDateTime.of(LocalDateTime.now(), zone);

System.out.println(dt.format(DateTimeFormatter.ofLocalizedDateTime(  ──────
  FormatStyle.FULL).withLocale(locale)));  ────────────────────────────────❶
System.out.println(dt.format(DateTimeFormatter.ofPattern(
  "Y年L月d日（E）a K時m分s秒（z）", locale)));
```

```
2023年9月9日土曜日 0時28分09秒 日本標準時
2023年9月9日（土）午前 0時28分9秒（JST）

Saturday, September 9, 2023, 12:28:09 AM Central Daylight Time
2023年9月9日（Sat）AM 0時28分09秒（CDT）
```

ofLocalizedDateTimeメソッドでは直接にロケールを設定できないので、withLocaleメソッドを呼び出す必要があります（❶）。

結果は、上がロケール／タイムゾーンがJAPAN（日本）／Asia/Tokyo（日本標準時）、下がUS（米国）／America/Chicago（アメリカ中部標準時）の場合です。ロケール／タイムゾーンの切り替えには、太字の部分を編集してください。

独自の書式指定では、（当たり前ですが）ロケールに関わらず、日付／時刻の位置は固定されてしまいますし、もともとの書式文字列に含まれていた日本語も残ってしまいます。

補足 和暦を表示する

JapaneseDateクラス（java.time.chronoパッケージ）を利用することで、元号（明治〜令和）を加味した和暦を扱うこともできます（リスト5.44）。

▶リスト5.44 TimeJapanese.java

```
import java.time.chrono.JapaneseDate;
import java.time.chrono.JapaneseEra;
import java.time.format.DateTimeFormatter;
...中略...
var d = JapaneseDate.of(JapaneseEra.REIWA, 6, 12, 31); ─────── ❶
System.out.println(d);              // 結果：Japanese Reiwa 6-12-31
var df = DateTimeFormatter.ofPattern("Gy年MM月dd日"); ─────── ❷
System.out.println(d.format(df));   // 結果：令和6年12月31日
```

JapaneseDate.of静的メソッドでは、元号（REIWA、HEISEI、SHOWA、TAISHO、MEIJI）から日付を生成できます（❶）。また、日付の整形では書式文字列「G」が元号を表します（❷）。

5.4.5 日付／時刻値の差分を取得する

Period／Durationクラス（java.timeパッケージ）のbetween静的メソッドを利用します。Periodは日付間隔を、Durationは時間間隔を、それぞれ表すためのクラスです。

```
public static Period between(LocalDate start, LocalDate end)    ➡Period
public static Duration between(Temporal start, Temporal end)    ➡Duration
```

start：開始日時
end ：終了日時

具体的なコードも見ておきましょう（リスト5.45）。

▶リスト5.45　TimeBetween.java

```
import java.time.Duration;
import java.time.LocalDate;
import java.time.Period;
...中略...
var dt1 = LocalDateTime.of(2022, 12, 31, 0, 0, 0);    // 2022-12-31T00:00
var dt2 = LocalDateTime.of(2024, 3, 3, 10, 20, 30);   // 2024-03-03T10:20:30

var period = Period.between(dt1.toLocalDate(), dt2.toLocalDate()); ————❶
System.out.println("日付の差：" +
  period.getYears() + "年" + period.getMonths() + "ヶ月" +
  period.getDays() + "日間");
    // 結果：日付の差：1年2ヶ月3日間

var duration = Duration.between(dt1, dt2); ————————————————————❷
System.out.println("時間の差：" + duration.toHours() + "時間");
    // 結果：時間の差：10282時間
```

❶と❷は、Period／Durationクラスのbetweenメソッドの基本的な例です。取得した Period／Durationオブジェクトからは、表5.21のメソッドを介して、日数／時間数などを取り出せます。

なお、Durationクラスのbetweenメソッドは、引数としてTemporal型の値を受け取ります。Temporalは、LocalXxxxx／OffsetXxxxx／ZonedXxxxxの基本となる型であり、これらのインスタンスをすべて受け取ることができます。

一方、Periodクラスのbetweenメソッドの引数はLocalDate型です。他の型を比較する際には、いったん、toLocalDateメソッドでLocalDateに変換する必要があります（❶）。

❖表5.21　間隔を取得するためのメソッド

クラス	メソッド	概要
Period	int getYears()	年数
	int getMonths()	月数
	int getDays()	日数
Duration	long toDays()	日数
	long toHours()	時間数
	long toMinutes()	分数
	long toSeconds()	秒数
	long toMillis()	ミリ秒数
	long toNanos()	ナノ秒数

5.4.6　日付を加算／減算する

加算にはplusメソッドを、減算にはminusメソッドを利用します。

構文 plus／minusメソッド

```
public T plus(long value, TemporalUnit unit)
public T minus(long value, TemporalUnit unit)

T     ：任意の日時オブジェクト
value：増減分
unit  ：単位
```

引数unitに指定できる値は、表5.22の通りです。

❖表5.22　引数unitの値（ChronoUnit列挙型のメンバー）

定数	概要	定数	概要
ERAS	紀元	HALF_DAYS	午前／午後
CENTURIES	世紀	HOURS	時
MILLENNIA	1000年	MINUTES	分
DECADES	10年	SECONDS	秒
YEARS	年	MILLIS	ミリ秒
MONTHS	月	MICROS	マイクロ秒
WEEKS	週	NANOS	ナノ秒
DAYS	日		

note ChronoUnitは、TemporalUnitインターフェイスの実装クラス（列挙型）です。インターフェイス／実装は8.3.3項、列挙型は9.3節で詳しく説明しますが、ここでは、TemporalUnit／ChronoUnitは互換性のある型であるとだけ理解しておいてください。

リスト5.46は、あらかじめ用意した日付に対して、3年後、21日前の日付を求める例です。

▶リスト5.46　TimePlus.java

```
import java.time.LocalDate;
import java.time.temporal.ChronoUnit;
...中略...
var d = LocalDate.of(2024, 1, 10);
System.out.println(d);                            // 結果：2024-01-10
System.out.println(d.plus(3, ChronoUnit.YEARS));  // 結果：2027-01-10
System.out.println(d.minus(21, ChronoUnit.DAYS)); // 結果：2023-12-20
```

plus／minusメソッドには、それぞれの日付／時刻要素に特化したplusXxxxx／minusXxxxxメソッドもあります（表5.23）。

❖表5.23　日付／時刻を演算するための専用メソッド

メソッド	概要
plusYears(long *years*)	年数を加算
minusYears(long *years*)	年数を減算
plusMonths(long *months*)	月数を加算
minusMonths(long *months*)	月数を減算
plusWeeks(long *weeks*)	週数を加算
minusWeeks(long *weeks*)	週数を減算
plusDays(long *days*)	日数を加算
minusDays(long *days*)	日数を減算
plusHours(long *hours*)	時間数を加算
minusHours(long *hours*)	時間数を減算
plusMinutes(long *minutes*)	分数を加算
minusMinutes(long *minutes*)	分数を減算
plusSeconds(long *seconds*)	秒数を加算
minusSeconds(long *seconds*)	秒数を減算
plusNanos(long *nanos*)	ナノ秒数を加算
minusNanos(long *nanos*)	ナノ秒数を減算

日付／時間間隔で加算／減算する

plus／minusメソッドには、Period／Duration値を渡すこともできます（リスト5.47）。

▶リスト5.47　TimePlus2.java

```java
import java.time.Duration;
import java.time.LocalDateTime;
import java.time.Period;
...中略...
var d = LocalDateTime.of(2024, 1, 10, 10, 20, 30);
var period = Period.ofYears(3);
var duration = Duration.parse("P21DT1H1M1S");
System.out.println(d);                  // 結果：2024-01-10T10:20:30
System.out.println(d.plus(period));     // 結果：2027-01-10T10:20:30
System.out.println(d.minus(duration));  // 結果：2023-12-20T09:19:29
```

Period／Duration値は、ofXxxxx／parseメソッド（表5.24）で生成できます。

クラス	メソッド	概要
Period	Period ofYears(int *years*)	年数を表す Period を取得
	Period ofMonths(int *months*)	月数を表す Period を取得
	Period ofWeeks(int *weeks*)	週数を表す Period を取得
	Period ofDays(int *days*)	日数を表す Period を取得
	Period parse(CharSequence *text*)	文字列 *text* から Period を取得
Duration	Duration ofDays(long *days*)	日数を表す Duration を取得
	Duration ofHours(long *hours*)	時間数を表す Duration を取得
	Duration ofMinutes(long *minutes*)	分数を表す Duration を取得
	Duration ofSeconds(long *seconds* [, long *nanoAdjustment*])	秒数を表す Duration を取得
	Duration ofMillis(long *millis*)	ミリ秒数を表す Duration を取得
	Duration ofNanos(long *nanos*)	ナノ秒数を表す Duration を取得
	Duration parse(CharSequence *text*)	文字列 *text* から Duration を取得

parseメソッドの引数textは、

- Period：P＜日付間隔＞

- Duration：P＜日付間隔＞T＜時間間隔＞

の形式で、日付／時間間隔は「数値＋単位」の形式で表します。利用できる単位は、表5.25の通りです。

たとえば2年2か月は「P2Y2M」、1日と5分前は「−P1DT5M」で表現できます。時間間隔を指定しない場合、区切り文字の「T」は省略できます。

❖表5.25
日付／時間間隔の単位

クラス	単位	概要
Period	Y	年
	M	月
	W	週
	D	日
Duration	D	日
	H	時
	M	分
	S	秒

5.4.7　Java 7 以前の日付／時刻操作

Date-Time APIはJava 8で導入された、比較的新しいライブラリです。それ以前のバージョンでは、Calendarクラス（java.utilパッケージ）を利用していましたし、現在でもCalendarによるコードはよく見かけます。

本書でも、基本的な日付の生成から操作の例を、リスト5.48にまとめておきます。詳細は割愛しますが、基本的な用法はDate-Time APIと類似しています。これまでの例と比較しながら、読み解いてみましょう。

```java
import java.text.DateFormat;
import java.text.ParseException;
import java.util.Calendar;
...中略...
// 日付／時刻オブジェクトを生成
var cal1 = Calendar.getInstance();
var cal2 = Calendar.getInstance();
// 時刻要素を設定（2024/1/10 10：20：30）
cal1.set(2024, 0, 10, 10, 20, 30);
cal2.set(2024, 0, 10, 10, 20, 30);

// 時刻要素を取得
System.out.println(cal1.get(Calendar.YEAR) + "年" +
  (cal1.get(Calendar.MONTH) + 1) + "月" +
  cal1.get(Calendar.DATE) + "日");           // 結果：2024年1月10日
// 日付を加算
cal1.add(Calendar.YEAR, 1);
// 日時を取得
System.out.println(cal1.getTime());          // 結果：Fri Jan 10 10:20:30 JST 2025

// 日付の差分を演算（ミリ秒換算の値から差を計算）
var diff = (int) ((cal1.getTimeInMillis() - cal2.getTimeInMillis()) / (
  1000 * 60 * 60 * 24));
System.out.println(diff + "日差");           // 結果：365日差

// 日時を比較
System.out.println(cal1.equals(cal2));       // 結果：false
System.out.println(cal1.before(cal2));       // 結果：false
System.out.println(cal1.after(cal2))         // 結果：true

// 日時を整形
var fdatetime = DateFormat.getDateTimeInstance
  (DateFormat.FULL, DateFormat.FULL);
System.out.println(fdatetime.format(cal2.getTime()));
    // 結果：2024年1月10日水曜日 10時20分30秒 日本標準時

// 文字列から日付／時刻値を生成
System.out.println(DateFormat.getInstance().parse("2024/1/10 10:20:30"));
    // 結果：Wed Jan 10 10:20:00 JST 2024
```

5.4.8 Date-Time API⇔Calendarの相互変換

前項でも触れたように、Date-Time APIはJava 8で導入された比較的新しいライブラリです。まだまだ従来のコードではCalendarクラスが利用されているものも少なくありません。そこで、Date-Time API⇔Calendar間を取り持つための手段も用意されています。

（1）Calendar→Date-Time APIの変換

リスト5.49は、Calendar→XxxxxDateTimeの変換例です（結果は実行のたびに異なります）。

▶リスト5.49　TimeFromCalendar.java

```java
import java.time.LocalDateTime;
import java.time.OffsetDateTime;
import java.time.ZoneId;
import java.time.ZonedDateTime;
import java.util.Calendar;
...中略...
var cal = Calendar.getInstance();
var dt1 = LocalDateTime.ofInstant(cal.toInstant(), ZoneId.systemDefault());
var dt2 = OffsetDateTime.ofInstant(cal.toInstant(), ZoneId.systemDefault());  ──❶
var dt3 = ZonedDateTime.ofInstant(cal.toInstant(), ZoneId.systemDefault());
System.out.println(dt1);    // 結果：2023-09-09T01:13:02.571
System.out.println(dt2);    // 結果：2023-09-09T01:13:02.571+09:00
System.out.println(dt3);    // 結果：2023-09-09T01:13:02.571+09:00[Asia/Tokyo]
```

変換には、まず、toInstantメソッドでInstantオブジェクトを生成するのが基本です（❶）。Instantは日付／時刻値を1970年1月1日からの経過時間で保持するクラスです。日時の基本的な情報だけを保持し、クラス間の橋渡しの役割を果たします（図5.6）。

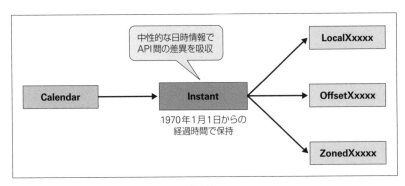

❖図5.6　Calendar⇔Date-Time APIの橋渡し

Instantオブジェクトから XxxxxDateTime オブジェクトを生成するのは、ofInstant メソッドの役割です。

ofInstant メソッド

```
public static T ofInstant(Instant instant, ZoneId zone)
```

T	：扱う日時オブジェクト
instant	：変換対象のインスタント
zone	：タイムゾーン

タイムゾーン（引数zone）は、ZoneIdクラスのsystemDefault静的メソッドで、システム既定のものを得られます。任意のタイムゾーンを取得したいならば、ofメソッドを利用してもかまいません。

of メソッド

```
public static ZoneId of(String id)
```

id：タイムゾーン（p.196も参照）

（2）Date-Time API → Calendar の変換

toInstant メソッドで Instant オブジェクトを生成する点は、（1）と同じです（リスト5.50）。

▶リスト5.50　TimeToInstant.java

```
import java.time.LocalDateTime;
import java.time.ZoneOffset;
import java.util.Calendar;
import java.util.Date;
...中略...
var dt = LocalDateTime.of(2024, 1, 10, 10, 20, 30, 123456700);
var d = Date.from(dt.toInstant(ZoneOffset.of("+09:00")));  ─────────── ❶
var cal = Calendar.getInstance();  ─────────────────────┐
cal.setTime(d);  ──────────────────────────────────────┤❷
System.out.println(cal);
```

```
java.util.GregorianCalendar[...AM_PM=0,HOUR=10,HOUR_OF_DAY=10,MINUTE=20,↵
SECOND=30,MILLISECOND=123,ZONE_OFFSET=32400000,DST_OFFSET=0]
```

❶のように、生成したInstantオブジェクトはDate.fromメソッドで受け取り、まずはDateオブジェクトを生成しなければならない点に注目です（いわゆるCalendar.fromメソッドはありません）。Calendarを生成するには、❷のようにsetTimeメソッドを使ってDateからCalendarへ値を詰め替えます。

> *note* Date-Time APIの精度はナノ秒、Calendar／Dateはミリ秒です。そのため、Date-Time APIからCalendarへの変換では、ミリ秒以下の切り捨てが発生します（太字部分）。

練習問題　5.3

[1] 現在の日時を取得し、そこから「月」と「分」だけを表示してみましょう。

[2] 今日を基点に20日後の日付を求めてみましょう。

5.5 ストリーム

　Javaでは、**ストリーム**（Stream）という仕組みを利用して、入出力処理を実施します。ストリームとは、英語で「小さな川」という意味です。データの流れを小川に見立てて、順にデータを吸い上げたり送り出したりする様子から、そのように呼ばれます。

　ストリームを利用することで、入出力先に関わらず（メモリでもファイルでもネットワークでも）、同じくデータの連なりとして見える（＝同じように操作できる）というわけです（図5.7）。

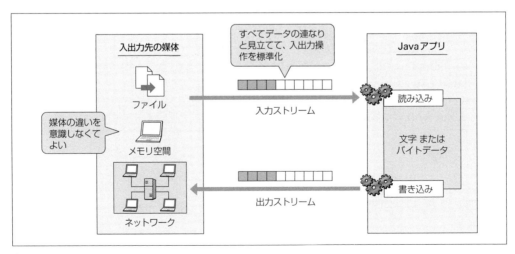

❖図5.7　ストリームとは?

ストリームには、ファイル／ネットワークなどからデータを受け取る**入力ストリーム**と、データを書き出すための**出力ストリーム**とがあります。また、それぞれはさらに、流れるデータの種類によって、**文字ストリーム**と**バイナリストリーム**とに分類できます。Javaでは、これらの分類に応じて、表5.26のような基本クラスを用意しています。

❖表5.26　ストリームの種類に応じた基本クラス

	入力ストリーム	出力ストリーム
文字ストリーム	Reader	Writer
バイナリストリーム	InputStream	OutputStream

　java.ioパッケージでは、これらの基本クラスをもとに、メモリ／ファイルなど、操作の対象に応じて、表5.27のようなクラスを提供しています。

❖表5.27　java.ioパッケージの主なクラス

読み書きの対象／経由先	文字ストリーム		バイトストリーム	
	入力	出力	入力	出力
ファイル	FileReader	FileWriter	FileInputStream	FileOutputStream
文字配列／バイト配列	CharArrayReader	CharArrayWriter	ByteArrayInputStream	ByteArrayOutputStream
バッファー	BufferedReader	BufferedWriter	BufferedInputStream	BufferedOutputStream
パイプ	PipedReader	PipedWriter	PipedInputStream	PipedOutputStream
オブジェクト	―	―	ObjectInputStream	ObjectOutputStream
文字列	StringReader	StringWriter	―	―

　さらに、**java.io**パッケージでは、バイナリストリームを指定された文字コードで文字ストリームに変換する**InputStreamReader**／**OutputStreamWriter**、任意のデータ型の値を出力するための**PrintWriter**／**PrintStream**のようなクラスも用意されています（**System.out**フィールドの戻り値も**PrintWriter**型です）。本節では、これらクラスの中でも特によく利用すると思われるものをより分けながら、入出力の基本を学んでいきます。

5.5.1　テキストをファイルに書き込む

　まずは、テキストファイルへの書き込みからです。これには、**BufferedWriter**クラスを利用します。たとえばリスト5.51は、ログファイル「**C:¥data¥data.log**」に対して、アプリの実行時刻を記録する例です（サンプルを実行する際には、あらかじめ「**C:¥data**」フォルダーを作成してください）。

▶リスト5.51　StreamWrite.java

```java
import java.io.IOException;
import java.nio.file.Files;
import java.nio.file.Paths;
import java.time.LocalDateTime;
...中略...
try (var writer = Files.newBufferedWriter(
    Paths.get("C:\\data\\data.log")))  {
  writer.write(LocalDateTime.now().toString());
  writer.newLine();
} catch (IOException e) {
  e.printStackTrace();
}
```

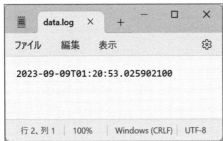

▶data.logをエディターで開いたところ

　比較的シンプルなコードですが、リスト5.51にはファイル操作の基本である、

- ファイルを開く（オープン）
- ファイルを読み書きする
- ファイルを閉じる（クローズ）

が含まれています。以下でも、この流れを念頭に、個々の構文を解説していきます。

❶書き込み用にテキストファイルを開く

　ファイルにテキストを書き込むにはBufferedWriterクラス（java.ioパッケージ）を利用します。BufferedWriterオブジェクトを取得するには複数の方法がありますが、Filesクラス（java.nio.fileパッケージ）のnewBufferedWriterメソッドを利用するのが便利です（インスタンス化に際して、tryブロックを伴っている点については、あとで解説します）。

```
public static BufferedWriter newBufferedWriter(
  Path path [, Charset cs][, OpenOption... options])
```

path	：ファイルのパス
cs	：文字コード
options	：ファイルのオープンモード（設定値は以下）

　引数path（Pathオブジェクト）を生成するには、**Paths.get**静的メソッドにファイルのパスを渡します。「\」はエスケープを表すので、文字としての「\」として扱うために「\\」のように表記します。あるいは、

```
try (var writer = Files.newBufferedWriter(Paths.get("C:/data/data.log")))
```

のように、パス区切り文字を「/」で表してもかまいません。

　引数csは、テキストファイルの文字コードを表します。既定ではUTF-8なので、以下のように表しても同じ意味です。

```
var writer = Files.newBufferedWriter(
  Paths.get("C:/data/data.log"), StandardCharsets.UTF_8)
```

　もしもWindows-31Jでファイルを開きたいならば、以下のように指定してください。

```
var writer = Files.newBufferedWriter(Paths.get("C:/data/data.log"),
  Charset.forName("Windows-31J"))
```

　引数optionsは、ファイルを開く際のオープンモードを表します。主な設定値は、表5.28の通りです。

❖表5.28　オープンモード（StandardOpenOption列挙型の主なメンバー）

設定値	概要
CREATE	ファイルが存在しない場合に新規作成
APPEND	追記モードでオープン
CREATE_NEW	新規にファイルを作成（ファイルが存在する場合は失敗）
DELETE_ON_CLOSE	閉じるときにファイルを削除
TRUNCATE_EXISTING	ファイルが存在する場合＆書き込みアクセスでは、長さを0に切り詰め

　たとえば、ファイルを追記モードで開く場合にはAPPENDを指定してください。既定では上書きなので、繰り返しサンプルを実行した場合にも記録されるのは、常に1行だけです。

　追記モードを有効にしたうえで、サンプルを複数回実行した場合の結果も見てみましょう。サンプルを実行した回数だけ時刻が記録されていることを確認してください。

```
var writer = Files.newBufferedWriter(
    Paths.get("C:/data/data.log"), StandardOpenOption.APPEND)
```

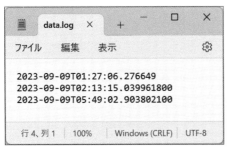

▶サンプルを実行した回数だけ時刻が追記される

note newBufferedWriterは、Java 8で導入されたメソッドです。より古いバージョンで
BufferedWriterを生成するには、以下のコードで代替してください。

```
try (BufferedWriter writer = new BufferedWriter↵
(new OutputStreamWriter(
  new FileOutputStream("C:/data/data.log"), "UTF-8"))) { ... }
```

FileOutputStreamはファイルを出力バイトストリームとして扱うための、OutputStream
Writerはバイトストリーム⇔文字ストリームの橋渡し役となる、それぞれクラスです。File
OutputStream単体では文字コードを表せないので、文字コードを宣言するためにOutput
StreamWriterを利用しています。
生成したWriter（OutputStreamWriter）はBufferedWriterに渡すことで、バッファー機
能（後述）を追加できます（図5.A）。

❖図5.A　BufferedWriterの生成

❷テキストを書き込む

テキストを書き込むのは、writeメソッドの役割です。

```
public void write(String s[, int off, int len])
```

s　　：書き込む文字列
off ：書き込み開始位置
len ：書き込む長さ

末尾はnewLineメソッドを使って、改行で区切っておきます。ただし、newLineメソッドはプラットフォーム標準の改行文字を出力します（Windows環境であれば「\r\n」、Unix系環境では「\n」です）。環境によらず、改行文字を統一したい場合には、明示的に改行文字までwriteメソッドで出力します。

```
writer.write(LocalDateTime.now().toString() + "\r\n");
```

引数off／lenを指定することで、文字列（引数s）の一部だけを書き出すこともできます。

note BufferedReaderのBuffer（**バッファー**）とは、文字列などのデータを一時的に保存するためのメモリ上の領域のことです。バッファーを利用することで、（writeメソッドであれば）データをいったんバッファーに蓄積し、いっぱいになったところでまとめてファイルに出力するようになります（図5.B）。これによって、ファイルへのアクセスが減るので、処理効率を改善できます。既定のバッファーサイズは8192バイトです。

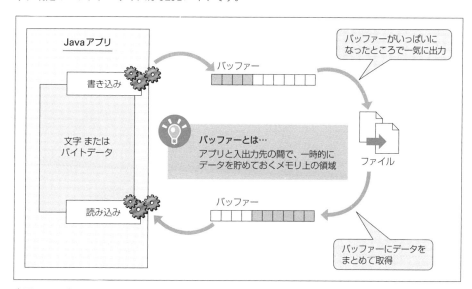

❖図5.B　バッファーによる読み書き

note Files.writeメソッドを利用することで、用意された文字列のリストをまとめてファイルに書き込むこともできます。

▶リスト5.C　FileWrite.java

```java
Files.write(
  Paths.get("C:/data/list.txt"),
  List.of(
    "春はあけぼの。やうやう白くなり行く、山ぎはすこし...",
    "夏は夜。月のころはさらなり。やみもなほ、ほたるの...",
    "秋は夕暮れ。夕日のさして山の端いと近うなりたるに...",
    "冬はつとめて。雪の降りたるは、いふべきにもあらず..."
  ),
  StandardCharsets.UTF_8
);
```

❸ファイルを確実にクローズする

単にcloseメソッドを呼び出すことでも、ファイルをクローズできます。しかし、「確実に」クローズするには不十分です。ファイルを開いている間に、なんらかの理由でエラー（例外）が発生した場合を考えてみましょう。

closeメソッドが呼び出されないまま、アプリが終了してしまう可能性があるということです（図5.8）。結果、アプリがファイルを占有してしまい、他の用途でファイルを開けないという状態が発生します。

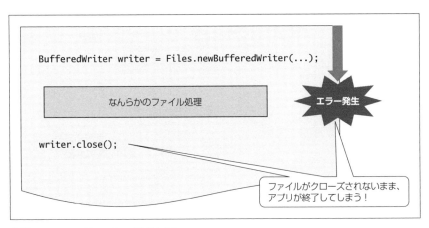

❖図5.8　close前にエラーが発生したら

このような問題を避けるのが、try-with-resources構文です。try...catchそのものは、もともとは例外（エラー）処理のための構文なので、詳細については9.2節で解説します。ここでは、tryで生成されたオブジェクト（リソース）は、ブロックを抜けたところで自動的に破棄される、とだけ理解しておきましょう。処理の途中で例外が発生した場合にも、（同じく）tryブロックを抜けるタイミングで破棄します。

構文 try-with-resources構文

```
try (リソース生成式) {
  ...リソースの操作...
}
```

try-with-resources構文を利用することで、ファイルを「即座に、かつ、確実に」クローズできるのです。ファイル、データベースなど、他のアプリと共有するようなリソースを利用する場合には、try-with-resources構文で宣言するのが原則です。

本項では、まずイディオムとしてのみtry-with-resources構文を紹介しつつ、詳しい構文はtry命令を理解したあとの9.2.3項で解説します。

 ## 5.5.2 テキストファイルを読み込む

同じように、今度はあらかじめ用意されたテキストファイルを読み込んで、その内容を出力してみましょう（リスト5.52）。テキストファイル（sample.txt）は、配布サンプルの/chap05フォルダー配下に用意しているので、「C:¥data」フォルダーにコピーして使ってください。

▶リスト5.52　StreamRead.java

```
try (var reader = Files.newBufferedReader(                        ❶
  Paths.get("C:/data/sample.txt"))) {
  var line = "";
  while ((line = reader.readLine()) != null) {                    ❷
    System.out.println(line);
  }
} catch (IOException e) {
  e.printStackTrace();
}
```

```
犬も歩けば棒に当たる
論より証拠
花より団子
憎まれっ子世に憚る
骨折り損のくたびれ儲け
```

テキストファイルを読み込み用途で利用するのは、BufferedReaderクラス（java.ioパッケージ）の役割です（❶）。Files.newBufferedReader静的メソッドから生成できます。Buffered Writerと同じく、確実に破棄されるよう、try-with-resources構文で宣言してください。

構文 newBufferedReaderメソッド

```
public static BufferedReader newBufferedReader(Path path [,Charset cs])
```

path：ファイルのパス
cs　：文字コード

別解として、FileInputStream／InputStreamReaderの組み合わせから生成する方法もあります。newBufferedReaderメソッドの導入がJava 8なので、それ以前のバージョンでは、こちらの方法を利用してください。

```
try (BufferedReader reader = new BufferedReader(new InputStreamReader(
  new FileInputStream("C:/data/sample.txt"), "UTF-8"))) { ... }
```

ファイルを開けたら、テキストを先頭から順に読み込んでいくのがreadLineメソッドの役割です（❷）。readLineは、ファイルポインターを1行ずつ進めながら、現在行を読み込み、文字列として返すためのメソッドです。

ファイルポインターとは、ファイルを読み書きしている現在位置を表す目印のようなものです。BufferedReaderでは、このファイルポインターを利用することで、自分がいまファイルのどの部分を読み書きしているのかを記憶しています。ファイルを開いた直後の状態では、ファイルポインターはファイルの先頭に位置しています（図5.9）。

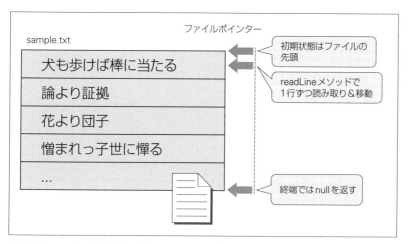

❖図5.9　ファイルの読み込み（readLineメソッド）

readLineメソッドは次の行がない場合にnullを返します。そこで❷でも、readLineメソッドの戻り値がnullとなったところで、すべての行を読み終えたと見なし、whileループを終了しています。

> *note* Files.readAllLinesメソッドを利用することで、ファイルの内容を行単位にまとめてリスト（6.2節）として取得することもできます。ただし、ファイルサイズが大きくなれば、それだけメモリの消費も激しくなります。あくまで簡易な読み込み手段と割り切り、まずはBufferedReaderクラスの利用をお勧めします。
>
> ```
> var lines = Files.readAllLines(
>   Paths.get("C:/data/sample.txt"), StandardCharsets.UTF_8);
> ```

5.5.3　バイナリファイルの読み書き

バイナリデータを読み書きするならば、BufferedWriter／BufferedReaderのバイトストリーム版であるBufferedInputStream／BufferedOutputStreamを利用します。たとえばリスト5.53は、input.pngをBufferedInputStreamで読み込み、その結果をBufferedOutputStreamでoutput.pngに出力する例です。

```java
import java.io.BufferedInputStream;
import java.io.BufferedOutputStream;
import java.io.FileInputStream;
import java.io.FileOutputStream;
import java.io.IOException;
...中略...
// 読み書きのためのファイルを開く
try (
    var in = new BufferedInputStream(
      new FileInputStream("C:/data/input.png"));
    var out = new BufferedOutputStream(
      new FileOutputStream("C:/data/output.png"))) {
  // 順次読み込み＆転記
  var data = -1;
  while ((data = in.read()) != -1) {
    out.write((byte) data);
  }
} catch (IOException e) {
  e.printStackTrace();
}
```

❶

❷

　BufferedInputStream／BufferedOutputStreamそのものはバッファー機能を備えたバイト
ストリームにすぎないので、ファイルへの入出力はFileInputStream／FileOutputStreamに委
ねます。これには、BufferedInputStream／BufferedOutputStreamコンストラクターに、
FileInputStream／FileOutputStreamオブジェクトを渡します（❶）。

　前項でも触れたように、リソースをtry-with-resources構文で宣言するのは同様です。複数
のリソースを渡す際には、セミコロン（;）区切りで宣言します。

　ストリームへの読み書きは、read／writeメソッドの役割です（❷）。ただし、バイトデータなの
で、readメソッドの戻り値も0～255の範囲です。ストリームの終端はreadメソッドが−1を返す
性質を利用して、whileループでファイルの先頭から末尾まで順に読み取り、その結果をwriteメ
ソッドでoutput.pngに書き込みます。

【構文】 read／writeメソッド

```java
public int read()
public void write(int b)
```

b：書き込まれるバイト

5.5.4　オブジェクトのシリアライズ

　シリアライズ（Serialize）とは、オブジェクトのような構造化データをバイト配列に変換することを言います。オブジェクトはあくまでJavaの世界の中でのみ扱える形式ですが、バイト配列は汎用的な形式です（図5.10）。シリアライズによって、オブジェクトをたとえばファイル／データベースに保存したり、ネットワーク経由で受け渡ししたりすることが可能になります。

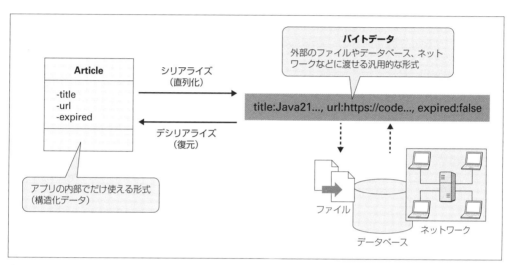

❖図5.10　シリアライズ／デシリアライズ

　シリアライズされたバイト配列を、元のオブジェクト形式に戻すことを**デシリアライズ**と言います。

　本項では、このシリアライズ／デシリアライズからストリームによる入出力までを担う`Object InputStream`／`ObjectOutputStream`クラスの用法をまとめます。

note 本項の理解には、クラス定義の理解が前提となります。ここではコードの意図のみを説明しますので、7.1節でクラス定義を理解したあと、再度読み解くことをお勧めします。

シリアライズ可能なオブジェクトの定義

　まずは、シリアライズ対象のクラスを定義してみましょう。リスト5.54は、Article（記事）クラスの例です。

```java
package to.msn.wings.selflearn.chap05;

import java.io.Serializable;

public class Article implements Serializable {                         ❶
  private static final long serialVersionUID = 1L;                     ❸
  public String title;
  public String url;                                                   ❷
  public transient boolean expired;

  public Article(String title, String url, boolean expired) {
    this.title = title;
    this.url = url;
    this.expired = expired;
  }
  ...中略...
}
```

シリアライズ可能なクラスであることの条件は、以下です。

❶ Serializableインターフェイスを実装すること

Serializableは、シリアライズ可能であることを明示的に宣言するためのインターフェイスです。宣言だけが目的なので、それ自体はメソッドを持ちません。このようなインターフェイスのことを**マーカーインターフェイス**と呼びます。

❷ インスタンスフィールドは基本型、またはシリアライズ可能な型であること

クラスをシリアライズするためには、すべてのインスタンスフィールドもシリアライズ可能でなければなりません。

ただし、transient修飾子を付与することで、特定のフィールドをシリアライズ対象から除外することもできます。保存しても意味をなさないフィールドに対して指定します（サンプルではexpiredがそれです）。transientなフィールドはシリアライズ可能でなくてもかまいません。

❸ シリアルバージョンを宣言すること

定数serialVersionUID（**シリアルバージョンUID**）は、クラスのバージョンを表す情報です。Javaでは、この情報を利用して、シリアライズ／デシリアライズ間で異なるバージョンのクラスを利用している場合に、InvalidClassException例外（エラー）を発生させることができます（たとえば、シリアライズ側のバージョンではauthorフィールドを持っているのに、デシリアライズ側では持たない古いクラスを利用しているような状況です）。

❹基底クラスがシリアライズできない場合、
（基底クラスが）引数のないコンストラクターを持つこと

一般的に、オブジェクトのデシリアライズには、シリアライズデータ本体をそのまま利用するため、コンストラクターは呼び出されません。しかし、基底クラスがSerializableインターフェイスを実装しておらず、その派生クラスだけがシリアライズ可能である場合、派生クラスのデシリアライズには、基底クラスのコンストラクターが呼び出されます。このため、基底クラスでは引数のないコンストラクターを持たなければなりません。

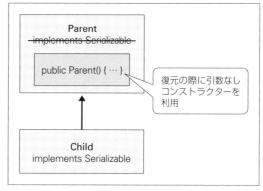

❖図5.11　基底クラスがシリアライズ不可の場合

オブジェクトの保存／読み取り

シリアライズ可能なクラスを準備できたところで、本題です。Articleクラスをシリアライズし、article.serに保存します（リスト5.55）。その後、ファイルからバイト配列を読み込み、デシリアライズしたオブジェクトの内容を出力します。

▶リスト5.55　ObjectReadWrite.java

```
final var file = "C:/data/article.ser";

// オブジェクトのシリアライズ＆保存
try (var out = new ObjectOutputStream(new FileOutputStream(file))) {  ──── ❶
  out.writeObject(new Article("最新Javaアップデート解説",  ─────────┐
    "https://codezine.jp/article/corner/839", false));  ──────────┴ ❷
} catch (IOException e) {
  e.printStackTrace();
}


// ファイルからオブジェクトを取得
try (var in = new ObjectInputStream(new FileInputStream(file))) {  ──── ❸
  var a = (Article)in.readObject();  ──────────────────── ❹
```

```
    System.out.println(a);
} catch (ClassNotFoundException | IOException e) {
    e.printStackTrace();
}
```

最新Javaアップデート解説（https://codezine.jp/article/corner/839）

オブジェクトのシリアライズには`ObjectOutputStream`クラスを利用します（❶）。

構文 ObjectOutputStreamクラス

public ObjectOutputStream([OutputStream *out*])
out：書き込み先の出力ストリーム

　シリアライズ結果の出力先はファイルなので、引数`out`には`FileOutputStream`を渡しておきます。`ObjectOutputStream`を準備できたら、あとは`writeObject`メソッドにオブジェクトを引き渡すだけです（❷）。`article.ser`が生成されていることも確認しておきましょう。

　ファイルに保存したオブジェクトをデシリアライズするには、`ObjectInputStream`クラスを利用します（❸）。

構文 ObjectInputStreamクラス

public ObjectInputStream(InputStream *in*)
in：読み込み元の入力ストリーム

　出力と同じく、入力元はファイルなので、引数`in`には`FileInputStream`クラスを渡し、`readObject`メソッドで読み込みます。`readObject`メソッドの戻り値は`Object`型なので、個々のフィールドにアクセスするには、型キャスト（❹）が必須です（ここではオブジェクトの内容を出力しているだけなので、型キャストしなくても動作します）。

5.6　その他の機能

以降では、これまでに取り上げなかったその他のクラスについて扱います。

5.6.1　数学演算——Mathクラス

Mathクラス（java.langパッケージ）では、絶対値や四捨五入、三角関数などの演算機能を提供します（表5.29）。すべての機能がクラスメソッドとして提供されているので、利用にあたってMathクラスをインスタンス化する必要はありませんし、また、インスタンス化できません。

❖表5.29　Mathクラスの主な静的メソッド（*T*は任意の数値型）

分類	メソッド	概要
基本	*T* abs(*T* x)	絶対値
	T min(*T* x, *T* y)	最小値
	T max(*T* x, *T* y)	最大値
	double ceil(double x)	数値の切り上げ
	double floor(double x)	数値の切り捨て
	ceilDiv(*T* x, *T* y) **18**	x÷yの商（本来の商以上で最小の整数値）
	ceilMod(*T* x, *T* y) **18**	x÷yの余り（ceilDivに対応した余り）
	floorDiv(*T* x, *T* y)	x÷yの商（本来の商以下で最大の整数値）
	floorMod(*T* x, *T* y)	x÷yの余り（floorDivに対応した余り）
	int round(float x)	数値を四捨五入
	double sqrt(double x)	平方根
	double cbrt(double x)	立方根
	double pow(double x, double y)	xのy乗
三角関数	double sin(double x)	サイン
	double cos(double x)	コサイン
	double tan(double x)	タンジェント
	double asin(double x)	アークサイン
	double acos(double x)	アークコサイン
	double atan(double x)	アークタンジェント
	double atan2(double y, double x)	アークタンジェント（x、yは座標）
	double toRadians(double *deg*)	角度*deg*をラジアンに変換
	double toDegrees(double *rad*)	ラジアン*rad*を度に変換
対数関数	double exp(double x)	e（自然対数の底）のx乗
	double log(double x)	自然対数（底eの対数）
	double log10(double x)	底10の対数

リスト5.56に、それぞれのメソッドの利用例を示します。

▶リスト5.56　MathEx.java

```java
System.out.println(Math.abs(-100));          // 結果：100
System.out.println(Math.max(6, 3));          // 結果：6
System.out.println(Math.min(6, 3));          // 結果：3
```

```
System.out.println(Math.ceil(1234.56));              // 結果：1235.0
System.out.println(Math.floor(1234.56));             // 結果：1234.0
System.out.println(Math.round(1234.56));             // 結果：1235
System.out.println(Math.sqrt(10000));                // 結果：100.0
System.out.println(Math.cbrt(10000));                // 結果：21.544346900318835
System.out.println(10 / 3);                          // 結果：3
System.out.println(Math.ceilDiv(10, 3));             // 結果：4
System.out.println(10 % 3);                          // 結果：1
System.out.println(Math.ceilMod(10, 3));             // 結果：-2
System.out.println(-10 / 3);                         // 結果：-3
System.out.println(Math.floorDiv(-10, 3));           // 結果：-4
System.out.println(-10 % 3);                         // 結果：-1
System.out.println(Math.floorMod(-10, 3));           // 結果：2
System.out.println(Math.pow(2, 4));                  // 結果：16.0
System.out.println(Math.sin(Math.toRadians(30)));    // 結果：0.49999999999999994
System.out.println(Math.cos(Math.toRadians(60)));    // 結果：0.5000000000000001
System.out.println(Math.tan(Math.toRadians(45)));    // 結果：0.9999999999999999
System.out.println(Math.log(100));                   // 結果：4.605170185988092
System.out.println(Math.log10(100));                 // 結果：2.0
```

5.6.2 long型以上の整数を演算する——BigIntegerクラス

long型の範囲を超える整数を扱いたい場合、Javaでは**BigInteger**クラス（java.mathパッケージ）を利用します。BigIntegerクラスでは、表5.30のようなメソッドが用意されており、基本的な四則演算、比較などを実施できます。

たとえばリスト5.57では、1～25の階乗をlong型、リスト5.58ではBigIntegerクラスを利用して計算してみます。まずは、long型の例です。

❖表5.30　BigIntegerクラス
　　　　　（java.mathパッケージ）の主なメソッド

メソッド	概要
BigInteger add(BigInteger *val*)	加算
BigInteger subtract(BigInteger *val*)	減算
BigInteger multiply(BigInteger *val*)	乗算
BigInteger divide(BigInteger *val*)	除算
BigInteger remainder(BigInteger *val*)	剰余

▶リスト5.57　BigNumber.java

```
long result = 1;
for (var i = 1; i < 26; i++) {
  result *= i;
  System.out.println(result);
}
```

```
1
2
6
24
...中略...
2432902008176640000
-4249290049419214848
-1250660718674968576
8128291617894825984
-7835185981329244160
7034535277573963776
```

long型の上限を超えた箇所からオーバーフロー（桁あふれ）を起こして、予期しない値が出力されていることが確認できます。

では、リスト5.57をBigIntegerを使って書き換えてみましょう。整数型からBigIntegerを生成するには、valueOfメソッドを利用します（リスト5.58）。

▶リスト5.58　BigNumber2.java

```java
import java.math.BigInteger;
...中略...
var result = BigInteger.valueOf(1);
for (var i = 1; i < 26; i++) {
  result = result.multiply(BigInteger.valueOf(i));
  System.out.println(result);
}
```

```
1
2
6
24
...中略...
2432902008176640000
51090942171709440000
1124000727777607680000
25852016738884976640000
620448401733239439360000
15511210043330985984000000
```

メソッド呼び出しになった分、コードは冗長になりますが、long値を越えた値が正しく出力できている点に注目です。

 note 同じく、広範囲な浮動小数点値を正しく演算するには、BigDecimalクラスを利用します。詳しくは3.1.5項を参照してください。

5.6.3　乱数を生成する──Randomクラス

乱数を生成するには、Randomクラス（java.utilパッケージ）を利用します。Randomクラスでは、取得したい乱数の型に応じて、表5.31のようなnextXxxxxメソッドが用意されています。

❖表5.31　乱数を取得するためのメソッド

メソッド	概要
boolean nextBoolean()	ブール値で乱数を取得
void nextBytes(byte[] bytes)	ランダムなバイトを生成し、指定のバイト配列に配置
float nextFloat()	float値（0.0〜1.0）で乱数を取得
double nextDouble()	double値（0.0〜1.0）で乱数を取得
int nextInt([int bound])	int値で乱数を取得（引数を指定したときは0〜boundの範囲）
long nextLong()	long値で乱数を取得

リスト5.59は、これらのメソッドを利用した例です（結果は実行のたびに異なります）。

▶リスト5.59　RandomExample.java

```java
import java.util.Random;
...中略...
System.out.println(rnd.nextBoolean());        // 結果：false
System.out.println(rnd.nextFloat());          // 結果：0.72031426
System.out.println(rnd.nextDouble());         // 結果：0.4375854938437639
System.out.println(rnd.nextInt(400) + 100);   // 結果：135（100 〜 500の乱数）
System.out.println(rnd.nextLong());           // 結果：5317990628764134

var data = new byte[5];
rnd.nextBytes(data);
for (var b : data) {
  System.out.print(b + " ");                  // 結果：-73 94 104 -29 -96
}
```

5.6.4　数値を整形する——NumberFormatクラス

数値を整形するには、NumberFormatクラス（java.textパッケージ）を利用します。ただし、NumberFormatクラスはnew演算子ではインスタンス化できません。利用するフォーマットに応じて、表5.32のようなgetXxxxxInstanceメソッドを呼び出してください。

❖表5.32　NumberFormatオブジェクトを生成するための主な静的メソッド

メソッド	概要
NumberFormat getInstance([Locale inLocale])	汎用的な数値フォーマット
NumberFormat getCurrencyInstance([Locale inLocale])	通貨フォーマット
NumberFormat getIntegerInstance([Locale inLocale])	整数フォーマット
NumberFormat getNumberInstance([Locale inLocale])	汎用数値フォーマット（getInstanceと同じ）
NumberFormat getPercentInstance([Locale inLocale])	パーセントフォーマット
NumberFormat getCompactNumberInstance([Locale locale, NumberFormat.Style formatStyle])	大きな桁の数値を短縮

リスト5.60は、その具体的な例です。

▶リスト5.60　FormatNumber.java

```java
var num1 = 1234.5678;
var nf1 = NumberFormat.getCurrencyInstance(Locale.JAPAN);
var nf2 = NumberFormat.getIntegerInstance();
var nf3 = NumberFormat.getNumberInstance();
System.out.println(nf1.format(num1));    // 結果：¥1,235
System.out.println(nf2.format(num1));    // 結果：1,235
System.out.println(nf3.format(num1));    // 結果：1,234.568

var num2 = 0.567;
var nf4 = NumberFormat.getPercentInstance();
System.out.println(nf4.format(num2));    // 結果：57%

var num3 = 123_456_789;
var nf5 = NumberFormat.getCompactNumberInstance();
var nf6 = NumberFormat.getCompactNumberInstance(
  Locale.US, NumberFormat.Style.LONG);
System.out.println(nf5.format(num3));     // 結果：1億
nf5.setMaximumFractionDigits(2); ─────────────────────────────────── ❶
System.out.println(nf5.format(num3));     // 結果：1.23億
System.out.println(nf6.format(num3));     // 結果：123 million
```

NumberFormatクラスでは、表5.33のようなsetXxxxxメソッドを利用することで、標準のフォーマットをカスタマイズすることもできます。

❖表5.33　フォーマット設定のためのメソッド

メソッド	概要
void setCurrency(Currency *currency*)	通貨フォーマットで使う通貨
void setGroupingUsed(boolean *newValue*)	桁区切り文字（,）を使うか
void setMaximumFractionDigits(int *newValue*)	小数部分の最大桁数
void setMaximumIntegerDigits(int *newValue*)	整数部分の最大桁数
void setMinimumFractionDigits(int *newValue*)	小数部分の最小桁数
void setMinimumIntegerDigits(int *newValue*)	整数部分の最小桁数

getCompactNumberInstanceでは小数点以下は四捨五入されますが、❶のように小数点以下の桁数を指定することで、指定桁数まで表示されることが確認できます。

5.6.5　配列を操作する──Arraysクラス

Arraysクラス（java.utilパッケージ）は、検索、ソート、コピーなど、配列操作に関わる静的メソッドを備えています（表5.34）。

❖表5.34　Arraysクラスの主な静的メソッド（*T*は配列要素の型）

メソッド	概要
int binarySearch(*T*[] *a*[, int *fromIndex*, 　　　　　　　　int *toIndex*], *T v*)	ソート済みの配列*a*から値*v*を検索（引数*fromIndex*／*toIndex*は検索開始／終了位置）
T[] copyOf(*T*[] *a*, int *newLength*)	配列*a*をコピー（引数*newLength*はコピー先配列の長さ。不足分はゼロ、またはnullで埋め）
T[] copyOfRange(*T*[] a, int *fromIndex*, int *toIndex*)	配列*a*を範囲指定してコピー（引数*fromIndex*／*toIndex*はコピー範囲）
void fill(*T*[] *a*[, int *fromIndex*, int *toIndex*], *T v*)	配列に値*v*を設定（引数*fromIndex*／*toIndex*は設定開始／終了位置）
void sort(*T*[] *a*[, int *fromIndex*, int *toIndex*])	配列をソート（引数*fromIndex*／*toIndex*はソート開始／終了位置）
String toString(*T*[] *a*)	配列を文字列化

リスト5.61に、それぞれのメソッドの利用例を示します。なお、binarySearchメソッドは配列がソート済みであることを前提に動作します。sort→binarySearchメソッドの順で呼び出してください。

```
import java.util.Arrays;
...中略...
var  array1 = new String[] { "dog", "cat", "mouse", "fox", "lion" };
Arrays.sort(array1);
System.out.println(Arrays.toString(array1));
    // 結果：[cat, dog, fox, lion, mouse]
System.out.println(Arrays.binarySearch(array1, "mouse"));  // 結果：4

var array2 = new String[] { "あ", "い", "う", "え", "お" };
var array3 = Arrays.copyOf(array2, 2);
System.out.println(Arrays.toString(array3));     // 結果：[あ, い]

var array4 = Arrays.copyOfRange(array2, 1, 7);
System.out.println(Arrays.toString(array4));
    // 結果：[い, う, え, お, null, null]

Arrays.fill(array4, 4, 6, "―");
System.out.println(Arrays.toString(array4));
    // 結果：[い, う, え, お, ―, ―]
```

配列はあとからサイズを変更することはできません。サイズを変更するには、copyOfメソッドで現在の配列からサイズの異なる配列に値を複製します。

補足　シャローコピーとディープコピー

copyOf／copyOfRangeメソッドによるコピーは、いわゆるシャローコピー（浅いコピー）です。つまり、要素が参照型である場合、（その内容ではなく）参照だけがコピーされます。具体的な例も見てみましょう（リスト5.62）。

▶リスト5.62　ArrayShallow.java

```
import java.util.Arrays;
...中略...
var list1 = new StringBuilder[]{
  new StringBuilder("ドレミファソ"),
  new StringBuilder("CDEFG"),
  new StringBuilder("ハニホヘト")
};
var list2 = Arrays.copyOf(list1, list1.length);
```

5

標準ライブラリ

```
list1[2].append("イロハ");
System.out.println(Arrays.toString(list1));
    // 結果：[ドレミファソ, CDEFG, ハニホヘトイロハ]
System.out.println(Arrays.toString(list2));
    // 結果：[ドレミファソ, CDEFG, ハニホヘトイロハ]
```

コピー前後で、個々の要素は同じオブジェクトを参照しているので、コピー元要素の変更はそのままコピー先要素にも影響してしまうのです。

これを避けるには、for命令を利用して各要素を手動でコピー（＝新たなオブジェクトを生成）する必要があります（リスト5.63）。このようなコピーの仕方を**ディープコピー**と言います。

▶リスト5.63　ArrayDeep.java

```
mport java.util.Arrays;
...中略...
var list1 = new StringBuilder[]{
  new StringBuilder("ドレミファソ"),
  new StringBuilder("CDEFG"),
  new StringBuilder("ハニホヘト")
};

// 個々の要素を手動でコピー
var list2 = new StringBuilder[list1.length];
for (var i = 0; i < list1.length; i++) {
  list2[i] = new StringBuilder(list1[i].toString());
}

list1[2].append("イロハ");
System.out.println(Arrays.toString(list1));
    // 結果：[ドレミファソ, CDEFG, ハニホヘトイロハ]
System.out.println(Arrays.toString(list2));
    // 結果：[ドレミファソ, CDEFG, ハニホヘト]
```

今度はコピー元要素の変更がコピー先要素に影響**しない**ことが確認できます。

5.6.6　文字列をUnicode正規化する──Normalizerクラス

見た目には同じに見える文字列にも、実は様々な表現があります。たとえば「ギガ」であれば、以下のように表現できる可能性があります。

- ギガ（全角。一般的）

- ｷﾞｶﾞ（半角）

- ｷﾞｶﾞ（濁点が別に）

- ㌐（記号文字）

　このような表記の揺らぎは、文字列を検索する際の障害となります（コンピューターにとっては、互いに異なる文字列だからです）。そこで、これらの揺らぎを決められたルールで統一しようというのがUnicode正規化です。上の例であれば、すべてを「ギガ」（全角）でそろえるのが一般的です。

　Unicode正規化には、以下のような種類があります。

❖表5.35　Unicode正規化の種類（Normalizer.Form型のフィールド）

種類	概要
NFD	正規分解（文字を正規マッピングで分解した後、正規順序で並べる）
NFC	正規合成（正規分解の結果を合成）
NFKD	互換分解（文字を正規／互換マッピングで分解した後、正規順序で並べる）
NFKC	互換合成（互換分解の結果を合成）

　互換マッピングを用いることで、半角カナ→全角カナ、全角英数→半角英数のような変換も可能になりますし、㌐のような特殊文字すら変換できます。

　前置きが長くなりましたが、これらの正規化を担うのがNormalizerクラス（java.textパッケージ）の役割です。早速、具体的な例を見てみましょう。以下は、4種類の「ギガ」をそれぞれの正規化方式で変換した例です。

▶リスト5.64　NormalizeBasic.java

```java
import java.nio.file.Files;
import java.nio.file.Paths;
import java.nio.file.StandardOpenOption;
import java.text.Normalizer;
import java.text.Normalizer.Form;
...中略...
var types = new Form[] { Form.NFD, Form.NFC, Form.NFKD, Form.NFKC };
var chs = new String[] { "ギガ", "ｷﾞｶﾞ", "ｷﾞｶﾞ", "㌐" };

try(var writer = Files.newBufferedWriter(
  Paths.get("C:/data/data.txt"), StandardOpenOption.CREATE)) {
  for (var type: types) {
    writer.write("■ " + type + "\n");
    for (var ch: chs) {
      writer.write(ch + " => " + Normalizer.normalize(ch, type));
      writer.newLine();
```

```
    }
  }
} catch (Exception e) {
  e.printStackTrace();
}
```

ターミナル上では一部の文字が化けてしまうので、テキストファイルに出力しています。出力先は、適宜、太字の部分から変更してください。テキストファイルを開くと、以下のような結果を確認できるはずです。

```
■ NFD
ギガ => ギガ
ギガ => ギガ
ギガ => ギガ
ギガ => ギガ
■ NFC
ギガ => ギガ
ギガ => ギガ
ギガ => ギガ
ギガ => ギガ
■ NFKD
ギガ => ギガ
ギガ => ギガ
ギガ => ギガ
ギガ => ギガ
■ NFKC
ギガ => ギガ
ギガ => ギガ
ギガ => ギガ
ギガ => ギガ
```

 ### 5.6.7 ファイルシステムを操作する——Filesクラス

Filesクラス（java.nio.fileパッケージ）には、フォルダー／ファイルの情報を取得したり、生成／コピー／移動／削除といった基本的な操作のための静的メソッドが用意されています。

以下では、主なメソッドを利用した例を解説します。

ファイルの操作

まずは、ファイルの操作からです（リスト5.65）。sample.txtは、配布サンプルの/chap05フォ

ルダー配下に用意しているので、「C:¥data」フォルダーにコピーして使ってください。また、サブフォルダーとして「C:¥data¥sub」をあらかじめ作成しておきます。

▶リスト5.65　FileProcess.java

```java
import java.io.IOException;
import java.nio.file.Files;
import java.nio.file.Paths;
import java.nio.file.StandardCopyOption;
...中略...
var path1 = Paths.get("C:/data/sample.txt");                              ❶

// ファイルが存在するか
System.out.println(Files.exists(path1));        // 結果：true
// ファイルは読み取り可能か
System.out.println(Files.isReadable(path1));    // 結果：true
// ファイルは書き込み可能か
System.out.println(Files.isWritable(path1));    // 結果：true
// ファイルは実行可能か
System.out.println(Files.isExecutable(path1));  // 結果：true

// ファイルのサイズを取得
System.out.println(Files.size(path1));          // 結果：128
// ファイルをコピー（存在する場合は置換）
var path2 = Files.copy(path1, Paths.get("C:/data/copy.txt"),
  StandardCopyOption.REPLACE_EXISTING);
// ファイルを移動（存在する場合は置換）
Files.move(path2, Paths.get("C:/data/sub/copy.txt"),
  StandardCopyOption.REPLACE_EXISTING);
// ファイル名を変更（存在する場合は置換）
var path3 = Files.move(path1, Paths.get("C:/data/sub/rename.txt"),
  StandardCopyOption.REPLACE_EXISTING);
// ファイルを削除
Files.delete(path3);
// ファイルが存在する場合にだけ削除                                          ❷
Files.deleteIfExists(path3);
```

　Filesクラスの各種メソッドは、操作対象のフォルダー／ファイルをPathオブジェクトとして受け取ります。Pathオブジェクトを生成するのは、Paths.getメソッドの役割です（❶）。
　delete／deleteIfExistsメソッド（❷）は、前者がファイルが存在しない場合に例外（エラー）を発生するのに対して、後者はファイルが存在する場合にだけ削除します（例外は発生しません）。

フォルダーの操作

同じくフォルダーを操作してみましょう（リスト5.66）。

▶リスト5.66　FolderProcess.java

```java
var dir1 = Paths.get("C:/data/selfjava");
var dir2 = Paths.get("C:/Windows");
// フォルダーを作成
Files.createDirectories(dir1);
// フォルダーが存在するか
System.out.println(Files.exists(dir1));        // 結果：true
// フォルダーか
System.out.println(Files.isDirectory(dir1));   // 結果：true

try (var s = Files.list(dir2)) {  ──────────────────────────── ❶
  s.filter(v -> v.getFileName().toString().endsWith(".log"))
    .forEach(System.out::println);
}
  // 結果：C:¥Windows¥comsetup.log ...

// フォルダーをコピー（存在する場合は置換）
var dir3 = Files.copy(dir1, Paths.get("C:/data/selfjava/test"),
  StandardCopyOption.REPLACE_EXISTING);
// フォルダーを移動（存在する場合は置換）
Files.move(dir3, Paths.get("C:/data/selfjava/sub"),
  StandardCopyOption.REPLACE_EXISTING);
// フォルダーを削除
Files.delete(Paths.get("C:/data/selfjava/sub")); ─────────┐
// フォルダーが存在する場合にだけ削除                          ├─ ❷
Files.deleteIfExists(Paths.get("C:/data/selfjava/sub")); ──┘
```

listメソッド（❶）は、フォルダー配下のサブフォルダー／ファイルの一覧をStreamオブジェクトとして取得します（Streamについては、10.2節を参照してください）。なお、Streamで利用しているフォルダーは確実に解放されるように、listメソッドはtry-with-resources構文と合わせて利用する点に注意してください。

delete／deleteIfExistsメソッド（❷）は、前者がフォルダーが存在しない場合に例外（エラー）を発生するのに対して、後者はフォルダーが存在する場合にだけ削除します（例外は発生しません）。

5.6.8 HTTP経由でコンテンツを取得する ——HttpClientクラス

HttpClientクラス（java.net.httpパッケージ）は、HTTP（HyperText Transfer Protocol）経由で外部のサービス／コンテンツにアクセスするためのクラスです。従来はHttpURLConnectionクラス（java.netパッケージ）、または外部ライブラリとしてApache HttpComponents（https://hc.apache.org/）を利用していましたが、Java 11以降の環境では、新しく用意されたHttpClientクラスの利用をお勧めします。HttpClientクラスには、以下のような特長があります。

- HTTP 2に対応
- 非同期処理メソッドも提供
- WebSocket通信（＝軽量な双方向通信のためのプロトコル）に対応

HttpClient利用の準備

HttpClientクラスを利用するには、少しだけモジュールを意識しなければなりません。モジュールそのものについては11.3節で改めるので、ここでは

モジュール環境（＝module-info.javaがあるアプリ）では、現在のアプリからどのモジュールを利用するかを意識する必要がある

ことだけを覚えておきましょう。これまで紹介してきたクラス群は、いずれも既定で有効になるjava.baseモジュールに属するものだったので意識する必要がなかったにすぎません。

HttpClientクラスは、java.net.httpモジュールに属するクラスで、java.baseモジュールのようには自動的に有効化されません。利用にあたっては、/srcフォルダー配下のモジュール情報ファイルをリスト5.67のように編集してください。

▶リスト5.67　module-info.java

```
module selfjava {
  requires java.net.http;
}
```

これで現在のプロジェクトからjava.net.httpモジュールへのアクセスが可能になりました。

HttpClientクラスの基本

HttpClientクラスを利用するための準備ができたところで、具体的な例も見てみましょう。リスト5.68は、CodeZine（https://codezine.jp/）にアクセスし、取得したページをコンソールにテキスト表示する例です。

▶リスト5.68　HttpBasic.java

```java
// HTTPクライアントを生成
var client = HttpClient.newHttpClient(); ──────────────── ❶
// リクエストを準備
var req = HttpRequest.newBuilder() ──────┐
  .uri(URI.create("https://codezine.jp/"))    ├─ ❷
  .build(); ───────────────────┘
// レスポンスを取得
var res = client.send(req, HttpResponse.BodyHandlers.ofString()); ──── ❸
// 取得したコンテンツを出力
System.out.println(res.body()); ─────────────── ❹
```

```
問題  67    出力    デバッグ コンソール    ターミナル    ポート                          ⚙ Run: HttpBasic  十 ∨ 🔲 🗑 … ∧ ✕
    <div class="l-footer_siteinfo">
    <p class="l-footer_siteinfo_logo"><a href="/"><img src="//cz-cdn.shoeisha.jp/static/templates/img/common/logo_codezine.
.svg" alt="CodeZine（コードジン）"></a></p>
    <p class="l-footer_siteinfo_description">CodeZineは、株式会社翔泳社が運営するソフトウェア開発者向けのWebメディアです。
「デベロッパーの成長と課題解決に貢献するメディア」をコンセプトに、現場で役立つ最新情報を日々お届けします。</p>
    </div>

<div class="l-footer_functionnav">
  <div class="l-footer_functionnav_search">
    <form action="/search/" name="search" method="GET">
      <div class="c-search">
```

▶HTTP経由で指定されたページを取得

❶HttpClientオブジェクトを生成する

HttpClientは、java.net.httpパッケージの中核とも言うべきクラスで、HTTP通信そのもの（リクエスト／レスポンス）を管理します。newHttpClientメソッドで、標準的なインスタンスを生成できます。

もしもHttpClientの動作パラメーターを設定したいならば、newBuilderメソッドでHttpClient.Builderオブジェクトを生成してください。HttpClient.Builderには、HTTP通信の挙動を設定するために、表5.36のようなセッター（設定メソッド）が用意されています。

❖表5.36　HttpClient.Builderインターフェイスの主なメソッド

メソッド	概要
HttpClient.Builder authenticator(Authenticator *authenticator*)	HTTP認証に使用する認証コードを設定
HttpClient build()	HttpClientオブジェクトを生成
HttpClient.Builder connectTimeout(Duration *duration*)	接続タイムアウト時間を設定
HttpClient.Builder cookieHandler(CookieHandler *cookieHandler*)	クッキーを取得／設定するためのハンドラーを設定

メソッド	概要
HttpClient.Builder executor(Executor *executor*)	非同期に使用するエグゼキューターを設定
HttpClient.Builder followRedirects(HttpClient.Redirect *policy*)	サーバーによって発行されたリダイレクトに従うかどうかを指定
HttpClient.Builder priority(int *priority*)	HTTP/2リクエストの既定の優先度を設定
HttpClient.Builder version(HttpClient.Version *version*)	可能な場合、特定のHTTPプロトコルバージョンを要求

　セッターは戻り値として自分自身（HttpClient.Builderオブジェクト）を返すので、「xxxxx(...).xxxxx(...)」のようにメソッドを連結して呼び出せます。最後に、buildメソッドを呼び出すことで、それぞれの設定に基づいてHttpClientオブジェクトが生成されます。

```
var client = HttpClient.newBuilder()
  .version(HttpClient.Version.HTTP_1_1)    ➡バージョンを1.1に
  .connectTimeout(Duration.parse("PT3S"))  ➡接続タイムアウトを3秒に
  .build();                                ➡HttpClientを生成
```

　先ほどのnewHttpClientメソッド呼び出しは「newBuilder().build()」と等価です。

❷HttpRequestオブジェクトを生成する

　続いてリクエスト（要求）情報を組み立てていきます。リクエスト情報を表すのはHttpRequestクラスです。newBuilderメソッドでHttpRequest.Builderオブジェクトを生成し、リクエストパラメーターを追加し、最後にbuildメソッドでHttpRequestオブジェクトを生成する流れは、HttpClientの場合と同じです。

　表5.37にHttpRequest.Builderクラスで利用できる、主なセッターをまとめます。

❖表5.37　HttpRequest.Builderクラスの主なセッターメソッド

メソッド	概要
HttpRequest.Builder DELETE()	リクエストメソッドをDELETEに設定
HttpRequest.Builder GET()	リクエストメソッドをGETに設定
HttpRequest.Builder POST(HttpRequest.BodyPublisher *bodyPublisher*)	リクエストメソッドをPOSTに設定
HttpRequest.Builder PUT(HttpRequest.BodyPublisher *bodyPublisher*)	リクエストメソッドをPUTに設定
HttpRequest.Builder method(String *method*, HttpRequest.BodyPublisher *bodyPublisher*)	リクエストメソッドとリクエスト本文を指定された値に設定
HttpRequest.Builder setHeader(String *name*, String *value*)	指定された名前／値のペアをリクエストのヘッダーに設定
HttpRequest.Builder timeout(Duration *duration*)	リクエストのタイムアウトを設定
HttpRequest.Builder uri(URI *uri*)	リクエストURIを設定
HttpRequest.Builder version(HttpClient.Version *version*)	HTTPのバージョンを設定

❸リクエストを送信する

HttpRequestオブジェクトを生成できたら、あとはHttpClientクラスのsendメソッドでリクエストを送信するだけです。

構文 sendメソッド

```
public abstract <T> HttpResponse<T> send(
  HttpRequest request, HttpResponse.BodyHandler<T> handler)
```

request：リクエスト情報
handler：レスポンス操作のためのハンドラー

HttpResponse.BodyHandlerオブジェクト（引数handler）は、取得したレスポンス（応答）を処理するためのハンドラーを表します。標準的なハンドラーは、HttpResponse.BodyHandlersクラスのofXxxxx静的メソッドとして取得できます（表5.38）。

❖表5.38　HttpResponse.BodyHandlersクラスの主な静的メソッド

メソッド	取得できる応答本文の型
HttpResponse.BodyHandler<String> ofString([Charset *charset*])	文字列
HttpResponse.BodyHandler<Stream<String>> ofLines()	ストリーム
HttpResponse.BodyHandler<Path> ofFile(Path *file* [,OpenOption... *openOptions*])	ファイル
HttpResponse.BodyHandler<InputStream> ofInputStream()	入力ストリーム
HttpResponse.BodyHandler<byte[]> ofByteArray()	バイト配列

ofStringメソッドは、その中でも最も標準的な、応答を文字列として取得するハンドラーを生成します。

❹レスポンスを取得する

sendメソッドは、応答内容をHttpResponse<T>オブジェクトとして返します。HttpResponseクラスの主なメンバーは、表5.39の通りです。

❖表5.39　HttpResponseクラスの主なメンバー

メソッド	概要
T body()	本文を取得
HttpHeaders headers()	応答ヘッダーを取得
HttpRequest request()	HttpRequestを取得
int statusCode()	ステータスコードを取得
URI uri()	応答を受け取ったURIを取得

bodyメソッドの戻り値は、sendメソッドで指定したハンドラーの種類によります。この例であれば、戻り値は文字列（String）です。

リクエストを非同期に送信する

sendAsyncメソッドを利用することで、リクエストを非同期に処理することも可能です（応答を待たずに、後続の処理を継続できます）。以下は、リスト5.68（p.240）をsendAsyncメソッドで書き換えた例です。

```
client.sendAsync(req, HttpResponse.BodyHandlers.ofString())
  .thenAccept(response -> {
    System.out.println(response.body());
  });
```

sendAsyncメソッドの戻り値は、CompletableFutureオブジェクトです。詳しくは11.1.8項で解説するので、ここでは非同期処理の結果はthenAcceptメソッドで処理する、とだけ理解しておきましょう。

HTTP POSTによるデータ送信

HttpClientクラスでは、既定でHTTP GETという命令で通信を行います。HTTP GETは、主にデータを取得するための命令です。リクエスト時にデータを送信することもできますが、サイズが制限されます。まとまったデータを送信するには、HTTP POSTを利用してください。

たとえばリスト5.69は、HTTP POSTを利用してJSON形式（11.3.6項）のデータを送信する例です。

▶リスト5.69　HttpPost.java

```
var client = HttpClient.newHttpClient();
var req = HttpRequest.newBuilder()
  .uri(URI.create("https://wings.msn.to/tmp/post.php"))
  .header("Content-Type","application/json")
  .POST(HttpRequest.BodyPublishers.ofString(
    "{ \"name\" : \"佐々木新之助\" }"))
  .build();
var res = client.send(req, HttpResponse.BodyHandlers.ofString());
System.out.println(res.body());    // 結果：こんにちは、佐々木新之助さん！
```

HTTP POSTでデータを送信するには、POSTメソッドを利用します。

構文 POSTメソッド

```
public HttpRequest.Builder POST(HttpRequest.BodyPublisher bodyPublisher)
```

bodyPublisher：リクエスト本体

リクエスト本体（引数bodyPublisher）は、HttpRequest.BodyPublishersクラスのofXxxxxメソッドで生成できます。Xxxxxの部分は、入力元の値によって変化します（表5.40）。

❖表5.40　HttpRequest.BodyPublishersクラスの主な静的メソッド

メソッド	概要
HttpRequest.BodyPublisher ofByteArray(byte[] *buf* [,int *offset*, int *length*])	*offset*の位置から*length*バイトの長さのバイト配列の内容をリクエスト本体として生成
HttpRequest.BodyPublisher ofInputStream(Supplier<? extends InputStream> *streamSupplier*)	InputStreamから読み取ったデータをリクエスト本体として生成
HttpRequest.BodyPublisher ofFile(Path *path*)	ファイルの内容をリクエスト本体として生成
HttpRequest.BodyPublisher ofString(String *body* [,Charset *charset*])	文字列をリクエスト本体として生成

　ここではofStringメソッドを呼んでいるので、文字列からリクエスト本体が生成されます。

　あとの処理は、HTTP GETの場合と同じです。通信先での処理（post.php）については、本書の守備範囲を超えるので、紙面上は割愛します。ここでは、nameというキーを受け取って、「こんにちは、●○さん！」のようなメッセージを生成する、とだけ理解しておいてください。

> *note*　サンプル上のパス（太字部分）も著者環境のものです。post.phpは、配布サンプルの/src/to/msn/wings/selfjava/chap05フォルダーに用意しているので、これを自分で利用できるサーバー環境にコピーしたうえで、太字のパスも書き換えてから実行してください。

☑ この章の理解度チェック

[1] String／LocalDateTimeクラスを利用して、以下のようなコードを書いてみましょう。

① 文字列「となりのきゃくはよくきゃくくうきゃくだ」の最後に登場する「きゃく」の位置を検索する。

② 文字列「●○の気温は●○℃です。」という書式文字列に「千葉」「17.256」という値を埋め込む。ただし、数値は小数点以下2桁までを表示する。

③ 文字列「彼女の名前は花子です。」に含まれる「彼女」を「妻」に置き換える。

④ 現在の日時を基点に5日と6時間後の日時を求める。

⑤ 2024/03/12から2024/11/05までの差を「●○ヵ月●○日間」の形式で出力する。

[2] 複数のメールアドレスを含むテキストcontact.txtがあるとします。contact.txtを順番に読み込み、テキストに含まれるメールアドレスを一覧表示してみましょう（リスト5.D）。空欄を埋めて、コードを完成させてください。

▶リスト5.D　Practice2.java

```java
import java.io.IOException;
import java.nio.file.Files;
import java.nio.file.Paths;
import   ①  ;
...中略...
var ptn = Pattern.compile(
  "[a-zØ-9.!#$%&'*+/=?^_{|}~-]+@[a-zØ-9-]+(?:\\.[a-zØ-9-]+)*",
   Pattern.CASE_INSENSITIVE);
  ②   (var reader = Files.newBufferedReader(
   ③  ("C:/data/contact.txt"))) {
  var line = "";
  while ((line = reader.  ④  ) != null){
    var match = ptn.  ⑤  (  ⑥  );
    while (match.find()) {
      System.out.println(match.  ⑦  );
    }
  }
} catch (IOException e) {
  e.printStackTrace();
}
```

book_support@example.com
Admin@example.com

[3] コマンドライン引数の内容をカンマで連結した文字列をdata.datに書き出してみましょう。data.datの文字コードはWindows-31J、複数回実行された場合には追記するものとします。

[4] Mathクラス、Arrayクラスを利用して、以下のようなコードを書いてみましょう。

① 6の3乗を求める。
② –15の絶対値を求める。
③ 11Ø、14、28、32といった値を持つ配列を定義し、これをソートする。

Column　VSCodeの設定ファイル「settings.json」

　p.31などでも触れたように、タブサイズなどの情報をファイル単位にいちいち設定するのは面倒です
し、漏れの原因にもなります。そこで一般的には、プロジェクト単位で設定情報をまとめておくのが吉
です。VSCodeで標準の設定情報を束ねるのは、settings.jsonの役割です。本書の配布サンプルでも
/.vscodeフォルダー配下にsettings.jsonを用意し、最低限のエディター設定をまとめています。

▶リスト5.E　settings.json

```
{
  ...中略...
  "editor.insertSpaces": true,    ➡タブをスペースに変換するか
  "editor.tabSize": 2,            ➡タブのサイズ
  "files.encoding": "utf8",       ➡文字コード
  "files.eol": "\n",              ➡改行文字
}
```

　設定情報はsettings.jsonを直接編集してもかまいませんが、VSCode上から変更することも可能で
す。これには、メニューバーから［ファイル］－［ユーザー設定］－［設定］を選択してください。［設
定］ウィンドウが開くので、［ワークスペース］タブを選択して、あとは検索ボックスから設定名を入力
し、設定項目を絞り込んでください（左の分類を設定してもかまいません）。

❖図5.C　［設定］ウィンドウ

　なお、［ユーザー］タブでは、その環境全体の設定を変更します。一般的には、設定の影響が別のプロ
ジェクトにまで及ぶのは避けた方が良いので、まずは［ワークスペース］タブを選択するようにしてく
ださい。

　また、設定項目そのものは実に多岐に及びます。主な設定については、「開発用エディタのド定番
「VSCode」を使いこなそう」（https://codezine.jp/article/corner/936）のような記事も参照
することをお勧めします。

コレクション
フレームワーク

この章の内容

Chapter **6**

コレクションとは、モノ（オブジェクト）の集合を表す仕組みです。もっとも、用途に応じて、コレクションを表現／操作する手段は様々です。そこでJavaでは、数多くのコレクションの構造、操作の手段（＝アルゴリズム）を、標準ライブラリ（java.utilパッケージ）として提供しています。

　java.utilパッケージは、コレクションを扱うための汎用的なクラス／インターフェイスの集合です。これを総称して、**コレクションフレームワーク**とも呼びます。「オブジェクトを束ねるならば、配列があるではないか」と思う人がいるかもしれませんが、配列の機能はごく限られています（たとえば配列は、あとからサイズを変更することすらできません）。片や、コレクションを利用することのメリットには、以下のようなものがあります。

- 既知のデータ構造／アルゴリズムをそのまま取り込めるため、開発生産性に優れる
- 同様の理由からパフォーマンスにも優れる
- 共通的な操作をインターフェイスとして定義しているので、データ構造／アルゴリズムによらず、同じように操作できる

　以上のような理由からも、アプリの中でオブジェクトの集合を扱うならば、まずはコレクションを利用することをお勧めします。

 6.1　コレクションフレームワークの基本

　コレクションフレームワークの中でも、最も基本となるのはCollectionインターフェイスです。Collectionのサブインターフェイスとして、さらに、List、Set、Queue（Deque）があり、Collectionとは継承関係にないもののMapが加わって、コレクションフレームワークの基本的な機能を構成しています（図6.1）。

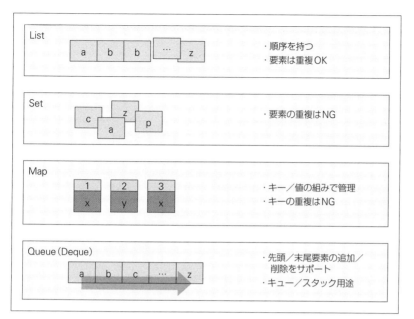

❖図6.1 コレクションフレームワークの基本機能

　それぞれのインターフェイスには、表6.1のような実装クラスが用意されています。コレクション
フレームワークの実装クラスは、一般的に「実装手段＋インターフェイス名」の形式で命名されてお
り、クラスの役割（位置づけ）がひと目で読み取れるようになっています。

　なお、表6.2のクラスもコレクションを扱うものですが、いずれもコレクションフレームワーク登
場以前から提供されている旧式のライブラリです。下位互換の目的で残されているにすぎないので、
特別な理由がない限り、それぞれ新式のクラスで置き換えるようにしてください。

❖表6.1　コレクションフレームワークの主な実装クラス

インターフェイス	実装クラス	概要
List	ArrayList	可変長配列
	LinkedList	リンク構造のリスト
Set	HashSet	任意の順で格納された要素の集合
	LinkedHashSet	追加順に格納された要素の集合
	TreeSet	キーにより並べ替えられる要素の集合
Map	HashMap	基本的なマップ
	TreeMap	キーにより要素を並べ替えられるマップ
Queue（Deque）	ArrayDeque	両端キュー
	LinkedList	ListインターフェイスのLinkedListと同一

❖表6.2　旧式のクラスとその代替

旧式のクラス	代替クラス
Vector	ArrayList
Stack	ArrayDeque
Dictionary	HashMap
Hashtable	HashMap

note Java 21では、要素の順序を管理するためのインターフェイスとしてSequencedCollection、SequencedSet、SequencedMapが追加されました。

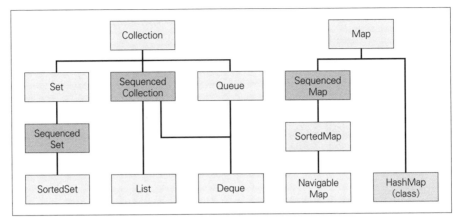

❖図6.A　SequencedXxxxxインターフェイス

従来のJavaでは、インターフェイスの実装から順序の有無を判断するのは困難でしたが、SequencedXxxxxインターフェイスによって明確になります。それに伴い、xxxxxFirst／xxxxxLast、reversedなどのメソッドが追加されています。詳しくは、各項のメソッド一覧を参照してください。

6.1.1　コレクションの基本構文

コレクションは、一般的に以下の構文でインスタンス化します。

構文 コレクションのインスタンス化

```
インターフェイス型<要素型> 変数名 = new 実装クラス型<>(引数, ...)
```

たとえばArrayListクラスをインスタンス化するには、以下のように表します。

```
List<String> data = new ArrayList<>();
```

シンプルなコードですが、このコードを理解するには「インターフェイス」「ジェネリクス」というキーワードの理解が前提となります。インターフェイスについての詳細は8.3.3項で解説するため、そちらを理解したあとで再度読み解くことをお勧めします。

インターフェイス型

変数の型として、（実装型ではなく）インターフェイス型を用いているのは、実装（クラス）への依存を最小限に抑えるためです。たとえば、上のコードは以下のように表しても動作します。

```
ArrayList<String> data = new ArrayList<>();
```

しかし、実装型をそのまま引数などで受け渡しするのは望ましくありません。

```
public void run(ArrayList<String> data) { ... }
```

なんらかの理由で、実装を LinkedList（List の別の実装）に変更しなければならない場合、実装型を受け渡ししているすべてのコードを確認しなければならないからです。具体的には、ArrayList 固有のメソッドを利用している箇所がないかをチェックし、存在する場合はなんらかの代替を検討する必要があります。

しかし、最初からインターフェイス型（ここでは List<String>）として扱っていれば、コードへの影響はオブジェクトを生成している箇所に限定できます。

```
List<String> data = new LinkedList<>();
```

一般的に、コレクションを扱う際に受け取り側のメソッドにとって関心があるのは、（実装ではなく）振る舞い —— コレクションが提供するメソッドです。インターフェイス型を利用するということは、メソッドが振る舞いにしか興味がないことを明示的に意思表示することとなり、開発者が意識しなければならないことを最小限に抑えられます。

> *note* ただし、本書ではコード簡単化のために、変数型を強く意識する場合を除いては、var 型推論を優先して利用しています。引数の型として、インターフェイスを利用する例については、8.3.4項も合わせて参照してください。

ジェネリクス構文

ジェネリクス（Generics）とは、一言で言うと、汎用的なクラス／メソッドを特定の型にひもづけるための仕組みです。List<String> のように、本来の汎用型（ここでは List）に対して、<...> の形式で個別の型（ここでは String）を割り当てることで、（なんでも格納できるリストではなく）文字列を格納するための専用リストになります。

ジェネリクスはコレクションに特化した仕組みではありませんが、コレクションを理解する前提となる知識であり、また、ジェネリクスそのもののイメージもつかみやすいので、ここで簡単に解説しておきます（より詳細な解説は9.6節で行います）。

（1）ジェネリクスの登場以前

ジェネリクスが導入される以前（Java 5 より前）は、以下のようなコードでコレクションを扱っていました。

```
List data = new ArrayList();
data.add("あいうえお");                                          ┐
data.add("かきくけこ");                                          ├─ ❷
String str = (String)data.get(0);                           ── ❶
```

　非ジェネリクスなコレクションでは、すべての要素はObject型と見なされます。よって、値を取り出す際には明示的な型キャスト（❶）が必要となるのです（追加する際には、拡大変換なので、明示的なキャストは不要です❷）。

 note Object型（オブジェクト）は、すべての型の値を代入できる、いわゆる「なんでもあり」の型です。すべての型についての共通の機能を提供するルートの型とも言えるでしょう。より具体的な内容については、9.1節で扱います。

　これは、コードが冗長になるというだけではありません。たとえば、意図しない型の値を追加しても、コンパイル時には検出できません。

```
List data = new ArrayList();
data.add(12345);                    // 意図しない型の値を追加
String str = (String)data.get(0);   // 実行時エラー（文字列でない！）
```

　それぞれの型に特化したIntList、StringListのようなクラスを用意するという選択肢もありますが、似たようなコードが乱立することを思えば、よい解決策とは言えません。

(2) ジェネリクスによる解決

　しかし、ジェネリクスによって、こうした問題が解決します。

```
List<String> data = new ArrayList<>();
data.add("あいうえお");
String str = data.get(0);   // 文字列リストなのでキャストも不要
data.add(12345);            // 型違いはコンパイル時にエラー
```

　この例であれば、「String型の値を扱うためのリスト」を生成しているわけです。これによって、格納する値の型が正しいことをコンパイル時にチェックでき、また、値を取り出すときのキャストも不要になります。このようなジェネリクスの性質のことを**型安全（タイプセーフ）**と呼びます。しかも、List（ArrayList）そのものは、すべての型を受け入れられる汎用的な型なので、IntList／StringListのような専用型を用意する必要もありません。

補足 コレクションの要素型

　コレクションの要素型には、任意の参照型を指定できます。よって、List<String>、List<Person>はもちろん、List<List<String>>のような指定も可能です。List<List<String>>はリスト（List<String>）を要素に持つリスト――つまり、入れ子のリストを表します。

ただし、任意の「参照型」なので、List<int>（基本型）は不可です。基本型を要素に持ちたい場合には、List<Integer>のようにラッパークラスで代用してください。

なお、<...>で指定できる要素型の個数は、元のクラスによって変化します。コレクションの場合はほとんどが1つですが、マップのようにキー／値の組み合わせを持つものは、以下のようにキー／値それぞれの型をカンマ区切りで表します。

```
var map = new HashMap<String, Person>();
                      キー型    値型
```

 note　以下のコードは、いずれも同じ意味です。

```
List<String> data = new ArrayList<String>();
List<String> data = new ArrayList<>();
```

左辺の型（要素型）から右辺の型は明らかなので、<>のように省略が許されているのです。<>は、その形から**ダイヤモンド演算子**とも呼ばれます。

ただし、Java 10以降であれば、varを利用したほうがシンプルです。型表記の簡単化という意味では、まずはvarを優先して利用することをお勧めします。

 ## 6.1.2　コーディング上のイディオム

以下に、コレクションフレームワークを利用する際によく利用する構文上のイディオムについて、まとめておきます。

コレクションの初期化

リスト6.1のような記法で、インスタンス化のタイミングでまとめてコレクションを初期化できます。この後述べるように、コレクションの初期化には様々な記法がありますが、最もクラシカルな記法です。

▶リスト6.1　CollInitial.java

```
import java.util.ArrayList;
...中略...
var data = new ArrayList<String>() {
  {
    add("バラ");
    add("ひまわり");
    add("あさがお");
  }
};
```
❷ ❶

❶は匿名クラス、❷は初期化ブロックを表します。匿名クラスは9.5.3項、初期化ブロックは7.5.4項で詳しく解説するので、ここでは決まった記法としてのみ理解しておきましょう。この例では、リストを初期化していますが、セット、マップでも同様です。

変更不能コレクションの初期化

あとから内容の変更が不要なのであれば、ofメソッドを利用することで、より簡易にコレクションを初期化できます（Java 9以降）。短く表せることから、この後もよく利用する記法なので、ここで是非押さえておきましょう。

▶リスト6.2　CollUnmodifyOf.java

```
import java.util.List;
...中略...
var data = List.of("バラ", "ひまわり", "あさがお");
System.out.println(data);    // 結果：[バラ, ひまわり, あさがお]
```

ここでは、リストを例にしていますが、セット／マップでもほぼ同様に利用できます。マップの場合は「キー, 値, …」のように交互に指定します。

```
var map = Map.of("Rose", "バラ",
  "Sunflower", "ひまわり", "Morning Glory", "あさがお");
```

note List.ofで生成されたリストを、ArrayListコンストラクターに渡すこともできます。

```
var list = new ArrayList<String>(List.of("バラ", "ひまわり", "あさがお"));
```

この場合、生成された変更不能リストをもとに、新規にArrayListオブジェクトを生成する、という意味になるので、最終的に生成されたリストには、追加／削除も自由にできます。

コレクションを順に処理する

コレクション配下の要素を順番に処理するには、拡張for命令を利用します（リスト6.3）。

▶リスト6.3　CollForeach.java

```
import java.util.ArrayList;
...中略...
var data = new ArrayList<String>(List.of("バラ", "ひまわり", "あさがお"));

for (var s : data) {
  System.out.println(s);
}
```

```
バラ
ひまわり
あさがお
```

この拡張for命令、内部的には**イテレーター**を利用したwhile命令のシンタックスシュガー（より簡単化された構文）です。イテレーターとは、コレクションの要素を順番に取り出すための仕組みです。

拡張forのほうがコードをシンプルに表現できることから、一般的にはイテレーターを直接利用する機会はほとんどありません。しかし、理解を深めるために、原始的なイテレーターの仕組みを知っておくことは無駄ではありません。

以下は、リスト6.3のコード（太字部分）をイテレーターを使って書き換えたものです。

▶リスト6.4　CollIterator.java

```
var itr = data.iterator();                              ❶
while (itr.hasNext()) {                                 ❷
  System.out.println(itr.next());                       ❸
}
```

コレクションからはiteratorメソッドを利用することで、それぞれの実装に応じたIteratorオブジェクト（イテレーター）を取得できます（❶）。Iteratorで利用できるメソッドは、表6.3の通りです。

❖表6.3　Iteratorインターフェイス（java.utilパッケージ）のメソッド

メソッド	概要
boolean hasNext()	次の要素が存在するか
E next()	次の要素を取得（Eは要素の型）
void remove()	現在の要素（nextメソッドで取得した最後の要素）を削除

イテレーターでは、現在位置を表す矢印（ポインター）の位置を次へ次へとずらしながら、要素を取り出していくのが基本です。イテレーターは、取得時点でコレクションの先頭を示しています。

❷では、hasNextメソッドで、イテレーターが読み込むべき次の要素が存在するかを確認します（図6.2）。そして、存在すれば、nextメソッド（❸）で次の要素に移動＆取得し、さもなければループそのものを終了します。これによって、コレクション配下のすべての要素を取り出しているわけです。

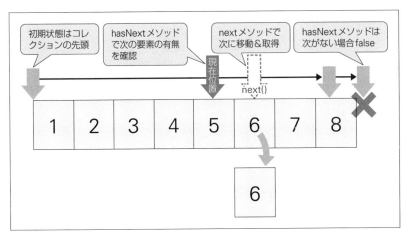

❖図6.2　イテレーター

---

　note　リスト6.4のコードは、for命令を使って、以下のように書き換えてもかまいません。

```java
for (var itr = data.iterator(); itr.hasNext(); ) {
  System.out.println(itr.next());
}
```

for命令では、初期化式／終了条件式／増減式がそろっているのが、まず基本です。これは増減式を省略してよい、数少ない例の1つです。

　本項冒頭でも述べたように、コレクションの順次読み込みにはまずは拡張for命令を利用すべきですが、イテレーターを利用しなければならない局面もあります。

（1）ループの中で要素を削除したい

　たとえばループしながら、要素を削除するには、イテレーターを利用します（リスト6.5）。

▶リスト6.5　IteratorRemove.java

```java
import java.util.ArrayList;
...中略...
var ite = data.iterator();
while (ite.hasNext()) {
  System.out.println(ite.next());
  ite.remove();
}
System.out.println(data);
```

```
バラ
ひまわり
あさがお
[]
```

リスト6.6のように、拡張forで書いてもよさそうに見えますが、こちらは不可です（Concurrent ModificationException例外が発生します）。

▶リスト6.6　IteratorRemoveBad.java

```java
for (var s : data) {
  System.out.println(s);
  data.remove(s);
}
```

　ただし、ループの中で対象となるコレクションを変更するのは、コードの見通しを悪化させます。加工／フィルターが目的なのであれば、filter／mapメソッド（10.2.1項）を使って新たなコレクションとして書き出すのが、より望ましいでしょう。

（2）リストを逆順に読み込む

　リストを逆順に読み出す際にも、イテレーターを利用します。ただし、この場合は（iteratorメソッドではなく）listIteratorメソッドでListIteratorオブジェクトを取得します。ListIteratorは、Iteratorのサブインターフェイスで、Iteratorの機能に加えて、previous（前の要素に移動）、hasPrevious（前の要素が存在するか）などのメソッドを定義しています。

 note （コレクションではなく）リストと限定しているのは、逆順というからには、順番に意味があるからです。セットのように順番を必ずしも持たないコレクションでは、逆順の意味はありません。

　リスト6.7は、ListIteratorを利用して、リストを逆順に出力する例です。

▶リスト6.7　IteratorList.java

```java
import java.util.ArrayList;
...中略...
var ite = data.listIterator(data.size());
while (ite.hasPrevious()) {
  System.out.println(ite.previous());
}
```

```
あさがお
ひまわり
バラ
```

listIteratorメソッドの引数には、イテレーターの開始位置を指定します。この例ではリストサイズ（＝末尾）を指定しています。

配列⇔コレクションの変換

本章冒頭でも触れたように、オブジェクトの集合を扱う場合、まずは配列よりもコレクションを利用すべきです。配列は機能にも乏しく、オブジェクト指向構文との親和性にも欠けるためです。しかし、実際の開発では、利用しているライブラリが配列を利用しているなどで、配列を利用せざるを得ない状況があります。そのような場合のために、Javaでは、配列⇔コレクションを相互変換するための手段を提供しています。

> *note* Java 8以降では、ストリームを利用した変換も可能です。詳しくは、10.2節も合わせて参照してください。

（1）配列→リスト

Arrays.asListメソッドを利用します。

構文 asListメソッド

```
public static <T> List<T> asList(T... a)
```

a：変換元の配列（可変長引数）

たとえばリスト6.8は、既存の文字列配列をリストに変換し、変換後のリストに対して値を追加／削除する例です。

▶リスト6.8　CollAsList.java

```
import java.util.Arrays;
...中略...
var data = new String[] { "バラ", "ひまわり", "あさがお" };
var list = Arrays.asList(data);
list.set(0, "チューリップ"); ─────────────────────
System.out.println(list);  // 結果：[チューリップ, ひまわり, あさがお]
System.out.println(Arrays.toString(data));                       ─❶
    // 結果：[チューリップ, ひまわり, あさがお] ──────────
list.add("さくら");          // 結果：エラー ──────────
list.remove(0);            // 結果：エラー ──────────  ─❷
```

asListメソッドで変換したリストは、あくまで「リストの皮をかぶった配列」である点に注意してください。よって、リストへの変更はそのまま元の配列に影響を及ぼしますし（❶）、リストへの追加／削除はUnsupportedOperationException例外となります（配列のサイズ変更はできません❷）。

（2）配列→リスト（コピー版）

　もしも変換後のリストに対して、要素を追加／削除したいのであれば、配列をコピーし、新規にリストを作成します。これには、Collections.addAll静的メソッドを利用します（「? super T」という表記については9.6.4項で解説します）。

構文 addAllメソッド

```
public static <T> boolean addAll(Collection<? super T> c, T... elements)

c        ：コピー先のコレクション
elements ：コピーする値
```

　リスト6.9は、先ほどのリスト6.8をaddAllメソッドで書き換えたものです。

▶リスト6.9　CollAddAll.java

```
import java.util.ArrayList;
import java.util.Arrays;
import java.util.Collections;
...中略...
var data = new String[] { "バラ", "ひまわり", "あさがお"};
var list = new ArrayList<String>();
Collections.addAll(list, data);
list.set(0, "チューリップ");  ────────────────────────── ❶
list.add("さくら");  ──────────────────────────────┐
list.remove(1);  ──────────────────────────────────┘ ❷


System.out.println(list);                     // 結果：[チューリップ, あさがお, さくら]
System.out.println(Arrays.toString(data)); // 結果：[バラ, ひまわり, あさがお]
```

　今度は複製なので、

　　❶リストへの変更が元の配列に影響しないこと
　　❷リストへの追加／削除も制限されないこと

を確認してください。

note 別解としてasListメソッドによる変換結果をArrayListコンストラクターに渡すこともできます。この場合、変換結果をもとに、新規にリストを生成する、という意味になるので、生成されたリストには、追加／削除も自由にできます（List.ofメソッドの場合と同じですね）。

```
var list = new ArrayList<String>(Arrays.asList(data));
```

(3) コレクション→配列

コレクション実装クラスの **toArray** メソッドを利用します。

構文 toArrayメソッド

```
public <T> T[] toArray([T[] a])
```

a：変換先の配列

toArray メソッドは、以下のルールで動作します。

- 指定の配列（引数*a*）にすべての要素が収まるならば、そのまますべての要素を設定
- すべての要素が収まらない場合は、引数*a*と同じ型の配列を生成してからすべての要素を設定
- コレクションの要素を配列の要素型に変換できない場合は、**ArrayStoreException**例外を発生

引数*a*は省略できますが、その場合、戻り値は**Object[]**となります。まずは、引数を明示して型を特定するのが望ましいでしょう。

具体的な例をリスト6.10に示します。

▶リスト6.10 CollToArray.java

```
import java.util.ArrayList;
import java.util.Arrays;
import java.util.List;
...中略...
var data = new ArrayList<String>(List.of("バラ", "ひまわり", "あさがお"));
// リストと同じサイズの配列strsに中身をコピー
var strs = new String[data.size()];
data.toArray(strs);
// 値を変更して、配列／リストの内容を確認
data.set(0, "チューリップ");
System.out.println(Arrays.toString(strs));  // 結果：[バラ, ひまわり, あさがお]  ①
System.out.println(data);  // 結果：[チューリップ, ひまわり, あさがお]
```

toArrayメソッドによる変換は、リスト（配列）のシャローコピーです。❶では、文字列型の配列なので、変換元リストへの操作が変換先の配列に影響することはありませんが、要素の型によっては互いへの操作が相手に影響する場合があります。詳しくは5.6.5項も合わせて参照してください。

6.1.3　特殊なコレクションの生成

Collectionsクラスは、コレクションに関わる様々な機能を提供するユーティリティクラスです。Collectionsクラスを利用することで、特殊な形式のコレクションを簡単に作成できます。

変更不能コレクションへの変換

一般的に、メソッドに引き渡したコレクションが、その内部で勝手に書き換えられてしまうのは、良いことではありません。呼び出し元がメソッドの挙動を意識しなければならないので、コードの見通しが悪くなるからです。

そこでCollectionsクラスでは、可変なコレクションの変更操作を禁止する —— 変更不能コレクションに変換する手段を提供しています（表6.4）。unmodifiableXxxxxメソッドを利用することで、指定されたコレクションを変更不能なコレクションに変換できます。

❖表6.4　変更不能なコレクションの生成

メソッド	概要
unmodifiableCollection	変更不能な Collection
unmodifiableList	変更不能な List
unmodifiableSet	変更不能な Set
unmodifiableSortedSet	変更不能な SortedSet
unmodifiableMap	変更不能な Map
unmodifiableSortedMap	変更不能な SortedMap

note もちろん、最初から変更不能コレクションを生成したいならば、p.211でも示したofメソッドを利用すれば十分です。

たとえばリスト6.11は、変更不能コレクションを生成する例です。

▶リスト6.11　CollUnmodify.java

```java
import java.util.ArrayList;
import java.util.Collections;
...中略...
var data = new ArrayList<String>() {
  {
    add("バラ");
    add("ひまわり");
    add("あさがお");
  }
};
```

```
var udata = Collections.unmodifiableList(data);
udata.set(0, "チューリップ");     // 結果：UnsupportedOperationException（エラー。変更不可）
udata.add("さくら");             // 結果：UnsupportedOperationException（エラー。追加不可）
```

　変更不能コレクションに変換したことで、確かに値の変更／追加ができなくなっていることが確認できます。

　ただし、変更不能コレクションでも、要素が参照型である場合、その内容の変更を常に制限できるわけではありません。Stringのような不変型では問題ありませんが、たとえばStringBuilderなどでは、リスト6.12のように要素そのものへの変更を制限することはできません（定数と同じことです）。

▶リスト6.12　CollUnmodifyRef.java

```
import java.util.ArrayList;
import java.util.Arrays;
import java.util.Collections;
...中略...
var data = new ArrayList<StringBuilder>(Arrays.asList(
  new StringBuilder("ひふみ"),
  new StringBuilder("よいむ"),
  new StringBuilder("なやこ")));
var udata = Collections.unmodifiableList(data);
udata.get(0).append("いちにさん");
System.out.println(udata);     // 結果：[ひふみいちにさん, よいむ, なやこ]
```

空コレクションの生成

　戻り値をコレクションとするメソッドでは、中身が空の場合にもnullではなく、空のコレクションを返すようにすべきです。nullを返した場合には、メソッドの呼び出し元でもnullチェックが必要となるためです。戻り値がnullでないことが保証されていれば、それだけ呼び出しのコードもシンプルに表せます。

　そして、そのような空コレクションを生成するのがCollectionsクラスのemptyXxxxxメソッドです。生成する型に応じてemptyList／emptySet／emptyMapを使い分けます。空のコレクションを自身で作成しても意味的には一緒ですが、Collectionsクラスではあらかじめ用意された定数を返すので、無駄なオブジェクトを生成せずに済みます。

```
return Collections.emptyList();
```

　ちなみに、単一の値を持つコレクションを生成するためのsingleton／singletonList／singletonMapメソッドもあります（singletonメソッドはSetを返します）。singletonXxxxx

メソッドで作成されたコレクションは変更不能です。

```
var set = Collections.singleton("バラ");
```

同期化コレクションの生成

コレクションフレームワークでよく利用する実装クラス（ArrayList、HashMapなど）のほとんどは、マルチスレッドに対応していません。シングルスレッドでしか利用されないことがわかっている場合、マルチスレッド対応（＝排他処理）はパフォーマンスの低下につながるためです。

代わりに、Collectionsクラスでは、標準のコレクションをマルチスレッド化するためのsynchronizedXxxxxメソッド —— synchronizedCollection／synchronizedList／synchronizedSet／synchronizedMapメソッドを用意しています。synchronizedXxxxxメソッドで作成された排他制御対応のコレクションを**同期化コレクション**と言い、マルチスレッド環境で安全に利用できるようになります（これを**スレッドセーフ**と言います）。

たとえば以下は、リストを同期化リストに変換する例です。

```
var data = Collections.synchronizedList(new ArrayList<String>());
```

なお、java.util.concurrentパッケージでは、CopyOnWriteArrayList／CopyOnWriteArraySet／ConcurrentHashMapのような並列コレクションも用意されています。マルチスレッドという意味では同期化コレクションと同じですが、並列コレクションのほうが新しく、一般的には性能も優れています。最初からスレッドセーフなコレクションを生成するならば（既存のコレクションの変更ではなく）、まずは並列コレクションを優先して利用することをお勧めします。

```
var map = new ConcurrentHashMap<String, String>();
var list = new CopyOnWriteArrayList<String>();
```

note Vector／Hashtableなどの古いライブラリもマルチスレッドです。ただし、マルチスレッド対応を目的として、これら旧式のクラスを利用するのは誤りです。

以上、ここまでがコレクションの共通的な機能です。ここからは、個別のインターフェイスとその実装クラスについて、用法を見ていきます。

練習問題 6.1

[1] ジェネリクスとはなにかを説明してみましょう。また、コレクションでジェネリクスを利用するメリットを説明してください。

[2] 16、24、30、39といった値を持つArrayListを一文で生成してみましょう。ただし、生成されるArrayListは変更可能であるものとします。

6.2 リスト

リストは、配列のように配下の要素が順序付けられたコレクションです。順序の概念を持つので、インデックスによる要素の取得／追加が可能です。

リストの主な実装には、以下のようなものがあります。

- ArrayList
- LinkedList
- Vector

ただし、Vectorはコレクションフレームワーク登場以前の古いクラスで、後方互換性を目的に残されているだけです。現在では、積極的に利用する理由はありません（ArrayListを優先して利用すべきです）。

6.2.1 ArrayList（サイズ可変の配列）

ArrayListは、内部的には配列を利用したデータ構造です。ただし、配列とは異なり、あとからでもサイズを変更できます（＝要素の追加／削除が可能です）。

その性質上、インデックス値による値の読み書き（ランダムアクセス）性能には優れます。要素の位置に関わらず、ほぼ一定の時間でアクセスが可能です。

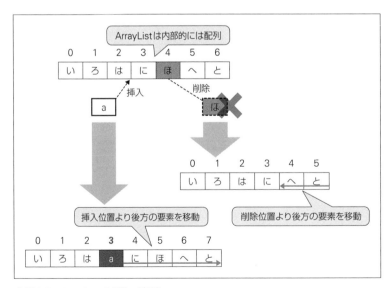

❖図6.3　ArrayListの挿入／削除

反面、値の頻繁な挿入／削除は苦手です。配列という性質上、挿入／削除は図6.3のようなデータの移動を伴うからです。特に、先頭に近い位置への挿入／削除は低速です。

また、挿入に際してはメモリ（配列）の再割り当てが発生する可能性があります。ArrayListでは、あらかじめ一定サイズの配列を準備しています。そして、要素の追加によって領域が不足すると、自動的に一定サイズだけ拡張するのです。

しかし、再割り当てのオーバーヘッドは相応に大きく、しかも、リストのサイズに比例してさらに増加します。あらかじめ格納すべき要素数が想定できているのであれば、インスタンス化の際に、サイズを宣言しておくことをお勧めします（既定では10です）。

```
var data = new ArrayList<String>(30);
```

ArrayListの基本操作

ArrayListで用意されている主なメンバーには、表6.5のようなものがあります。

❖表6.5　ArrayListクラスの主なメンバー

分類	メンバー	概要
取得	get(int *index*)	*index*番目の要素を取得
	E getFirst() 21	最初の要素を取得
	E getLast() 21	最後の要素を取得
	int size()	リストの要素数を取得
追加／削除	void add([int *index*,] E *e*)	*index*番目に要素*e*を挿入（*index*省略時は末尾に挿入）
	boolean addAll(　[int *index*,] Collection<? extends E> *c*)	*index*番目にコレクション*c*を挿入 （*index*省略時は末尾に挿入）
	void addFirst(E *e*) 21	先頭に要素を追加
	void addLast(E *e*) 21	末尾に要素を追加
	E set(int *index*, E *e*)	*index*番目の要素を設定
	boolean remove(int *index*)	*index*番目の要素を削除
	boolean remove(Object *o*)	指定の要素を削除
	boolean removeAll(Collection<?> *c*)	コレクション内の要素をすべて削除
	E removeFirst() 21	最初の要素を削除
	E removeLast() 21	最後の要素を削除
	void removeRange(int *from*, int *to*)	*from*番目（含む）から*to*-1番目までの要素を削除
	boolean retainAll(Collection<?> *c*)	コレクション内の要素でないものをすべて削除
	void clear()	すべての要素を削除
検索	boolean contains(Object *o*)	指定の要素を含むか
	boolean containsAll(Collection<?> *c*)	指定の要素をすべて含むか
	int indexOf(Object *o*)	指定の要素の位置を検索
	int lastIndexOf(Object *o*)	指定の要素の位置を後ろから検索
	boolean isEmpty()	リストが空か
変換	Object clone()	すべての要素をコピー
	void sort(Comparator<? super E> *c*)	要素を並べ替え
	Object[] toArray()	要素を配列にコピー
	void trimToSize()	現在のサイズに縮小

これらのメソッドを利用した具体的なコードを、リスト6.13に示します。

▶リスト6.13　ListArray.java

```java
import java.util.ArrayList;
import java.util.Arrays;
import java.util.List;
...中略...
var list = new ArrayList<Integer>(List.of(10, 15, 30, 60));
var list2 = new ArrayList<Integer>(List.of(1, 5, 3, 6));
var list3 = new ArrayList<Integer>(List.of(1, 2, 3));

for (var i : list) {
  System.out.println(i / 5);
}    // 結果：2、3、6、12

System.out.println(list.size());            // 結果：4
System.out.println(list.get(0));            // 結果：10
System.out.println(list.contains(30));      // 結果：true
System.out.println(list.indexOf(30));       // 結果：2
System.out.println(list.lastIndexOf(30));   // 結果：2
System.out.println(list.isEmpty());         // 結果：false
System.out.println(list.remove(0));         // 結果：10
System.out.println(list);       // 結果：[15, 30, 60]

list.addAll(list2);
System.out.println(list);       // 結果：[15, 30, 60, 1, 5, 3, 6]

list.removeAll(list3);
System.out.println(list);       // 結果：[15, 30, 60, 5, 6]

list.set(0, 100);
var data = list.toArray();
System.out.println(Arrays.toString(data));  // 結果：[100, 30, 60, 5, 6]
```

6.2.2　LinkedList（二重リンクリスト）

LinkedListは、要素同士を双方向のリンクで参照する**二重リンクリスト**の実装です（図6.4）。

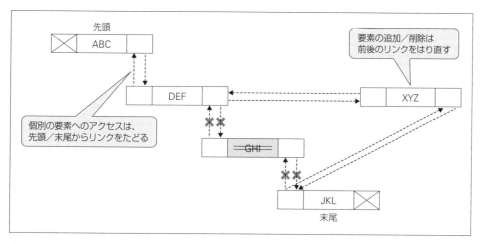

❖図6.4　LinkedList（二重リンクリスト）

　その性質上、インデックス値による要素の読み書きには不向きです。リンクをたどって、先頭（または末尾）から要素を順にたどっていかなければならないからです。理論上は、リストの先頭／末尾へのアクセスは高速で、中央に位置する要素へのアクセスは最も低速になります。

　一方、要素の挿入／削除は高速です。ArrayListとは異なり、挿入／削除にあたって要素の移動が不要で、前後リンクの付け替えだけで済むからです。ただし、一般的には、挿入／削除に先立って要素位置の検索が加わるはずなので、そちらのオーバーヘッドも考慮しなければなりません。

　以上のような性質から、一般的には、連続して要素の挿入／削除が発生する、あるいは、リストに順にアクセスしていくような用途が主となる場合にはLinkedListを、それ以外の――既存要素の取得や書き換えが主となる場合はArrayListを、という使い分けになるでしょう。

LinkedListの基本操作

　LinkedListクラスで利用できるメンバーは、ArrayListクラスで利用できるもの（表6.5）とほぼ同様です。ただし、LinkedListクラスの特性を考慮すれば、リスト先頭／末尾に値を出し入れするための、以下メンバーを利用する機会が多くなるはずです（そもそもこれらのメンバーはArrayListではJava 21以降でのみ利用できますが、LinkedListでは以前から利用可能です）。

❖表6.6　LinkedListクラスの主なメンバー

分類	メンバー	概要
取得	E getFirst()	先頭の要素を取得
	E getLast()	末尾の要素を取得
追加／削除	void addFirst(E e)	リストの先頭に要素を挿入
	void addLast(E e)	リストの末尾に要素を挿入
	E removeFirst()	先頭の要素を削除
	E removeLast()	末尾の要素を削除

これらのメソッドを利用した具体的なコードを、リスト6.14に示します。

▶リスト6.14　ListLinked.java

```java
import java.util.LinkedList;
import java.util.List;
...中略...
var list = new LinkedList<String>(List.of("うさぎ", "たつ", "へび"));
System.out.println(list);       // 結果：[うさぎ, たつ, へび]

list.addFirst("とら");
list.addLast("うま");
System.out.println(list);       // 結果：[とら, うさぎ, たつ, へび, うま]
System.out.println(list.getFirst());       // 結果：とら
System.out.println(list.getLast());        // 結果：うま
System.out.println(list.removeFirst());    // 結果：とら
System.out.println(list.removeLast());     // 結果：うま
System.out.println(list);                  // 結果：[うさぎ, たつ, へび]
```

練習問題　6.2

[1] 以下はリストを新規に作成して、その内容を更新したあと、一覧表示する例です（リスト6.A）。空欄を埋めて、コードを完成させてください。

▶リスト6.A　PList.java

```java
import java.util.ArrayList;
import java.util.List;
...中略...
var list = new ArrayList  ①  (List.of(10, 15, 30));
var list2 = new ArrayList  ①  (List.of(60 ,90));
list.  ②  (0);
list.set(1,   ③  );
list.addAll(  ④  , list2);
for (var   ⑤   : list) {
  System.out.println(i);
}     // 結果：15、20、60、90
```

6.3 セット

セットは、リストと違って要素の重複を許しません。数学における集合の概念に似ており、ある要素（群）がセットに含まれているか、他のセット（コレクション）との包含関係に関心があるような状況で、よく利用します（図6.5）。

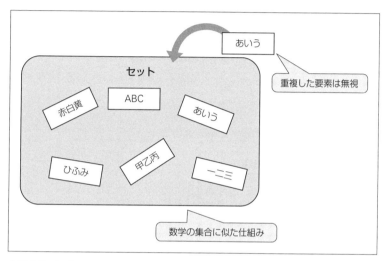

❖図6.5　セット

セットの主な実装クラスには、以下のようなものがあります。

- HashSet
- LinkedHashSet
- TreeSet

これらの実装は、いずれも内部的にはマップ（6.4節）のそれを利用しており、対応関係にもあります。よって、それぞれの使い分けもマップに沿います。詳しくはあとで改めます。

6.3.1　セットの基本操作

HashSetで用意されている主なメンバーには、表6.7のようなものがあります。

❖表6.7　HashSetクラスの主なメンバー

分類	メンバー	概要
取得	int size()	要素数を取得
追加／削除	boolean add(E e)	要素eを挿入
	boolean remove(Object o)	指定の要素を削除
	void clear()	すべての要素を削除
検索	boolean contains(Object o)	指定の要素を含むか
	boolean containsAll(Collection <?> c)	指定の要素をすべて含むか（サブセットであるか）
変換	Object clone()	すべての要素をコピー
集合	boolean isEmpty()	要素が空か
	boolean addAll(Collection <? extends E> c)	指定の要素がセットに含まれない場合、すべて追加（和集合）
	boolean removeAll(Collection<?> c)	指定の要素をすべて削除（差集合）
	boolean retainAll(Collection<?> c)	コレクション内の要素でないものをすべて削除（積集合）

集合関係のメソッドは、それぞれ図6.6のような関係を表します。

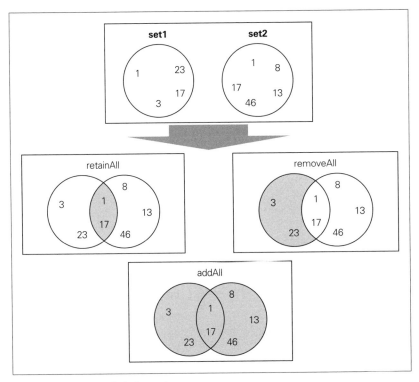

❖図6.6　Setクラスの集合系メソッド

これらのメソッドを利用した具体的なコードを、リスト6.15に示します。

```java
import java.util.Arrays;
import java.util.HashSet;
import java.util.List;
...中略...
var hs = new HashSet<Integer>(List.of(1, 20, 30, 10, 30, 60, 15));  ————————❶
var hs2 = new HashSet<Integer>(List.of(10 ,20 ,99));

System.out.println(hs);                        // 結果：[1, 20, 10, 60, 30, 15]
System.out.println(hs.size());                 // 結果：6
System.out.println(hs.isEmpty());              // 結果：false
System.out.println(hs.contains(1));            // 結果：true
System.out.println(hs.containsAll(hs2));       // 結果：false
System.out.println(hs.remove(1));              // 結果：true
System.out.println(hs);                        // 結果：[20, 10, 60, 30, 15]

hs.addAll(hs2);
System.out.println(hs);     // 結果：[99, 20, 10, 60, 30, 15]（和集合）

hs.retainAll(hs2);
System.out.println(hs);     // 結果：[99, 20, 10]（積集合）

var hs3 = new HashSet<Integer>(List.of(1, 10 , 20));
hs.removeAll(hs3);
System.out.println(hs);     // 結果：[99]（差集合）
```

　冒頭で触れたように、セットでは要素の重複を許しません。❶のように重複した値を挿入した場合には、重複分は無視されていることにも注目してください。

6.3.2　TreeSet（ソート済みセット）

　一切の並び順を管理しないHashSetクラスに対して、並び順を管理するTreeSetクラスもあります。TreeSetクラスでは、追加された要素が自動的にソートされる点を除けば、HashSetと同じ挙動をとります。

> *note*　並び順をカスタマイズする方法については6.4.2項で解説します。

TreeSetクラスではHashSetクラスで利用できるメンバーに加えて、表6.8のようなメンバーが用意されています。

❖表6.8　TreeSetクラスの主なメンバー

分類	メンバー	概要
取得	E ceiling(E *e*)	指定の要素以上の要素の中で最小のものを取得
	E higher(E *e*)	指定の要素より大きい要素の中で最小のものを取得
	E floor(E *e*)	指定の要素以下の要素の中で最大のものを取得
	E lower(E *e*)	指定の要素より小さい要素の中で最大のものを取得
	E first()	セット内の最初の要素を取得
	E last()	セット内の最後の要素を取得
サブセット	NavigableSet<E> headSet(　E *e* [,boolean *inclusive*])	指定の要素より小さい要素を取得（引数*inclusive*がtrueの場合は、等しいものも含む）
	SortedSet<E> subSet(　E *from*, E *to*)	*from*以上で*to*より小さい範囲の要素を取得（*from*と*to*が等しい場合は空の要素を返す）
	SortedSet<E> tailSet(　E *from* [, boolean *inclusive*])	指定の要素以上の要素を取得（引数*inclusive*がfalseの場合は、等しいものは除外）
	NavigableSet<E> descendingSet()	セット内の要素を逆順に並べ替え
	NavigableSet<E> reversed() **21**	セット内の要素を逆順に並べ替え（descendingSetと同じ）

具体的な例も見ておきましょう（リスト6.16）。TreeSetクラスが順番を持っていることから、大小の比較を前提とした様々なメソッドが提供されている点に注目です。

▶リスト6.16　SetTree.java

```java
import java.util.List;
import java.util.TreeSet;
...中略...
var ts = new TreeSet<Integer>(List.of(1, 20, 30, 10, 60, 15));
System.out.println(ts);                    // 結果:[1, 10, 15, 20, 30, 60]
System.out.println(ts.descendingSet());    // 結果:[60, 30, 20, 15, 10, 1]
System.out.println(ts.ceiling(15));        // 結果:15
System.out.println(ts.lower(15));          // 結果:10
System.out.println(ts.tailSet(15));        // 結果:[15, 20, 30, 60]
System.out.println(ts.headSet(30, true));  // 結果:[1, 10, 15, 20, 30]
```

練習問題　6.3

[1] リストとの違いに着目して、セットについて説明してください。また、セットの代表的な実装（クラス）を挙げて、その違いを説明してみましょう。

マップは、一意のキーと値のペアで管理されるデータ構造です（図6.7）。言語によっては、ディクショナリ（辞書）、ハッシュ、連想配列と呼ぶ場合もあります。

リストと異なり、個々の要素に対して、（インデックスではなく）キーという意味ある情報でアクセスできる点が、マップの特長です（キーには任意の参照型を利用できますが、まずは文字列を利用する機会が多いでしょう）。構造そのものが異なるため、唯一、Collectionインターフェイスを継承していないデータ構造でもあります。

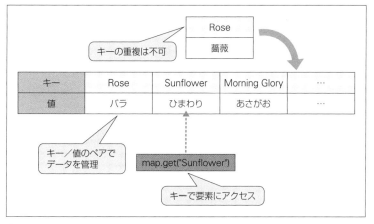

❖図6.7　マップ

マップの主な実装には、以下のようなものがあります。

- HashMap
- IdentityHashMap
- WeakHashMap
- LinkedHashMap
- TreeMap
- Hashtable

ただし、Hashtableはコレクションフレームワーク登場以前の古いクラスで、後方互換性を目的に残されています。現在では、積極的に利用する理由はありません（HashMapを優先して利用すべききです）。

以降では、それ以外の実装クラスについて詳細を見ていきます。マップの違いは、基本的にキー管理の違いです。以下でも、主にその点に着目して解説していきます。

6.4.1 HashMap（ハッシュ表）

最も基本的なマップの実装で、最もよく利用することになるでしょう。キーの順序は保証されないので、順番に意味のある操作には、TreeMapクラスを利用してください。

図6.8は、HashMapのデータ構造を表したものです。

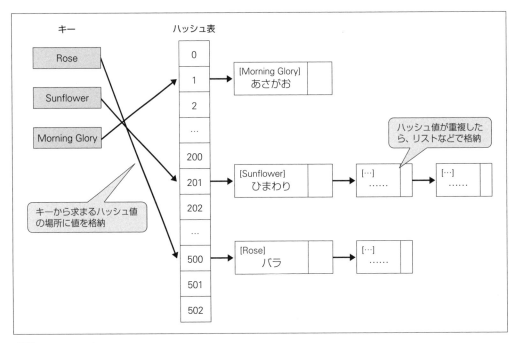

❖図6.8　HashMap

HashMapは、内部的にはハッシュ表（ハッシュテーブル）と呼ばれる配列を持ちます。要素を保存する際に、キーからハッシュ値を求めることで、ハッシュ表のどこに値（オブジェクト）を保存するかを決定します。

> note ハッシュ値は、オブジェクトの値をもとに算出した任意のint値です。オブジェクト同士が等しければハッシュ値も等しいという性質があります（ただし、ハッシュ値が等しくても、オブジェクトが必ずしも等しいとは限りません）。
> 具体的なハッシュ値の算出方法については、9.1.3項でも解説します。

しかし、ハッシュ値のすべてのパターンに対応するサイズのハッシュ表（int型の値範囲です）を
あらかじめ用意しておくのは現実的ではありません。よって、一般的には任意サイズのハッシュ表を
用意しておいて、ハッシュ値と表サイズのビット積（ハッシュ値を表サイズ未満の値に丸め）によっ
て格納先を決定します。

また、そもそもハッシュ値（あるいは対応するハッシュ表の格納先）は重複する可能性もありま
す。その場合、重複した値はリンクリスト、二分木（後述）などで管理します。

HashMap利用の注意点

以上のような性質から、HashMapを利用する場合には、以下の点に注意しなければなりません。

（1）hashCodeメソッドは適切に実装する

hashCodeメソッドは、オブジェクトのハッシュ値を求めるためのメソッドです。自作のクラスを
マップのキーとして利用するには、hashCodeメソッドを適切にオーバーライドしてください。具体
的には、以下の指針に沿います。

- 同じ値のオブジェクトは同じハッシュ値を返すこと
- 重複が発生しにくいよう、適切に分布していること

ハッシュ表では値の重複が発生すると、リンク／ツリーをたどらなければならない分だけキー検索
の効率が低下します。たとえば、無条件に固定値を返すようなhashCodeメソッドの実装は避けて
ください。

hashCodeメソッドの実装方法については、9.1.3項で改めて解説します。

（2）ハッシュ表のサイズを適切に設定する

同じ理由からハッシュ表のサイズも、格納すべき要素数に対して十分に大きくあるべきです。小さ
なハッシュ表では格納先が重複する可能性は高まりますし、要素数が一定サイズを超えた場合には、
ハッシュ表の再割り当ても発生します。ArrayListでも触れたように、配列の再割り当ては相応に
オーバーヘッドの大きな処理なので、あらかじめ追加すべき要素数が想定できている場合には、イン
スタンス化に際して、初期値を宣言しておくことをお勧めします。

構文 HashMapコンストラクター

```
public HashMap([int initial [, float load]])
```

```
initial ：初期容量（既定は16）
load    ：負荷係数（既定は0.75f）
```

■ 記述例

```
var data = new HashMap<String, String>(30, 0.8F);
```

初期容量（initial）は、まさにインスタンス化に際して確保される初期容量です。一般的には、こちらだけを設定すれば十分です。

というのも、負荷係数（load）は、ハッシュ表の再割り当てを行うための閾値（しきいち）を決める値です。たとえばHashMapでは、初期容量の既定が16、負荷係数が0.75fなので、要素数が$16 \times 0.75 = 12$を越えたところで、再割り当てが発生します。

負荷係数を上げることで、再割り当ての発生を抑制できますが、先ほど述べた理由から参照の効率は低下します。低くした場合には、頻繁に再割り当てが発生する可能性があります。既定の0.75fは、双方のバランスがとれた値です。

HashMapの基本操作

HashMapクラスで用意されている主なメンバーには、表6.9のようなものがあります。

❖表6.9　HashMapクラスの主なメソッド（Kはキー、Vは値の型）

分類	メンバー	概要
取得	V get(Object *key*)	指定のキーの値を取得
	V getOrDefault(Object *key*, V *default*)	指定のキーの値を取得（キーがない場合は、指定キーの既定値を取得）
	Set<Map.Entry<K,V>> entrySet()	すべての要素を取得
	Set<K> keySet()	すべてのキーを取得
	int size()	マップの要素数を取得
	Collection<V> values()	すべての値を取得
追加／削除	V put(K *key*, V *value*)	指定のキー／値の要素を追加
	V putIfAbsent(K *key*, V *value*)	指定のキーがなければ要素を追加
	void clear()	すべての要素をマップから削除
	boolean remove(Object *key* [,Object *value*])	指定のキー（キー／値）の要素を削除
検索	boolean containsKey(Object *key*)	指定のキーが含まれているか
	boolean containsValue(Object *value*)	指定の値が含まれているか
	boolean isEmpty()	マップの中身が空か
変換	Object clone()	すべての要素をコピー
	V replace(K *key*, V *value*)	指定のキーの値を*value*に置換
	boolean replace(K *key*, V *old*, V *new*)	指定のキー*key*／値*old*がある場合、その値を*new*に置換

これらのメソッドを利用した具体的なコードを、リスト6.17に示します。

```java
import java.util.HashMap;
import java.util.Map;
...中略...
var map = new HashMap<String, String>(Map.of("Rose", "バラ",
  "Sunflower", "ひまわり", "Morning Glory", "あさがお"));
System.out.println(map.containsKey("Rose"));       // 結果：true
System.out.println(map.containsValue("バラ"));       // 結果：true
System.out.println(map.isEmpty());                 // 結果：false

for (var key : map.keySet()) {
  System.out.println(key);        // 結果：Rose、Sunflower、Morning Glory
}

for (var value : map.values()) {
  System.out.println(value);      // 結果：バラ、ひまわり、あさがお
}
map.replace("Rose", "薔薇");
map.replace("Sunflower", "ひまわり", "向日葵");

for (var entry : map.entrySet()) {
  System.out.println(entry.getKey() + ":" + entry.getValue());
      // 結果：Rose:薔薇、Sunflower:向日葵、Morning Glory:あさがお
}
```

❶

❷

　本章冒頭でも触れたように、マップは**Collection**のサブインターフェイスではありません。よって、マップをそのまま拡張for命令に渡すことはできない点に注意してください。キー／値を列挙するには、**keySet**／**values**メソッドでキー／値のセットを取り出す必要があります（❶）。もしくは、**entrySet**メソッドで、マップエントリー（**Map.Entry**）のセットを取得してもかまいません（❷）。その場合は、エントリーからさらに**getKey**／**getValue**メソッド経由でキー／値にアクセスします。

補足 特殊なHashMap実装

　HashMapの亜型として**IdentityHashMap**／**WeakHashMap**クラスがあります。これらはいずれも**HashMap**の一種ですが、キー管理の方法が異なります。

　まず、**IdentityHashMap**クラスは、キーを同一性（Identity）で判定します。標準的な**HashMap**は同値性（Equivalence）——つまり、**equals**メソッドでキーを比較するのに対して、**Identity HashMap**クラスは**==**演算子で判定するわけです。

　簡単な例も見てみましょう。まずは標準的な**HashMap**の挙動からです（リスト6.18）。

```java
import java.util.HashMap;
...中略...
var key1 = Integer.valueOf(256);
var key2 = Integer.valueOf(256);

var data = new HashMap<Integer, String>() {  ──────────────── ❹
  {
    put(key1, "Hoge");  ──────────────────────── ❶
    put(key2, "Foo");  ───────────────────────── ❷
  }
};
System.out.println(data);      // 結果：{256=Foo}  ────────── ❸
```

　キーの値はkey1、key2ともに「256」なので、❶は❷によって上書きされて、❸の結果もキー／値「256／Foo」のエントリーが1つ登録されているだけとなります。

　しかし、マップ（❹）をIdentityHashMapクラスで置き換えるとどうでしょう。key1、key2はオブジェクト（参照）としては別ものなので、それぞれは異なるキーと見なされ、❸の結果も「{256=Foo, 256=Hoge}」のように変化します。

　もうひとつ、WeakHashMapクラスは、キーを**弱参照**によって管理するHashMapです。弱参照とは、現在のマップ以外でキーが参照されなくなると、そのままガベージコレクションの対象になるということです。標準的なHashMapは、いわゆる強参照で、マップ自体がキーを維持している限り、ガベージコレクションの対象にはなりません。

6.4.2　TreeMap（ソート済みマップ）

　HashMapクラスが順序を保証しないマップの実装であるのに対して、TreeMapはキーの順序を管理できるマップです。キーを**Red-Blackツリー**（赤黒木）で管理し、キーの大小（辞書順、数値の大小など）で並びを管理できるのが特徴です。Red-Blackツリーとは二分木の一種で、図6.9のような構造を持ちます。

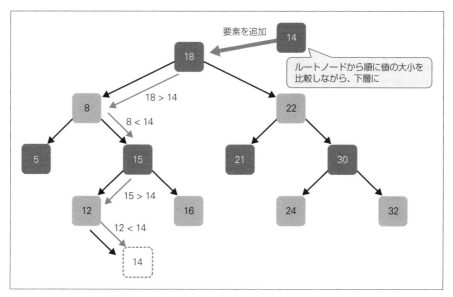

❖図6.9　Red-Blackツリー

それぞれの節点を**ノード**と呼び、1つのノードが持つ子ノードは最大でも2個です（子ノードが2個の親を持つこともありません）。ノード同士の大小関係が常に、

　　左の子ノード＜現在のノード＜右の子ノード

となるように配置されます。それ以上の上位（親）ノードを持たないノードをルートノード（根）と言います。根っこから徐々に広がっていく様子を模して、木（ツリー）構造と呼ばれるわけです。

　ツリーに新たなノードを追加する際にも、ルートノードから大小を比較しながらツリーを下っていきます。そして、最終的にノード間の大小関係を満たす箇所に追加するわけです。ノードを検索する場合の流れも同様です。

　具体的な例も見てみましょう。確かに、追加された順序に関わらず、**for**ループで列挙した結果が、キーについて辞書順に並んでいることが確認できます（リスト6.19）。

▶リスト6.19　MapTree.java

```java
import java.util.Map;
import java.util.TreeMap;
...中略...
var data = new TreeMap<String, String>(Map.of("Rose", "バラ",
    "Sunflower", "ひまわり", "Morning Glory", "あさがお"));
for (var key : data.keySet()) {
  System.out.println(key);
}
```

```
Morning Glory
Rose
Sunflower
```

キーの順序をカスタマイズ

TreeMapクラスは、既定でキーとなる型の自然順序（文字列ならば辞書順、数値ならば大小順）に従って、要素の並びを決定します。もしも標準の並び順を変更したい場合には、インスタンス化に際して、ラムダ式を渡すようにします。

 note 本項の理解には、ラムダ式の理解が前提となります。ここではコードの意図のみを説明しますので、10.1節でラムダ式を理解したあと、再度読み解くことをお勧めします。

たとえばリスト6.20は、文字列長によってキーを並べる例です。

▶リスト6.20　MapTreeSort.java

```java
import java.util.TreeMap;
...中略...
// ソート順を指定したTreeMap
var data = new TreeMap<String, String>(
  (x, y) -> x.length() - y.length()                                    ─❶
);
data.put("Rose", "バラ");
data.put("Sunflower", "ひまわり");;
data.put("Morning Glory", "あさがお");
System.out.println(data);
    // 結果：{Rose=バラ, Sunflower=ひまわり, Morning Glory=あさがお}
```

ラムダ式（❶）は、引数に渡されたx、yを比較して、

- x＜yの場合は負数
- x＝yの場合は0
- x＞yの場合は正数

を返します。TreeMapであれば、キーを順に引数x、yに渡していくことで、キーの大小を判定＆ソートします。

この例であれば、戻り値として文字列長の差を求めることで、文字列長によって順序を決定する、という意味になります（文字列 x が文字列 y よりも短い場合に負数を、長い場合には正数を返すからです）。

リスト 6.20 の例では文字列長について昇順で並びますが、「y.length() - x.length()」とすることで降順に並べることもできます。

> *note* ラムダ式を使わずに、匿名クラス（9.5.3 項）で以下のように表しても同じ意味です。
>
> ```java
> import java.util.Comparator;
> ...中略...
> var data = new TreeMap<String, String>(new Comparator<String>(){
>   @Override
>   public int compare(String x, String y) {
>     return x.length() - y.length();
>   }
> });
> ```

補足 配列／リストのソート

Arrays クラス、List インターフェイスの sort メソッドは、既定で配列／リストの内容を、要素の既定のルールによってソートします。しかし、引数にラムダ式を指定することで、ソート規則を独自のものに置き換えることもできます。

構文 sort メソッド（Arrays クラス）

```
public static <T> void sort(T[] a, Comparator<? super T> c)
```

a：ソート対象の配列
c：ソート規則

構文 sort メソッド（List インターフェイス）

```
public void sort(Comparator<? super E> c)
```

c：ソート規則

たとえばリスト 6.21 は、配列／リストをそれぞれ文字列長について昇順にソートする例です。

```java
import java.util.ArrayList;
import java.util.Arrays;
import java.util.List;
...中略...
// 配列をソート
var data = new String[] { "バラ", "ひまわり", "チューリップ", "さくら" };
Arrays.sort(data, (x, y) -> x.length() - y.length());
System.out.println(Arrays.toString(data));
    // 結果：[バラ, さくら, ひまわり, チューリップ]

// リストをソート
var list = new ArrayList<String>(List.of("バラ", "ひまわり", "チューリップ", ↵
"さくら"));
list.sort((x, y) -> x.length() - y.length());
System.out.println(list);
    // 結果：[バラ, さくら, ひまわり, チューリップ]
```

NavigableMapによるあいまい検索

　NavigableMapインターフェイスは、指定されたキーそのものではなく、そのキーに最も近いキーを取得するためのメソッドを提供します。NavigableMapを利用することで、順番を持ったマップ内でのあいまい検索が可能になります。

　表6.10は、NavigableMapの主なメンバーです。

❖表6.10　NavigableMapインターフェイスの主なメンバー（K：キーの型、V：値の型）

分類	メソッド	概要
取得	Map.Entry<K,V> ceilingEntry(K *key*)	指定のキーと等しいか大きいキーで最小のエントリーを取得
	K ceilingKey(K *key*)	指定のキーと等しいか大きいキーで最小のキーを取得
	Map.Entry<K,V> floorEntry(K *key*)	指定のキーと等しいか小さいキーで最大のエントリーを取得
	K floorKey(K *key*)	指定のキーと等しいか小さいキーで最大のキーを取得
	Map.Entry<K,V> higherEntry(K *key*)	指定のキーよりも大きいキーで最小のエントリーを取得
	K higherKey(K *key*)	指定のキーよりも大きいキーで最小のキーを取得
	Map.Entry<K,V> lowerEntry(K *key*)	指定のキーよりも小さいキーで最大のエントリーを取得
	K lowerKey(K *key*)	指定のキーよりも小さいキーで最大のキーを取得
	NavigableMap<K,V> headMap(K *toKey*, boolean *inclusive*)	指定のキーよりも小さいキーを持つサブマップを取得（引数*inclusive*がtrueの場合、キーと等しいものも含む）
	NavigableMap<K,V> tailMap(K *fromKey*, boolean *inclusive*)	指定のキーよりも大きいキーを持つサブマップを取得（引数*inclusive*がtrueの場合、キーと等しいものも含む）
	Map.Entry<K,V> firstEntry() `21`	最小のキーのキー／値を取得
	Map.Entry<K,V> lastEntry() `21`	最大のキーのキー／値を取得

分類	メソッド	概要
追加／削除	Map.Entry<K,V> pollFirstEntry() 21	最小のキーのキー／値を取得&削除
	Map.Entry<K,V> pollLastEntry() 21	最大のキーのキー／値を取得&削除
その他	SequencedSet<K> sequencedKeySet() 21	順序化されたキーのセットを取得
	SequencedCollection<V> sequencedValues() 21	順序化された値群を取得
	SequencedSet<Map.Entry<K, V>> sequencedEntrySet() 21	順序化されたキー／値のセットを取得

そして、TreeMapクラスは、NavigableMapインターフェイスの代表的な実装クラスです。リスト6.22は、簡単な単語帳をTreeMapで表したものです。指定されたキーに対して、近いものを提案します。

▶リスト6.22　MapNavigable.java

```java
import java.util.TreeMap;
...中略...
var data = new TreeMap<String, String>() {
  {
    put("peak", "高くなる");
    put("peach", "もも");
    put("peace", "1切れ");
    put("piece", "平和");
  }
};

var key = "pear";

if (data.containsKey(key)) {
  System.out.println(key + "は" + data.get(key) + "です。");
} else {
  System.out.print("検索中の単語は");
  System.out.print(data.lowerKey(key) + "または");
  System.out.print(data.higherKey(key));
  System.out.println("ですか？");
}
```

検索中の単語はpeakまたはpieceですか？

補足 リンクリストでキーを管理するLinkedHashMap

順番を管理できるマップ実装として、LinkedHashMapクラスもあります。こちらはリンクリストでキーの順序を管理します。

構文 LinkedHashMapコンストラクター

```
public LinkedHashMap([int initial [, float load [, boolean order]]])
```

initial：初期容量
load　：負荷係数
order　：順序付けルール（true：アクセス順、false：挿入順。既定はfalse）

リスト6.23に、具体的な例も示しておきます。

▶リスト6.23　MapHashLinked.java

```
import java.util.LinkedHashMap;
...中略...
var data = new LinkedHashMap<String, String>(10, 0.7f, true) {
  {
    put("aaa", "あいうえお");
    put("bbb", "かきくけこ");
    put("ccc", "さしすせそ");
    put("ddd", "たちつてと");
  }
};
System.out.println(data.get("ccc"));
System.out.println(data.get("aaa"));
System.out.println(data.get("bbb"));
System.out.println(data.get("ddd"));

System.out.println(data);                                        ①
```

以下は、太字の部分をtrue（上）、false（下）とした場合の①の結果です。

```
{ccc=さしすせそ, aaa=あいうえお, bbb=かきくけこ, ddd=たちつてと}

{aaa=あいうえお, bbb=かきくけこ, ccc=さしすせそ, ddd=たちつてと}
```

　リスト両端からの値の出し入れに特化したデータ構造、それがスタックとキューです（図6.10）。
　まず、**スタック**（Stack）とは、後入れ先出し（LIFO：Last In First Out）、または先入れ後出し（FILO：First In Last Out）とも呼ばれる構造のことです。たとえばアプリでよくあるUndo機能では、操作を履歴に保存し、最後に行った操作から取り出します。このような用途でのデータ操作にはスタックが適しています。
　一方の**キュー**（Queue）は、先入れ先出し（FIFO：First In First Out）と呼ばれるデータ構造です。最初に入った要素から順に処理する（取り出す）流れが、窓口などでサービスを待つ様子にも似ていることから、**待ち行列**とも呼ばれます。

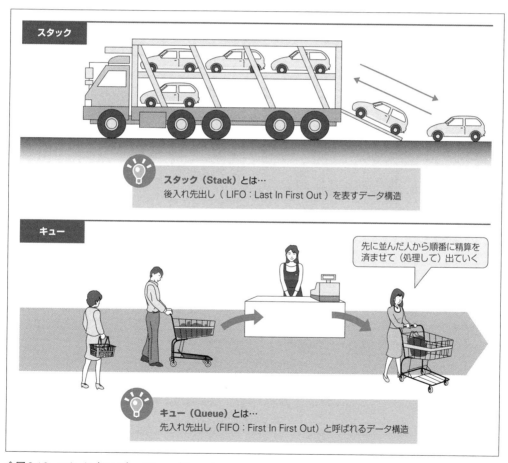

スタック

スタック（Stack）とは…
後入れ先出し（LIFO：Last In First Out）を表すデータ構造

キュー

先に並んだ人から順番に精算を
済ませて（処理して）出ていく

キュー（Queue）とは…
先入れ先出し（FIFO：First In First Out）と呼ばれるデータ構造

❖図6.10　スタック（Stack）／キュー（Queue）

Javaでは、これらのデータ構造を実現するためにDeque（デック）というインターフェイスを提供しています。Dequeは**両端キュー**とも呼ばれ、リストの先頭／末尾双方から要素を追加／削除できる構造です。Dequeを利用することで、スタック／キュー双方の構造を表現できます。

スタック／キューの主な実装クラスは、以下の通りです。

- ArrayDeque
- LinkedList
- Stack

LinkedListは6.2.2項で解説したので、ここではDequeの代表的な実装であるArrayDequeを解説します。Stackは、コレクションフレームワーク以前からあるクラスで、下位互換性のために残されているものです。現在では利用すべきではありません。ArrayDequeはキューとして利用する場合はLinkedListよりも高速で、スタックとして利用する場合にはStackよりも高速です。

6.5.1 ArrayDeque（両端キュー）

ArrayDequeの内部的な実装は**循環配列**です（図6.11）。循環配列とは、基本的には配列ですが、先頭から順に要素を格納するのではなく、配列内の任意の範囲（head番目からtail番目まで）に要素を格納しているのが特徴です。

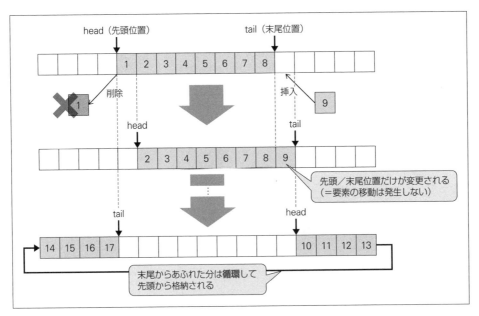

❖図6.11　循環配列

要素の挿入／削除によって、（要素そのものではなく）先頭／末尾位置だけを移動させていくわけです。要素の挿入によって末尾要素（tail）が配列の末尾を越えたら、配列先頭に循環するように要素を配置します。

このような構造を採用しているのは、キューでは配列の先頭から要素を削除しなければならないからです。配列では、先頭への挿入／削除は要素の移動を伴うため、低速です。しかし、循環配列であれば、先頭への追加／削除はそのまま現在のhead位置を移動させるだけで、要素の移動は伴いません。

ただし、あくまで操作が特殊というだけで実体は配列なので、サイズが不足した場合には、ArrayListなどと同じく、配列の再割り当てが発生します。

ArrayDequeの基本操作

ArrayDequeクラスで用意されている主なメンバーには、表6.11のようなものがあります。

❖表6.11　ArrayDequeクラスの主なメンバー

メンバー	概要
void addFirst(E e)	先頭に要素を追加（失敗時は例外をスロー）
void addLast(E e)	末尾に要素を追加（失敗時は例外をスロー）
boolean offerFirst(E e)	先頭に要素を追加（失敗時はfalse）
boolean offerLast(E e)	末尾に要素を追加（失敗時はfalse）
E removeFirst()	先頭から要素を削除（失敗時は例外をスロー）
E removeLast()	末尾の要素を削除（失敗時は例外をスロー）
E pollFirst()	先頭の要素を削除（失敗時はnull）
E pollLast()	末尾の要素を削除（失敗時はnull）
E getFirst()	先頭の要素を取得（失敗時は例外をスロー）
E getLast()	末尾の要素を取得（失敗時は例外をスロー）
E peekFirst()	先頭の要素を取得（失敗時はnull）
E peekLast()	末尾の要素を取得（失敗時はnull）

両端キューに対する操作は、まず先頭／末尾でxxxxxFirst／xxxxxLastメソッドに大別できます。さらに、それぞれのメソッドは操作の失敗時に例外をスローするか、false／nullを返すかで分類できます。たとえばremoveFirstメソッドは両端キューが空の場合はNoSuchElementException例外をスローしますが、pollFirstメソッドはnullを返します。異常時に、例外／戻り値いずれで後処理するかによって、双方を使い分けてください。

note 両端キューでは、削除が要素の取得も兼ねています（いわゆる「取り出す」イメージです）。要素を取得するが、削除はしない（確認だけする）用途では、getXxxx／peekXxxxxメソッドを利用します。

これらのメソッドを利用して、それぞれスタック／キュー操作を表してみます（リスト6.24）。

▶リスト6.24　DequeArray.java

```java
import java.util.ArrayDeque;
...中略...
// スタック（末尾から要素を追加し、取り出す）
var data = new ArrayDeque<Integer>();
data.addLast(10);
data.addLast(15);
data.addLast(30);

System.out.println(data);                  // 結果：[10, 15, 30]
System.out.println(data.removeLast());     // 結果：30
System.out.println(data);                  // 結果：[10, 15]

// キュー（末尾から要素を追加し、先頭から取り出す）
var data2 = new ArrayDeque<Integer>();
data2.addLast(10);
data2.addLast(15);
data2.addLast(30);

System.out.println(data2);                 // 結果：[10, 15, 30]
System.out.println(data2.removeFirst());   // 結果：10
System.out.println(data2);                 // 結果：[15, 30]
```

補足　QueueインターフェイスとStackクラス

Dequeは、Queueのサブインターフェイスなので、Queueで定義されたメソッドも利用できます（表6.12）。また、古いStackクラスで利用されていたメソッドも、Dequeでは利用可能です。それぞれの対応関係を示します（対応関係にあるものは、機能的にも完全に等価です）。

❖表6.12　Deque／Queue／Stackメソッドの対応関係（※は失敗時に例外をスロー）

Deque	Queue	Stack	概要
addFirst(e)	—	push(e)	先頭に要素を追加（※）
addLast(e)	add(e)	—	末尾に要素を追加（※）
offerLast(e)	offer(e)	—	末尾に要素を追加
pollFirst()	poll()	—	先頭から要素を取り出す
removeFirst()	remove()	pop()	先頭から要素を取り出す（※）
getFirst()	element()	—	先頭から要素を取得（※）
peekFirst()	peek()	peek()	先頭から要素を取得

☑ この章の理解度チェック

[1] 次の文章は、コレクションについて説明したものです。正しいものには○、誤っているものには×を付けてください。

( ) ArrayListへの挿入／削除は、位置に関わらずほぼ一定のスピードで可能である。
( ) LinkedListへの挿入／削除では要素前後のリンクの付け替えが発生するので、比較的低速である。
( ) HashSetは要素の重複を許さず、一意の値を一定の順序で保持する。
( ) HashMapは一意のキーと値のペアでデータを管理する。キーの並び順は保証されない。
( ) スタックは先入れ先出し、キューは後入れ先出しと呼ばれるデータ構造である。

[2] リスト6.Bはマップを初期化、操作した結果を出力するためのコードです。空欄を埋めて、コードを完成させてください。

▶リスト6.B　Practice2.java

```java
import java.util.HashMap;
...中略...
var map = new HashMap  ①  (Map.of("cucumber",
  "キュウリ", "lettuce", "レタス", "spinach", "ホウレンソウ")
);

map.put(  ②  );
map.  ③  ("spinach");
map.  ④  ("cucumber", "胡瓜");

for (var entry : map.entrySet()) {
  System.out.println(  ⑤  + ":" +   ⑥  );
}    // 結果：lettuce:レタス、cucumber:胡瓜、carrot:ニンジン
```

[3] リスト6.Cはリストを利用したコードですが、誤りが3点あります。これを指摘してください。

▶リスト6.C　Practice3.java

```java
import java.util.ArrayList;
import java.util.List;
...中略...
var list = new ArrayList(List.of(1, 2, 3, 4));
list.add(100);
list.set(2, 30);
list.remove(5);
for (String i : list) {
  System.out.println(i);
}    // 結果：1、2、30、100
```

Javaをより深く学ぶための参考書籍

本書は、プログラミング言語としてのJavaを基礎固めするための書籍です。主に、Javaの言語仕様を中心に解説しており、たとえば本格的なアプリを開発するために欠かせないフレームワークについては、ほとんど触れていません。本書でJavaの基礎を理解できたと思ったならば、以下のような書籍も合わせて参照することでより知識を拡げ、深められるでしょう。

Java言語で学ぶデザインパターン入門 第3版（SBクリエイティブ）／
Head Firstデザインパターン 第2版（オライリージャパン）

Javaに限らず、プログラミング言語を学ぶうえで、デザインパターンの理解は欠かせません。本書でも、ごく代表的なパターンについて扱っていますが、体系的に見渡すならば、上記のような書籍で入門することをお勧めします。

速習Spring Boot（Amazon Kindle）
https://wings.msn.to/index.php/-/A-03/WGS-JVF-001/

Java環境で動作するアプリケーションフレームワークSpring Bootを学ぶための書籍です。Spring Framework（MVC）を中心に、サーバーサイドアプリ開発の基本を解説します。コンソールの世界から一歩進んで、Webアプリ開発に取り組んでみたいという人にお勧めです。

独習JSP＆サーブレット 第3版（翔泳社）

Java標準（Jakarta EE）のサーバーサイド技術であるJSP（JavaServer Pages）／サーブレットを学ぶための書籍です。原始的なHTTPの世界からJDBCによるデータベース接続の基本までを学びます。フレームワークに依らず、サーバーサイド開発の基本的な概念を理解したいという人にお勧めです。

TECHNICAL MASTER はじめてのAndroidアプリ開発 Java編／
TECHNICAL MASTER はじめてのAndroidアプリ開発 Kotlin編（秀和システム）

Javaを利用したAndroidアプリ開発のための書籍。Androidフレームワークの基礎を、ビュー開発からデータ管理、ハードウェア活用まで押さえた入門書です。Java言語の基本を修めた後、アプリ開発にステップアップしたいという人にお勧めです。

Java編だけでなく、AltJava言語（＝Java言語の代替）とも言うべきKotlin編もあります。

速習Kotlin（Amazon Kindle）
https://wings.msn.to/index.php/-/A-03/WGS-JVB-001/

Kotlinは、いわゆるAltJava言語とも言える言語で、Androidアプリ開発で、Javaと並んで標準採用されています。Java仮想マシン上で動作し、Java言語とも親和性があることから、今後の一層の普及が期待できます。Androidアプリ開発に臨むならば、知っておいて損はないでしょう。

オブジェクト指向構文
──基本

Chapter **7**

1.3.2項で触れたように、Javaアプリ（プログラム）の基本はクラスです。クラスとはアプリの中で特定の機能を担う意味を持ったかたまりであり、Javaアプリとは、これらクラスの集合と言ってもよいでしょう。これまでのサンプルでも、意識するとせざるとクラス（class）は何度も目にしてきたものです。

　Javaを理解するうえで、クラスを中心とするオブジェクト指向構文の理解は欠かすことができません。そこで本書でも、本章でクラスの基本的な構成要素を学んだあと、次の第8章でカプセル化／継承／ポリモーフィズムなどオブジェクト指向的な概念を、そして、第9章ではその他の付随する概念について、順に学んでいきます。

7.1　クラスの定義

　まずは、クラスそのものの定義からです。これまでのサンプルでもクラス定義は散々登場してきましたが、ここで基本的な構文を再確認します。

　新たにクラスを定義するのは、class命令の役割です。

構文 class命令

```
[修飾子] class クラス名 {
  ...クラス本体...
}
```

　まずは、構文的に最小限のクラスを定義します（リスト7.1）。

▶リスト7.1　Person.java

```
public class Person {
}
```

　中身を持たないので、実質的な意味はありませんが、押さえるべきポイントは様々です。以下から、順に見ていくことにしましょう。

7.1.1　クラス名

　クラスに対して適切な名前を付けるということは、コードの可読性／保守性という観点からも重要なポイントです。というのも、クラスの名前はコードの中だけでなく、クラス図やファイル名としてもよく目にするものだからです。クラス図（class diagram）とは、クラス配下のメンバー、クラス

同士の関係を表す図のことです（図7.1）。

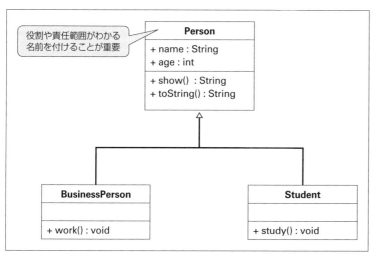

❖図7.1　クラス図の例

　名前によってクラスの役割や責任範囲が表現できていれば、クラス図によって、クラス同士の関係や役割分担が適切か、矛盾が生じていないかを、直観的に把握できます。目的のコードを素早く発見できるというメリットもあるでしょう。

　以下に、クラスを命名するうえでの留意しておきたいポイントをまとめておきます。

Pascal記法で統一

　すべての単語の頭文字を大文字で表す記法です（Upper CamelCase（UCC）記法とも言います）。たとえば`LocalDateTime`、`InputStream`、`FileReader`のように命名します。

　アンダースコア（_）、マルチバイト文字なども文法上は利用できますが、まずは利用すべきではありません。

目的に応じて接頭辞／接尾辞を付ける

　構文規則ではありませんが、慣例的な命名に従うことで、より大きなくくりの中でのクラスの位置づけが明確になります。具体的には、表7.1のような接頭辞／接尾辞がよく使われます。

❖表7.1　よく利用される接頭辞／接尾辞

接頭辞／接尾辞	概要
AbstractXxxxx	抽象クラス（8.3.2項）
XxxxxException	例外クラス（9.2.4項）
XxxxxFormatter	フォーマッター（5.4.4項）
XxxxxLogger	ログクラス
XxxxxTest	テストクラス

扱う対象／機能を端的に表す単語を選ぶ

クラスが扱っている対象、あるいは機能を明確に表すような単語を利用します。一概には言えないにせよ、以下のような点に留意しておくとよいでしょう。

（1）名前は英単語で、かつ、フルスペルで表記

「Namae」（ローマ字）、「Psn」（Personの独自な省略）などは不可です。ただし、「Temporary→Temp」「Identifier→Id」のように、略語が広く認知されているもの、あるいは、開発プロジェクトでなにかしら決められているものは、その限りではありません。

（2）下位クラスはより具体的に

クラスが継承関係（8.2節）にある場合には、上位のクラスよりも下位のクラスがより対象を限定した名前であるべきです。たとえばReaderクラス（5.5節）の派生クラスとしてFileReader／BufferedReader／PipedReaderなどは、よき命名の見本です。

（3）連番、コードなどの接頭辞は極力避ける

名前の前後に連番／コードを付けるのは避けるべきです（たとえば特定の画面にひもづいたクラスには、画面コードを付与したくなることはよくあります）。やむを得ず、そうした命名をとる場合にも、接頭辞そのものは3〜5文字程度にとどめ、名前の視認性を維持する（＝本来の名前が埋没しない）ことに努めてください。

7.1.2　修飾子

修飾子とは、クラスやそのメンバーの性質を決めるキーワードのことです。たとえばリスト7.1で利用しているpublicは「クラス／メンバーがどこからでもアクセスできる」ことを意味する修飾子です。

指定できる修飾子は、クラス、フィールド／メソッドなど、付与する対象によって異なります。表7.2は、class命令で利用できる修飾子です。

❖表7.2　class命令で利用できる主な修飾子

修飾子	概要
public	すべてのクラスからアクセス可能
final	継承を許可しない（8.2.6項）
abstract	抽象クラス（8.3.2項）
sealed／non-sealed	シールクラス（8.2.7項）
strictfp	浮動小数点数を環境に依存しない方法で演算

note 正しくは、トップレベル（＝{...}でくくられていない）で定義したclass命令で利用できる修飾子です。class命令は、class{...}、またはメソッドの配下でも定義できます。これらのクラスで利用できる修飾子については、改めます。

　抽象クラス／継承、シールクラスについては該当の項に譲るとして、以下では残るpublic／strictfpについてのみ補足しておきます。

public修飾子

　本項冒頭でも触れたように、「現在のクラスがすべてのクラスからアクセスできる」ことを意味する修飾子で、**アクセス修飾子**とも呼ばれます。

　アクセス修飾子には、他にもprotected、privateなどがありますが、クラスで指定できるのはpublicだけです。アクセス修飾子が指定されなかった場合、同じパッケージ（7.8節）からのアクセスだけを許可します（これを**パッケージプライベート**と呼びます）。

 note 1.3.2項では、「クラス単位に同名のファイルを作成する」と説明しましたが、正しくは「publicなクラス単位に」です。public修飾子が付与されていないクラスであれば、複数のクラスを1つのファイルにまとめてもかまいません。

strictfp修飾子

　浮動小数点数をプラットフォームに依存しない方法で演算するための修飾子です。

　一般的に、浮動小数点数の演算は重い処理であり、Javaでは既定で、これをCPUに委ねます。このため、32bit、64bitという環境の違いによって、演算結果に差異が出る場合があります。

　しかし、strictfp演算子を付与することで、配下の浮動小数点数は常にIEEE 754と呼ばれる規格（ルール）で厳密に処理されるようになります。この結果、環境によらず、常に同一の結果を期待できます。

　ただし、ここで誤解してはならないのは、strictfpはあくまで環境の差を吸収するためだけの修飾子で、浮動小数点数そのものの誤差をなくすものではありません（誤差の範囲が同等になるだけです）。そこまで厳密な結果を求めるのであれば、BigDecimalクラスを利用することを検討してください。

 note ただし、Java 17以降では浮動小数点数が常に厳密に演算されるようになったため、明示的にstrictfp修飾子を付与する必要は**なくなり**ました。これは浮動小数点数演算をより小さなオーバーヘッドで処理するSSE2（Streaming SIMD Extensions 2）が、主要なプロセッサーで普及したためです。非厳密な演算をあえて採用する意味が弱くなったのです。
現時点でもstrictfp修飾子を付与しても間違いではありませんが、「Floating-point expressions are always strictly evaluated from source level 17. Keyword 'strictfp' is not required」のような警告が発生します。

オブジェクト指向構文──基本

7.1.3 メンバーの記述順

class{...}には、フィールド／メソッドといった要素（メンバー）を任意の順序で記述できます。ただし、コードの可読性を維持するには、同じ要素はまとめ、順序も統一しておくことをお勧めします。図7.2は、その例です。

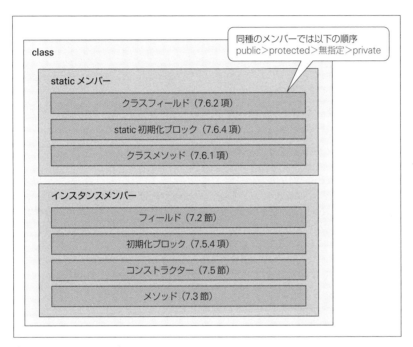

❖図7.2　メンバーの記述順

もちろん、この順序は絶対というものではありません。たとえば開発プロジェクトとして、なんらかの規約が存在する場合には、そちらを優先してください。

7.2 フィールド

もっとも、リスト7.1のコードは文法的には正しいとしても、実質的にクラスとしての意味はありません。そこで、ここからはクラスという器に様々な要素（メンバー）を追加していきましょう。

まずは、フィールドからです。**フィールド**は、class {...}の直下で定義された変数。**メンバー変数**とも呼ばれ、クラスで管理すべき情報を表します。

フィールドの構文は、変数の構文（2.1.1項）とほぼ同じですが、「先頭に修飾子を付与できる」「varキーワードは利用できない」などの点が異なります。

```
[修飾子] データ型 フィールド名 [= 値]
```

たとえばリスト7.2は、Personクラスの配下でString型のname、int型のageフィールドを定義する例です。

▶リスト7.2　Person.java（chap07.fieldパッケージ）

```java
public class Person {
  public String name;
  public int age;
}
```

フィールドの命名規則は、変数の命名規則に従います。なるべく内容を類推できる具体的な名前を付けるべきという点も同じです。ただし、クラス名と重複するのは冗長です。たとえば、この例であれば、personNameという名前はやりすぎです。単にnameだけで、「Personの〜」であることは自明であるからです。

このように定義されたフィールドには、ドット演算子（.）を使ってアクセスできます（リスト7.3）。

▶リスト7.3　FieldBasic.java（chap07.fieldパッケージ）

```java
var p1 = new Person();
p1.name = "山田太郎";
p1.age = 30;

var p2 = new Person();
p2.name = "鈴木花子";
p2.age = 25;

System.out.printf("%s（%d歳）\n", p1.name, p1.age);   // 結果：山田太郎（30歳）
System.out.printf("%s（%d歳）\n", p2.name, p2.age);   // 結果：鈴木花子（25歳）
```

new演算子によってインスタンス化されたオブジェクトは、それぞれ独立した実体を持ちます。当然、配下のフィールド値も互いに別ものである点を改めて確認してください。

7.2.1　修飾子

フィールドでは、表7.3のような修飾子を利用できます。これまでに登場していないものもありますが、関連する項で順に解説していきます。

❖表7.3　フィールドで利用できる主な修飾子

修飾子	概要
public	すべてのクラスからアクセス可能
protected	現在のクラスと派生クラス、同じパッケージのクラスからのみアクセス可能
private	現在のクラスからのみアクセス可能
static	クラスフィールドを宣言（7.6.2項）
final	再代入を禁止（8.1.4項）
transient	シリアライズの対象から除外（5.5.4項）
volatile	値のキャッシュを抑制（11.1.2項）

　アクセス修飾子（public、protectedなど）を省略した場合、パッケージプライベート —— 同じパッケージのクラスからのみアクセスが可能となります。

　本節では説明の便宜上、publicなフィールドを宣言していますが、一般的には、privateフィールドを基本としてください。クラス内部へのアクセスを限定することで、クラスを利用する側は内部的なデータの持ち方（＝具体的な実装）を意識することなく、クラスを利用できるからです。詳しくは8.2.2項で解説します。

7.2.2　既定値

　メソッドの中で宣言された変数（ローカル変数）と、フィールドとで異なる点が、もう一点あります。それは、ローカル変数が既定値を持たないのに対して、フィールドにはあるという点です。既定値は、フィールドのデータ型によって決まります（表7.4）。

❖表7.4　フィールドの既定値

データ型	既定値
boolean	false
byte、short、int、long	0
float、double	0.0
char	\u0000
参照型	null

　よって、フィールドの既定値がその型の既定値そのままである場合には、値を初期化しなくてもかまいません。ただし、既定値に頼ったコードは、可読性の観点からは好ましくありません。

　また、ローカル変数であれば明示的に初期化する、フィールドであれば初期値を略記するなどと、書き分けるくらいならば、すべての変数は初期化する、と考えたほうが明快です。

note　しかし、既定値があるものを同じ値で上書きするのは無駄である、という考え方もあります（ほんのわずかではありますが、非効率です）。どちらが絶対に正しいというものではないでしょう。

メソッドは、クラスの動作／処理、振る舞いを表すための要素です。主に、クラスで管理されているデータ（フィールド）の値を操作するための役割を担います。これまでのサンプルでは、ほとんどのコードをmainメソッドの配下で記述してきましたが、これはアプリの入り口（エントリーポイント）となる特殊なメソッドで、アプリを起動する際に自動的に呼び出されていました。これに対して、一般的なメソッドは、他のメソッドから呼び出されることで実行されます。

以下は、メソッド定義の一般的な構文です（throws句については例外処理に関わるので、9.2.5項で解説します）。

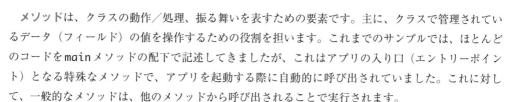

構文 メソッドの定義

```
[修飾子] 戻り値の型 メソッド名([引数の型 引数,...]) [throws句] {
  ...メソッドの本体...
}
```

リスト7.4では、Personクラスにname／ageフィールドを表示するshowメソッドを追加してみましょう。

▶リスト7.4　Person.java（chap07.methodパッケージ）

```java
public class Person {
  public String name;
  public int age;

  public String show() {
    return String.format("%s （%d歳） です。", this.name, this.age);
  }
}
```

定義されたshowメソッドには、リスト7.5のようにドット演算子（.）でアクセスできます。

▶リスト7.5　MethodBasic.java（chap07.methodパッケージ）

```java
var p = new Person();
p.name = "山田太郎";
p.age = 30;
System.out.println(p.show());      // 結果：山田太郎（30歳）です。
```

最低限の動作を確認できたところで、ここからは構文の細部を詳しく見ていきます。

7.3.1　メソッド名

識別子の命名ルールに従うのは、これまでと同じです。show、toString、lastIndexOfのようなcamelCase形式で表します。

加えて、構文規則ではありませんが、メソッドとしての役割を把握できるような命名を意識してください。具体的には、addElementのように「動詞＋名詞」の形式で命名することをお勧めします。

特に、動詞は慣例的によく利用されるものは限られます（表7.5）。慣例に従うことで、名前の意味を共有しやすくなるでしょう。また、add／removeのように反義語の関係にあるものは、対となるよう対応関係を意識してメソッドを準備することで、必要な機能を過不足なく準備できます。

❖表7.5　メソッド名でよく利用する動詞

動詞	役割	動詞	役割
add	追加	remove／delete	削除
get	取得	set	設定
insert	挿入	replace	置換
begin	開始	end	終了
start	開始	stop	終了
open	開く	close	閉じる
read	読み込み	write	書き込み
send	送信	receive	受信
create	生成	initialize、init	初期化
is	～であるか	can	～できるか

その他、checkAndInsertElementのような、複数動詞の連結も一般的には避けるべきです。保守性／再利用性、テスト容易性などの観点からも、メソッドの役割は1つに限定すべきだからです。この例であれば、check（値検証）なのかinsert（挿入）なのかを絞るべきです。

当然、本来の役割とかけ離れた名前は論外です。たとえばcheckElementという名前からは、なんらかのチェック機能を期待されます。その実、中では要素を追加／削除するなどしていたら、利用者の混乱は避けられません。

名は体を表す——メソッドに限らず、すべての識別子を命名する場合の基本です。

7.3.2　実引数と仮引数

引数とは、メソッドの中で参照可能な変数のこと。メソッドを呼び出す際に、呼び出し側からメソッドに値を引き渡すために利用します。より細かく、呼び出し元から渡される値のことを**実引数**、受け取り側の変数のことを**仮引数**と、区別して呼ぶ場合もあります（図7.3）。

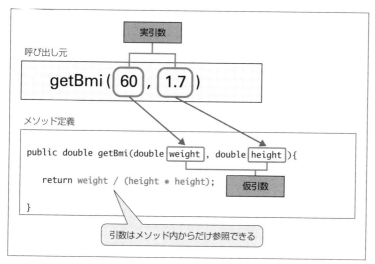

❖図7.3　実引数と仮引数

note スコープ（7.4節）の観点から見たとき、仮引数とはローカル変数です。つまり、メソッドの中でのみアクセスが可能です。

　引数の個数の上限は255個で、現実的な用途では無制限と考えてよいでしょう。ただし、把握のしやすさを考えれば、5〜7個程度が実質的な上限です。それ以上になる場合は、関連する引数をクラスにまとめることを検討してください（図7.4）。

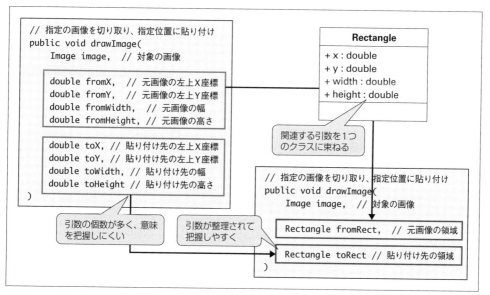

❖図7.4　関連する引数をまとめるには?

引数の並び順

また、引数の並び順は、直観的なメソッドの使い勝手という意味でも重要です。以下の点に留意してみてください。

（1）重要なものから順番に

メソッドの挙動に深く関わるものを先に記述します。一般的には、アプリ固有のオブジェクト（ビジネスオブジェクト）は、そうでないオブジェクトよりも重要です。また、慣例的にアプリの状態を管理するコンテキストオブジェクトは先頭に配置します。

> *note* Android環境であればContext（または、その派生クラスであるActivity）、サーブレット環境であればServletContextが、コンテキストオブジェクトです。

（2）順序に一貫性を持たせる

クラス内部はもちろん、アプリ（ライブラリ）として、引数の並び順には一貫性があるべきです。たとえばあるメソッドではwidth→heightの順序であるのに、別のメソッドではheight→widthであるのは混乱の元です。特に、read／write、get／setのように対称関係にあるメソッドではなおさらでしょう。

同じ理由から、同じ意味／役割を持つ引数は名前も等しくします。

（3）関連する引数は近接させる

たとえばwidth（幅）とheight（高さ）、x（X座標）とy（Y座標）のように、意味的に関連する引数は隣接させます。その際、prefecture（都道府県）、city（市町村）、address（番地）のように順序があるものは、引数の並びもそれに従ってください。

ただし、このとき、同じ型の引数が隣接するのは望ましくありません（矛盾するように感じるかもしれませんが）。引数の順序に誤りがあった場合にも、コンパイラーが型で誤りを判定できないためです。その場合には、（引数の個数にもよりますが）図7.4のように関連する引数をクラスとしてまとめることも検討してください。

7.3.3 戻り値

引数がメソッドの入り口であるとするならば、**戻り値（返り値）**はメソッドの出口 —— メソッドが処理した結果を表します。戻り値はreturn命令によって表します。

構文 return命令

```
return 戻り値
```

return命令はメソッドの任意の位置に記述できますが、return以降の命令は実行されない点に注意してください。一般的には、return命令はメソッドの末尾で、もしくはメソッドの途中で呼び出す場合には、if／switchなどの条件分岐構文とセットで利用します。

　戻り値がない（＝呼び出し元に値を返さない）メソッドでは、return命令は省略してもかまいません。その場合、メソッド定義の「戻り値の型」には、特別な型としてvoidを指定します（リスト7.6）。

▶リスト7.6　Person.java（chap07.method2パッケージ）

```
public void show() {
  System.out.printf("%s （%d歳）です。\n", this.name, this.age);
}
```

※動作を確認するには、配布サンプルのMethodVoid.javaを実行してください。

　さらに、return命令は、メソッドの処理を中断する場合にも利用できます。戻り値を持たない（voidな）メソッドの場合、ただ「return;」とすることで、戻り値を返さず、ただ処理を終了しなさい（＝呼び出し元に処理を返しなさい）という意味になります。

```
public void show() {
  System.out.printf("%s （%d歳）です。\n", this.name, this.age);
  return;
}
```

　戻り値の型がvoidの場合は、「return null;」のような表記も含めて、戻り値を伴うreturnは不可です。

7.3.4　修飾子

　メソッドでは、表7.6のような修飾子を指定できます。まだ登場していない用語もありますが、詳細は関連する項で解説します。

❖表7.6　メソッドで利用できる主な修飾子

修飾子	概要
public	すべてのクラスからアクセス可能
protected	現在のクラスと派生クラス、同じパッケージのクラスからのみアクセス可能
private	現在のクラスからのみアクセス可能
static	クラスメソッドを宣言（7.6.1項）
abstract	抽象メソッドを宣言（8.3.2項）
final	オーバーライドできないようにする（8.2.6項）
synchronized	1つのスレッドからのみアクセス可能（11.1.2項）
strictfp	浮動小数点数を環境に依存しない方法で演算（7.1.2項）
native	Java以外の言語で記述されたメソッド

アクセス修飾子を省略した場合には、フィールドの場合と同じく、パッケージプライベート（＝現在のパッケージ内部からのみアクセス可能）の扱いとなります。

native修飾子は、そのメソッドがネイティブメソッドである（＝C/C++などの言語で実装されている）ことを意味します。コードの本体も別の場所で書かれているので、本体ブロックを表す{...}もありません。

```
public final native void notify();
```

主に、Java単体では十分なパフォーマンスを得られない状況で利用しますが、近年では、Javaの処理速度も改善しており、あえてネイティブメソッドに頼らなければならない状況は減っています。その他にも、ネイティブコードには、以下のようなデメリットがあります。

- Javaとネイティブコードとの間には境界越えのオーバーヘッドが存在する
- アーキテクチャそれぞれに対して、複数のバージョンが必要になる場合がある（＝可搬性を損なう）
- ネイティブなリソースの管理は、統一されたJavaのそれよりも煩雑

以上のような理由からも、ネイティブコードによるパフォーマンスのチューニングは、最後の手段と考えるべきです。具体的な実装方法については『JNI:Java Native Interfaceプログラミング』（ピアソン・エデュケーション）などの専門書を参照してください。

修飾子の記述順

構文規則としては、修飾子は任意の順序で記述できます。しかし、コードの可読性を考慮するならば、一定の順序に沿うのが望ましいでしょう。本書では、Javaの言語仕様にならって、以下の順序で記述します。

- public
- protected
- private
- abstract
- static
- final
- transient
- volatile
- synchronized
- native
- strictfp

7.3.5 thisキーワード

thisは、メソッドなどの配下で暗黙的に（＝宣言しなくても）利用できる特別な変数で、現在のオブジェクトを表します。リスト7.4（p.299）の例であれば、以下のコードで現在のオブジェクトに属するname／ageフィールドを参照しています。

```
return String.format("%s（%d歳）です。", this.name, this.age);
```

以下のようにメソッドの参照にも利用できます。

```
this.myMethod(...);
```

ただし、いずれの場合も「this.」は必須ではありません。上記の例は、それぞれ以下のように書いても正しいコードです。

```
return String.format("%s（%d歳）です。", name, age);
myMethod(...);
```

で、結局、フィールド／メソッドを参照する際にthisを付けるかどうか、ですが、本書ではフィールドを参照する場合にだけ付与します。

フィールドには、同名のローカル変数によって隠されてしまう状況があります（7.4.2項）。これを区別するには、thisを付けなければならないからです。ローカル変数の有無によって、thisを付けるかどうかを決めるのはかえって煩雑なので、すべてのフィールドにはthisを明記します。

一方、メソッドではこうした隠蔽はないので、本書ではシンプルにthisは付けずに表記します（もちろん、現在のオブジェクトに属することを明らかにするために、付けてもかまいません）。

7.3.6 メソッドのオーバーロード

同じクラスに同名のフィールドが存在することは許されません（データ型が異なっていても不可です）。しかし、同じ名前のメソッドは

- 引数の個数
- 引数のデータ型

が異なっている場合に限って許容されます。フィールドが名前だけで識別されるのに対して、メソッドは「名前、引数の型／並び」のセットで識別されるからです。

note 名前、引数の型／並びからなるメソッドの識別情報のことを**シグニチャ**と言います。たとえば、「int indexOf(String str, int index)」というメソッドがあった場合、そのシグニチャは「indexOf(String, int)」です。戻り値の型と仮引数名は消えている点に注目してください。

そして、名前は同じで、引数の型／並びだけが異なるメソッドを複数定義することを、メソッドの**オーバーロード**と言います。たとえば、以下はいずれも正しいメソッドのオーバーロードです。

```
public static int abs(int a)
public static float abs(float a)              ➡引数の型が異なる
-----------------------------------------------------------------
public int indexOf(String str)
public int indexOf(String str, int index)     ➡引数の個数が異なる
```

ただし、以下のようなコードはコンパイルエラーです。メソッドのシグニチャに含まれるのは、名前と引数の型／並びであって、戻り値の型は含まれ**ない**からです。

```
public int indexOf(string value)
public double indexOf(string value)           ➡×戻り値の型だけが異なる
```

同じく、引数の名前だけが異なるオーバーロードも不可です。

```
public int indexOf(string value)
public int indexOf(string str)                ➡×引数の名前だけが異なる
```

例 省略可能なパラメーター

オーバーロードの具体的な用途として、ここでは引数の既定値を挙げておきます。たとえばリスト7.7は、Stringクラスのsplitメソッド（5.2.8項）のコードです。

▶リスト7.7　String.java

```
public String[] split(String regex, int limit) {  ─────────┐
  ...中略（50行程度）...                                      │
  return Pattern.compile(regex).split(this, limit);         │──❶
}  ─────────────────────────────────────────────────────────┘

public String[] split(String regex) {  ───────────┐
  return split(regex, 0);                          │──❷
}  ────────────────────────────────────────────────┘
```

❶は、指定された回数だけ分割を試みます。❷は引数limitを省略したオーバーロードで、文字列全体を無条件に分割します。

ただし、このようなメソッドで50行以上のコードを、オーバーロードの数だけ重複して持つのは無駄です。そこで、片方のオーバーロードでは引数の既定値だけを用意して、大本となるオーバーロードを呼び出すのが一般的です。

上の例であれば、太字部分のコードです。引数limitの既定値（ここでは0）を準備して、split(String *regex*, int *limit*)メソッドを呼び出しています。

オーバーロードの注意点

本項冒頭でも触れたように、メソッドのシグニチャは「メソッド名と引数の型／並び」によって区別されます。ただし、現実的な利用においては、引数の個数が同じ（＝型だけが異なる）オーバーロードは避けるべきです。

> *note* 本項の理解には、変数型の理解が前提となります。ここではコードの意図のみを説明しますので、8.2.8項で変数型を理解したあと、再度読み解くことをお勧めします。

たとえばリスト7.8の例を見てみましょう。

▶リスト7.8　上：OverloadAnti.java／下：OverloadAntiClient.java（chap07.method パッケージ）

```java
public class OverloadAnti {
  public void show(String value) {
    System.out.println("String: " + value);
  }

  public void show(StringBuilder builder) {
    System.out.println("StringBuilder：" + builder);
  }

  public void show(StringBuffer buf) {
    System.out.println("StringBuffer：" + buf);
  }

  public void show(CharSequence cs) {                          ┐
    System.out.println("CharSequence：" + cs);                 │ ──❷
  }                                                            ┘
}
```

```java
var c = new OverloadAnti();
var list = new CharSequence[] {          ┐
  "春はあけぼの",                          │
  new StringBuilder("夏は夜"),            │ ──❶
  new StringBuffer("秋は夕暮れ"),          │
};                                       ┘

for (var cs : list) {
  c.show(cs);
}
```

CharSequenceは、String／StringBuilder／StringBuffer共通の基底インターフェイスです。ここでは、あらかじめ用意されたCharSequence配列から順に値を取り出しながら、型に応じて適切なオーバーロードを選択することを期待しています（❶）。具体的には、以下が期待される結果です。

```
String：春はあけぼの
StringBuilder：夏は夜
StringBuffer：秋は夕暮れ
```

しかし、実際の結果は、以下のようになります。

```
CharSequence：春はあけぼの
CharSequence：夏は夜
CharSequence：秋は夕暮れ
```

これは、オーバーロードは（実行時ではなく）コンパイル時に選択されるからです。forループでの型は、あくまでCharSequenceなので、実行されるのは❷のオーバーロードだけなのです（他のオーバーロードは無視されます）。

このような挙動は（極端かもしれませんが）直観的ではなく、結果、潜在的なバグの原因ともなります。このような挙動を利用者に意識させなければならないオーバーロードは避けるべきです。

note 型だけが異なるオーバーロードを表すならば、メソッド名の末尾に型を明示することをお勧めします。たとえばgetInt、getLong、getString...などが好例です。

7.4 変数のスコープ

スコープとは、コードの中での変数の有効範囲のこと。変数がコードのどこから参照できるかを決める概念です。

前章までは、メソッド（多くはmainメソッド）の中でコードが完結していたので、ほとんどスコープを意識することはありませんでしたが、メソッド／フィールドという概念を理解したところで、いよいよこのスコープとも無縁ではいられなくなります。

7.4.1　スコープの種類

変数のスコープは、変数を宣言した場所（ブロック）によって決まります（図7.5）。

```
public class Scope {

    public String data = "フィールド";

    public String show() {

        var data = "ローカル";

        if (...) {

            var block = "ブロック";

        }

        return data;

    }

}
```

フィールドのスコープ
クラス全体からアクセス可能

ローカル変数のスコープ
メソッド内でのみアクセス可能

ブロックスコープ
ブロック内でのみアクセス可能

❖図7.5　変数のスコープ

　まず、最も有効範囲が広いのが、クラス全体からアクセスできるフィールドです。`class {...}`の直下で宣言します。

　一方、メソッドの定義ブロックで宣言された変数は、**ローカル変数**と呼ばれ、メソッドの中でしかアクセスできません。

　最も有効範囲の狭い変数は、メソッド配下のブロックで宣言された変数です。具体的には、`if`、`while`／`for`などで制御ブロックの配下で宣言された変数と言い換えてもよいでしょう。このような変数を便宜的に**ブロック変数**と言い、ブロック配下でのみアクセスできます。ローカル変数の一種でもあります。

 7.4.2　フィールドとローカル変数

　先にも触れたように、フィールドとローカル変数、いずれであるかは変数の宣言位置によって決まります。では、双方の名前が衝突した場合には、どのような挙動となるのでしょうか？

　まずは、具体的なサンプルで実際の動作を確認してみましょう。リスト7.9は、メソッドの内外で同名の変数`data`を宣言した例です。

```java
public class Scope {
  public String data = "フィールド";                                    ❶

  public String show() {
    var data = "ローカル";                                              ❷
    return data;
  }
}
```
```java
var s = new Scope();
System.out.println(s.show());     // 結果：ローカル                     ❸
System.out.println(s.data);       // 結果：フィールド                    ❹
```

　一見すると、❶で初期化された変数dataが❷で上書きされて、❸❹はいずれも「ローカル」になるように思えます。しかし、❹は「フィールド」。その理由は、スコープを理解していれば明快です。

　　　フィールドとローカル変数と、スコープの異なる変数は、名前が同じでも異なるもの

と見なされます。その前提で、もう一度、リスト7.9を読み解いてみましょう。

　まず、❶はフィールド変数としてのdata、❷のローカル変数dataとは別ものです。本来、フィールドはクラス全体で有効なはずですが、❷で同名のローカル変数が宣言されたことで、一時的に隠蔽されてしまうのです。

　ただし、これはあくまで一時的に変数を隠しているだけで、値を上書きしているわけではありません。❷での代入がフィールドに影響することはありませんし、❸もフィールドとは別ものであるローカル変数を返すだけです。

 note あくまで、本文のコードはスコープ確認のための例です。実際には、フィールドとローカル変数の名前が重複するようなコードは、可読性を損なうだけなので極力避けるべきです。

　一時的に隠蔽されたフィールドにアクセスするには、thisキーワードを利用します。たとえばリスト7.9のshowメソッドをリスト7.10のように変更してみましょう（変更部分は太字）。

▶リスト7.10　上：Scope.java／下：ScopeBasic.java（chap07.scopeパッケージ）

```java
public class Scope {
  public String data = "フィールド";

  public String show() {
    var data = "ローカル";                                    ❶
    return this.data;
  }
}
```

```java
var s = new Scope();
System.out.println(s.show());    // 結果：フィールド           ❷
System.out.println(s.data);      // 結果：フィールド
```

　❶で同名のローカル変数dataが宣言されているにもかかわらず、❷の結果は「フィールド」となり、正しくフィールドにアクセスできていることが確認できます。

　隠蔽の有無に関わらず、フィールドへのアクセスでは、常に「this.～」を付与しておくことで、ローカル変数との意図せぬ衝突を防げます。

7.4.3　より厳密な変数の有効範囲

　7.4.1項では、変数の有効範囲は「定義されたブロックの配下」であると説明しました。しかし、これはやや正確さに欠けます。より正しくは、

　　宣言された位置からブロックの終端までが有効範囲

です。具体的な例でも確認してみましょう（リスト7.11）。

▶リスト7.11　ScopeStrict.java（chap07.scopeパッケージ）

```java
public class ScopeStrict {
  String str1 = "いろはにほへと";                              ❶
  String str2 = str1;                                         ❷
}
```

　これは、正しいコードです。str1フィールド（❶）は、これを参照している❷よりも前で宣言されているので、問題ありません。しかし、❶と❷を逆にしたリスト7.12は不可です。

▶リスト7.12　ScopeStrict.java（chap07.scope パッケージ）

```java
public class ScopeStrict {
  String str2 = str1; ─────────────────────────────── ❸
  String str1 = "いろはにほへと"; ───────────────────── ❹
}
```

　str1を参照している❸の時点で、str1はまだ宣言（❹）されていないからです。これが変数が「宣言された位置から有効」と述べた意味です。

メソッド／コンストラクターからの参照は例外

　ただし、メソッド／コンストラクターからの参照は例外で、フィールドの宣言位置に関わらず、どこからでも参照できます。たとえばリスト7.13のようなコードは、妥当です。

▶リスト7.13　ScopeStrict.java（chap07.scope2 パッケージ）

```java
public class ScopeStrict {
  public void show() {
    System.out.println(str);     // 結果：いろはにほへと
  }
  String str = "いろはにほへと";
}
```

※動作を確認するには、配布サンプルのStrictClient.javaを実行してください。

　ちなみに、同じブロックでも、初期化ブロックなど、メソッド／コンストラクター以外のブロックからは不可なので、注意してください。

---

note　メソッド／コンストラクターにもスコープはあります。ただし、これらの要素はクラス全体が有効範囲（＝宣言位置に関わらず、クラス全体から参照可能）なので、あまりスコープを意識することはありません。たとえば、以下は正しいJavaのコードです。

```java
public class MyApp {
  String data = getMessage();

  String getMessage() {
    return "Hello";
  }
}
```

7.4.4 ブロックスコープ

ローカルスコープよりもさらに小さなスコープの単位が、ブロックスコープです。if、while／for、try などの制御ブロックで宣言された変数は、そのブロックの配下でしかアクセスできません。

ただし、ブロックスコープの変数は、ローカル変数の一種です。上位のローカル変数と同名のブロックスコープ変数を宣言することはできません。たとえばリスト7.14のコードは、コンパイルエラーとなります。

▶リスト7.14　ScopeBlock.java（chap07.scope パッケージ）

```
static void Main(string[] args) {
  var data = "ローカルスコープ"; ─────────────────────────────── ❶
  {
    var data = "ブロックスコープ";  // エラー (Duplicate local variable data) ── ❷
  }
  System.out.println(data);
}
```

ブロックスコープの変数data（❷）と同名の変数dataがすでに❶で定義されているからです。
一方、順序を入れ替えたリスト7.15のコードは妥当です。

▶リスト7.15　ScopeBlock.java（chap07.scope パッケージ）

```
public static void main(String[] args) {
  { ───────────────────────────────────────
    var data = "ブロックスコープ";                                    ❶
  } ───────────────────────────────────────

  var data = "ローカルスコープ"; ───────────────
  System.out.println(data); ───────────────────   ❷
}
```

ローカル変数の有効範囲は❷ですが、その時点でブロックスコープの変数dataは破棄されているので、重複エラーとはなりません。

> *note* ちなみに、C#などの言語では、リスト7.15のようなコードはコンパイルエラーとなります。というのも、C#ではローカル変数dataは、宣言位置に関わらず、**メソッド全体**で有効となるためです。

同じ理由から、同じ階層に並んだブロックスコープも可能です（リスト7.16）。並列関係にある forブロックで、同名のカウンター変数を利用することなどはよくあります。

▶リスト7.16　ScopeBlock.java（chap07.scope2パッケージ）

```java
public static void main(String[] args) {
  {
    var data = "ブロックスコープ";
    System.out.println(data);      // 結果：ブロックスコープ
  }


  {
    var data = "ブロックスコープ2";
    System.out.println(data);      // 結果：ブロックスコープ2
  }
}
```

練習問題　7.1

[1] リスト7.Aは、クラスを定義するコードですが、構文的な誤りが3点あります。これを指摘し、正しいコードに修正してください。

▶リスト7.A　PClass.java

```java
protected class PClass {
  public var data = 10;

  public void hoge(int data) {
    if (data < 0) {
      var data = 0;
    }
    System.out.println(data);
  }
}
```

[2] フィールドとローカル変数の違いを、宣言場所と有効範囲（スコープ）から説明してみましょう。

7.5 コンストラクター

　ここまでにも触れてきたように、ほとんどのクラスは、利用するにあたってnew演算子で「インスタンス化」という準備を行う必要があります。このインスタンス化のタイミングで呼び出される特別なメソッドが**コンストラクター**です。

　コンストラクターでは、オブジェクト生成のタイミングで呼び出されるという性質上、フィールドの初期化や、クラスで利用する外部リソースの準備といった処理を記述するのが一般的です。

構文 コンストラクターの定義

```
[修飾子] クラス名([引数の型 引数,...]) [throws句] {
  ...コンストラクターの内容...
}
```

　ほとんどはメソッド定義の構文に準じますが、以下の点が異なります。

　1. 指定できる修飾子はアクセス修飾子（public、protected、private）だけ

　2. 戻り値は持たない

　3. 名前はクラス名と一致すること（自由には命名できない）

　2. は「戻り値がvoidである」ことと、混同しないようにしてください。コンストラクターでは、**戻り値の型そのものを記述できません**。戻り値がないので、**return**命令も利用できません。

 note ------- throws句については例外処理に関わるので、9.2.5項で解説します。

7.5.1　コンストラクターの基本

　まずは、具体的な例を見てみましょう。リスト7.17は、Personクラスのname／ageフィールドをコンストラクターで初期化するコードです。

▶リスト7.17　上：Person.java／下：ConstBasic.java（chap07.constructorパッケージ）

```java
public class Person {
  public String name;
  public int age;

  // コンストラクター
  public Person(String name, int age) { ───────────────────┐
    this.name = name;                                       │─①
    this.age = age;                                         │
  } ──────────────────────────────────────────────────────┘

  public String show() {
    return String.format("%s (%d歳) です。", this.name, this.age);
  }
}
```

```java
var p = new Person("山田太郎", 3Ø);
System.out.println(p.show());      // 結果：山田太郎（3Ø歳）です。
```

コンストラクターでは、引数name／ageの値を、それぞれ対応するフィールドにセットしています（①）。この際、引数とフィールドは同じ名前にするのが一般的です。「this.フィールド名 = 引数;」という記法については、7.3.5項も合わせて参照してください。

note 呼び出し側から初期値を受け取るのでなければ（単に、フィールドを決められた値で初期化するだけならば）、コンストラクターでなく、フィールドの初期化子を利用してもかまいません。

```java
public String name = "Yoshihiro";
```

フィールド初期化子とコンストラクターとが双方ある場合には、コンストラクターによる初期化が優先されます。

note VSCodeを利用しているならば、コンストラクターの骨組みを自動生成することもできます。これには、class { ... }の直下にカーソルを置いた状態で右クリックし、表示されたコンテキストメニューから［ソースアクション…］－［Genarate Constructors…］を選択します。

❖図7.A　コンストラクターの自動生成

定義済みのフィールドがリスト表示されるので、目的のフィールドを選択したうえで、[OK] ボタンをクリックしてください。リスト7.17－❶のようなコードが生成されることを確認しておきましょう。

 ### 7.5.2　デフォルトコンストラクター

これまでのコードでは、コンストラクターを意識することはありませんでした。それは、コンストラクター定義を省略した場合、Javaが引数のない、空のコンストラクターを暗黙的に生成してくれていたからです。このようなコンストラクターのことを**デフォルトコンストラクター**と呼びます。

つまり、次に示すコードは意味的に等価です。

```
public class MyClass {
}
```

```
public class MyClass {
  public MyClass() {
  }
}
```

ただし、コンパイラーによる自動生成に頼ったコードは好ましくありません。というのも、デフォルトコンストラクターが自動生成されるのは、あくまで自分でコンストラクターを定義しなかった場合だけ。つまり、自動生成されたコンストラクターは、自分でコンストラクターを追加した瞬間、なかったものとなります。

このため、以下のようにあとから引数付きのコンストラクターを追加した場合、デフォルトコンストラクターに頼ったコードはすべてエラーとなってしまいます。

```
public class MyClass {
}
...中略...
var mp = new MyClass();    // 正しく動作
```

⬇

```
public class MyClass {
  public MyClass(int i) { ... }
}
...中略...
var mp = new MyClass();    // エラー（The constructor MyClass() is undefined）
```

このような問題を回避するには、空であっても、まずは明示的にコンストラクターを定義しておくのが無難です。

オブジェクト指向構文――基本

7

メソッドと同じく、コンストラクターもまた複数のシグニチャを持てます。これを、コンストラクターのオーバーロードと言います。

　たとえば以下は、StringBuilderクラス（java.langパッケージ）におけるコンストラクターの主なシグニチャです。

- StringBuilder()

- StringBuilder(String *str*)

- StringBuilder(int *capacity*)

　上の例であれば、文字列（str）、capacity（容量）などから**StringBuilder**オブジェクトを生成できるわけです。

　メソッドのオーバーロードと同じく、引数の既定値を表すためにも、オーバーロードは利用できます。ただし、コンストラクターでは「メソッド名(引数，...)」のような呼び出しはできません。代わりに、thisキーワードを使ってオーバーロードを呼び出します。

　たとえばリスト7.18は、Personクラスのname／ageフィールドを、コンストラクターで初期化する例です。name／ageフィールドを明示的に指定させるコンストラクターと、これらを省略できる引数なしのコンストラクターを定義しています。

▶リスト7.18　上：Person.java／下：ConstructorBasic.java（chap07.constructor.overloadパッケージ）

```java
public class Person {
  public String name;
  public int age;

  // コンストラクター
  public Person(String name, int age) { ──────────────────┐
    this.name = name;                                        │❷
    this.age = age;                                          │
  } ──────────────────────────────────────────────────────┘

  // コンストラクター（引数なし）
  public Person() {
    this("名無権兵衛", 2Ø); ─────────────────────────────── ❶
  }

  public void show() {
    System.out.printf("%s (%d歳) です。\n", this.name, this.age);
  }
}
```

```
var p = new Person();
p.show();      // 結果：名無権兵衛（20歳）です。
```

❶がコンストラクター呼び出しです。

コンストラクター呼び出し（thisキーワード）

```
this(引数, ...)
```

これで、引数の一致するオーバーロード（ここでは❷）が呼び出されます。構文そのものに難しいところはありませんが、1つだけ、

　this呼び出しは、コンストラクターの先頭で記述する

点に注意してください（その前に他の文は挿入できません）。
　この例であれば、❷に処理を委ねるだけで、独自の処理はありませんが、もちろん追加の処理があれば、this呼び出しに続いて、任意の初期化コードを記述してもかまいません。

7.5.4　初期化ブロック

　class {...}の直下に書かれた名無しのブロック（{...}）は、インスタンス化のタイミングでコンストラクターよりも**先に**実行されます。このような名無しのブロックを**初期化ブロック**と言います。
　まずは、具体的な例を見てみましょう（リスト7.19）。

▶リスト7.19　Person.java（chap07.constructor.initパッケージ）

```java
import java.time.LocalDate;
import java.time.LocalDateTime;
import java.time.Period;

public class Person {
  public String name;
  public int age;
  public LocalDateTime updated;

  // 初期化ブロック
  {
    this.updated = LocalDateTime.now();
  }
```

```
    // 姓／名、誕生日から初期化
    public Person(String firstName, String lastName, LocalDate birth) {
      this.name = lastName + " " + firstName;
      this.age = Period.between(birth, LocalDate.now()).getYears();
    }

    // 名前、年齢から初期化
    public Person(String name, int age) {
      this.name = name;
      this.age = age;
    }
}
```

コンストラクターとの使い分けが若干わかりにくいかもしれませんが、基本は、

　　複数のコンストラクターに共通するコードを切り出す

のが初期化ブロックの役割です。

　ただし、引数の既定値を表すようなオーバーロードであれば、（初期化ブロックではなく）this
呼び出しを優先したほうが意図が明快です。初期化処理には、まずはコンストラクターを利用し、そ
れでカバーできない場合にだけ初期化ブロックを利用してください。

　初期化ブロックは、その性質上、引数を受け取ることができないことからも、用途はごく限定的です。

 note 例外的に、匿名クラス（9.5.3項）の初期化処理を表すために、初期化ブロックを利用すること
もあります（匿名クラスでは、コンストラクターを利用できないからです）。具体的な例は、
9.5.3項を参照してください。

　なお、初期化ブロックは1つのクラスに複数列記してもかまいません。その場合は、上から順番に
処理されます。

 ### 7.5.5　ファクトリーメソッド

　コンストラクターはインスタンスを生成するための代表的な手段ですが、唯一の手段ではありませ
ん。コンストラクターとは別に、インスタンスを生成するためのクラスメソッド（7.6.1項）を用意す
ることもできます。このようなインスタンス生成を目的としたメソッドを**ファクトリーメソッド**と言
います。

　リスト7.20は、ファクトリーメソッドの実装例です。

```java
public class FactoryClass {
  // privateなコンストラクター
  private FactoryClass() { ... } ──────────────────── ❷

  // ファクトリーメソッド
  public static FactoryClass getInstance() { ──────┐
    return new FactoryClass();                      ❶
  } ──────────────────────────────────────────────┘
}
```

ファクトリーメソッドからはインスタンスを生成し、戻り値として返すだけです（❶）。ここでは、単にFactoryClassクラスをnew演算子でインスタンス化しているだけですが、一般的には、条件（引数／その他の設定）によってインスタンスの生成方法も変化するはずです。

ファクトリーメソッドを用意した場合、コンストラクターはprivate権限にし、ファクトリーメソッド経由でのみインスタンス化できるようにします（例外もあります❷）。

このように定義したファクトリーメソッドは、以下のようなコードで呼び出せます。

```java
var fc = FactoryClass.getInstance();
```

ファクトリーメソッドの利点

コンストラクターではなく、ファクトリーメソッドを利用することには、以下のような利点があります。

（1）自由に命名できる

コンストラクターと違って、ファクトリーメソッドは自由に命名できます。たとえば、引数の型だけが異なるオーバーロードが望ましくないのは、コンストラクターもメソッドも同じです（7.3.6項）。しかし、ファクトリーメソッドを利用すれば、型などに応じて、より適切な ── 内容を類推できる名前を付けられます。

表7.7に、よく見かけるファクトリーメソッドの名前を挙げておきます。典型的な利用では、慣例的な命名に沿うことでコードの可読性も向上します。

その他にも、LocalDateTime.nowメソッドのように、より目的特化した名前を付与する場合もあります。

❖表7.7　よくあるファクトリーメソッドの名前

メソッド名	概要
empty	空のインスタンスを生成
valueOf	引数と同じ値を持つインスタンスを取得（型変換）
of	valueOfの省略名
from	異なる型のインスタンスからインスタンスを生成
getInstance	インスタンスを取得
newInstance	インスタンスを生成（getInstanceと異なり、常に異なるインスタンスを生成）

(2) インスタンスを常に生成しなくてもよい

コンストラクターと異なり、常にインスタンスを生成しなくてもかまいません。たとえば、あらかじめキャッシュしておいたインスタンスを再利用することで、オブジェクト生成のオーバーヘッドを軽減できます。

7.6.2項では、具体的な例として**シングルトンパターン**と呼ばれる技法も紹介しているので、合わせて参照してください。

(3) 戻り値の型を抽象型／インターフェイス型にもできる

メソッドなので、戻り値の型は抽象クラス／インターフェイス（8.3.2／8.3.3項）としてもかまいません。言い換えれば、メソッドは戻り値型の任意の派生／実装クラスを返せます。

この性質を利用することで、実装クラスへの依存をファクトリーメソッドだけにとどめることができます。詳細は8.3.3項で解説しますが、実装クラスへの依存をなくすことは、コードの柔軟性を高めるという意味でよいことです。

ファクトリーメソッドの実例

以下に、ファクトリーメソッドの実例を、いくつか挙げておきます。少し難しいコードもありますが、まずは大まかな雰囲気を確認してみてください。

まずは、`Integer.valueOf`メソッドの実装からです（リスト7.21）。引数`i`（数値）が一定範囲に収まっている場合に、（新規にインスタンスを生成せずに）あらかじめキャッシュされたオブジェクトを返しています。

▶リスト7.21　Integer.java

```
public static Integer valueOf(int i) {
  // 一定範囲の値はキャッシュ済みのオブジェクトを返す
  if (i >= IntegerCache.low && i <= IntegerCache.high)
    return IntegerCache.cache[i + (-IntegerCache.low)];
  return new Integer(i);
}
```

（2）でも触れた「常にインスタンスを生成しなくてもよい」例です。

5.4.7項で登場した`Calendar.getInstance`メソッドも、典型的なファクトリーメソッドです（リスト7.22）。

▶リスト7.22　Calendar.java

```
public static Calendar getInstance(TimeZone zone) {
  // 既定のロケール／タイムゾーンでカレンダーを生成
  return createCalendar(zone, Locale.getDefault(Locale.Category.FORMAT));
}
```

```
private static Calendar createCalendar(TimeZone zone, Locale aLocale) {
  ...中略...
  if (aLocale.hasExtensions()) {
    String caltype = aLocale.getUnicodeLocaleType("ca");
    // ロケールに応じてカレンダーを選定
    if (caltype != null) {
      switch (caltype) {
      case "buddhist":
        cal = new BuddhistCalendar(zone, aLocale);
        break;
      case "japanese":
        cal = new JapaneseImperialCalendar(zone, aLocale);
        break;
      case "gregory":
        cal = new GregorianCalendar(zone, aLocale);
        break;
      }
    }
  }
  ...中略...
  return cal;
}
```

getInstanceメソッドから呼び出されたcreateCalendarメソッドが、渡された引数（ロケール／タイムゾーン）に応じて、異なるCalendar（BuddhistCalendar／JapaneseImperialCalendar／GregorianCalendar）を返していることが見て取れます。(3) のテクニックです。

練習問題 7.2

[1] PCircleクラスを定義してみましょう。PCircleクラスの条件は以下の通りです。

- double型のradius（半径）フィールドと、radiusをもとに円の面積を求めるgetAreaメソッドから構成される
- radiusフィールドはコンストラクターから設定できる
- すべてのメンバーはどこからでもアクセスできる

なお、円周率はMath.PIフィールドから取得できます。

[2] [1] で作成したPCircleクラスに引数なしのコンストラクターを追加してみましょう。その際、radiusフィールドには既定で1をセットするものとします。

7.6 クラスメソッド／クラスフィールド

クラスメソッド／クラスフィールドとは、クラスから直接に呼び出せる（＝インスタンスを生成しなくてもよい）フィールド／メソッドのこと。**静的メソッド／静的フィールド**、**static メソッド／static フィールド**などと呼ぶ場合もあります。

インスタンスメンバーがオブジェクト（インスタンス）に属するメンバーであるのに対して、クラスメンバーはクラスに属するメンバーであると言ってもよいでしょう。

> *note* クラスメソッド／クラスフィールドを総称して、**クラスメンバー**とも言います。
> また、クラスメンバーの対義語として、オブジェクト（インスタンス）経由で呼び出すメンバーのことを**インスタンスメンバー**とも言います（それぞれの種類に応じて、**インスタンスメソッド／インスタンスフィールド**とも）。重要な用語が増えてきましたが、いずれもよく出てくるキーワードなので、きちんと覚えておきましょう。

7.6.1 クラスメソッド

クラスメソッドを定義するには、これまでのメソッド定義に static 修飾子を付与するだけです。

具体的な例も見てみましょう。リスト7.23は、Figureクラスのクラスメソッドget Triangle Areaメソッドを定義し、呼び出す例です。

▶リスト7.23　上：Figure.java／下：StaticBasic.java（chap07.staticmethodパッケージ）

```java
public class Figure {
  public static double getTriangleArea(double width, double height) {
    return width * height / 2;
  }
}
```

```java
System.out.println(Figure.getTriangleArea(10, 20));    // 結果：100.0
```

クラスメソッドの注意点

インスタンスメソッドとの違いはstatic修飾子があるかないかだけなので、構文的にはごくシンプルですが、注意すべき点もあります。

（1）クラスメソッドでは変数thisは使えない

thisは、現在のインスタンスを参照するための変数です。クラスメソッドではインスタンスそのものが作られていないので、thisキーワードも利用できません。言い換えれば、クラスメソッドからインスタンスフィールド／インスタンスメソッドは参照できません。

（2）クラスメソッドはオブジェクト経由では呼び出さない

クラスメソッドは、インスタンス経由で呼び出すことも可能です。たとえばリスト7.23の太字部分は、以下のように書いても動作します。

```
var f = new Figure();
System.out.println(f.getTriangleArea(10, 20));
```

ただし、クラスメソッドへのアクセスのためにインスタンスを生成するのは無駄なだけですし、staticであることが不明瞭にもなるので、避けてください。実際、上のような呼び出しは「The static method getTriangleArea(double, double) from the type Figure should be accessed in a static way」（getTriangleAreaはstaticに呼び出すべき）のように警告されます。クラスメソッドは、クラス経由での呼び出しが原則です。

補足 ユーティリティクラス

クラスによっては、クラスメンバーしか持たないものがあります。標準ライブラリであれば、Mathクラスが代表的な例です（図7.6）。絶対値、平方根、三角関数といった標準的な数学処理を、クラスメソッドとして1つのクラスで束ねています（5.6.1項）。関連した機能を1つのクラスにまとめることで、目的の機能を探しやすい、コードを読んだときにもその意図がわかりやすいなどのメリットがあります。

このようなクラスのことを**ユーティリティクラス**と言います。

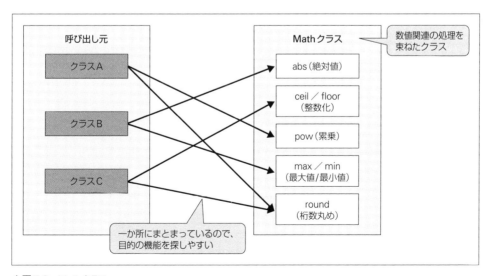

❖図7.6　Mathクラス

7.6.1　クラスメソッド　325

さて、そのようなクラスではインスタンス化は不要ですし、無駄なインスタンスだけ生成できてしまう状態はむしろ有害です。そのような場合には、コンストラクターをprivate化することで、そのクラスのインスタンス化を禁止できます（「コンストラクターを外から呼び出せない（private）」＝「インスタンス化できない」という定型句です）。

ユーティリティクラスの例として、リスト7.24では、Mathクラスのソースコードを引用しておきます。

▶リスト7.24　Math.java

```java
public final class Math {
  private Math() {}
  ...中略...
}
```

Mathクラスをインスタンス化しようとした場合には、「The constructor Math() is not visible」（コンストラクターMath()は不可視です）のようなエラーとなります。

```java
var m = new Math();  // エラー
```

なお、ユーティリティクラスは、finalで修飾しておくのが一般的です（太字部分）。final修飾子は、クラスの継承（8.2節）を明示的に禁止します。特別な理由がない限り、ユーティリティクラスを継承しなければならない状況はありません。

7.6.2　クラスフィールド

インスタンスを経由せずに、クラスから直接に呼び出せるフィールドが**クラスフィールド**です。クラスメソッドと同じく、フィールドに対してstatic修飾子を付与するだけで定義できます。

具体的な例も見てみましょう。リスト7.25は、Figureクラスに対して、クラスメンバーとしてpiフィールドとgetCircleAreaメソッドを定義し、これを呼び出す例です。

▶リスト7.25　上：Figure.java／下：StaticBasic.java（chap07.staticfieldパッケージ）

```java
public class Figure {
  public static double pi = 3.14;

  public static void getCircleArea(double r) {
    System.out.println("円の面積は" +  r * r * pi); ————————————❶
  }
}
```
```java
System.out.println(Figure.pi);  // 結果：3.14 ————————————❷
Figure.getCircleArea(5);        // 結果：円の面積は78.5
```

クラスフィールドであれば、クラスメソッドからもアクセスできる点に注目です（❶）。オブジェクトに属するインスタンスフィールドと異なり、クラスフィールドはクラスに属するものであるからです。

もちろん、アクセス権限さえ満たしていれば、クラス外部からもアクセス可能です（❷）。

例 シングルトンパターン

ただし、クラスフィールドを利用するケースは、それほどありません。というのも、クラスに属するクラスフィールドは、インスタンスフィールドとは異なり、その内容を変更した場合に、関係するすべてのコード（インスタンス）に影響が及んでしまうからです。

そもそも、クラスフィールドとは、他の言語で言うところのグローバル変数（＝プログラム全体で有効な変数）に相当します。クラスフィールドの乱用は、クラス間の依存関係が強くなり、結果、動作の追跡が困難になるおそれがあります。

原則として、クラスフィールドの利用は、

- 読み取り専用

- そうでなければ、クラス自体の状態を監視する

など、ごく限定された状況にとどめるべきです。

前者については次項で説明することにし、ここでは後者の用途を表す例を示します（リスト7.26）。

▶リスト7.26　MySingleton.java（chap07.staticfieldパッケージ）

```
public class MySingleton {
  private static MySingleton instance = new MySingleton(); ──────────── ❷

  private MySingleton() {} ──────────────────────────────── ❶

  // あらかじめ用意しておいたインスタンスを取得
  public static MySingleton getInstance() {
    return instance;                                                      ❸
  }
}
```

この例はシングルトン（Singleton）パターンと呼ばれるデザインパターンの一種です。あるクラスのインスタンスを1つしか生成しない、また、したくない、という状況で利用します。

> *note*
> シングルトンパターンは、GoF（Gang of Four）と呼ばれる4人組によって提唱された23のデザインパターンの1つです。
> デザインパターンとは、アプリ設計のための定石のことです。本書でも重要なものを紹介していきますが、詳しくは本書を学んだあと、専門書にあたることをお勧めします。

シングルトンパターンのポイントは、コンストラクターをprivate宣言してしまうことです（❶）。また、アプリで保持すべき唯一のインスタンスをクラスフィールドとして保存しておきます（❷）。これによって、クラスがロードされた初回に一度だけインスタンスが生成され、以降のインスタンス生成はしなく（できなく）なります。

クラスフィールドに保存された唯一のインスタンスを取得するには、❸のようなクラスメソッドを利用します（インスタンスを取得するためのファクトリーメソッドです）。

これらのフィールド／プロパティは、インスタンスそのものの管理／生成というクラスに属する役割を担うので、クラスメンバーとして定義しなければなりません。

 ## 7.6.3　クラス定数

クラス定数とは、class {...}の直下で定義された定数、読み取り専用のフィールドのことです。クラス定数を表すには、通常のフィールド宣言に**static final**修飾子を付与するだけです。

構文 クラス定数

```
[アクセス修飾子] static final データ型 定数名 [= 値];
```

まずは、具体的な例を見てみましょう（リスト7.27）。

▶リスト7.27　上：MyApp.java／下：ConstantBasic.java（chap07.staticfieldパッケージ）

```
public class MyApp {
  public static final String BOOK_TITLE = "独習Java";
}
```
```
System.out.println(MyApp.BOOK_TITLE);        // 結果：独習Java
MyApp.BOOK_TITLE = "本気でおぼえるJava";
    // 結果：エラー（The final field MyApp.BOOK_TITLE cannot be assigned）
```

定数はアンダースコア形式（すべて大文字＋単語の区切りはアンダースコア）で表すのが一般的です。

> *note* 定数は、まず関連するクラスで定義するのが、あるべき姿です。しかし、主にアクセスのしやすさなどの理由から、アプリ全体で利用している定数を1つのクラスにまとめてしまうことも、現場ではよくあります。そのようなクラスを**定数クラス**と呼びます。
> 定数クラスは、アプリ共通で利用する機能（名前）を一か所にまとめたという意味で、一種のユーティリティクラスでもあります。定義に際しては、7.6.1項のルールに沿うことをお勧めします。

インスタンス単位の定数

static 修飾子を伴わない、いわゆるインスタンス単位の定数を定義することもできます。

インスタンス定数

```
[アクセス修飾子] final データ型 定数名;
```

この場合、定数値はコンストラクター経由で渡すのが一般的です。フィールド初期化子でも代入で
きますが、すべてのインスタンスで同じ値を持つものを、インスタンス定数とするのはほとんどの場
合は無駄です（そのような値は、クラス定数とすべきです！）。対して、コンストラクターを経由す
ることで、インスタンス単位に異なる値を設定できます。

リスト7.28で、具体的な例を見てみましょう。

▶リスト7.28　上：MyApp.java／下：ConstantInstance.java（chap07.staticfield2 パッケージ）

```java
public class MyApp {
  public final String APP_NAME;

  public MyApp(String value) {
    this.APP_NAME = value;
  }
}
```

```java
var app1 = new MyApp("独習Java");
System.out.println(app1.APP_NAME);      // 結果：独習Java
var app2 = new MyApp("Teach Yourself Java");
System.out.println(app2.APP_NAME);      // 結果：Teach Yourself Java
```

　繰り返しますが、インスタンスをまたいで同じ値を持つ定数を、インスタンス定数とするのは無駄
なことです（インスタンス生成のたびに、同じ値をコピーすることになるからです）。まずはクラス
定数（static final）を基本とし、そうする理由があるときにだけ非staticにしてください。

 7.6.4　static初期化ブロック

　初期化ブロックのstatic版です。初期化ブロック（7.5.4項）がインスタンスを生成する際に実行
されるのに対して、static初期化ブロックはクラスが初期化される際に実行されます。**staticイ
ニシャライザー**とも呼ばれます。

```
static {
  ...初期化のためのコード...
}
```

ブロックの先頭に、**static**修飾子が付いた他は、初期化ブロックと同じです。複数列記することもできますし、その場合に、上から実行される点も同様です。

その性質上、クラスメンバーを初期化するのに利用するのが一般的です。具体的な例も見てみましょう（リスト7.29）。

▶リスト7.29　Initializer.java（chap07.staticinit パッケージ）

```java
public class Initializer {
  public static final String DOG;
  public static final String CAT;
  public static final String MOUSE;

  static {
    DOG = "いぬ";
    CAT = "ねこ";
    MOUSE = "ねずみ";
  }
}
```

クラス定数の初期化を、**static**初期化ブロックに委ねるのは冗長に見えるかもしれませんが、意味はあります。というのも、定数はコンパイル時に、参照元のクラスにコピーされます。その性質上、以下のような問題が発生します。

- 値を修正した場合に、定数を参照しているクラスも再コンパイルが必要
- 参照元クラスのサイズがわずかながら大きくなる

しかし、定数を**static**初期化ブロックで初期化することで、定数値をコピーできなくなるので、上記のような問題はなくなります。

7.6.5　初期化処理の実行順序

これで、オブジェクトの初期化を担う要素が出そろいました。出そろったところで、これらの実行順序をまとめておきます（図7.7）。

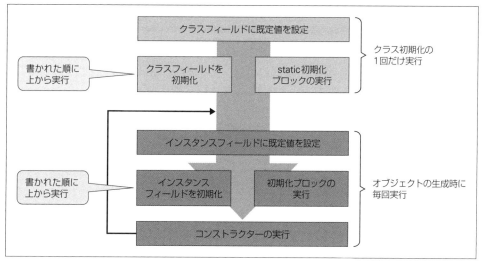

❖図7.7　初期化処理の発生タイミング

　ただし、初期化の実行順序に依存するようなコードは、誤解を招きやすく、潜在的なバグの原因と
もなるので、避けるべきです。たとえばリスト7.30のような書き方は望ましくありません。

▶リスト7.30　上：Order.java／下：OrderBasic.java（chap07.staticinitパッケージ）

```java
public class Order {
  // フィールド初期化子
  String value = "First!";

  // コンストラクター
  public Order() {
    System.out.println(value);
  }

  // 初期化ブロック
  {
    value = "Second!!";
  }
}
```

```java
var o = new Order();
```

　見た目からは、コンストラクターはフィールド初期化子の「First!」を出力するように見えま
す。しかし、図7.7のように、初期化ブロックはコンストラクターよりも前に実行されるので、出力
は「Second!!」となります。このような状態は、初期化処理の実行順序を意識しなければならない
という意味で「読みにくい」コードと言えます。

練習問題　7.3

[1] 与えられたweight（体重。kg）、height（身長。m）からBMI（体格指数）を求める静的メ
ソッドgetBmiを定義してみましょう。クラス名はPMyClassとします。
体格指数は「体重÷身長²」で求められるものとします。

7.7　引数／戻り値の様々な記法

クラスを構成するフィールド／メソッド／コンストラクターといった主なメンバーを理解できたと
ころで、以降はメソッドの引数／戻り値に関連する様々なテクニックを紹介します。

7.7.1　可変長引数のメソッド

可変長引数のメソッドとは、引数の個数があらかじめ決まっていない（＝実行時に引数の個数が変
化しうる）メソッドです。

たとえば、与えられた数値（群）の総積を求める**totalProducts**のようなメソッドは、典型的
な可変長引数のメソッドです。このようなメソッドでは、呼び出し元が必要に応じて引数の個数を変
えられると便利ですし、また、変えられるべきです。

```
System.out.println(v.totalProducts(12, 15, -1));
System.out.println(v.totalProducts(5, 7, 8, 2, 4 , 3));
```

具体的な実装例も見てみましょう（リスト7.31）。

▶リスト7.31　上：ArgsParams.java／下：ArgsParamsBasic.java（chap07.argumentパッケージ）

```
public class ArgsParams {
  public int totalProducts(int... values) { ──────────────────❶
    var result = 1;
    for (var value : values) { ──────────────────┐
      result *= value;                            ├❷
    } ────────────────────────────────────────────┘
    return result;
```

```
    }
  }

var v = new ArgsParams();
System.out.println(v.totalProducts(12, 15, -1));       // 結果：-18Ø
System.out.println(v.totalProducts(5, 7, 8, 2, 4, 3)); // 結果：672Ø
```

可変長引数は、「int...」のように引数型に「...」（ピリオド3個）を付与することで表現でき
ます（❶）。可変長引数として受け取った値は配列と見なされます。よって、ここでは、拡張for構
文で引数valuesの値を順に読み込み、変数resultに掛けています（❷）。

> *note* 可変長引数とは、言うなれば配列引数です。よって、リスト7.31の例であれば、以下のように書
> き換えてもほぼ同じ意味です（サンプルがそのまま動作することを確認してみましょう）。
>
> ```
> public int totalProducts(int[] values)
> ```
>
> 裏を返せば、可変長引数を受け取るメソッドには、以下のように配列を渡しても動作するという
> ことです（配列をばらすなどの操作は不要です）。
>
> ```
> System.out.println(v.totalProducts(new int[] { 12, 15, -1 }));
> ```

可変長引数の注意点

可変長引数の基本を理解したところで、利用にあたっての制限や注意点をまとめます。可変長引数
は便利な仕組みですが、反面、使い方によっては使いにくいメソッドを生み出してしまうことにもな
ります。以下であれば、構文以上にお作法の領域にあたる（2）（3）には要注意です。

（1）可変長引数はメソッドに1つ、引数リストの末尾にだけ指定できる

たとえば以下のようなメソッド定義は、すべて不可です。

```
public void hoge(int... x, int y)        ➡可変長引数が引数リストの末尾でない
public void hoge(int... x, int... y)     ➡可変長引数が複数ある
```

いずれも可変長引数の特徴がゆえの制約です。末尾以外にある可変長引数は、どこまでが1つの可
変長引数であるかがあいまいとなってしまいます。

（2）想定される引数まで可変長引数にまとめない

たとえば、formatメソッド（5.2.9項）は、以下のようなシグニチャを持った可変長引数のメソッ
ドです。

```
public static String format(String format, Object... args)
```

指定された書式文字列に従って、引数argsの内容を表示します。

```
System.out.println(String.format("%sは%s、%d歳です。", "サクラ", "女の子", 1));
    // 結果：サクラは女の子、1歳です。
```

このようなメソッドを、以下のようなシグニチャで定義したくなるかもしれません。

```
public static String format(Object... args)
```

すべての引数を引数argsにまとめてしまうわけです。この場合、「可変長引数argsの0番目の要素を書式文字列と見なして、1番目以降の値を埋め込む」ことになります。

もちろん、これは構文上は正しいシグニチャですが、コードの可読性という意味では避けるべきです。シグニチャから、formatメソッドが要求するパラメーターが把握できなくなるため、メソッドの使い勝手が低下します（引数argsの先頭が書式文字列でなければならない、という暗黙のルールを知っていなければ使えなくなります）。

通常の引数がまず基本、可変長引数はメソッド定義の時点で個数を特定できない情報だけをまとめるのが原則です。

(3) 可変長引数で「1個以上の引数」を表す方法

可変長引数は、引数そのものの省略も認めています。よって、先ほどのtotalProductsメソッド（リスト7.31）であれば、単に「v.totalProducts()」としても正しい呼び出しです。この場合、引数valuesにはサイズ0の配列が渡されるので、結果は1となります。

可変長引数とは、正確には「0個以上の値を要求する引数」なのです。

しかし、totalProductsのようなメソッドを引数なしで呼び出す意味はなく、最低でも1つ以上の引数を要求したいと思うかもしれません。その対応策として、1つはリスト7.32のようなコードが考えられます（throw命令については9.2.5項で解説します）。

▶リスト7.32　ArgsParamsBad.java（chap07.argumentパッケージ）

```java
public class ArgsParamsBad {
  public int totalProducts(int... values) {
    // 引数がない場合にはエラー
    if (values.length == 0) {
      throw new IllegalArgumentException("1つ以上の引数を指定してください。");
    }
    var result = 1;
    ...中略...
  }
  ...中略...
}
```

※動作を確認するには、配布サンプルのArgsParamsBadClient.javaを実行してください。

引数valuesのサイズを先頭でチェックし、中身が空の場合は例外（エラー）を発生させているわけです。

しかし、このようなメソッドは最善とは言えません。というのも、このメソッドを引数なしで呼び出したとしても、それを検知するのは実行時となるからです。問題はより早く検知すべきという原則からすれば、リスト7.33のようなコードとすべきでしょう。

▶リスト7.33　ArgsParamsGood.java（chap07.argumentパッケージ）

```java
public class ArgsParamsGood {
  public int totalProducts(int initial, int... values) {
    var result = initial;
    ...中略...
  }
  ...中略...
}
```

※動作は、配布サンプルのArgsParamsGoodClient.javaから、コメントアウトされているコードを有効化して確認してください。

引数を1つ受け取ることは確実なので、1つ目の引数は（可変長でない）普通の引数initialとして宣言し、2つ目以降の引数を可変長引数として宣言するわけです。これで、引数なしでの呼び出しはコンパイル時にエラーとなります。

（4）可変長引数メソッドのオーバーロード

たとえば以下のようなオーバーロードを考えてみましょう。

▶リスト7.34　上：ArgsOverload.java／下：ArgsOverloadClient.java（chap07.argumentパッケージ）

```java
public class ArgsOverload {
  void hoge(int x, int y) {
    System.out.println("int_x_y");              ❷
  }

  void hoge(int... x) {
    System.out.println("int...");               ❸
  }
}
```

```java
var arg = new ArgsOverload();
arg.hoge(1Ø, 13);    // 結果：？？？          ❶
```

さて、❶はどのような結果を返すでしょうか。一見すると、❷、❸いずれのオーバーロードにも合

致しているので「あいまいなオーバーロード」になりそうにも見えますが、結果は「int_x_y」——
❷の非可変長引数メソッドが優先して呼び出されます。

ただし、7.3.6項でも触れたように、オーバーロードはコンパイル時に決定されます。たとえば初期
状態が❸のみのクラスに、あとから❷のメソッドを追加した場合には、❶は（再コンパイルしない限
り）❸のメソッドを呼び出し続けます。

なお、以下のようなオーバーロードはそもそも不可です。

```java
void hoge(int[] x) {
  System.out.println("int[]");
}
```

p.333でも触れたように、可変長引数の実体は配列引数なので、こちらは「Duplicate method
hoge(int[]) in type ～」（❸との重複したオーバーロード）としてエラーとなります。

練習問題　7.4

[1] 任意個数の引数から平均値を求める静的メソッドgetAverageを定義してみましょう。

7.7.2　引数とデータ型

Javaの型は、基本型と参照型に大別でき、双方には様々な違いがあります。引数においても、基
本型／参照型いずれであるかによって、受け渡した値への影響範囲が変化するので要注意です。

まずは、基本型の例からです（リスト7.35）。

▶リスト7.35　上：ParamPrimitive.java／下：ParamPrimitiveBasic.java（chap07.argumentパッケージ）

```java
public class ParamPrimitive {
  public int update(int num) {                                     ❷
    num *= 10;                                                     ❸
    return num;
  }
}
```
```java
var num = 2;                                                       ❶
var p = new ParamPrimitive();
System.out.println(p.update(num));     // 結果：20
System.out.println(num);               // 結果：2                 ❹
```

これは直観的にも理解できる挙動です。基本型では、実引数の値は仮引数にコピーされます。つまり、変数num（❶）と仮引数num（❷）とは互いに別ものなので、仮引数numへの操作（❸）が元の引数（実引数）numに影響を及ぼすこともありません（❹）。

一方、これが参照型になると、話が変化します（リスト7.36）。

▶リスト7.36　上：ParamRef.java／下：ParamRefBasic.java（chap07.argumentパッケージ）

```
public class ParamRef {
  public int[] update(int[] data) { ───────────────── ❷
    data[0] = 5; ─────────────────────────────── ❹
    return data;
  }
}
```

```
var data = new int[] { 2, 4, 6 }; ─────────────── ❶
var p = new ParamRef();
System.out.println(p.update(data)[0]);    // 結果：5 ──── ❸
System.out.println(data[0]);              // 結果：5 ──── ❺
```

参照型では、

　　（値そのものではなく）値を格納したメモリ上の場所を格納

しています。そして、参照型を受け渡しする場合、コピーする値も（扱っている値そのものではなく）メモリ上のアドレス情報となります。

つまり、上の例であれば、❸のメソッド呼び出しによって、実引数data（❶）と仮引数data（❷）とは同じ値を参照することになります（図7.8）。

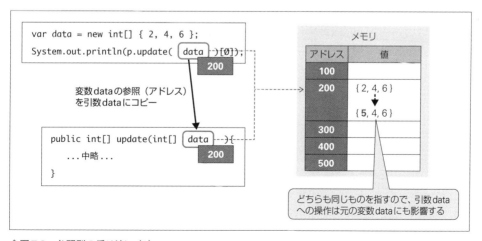

❖図7.8　参照型の受け渡し（1）

オブジェクト指向構文──基本

よって、updateメソッドで配列dataを操作した場合（❹）、その結果は実引数dataにも反映されることになります（❺）。

ただし、配列そのものを置き換えた場合には、結果が変化します（リスト7.37）。

▶リスト7.37　上：ParamRefArray.java／下：ParamRefArrayBasic.java（chap07.argumentパッケージ）

```
public class ParamRefArray {
  public int[] update(int[] data) { ──────────────────── ❶
    data = new int[] { 1Ø, 2Ø, 3Ø }; ──────────────── ❷
    return data;
  }
}
```
```
var data = new int[] { 2, 4, 6 };
var p = new ParamRefArray();
System.out.println(p.update(data)[Ø]);      // 結果：1Ø
System.out.println(data[Ø]);                // 結果：2
```

この場合は、メソッド呼び出しの時点（❶）で、実引数／仮引数は同じものを指しています。しかし、❷で新たに配列を代入した場合には、参照そのものが置き換わっています（図7.9）。よって、この操作が実引数に影響することはありません。

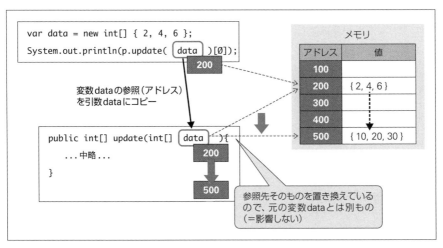

❖図7.9　参照型の受け渡し（2）

たとえばリスト7.38は、書籍情報をマップ（6.4節）で管理するBookMapクラスと、これを利用する例です。

▶リスト7.38　上：BookMap.java／下：NullCheckBasic.java（chap07.optionalパッケージ）

```java
import java.util.Map;

public class BookMap {
  // 「ISBNコード: 書名」の形式で書籍情報を管理
  private Map<String, String> data;

  // 引数mapで書籍情報を初期化
  public BookMap(Map<String, String> map) {
    this.data = map;
  }

  // ISBNコード（引数isbn）をキーに書名を取得
  public String getTitleByIsbn(String isbn) {
    return this.data.get(isbn); ───────────────────── ❶
  }
}
```

```java
var b = new BookMap(Map.of(
  "978-4-7981-5757-3", "JavaScript逆引きレシピ",
  "978-4-7981-5202-8", "Androidアプリ開発の教科書",
  "978-4-7981-5382-7", "独習C# 新版"
));

var title = b.getTitleByIsbn("978-4-7981-5757-3");
if (title == null) { ─────────────────────
  System.out.println("書籍は存在しません。"); ──────── ❷
} else { ─────────────────────
  System.out.println(title.trim()); ───────────── ❸
}     // 結果：JavaScript逆引きレシピ
```

　getTitleByIsbnメソッド（正しくは、その中で利用しているMapクラスのgetメソッド）は、指定されたキーが存在しない場合にnullを返します（❶）。よって、その戻り値を利用する場合には、あらかじめnullチェックを経なければなりません（❷）。

　しかし、このnullチェック、単純ですが、個数が増えれば冗長にもなります。そもそも複雑なア

プリにもなれば、チェックが漏れることもあります。結果、NullPointerException（＝nullなのに、そのメンバーを呼び出そうとした）という典型的なエラーの原因となるわけです。上の例でも、太字のコードを取り除くと、trimメソッド（❸）を呼び出せずに、NullPointerException例外（エラー）が発生することを確認しておきましょう。

Optionalクラスによる解決

おおざっぱに言ってしまうと、Optionalクラス（java.utilパッケージ）とは、このようなnullチェックを簡単化し、NullPointerExceptionを防ぐ——null安全のためのクラスです。

まずは、null値である可能性がある値をOptionalでラッピングします。リスト7.38の例であれば、リスト7.39のように修正します。

▶リスト7.39　BookMap.java（chap07.optional2パッケージ）

```java
import java.util.Optional;
...中略...
public Optional<String> getTitleByIsbn(String isbn) {
  return Optional.ofNullable(this.data.get(isbn));
}
```

Optional.ofNullable静的メソッドは、与えられた値をもとにOptional<String>オブジェクトを生成しなさい、という意味です。Optional<String>は、「null値であるかもしれないString型の値」を表します。

これを利用しているのが、リスト7.40のコードです。

▶リスト7.40　OptionalNullCheck.java（chap07.optional2パッケージ）

```java
var optTitle = b.getTitleByIsbn("978-4-7981-5757-3");
var title = optTitle.orElse("×");
System.out.println(title.trim());      // 結果：JavaScript逆引きレシピ
```

Optionalオブジェクトから元の値を取り出すには、orElseメソッドを利用します。orElseメソッドは、Optionalオブジェクトが非null値を持つ場合にはその値を、さもなければ、引数の値を返します。

リスト7.38のif分岐と比べると、コードがシンプルになったこと、また、（Optionalオブジェクトのままではtrimメソッドにアクセスできないので）nullチェックが漏れるおそれもありません（＝nullの処理を強制できる）。これがnull安全の意味です。

Optionalクラスは戻り値に限定された機能ではありませんが、一般的には、null値の可能性がある戻り値でよく利用します。

Optionalクラスのメソッド

その他、よく利用すると思われるOptionalクラスのメンバーをまとめておきます（表7.8）。

❖表7.8　Optionalクラスの主なメンバー（※は静的メソッド）

メソッド	概要
※Optional<T> empty()	空のOptionalを生成
※Optional<T> of(T *value*)	指定された値からOptionalを生成（*value*がnullの場合は例外）
※Optional<T> ofNullable(T *value*)	指定された値からOptionalを生成（*value*がnullの場合は空のOptionalを生成）
boolean isPresent()	Optionalが非null値を持っているか
void ifPresent(Consumer<? super T> *consumer*)	Optionalが非null値を持っている場合に、処理*consumer*を実行
T orElse(T *other*)	Optionalが非null値を持っている場合はその値を、さもなければ*other*を返す
T orElseGet(Supplier<? extends T> *other*)	Optionalが非null値を持っている場合はその値を、さもなければラムダ式*other*の戻り値を返す

主なメンバーについて、リスト7.41に例を示します。

▶リスト7.41　OptionalExample.java（chap07.optional2パッケージ）

```java
import java.util.Optional;
...中略...
// Optionalオブジェクトを生成
var opt1 = Optional.of("サンプル1");          ──────────────────┐
var opt2 = Optional.ofNullable(null);                        ├─❶
var opt3 = Optional.empty();

// 値が存在するか
System.out.println(opt1.isPresent());     // 結果：true ──────❷

// 値が存在する場合は、ラムダ式（10.1.3項）を実行
opt1.ifPresent(value -> {  ──────────────────────────────┐
  System.out.println(value);                              ├─❸
});     // 結果：サンプル1 ──────────────────────────────┘

// opt2の値が存在する場合はそれを、nullの場合は引数値を表示
System.out.println(opt2.orElse("null値です"));     // 結果：null値です ──❹

// opt3がnull値の場合はラムダ式（10.1.3項）を実行
System.out.println(opt3.orElseGet(() -> {  ──────────────┐
  return "null値です";                                     ├─❺
}));     // 結果：null値です ─────────────────────────────┘
```

オブジェクト指向構文──基本

of／ofNullableメソッド（❶）の違いは、null値を許容するか（＝nullの場合に例外を発生するか）です。Optionalの目的を考えれば、一般的には、例外を発生するofメソッドよりも、ofNullableメソッドを利用する機会が多いでしょう。

isPresent（❷）／ifPresent（❸）メソッドは、いわゆるnullチェックです。一般的には、あまり利用する機会はなく、orElse（❹）／orElseGetメソッド（❺）でnullチェック＋値取得をまとめて行うことになるでしょう。

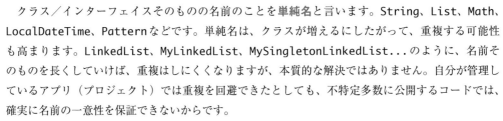

7.8 パッケージ

クラス／インターフェイスそのものの名前のことを**単純名**と言います。String、List、Math、LocalDateTime、Patternなどです。単純名は、クラスが増えるにしたがって、重複する可能性も高まります。LinkedList、MyLinkedList、MySingletonLinkedList...のように、名前そのものを長くしていけば、重複はしにくくなりますが、本質的な解決ではありません。自分が管理しているアプリ（プロジェクト）では重複を回避できたとしても、不特定多数に公開するコードでは、確実に名前の一意性を保証できないからです。

そこでより上位の概念として、名前を分類するための仕組みが**パッケージ**です。

パッケージの役割

パッケージとは、言うなれば、クラス／インターフェイスなどの所属（または名字）です。Listだけでは一意にならない（かもしれない）名前も、java.utilパッケージに属するListとすることで、名前の衝突を回避できます。

名前空間まで加味した「java.util.List」のような名前を（単純名に対して）**完全修飾名**（Fully qualified name）と言います（図7.10）。

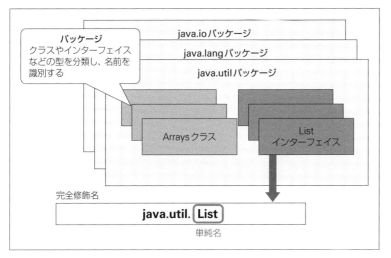

❖図7.10　パッケージ

また、パッケージには名前の識別というだけではなく、次のような意味合いもあります。

（1）機能的な分類

たとえばJavaの標準ライブラリであれば、**java.text**パッケージにはテキスト／日付／数値など を加工するためのクラスがまとめられていますし、**java.sql**パッケージにはデータベース（SQL） に関わるクラスがまとめられています。

パッケージとは、ファイルシステムにおけるフォルダーのようなものと捉えてもよいでしょう （ファイルシステムで、フォルダーを使わずに大量のファイルが散在した状態を思い起こしてみま しょう）。

（2）アクセス制御の単位

7.3.4項でも触れたように、アクセス制御の既定はパッケージプライベートです。適切な単位でパッ ケージを定義することで、外部に対して余計な情報を隠蔽できます（余計な情報を見せないことの重 要性は、8.1節でも触れています）。

note　Java 9以降では、**public**／**protected**とパッケージプライベートとの隔たりを埋める目的で、 モジュールという概念も追加されています。詳しくは、11.3節も参照してください。

7.8.1　パッケージの基本

　パッケージを宣言するには、package命令を利用します。package命令は、**ファイルの先頭に一度だけしか記述できません**（以降に登場するクラス／インターフェイスはすべて、そのパッケージに属するものと見なされます）。

構文 package命令

```
package パッケージ名
```

　たとえばリスト7.42は、**to.msn.wings.selfjava.chap07**パッケージに属する**PackageBasic**クラスの例です。

▶リスト7.42　PackageBasic.java

```
package to.msn.wings.selfjava.chap07;

public class PackageBasic {...}
```

　パッケージの命名ルールを、以下にまとめます。

（1）名前の階層構造はドット（.）で表す

　ファイルシステムと同じく、パッケージでも階層構造を表現できます。その場合、階層の区切りはドット（.）です。ただし、パッケージには、「..selfjava.chap07」のような、相対パスに相当する表現はないので、常に完全名「to.msn.wings.selfjava.chap07」で表すようにしてください。

　階層（.）ごとの名前も短く、なるべく一単語で表すのが通例です。これまでと同じく、省略語は避けるべきですが、一般的に、あるいはプロジェクト内で認知されている場合は、その限りではありません。

（2）パッケージ名はすべて小文字で

　パッケージ名はすべて小文字で表すのが通例です。構文規則ではありませんが、これによって、完全修飾名で表記した場合にも、先頭が大文字で始まるクラス名が視認しやすくなるからです。

```
to.msn.wings.selfjava.object.MyApp
```

　名前の衝突回避という意味でも、このルールは有効です。

　というのも、パッケージ個々の階層要素（＝「.」で区切られた部分）と、クラス／インターフェイスの単純名は、同じ名前空間を共有します。つまり、**to.msn.wings.selfjava.object**パッケージ配下の**MyApp**サブパッケージと、**MyApp**クラスとは名前が衝突します。しかし、名前は大文字／小文字が区別されます。パッケージ名を小文字で命名していれば、そもそも名前の衝突が発生しません（もちろん、避けられるのであれば、そもそも大文字小文字での区別自体を避けるべきです）。

（3）ドメイン名をもとに命名

　先ほど、パッケージは名前の衝突を解決する、と説明しました。しかし、パッケージ名そのものが衝突してしまえば、名前を長くするのと同じ話で、本質的な解決にはなりません。

　そこでJavaでは、パッケージの接頭辞として

　　　インターネットドメインを逆順にしたものを付与する

ことが推奨されています。ドメインであれば、あらかじめ一意性は保証されているので、改めてパッケージ管理のための一意な名前を準備しなくてもよい、というわけです。あとは、その配下で名前の一意性を保証するのは、ドメインを管理している人間の責任です。

　たとえば著者の例であれば「wings.msn.to」というドメインを持っているので、「to.msn.wings.～」が接頭辞です。ただし、そのままto.msn.wingsパッケージとしては、あとでクラスが増えたときに管理しにくいので、一般的には、サブパッケージとしてアプリ／プロジェクト名などを付与します。この例であれば、書籍を表す「selfjava」、章名／分類で「chap07」のようなサブパッケージを付与しています。もちろん、プロジェクトの規模に応じて、階層を深くするのは自由です。

パッケージとフォルダー階層の関係

　Javaでは、パッケージ階層とファイルシステムの階層とは対応関係になければなりません。たとえば、**to.msn.wings.selfjava.chap07**パッケージに属するクラスは、ソースパス（sourcepath）を基点に、**/to/msn/wings/selfjava/chap07**フォルダーの配下に保存しなければなりません（図7.11）。

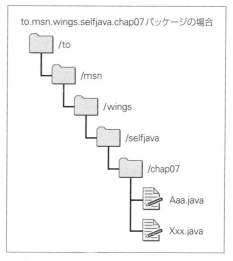

to.msn.wings.selfjava.chap07パッケージの場合

- /to
  - /msn
    - /wings
      - /selfjava
        - /chap07
          - Aaa.java
          - Xxx.java

❖図7.11　パッケージ階層とファイルシステムの階層の対応関係

パッケージ階層が深くなれば、フォルダー階層も深くなりますが、VSCodeなどJavaに対応した開発環境を利用していれば、これを煩雑に感じる機会も少ないでしょう。

p.21でも見たように、VSCodeの［JAVA PROJECTS］ペインでは、/to/msn/wings/selfjava/chap07フォルダーを疑似的に/to.msn.wings.selfjava.chap07フォルダーとして操作できるからです。フォルダー階層を浅くするために、パッケージを簡単化する意味はありませんし、名前衝突の可能性が高まるという意味では、むしろ有害です。

> *note* ソースパス（sourcepath）は、ソースファイル（＝自分で書いたコード）の検索先を表すパスです。1.3.1項の方法でプロジェクトを作成している場合は、既定で以下のような設定（settings.json）が生成されているはずです。
>
> ```
> {
>   "java.project.sourcePaths": ["src"],    ➡ソースパスの定義
>   ...中略...
> }
> ```

デフォルトパッケージ

package宣言を省略した場合、配下のクラス／インターフェイスは、**デフォルトパッケージ（名前なしパッケージ）**に属するものと見なされます。ソースパスの直下に配置してください。

デフォルトパッケージもパッケージの一種ですが、あくまで便宜的なものにすぎません（名前衝突の回避には無力です）。先述したように、フォルダー階層を浅くすることに意味はないので、一般的な開発では避けるべきです。

 ## 7.8.2 名前の解決

import命令による名前の解決については、p.33でも触れました。import命令を利用することで、完全修飾名は単純名で表記できるようになります。

```
org.apache.commons.lang3.builder.DiffBuilder diff =
  new org.apache.commons.lang3.builder.DiffBuilder(...);
```

```
import org.apache.commons.lang3.builder.DiffBuilder;
...中略...
DiffBuilder diff = new DiffBuilder(...);
```

本項では、以上の理解を前提に、より細かな名前解決のルールについて解説していきます。

単一型インポート／オンデマンドインポート

import命令では、大きく以下の方法でクラス／インターフェイスをインポートできます。

- 単一型インポート：「java.util.List」のように特定の型を決め打ちでインポート
- オンデマンドインポート：「java.util.*」のようにパッケージ配下のすべての型をインポート

ただし、以下の理由から、一般的には、単一型インポートを統一して利用することをお勧めします。

- 名前解決の優先順位が異なるため、混乱の原因となる
- クラスとパッケージの関係を視認しやすい

名前解決の優先順位とは、コード内で単純名が衝突した場合に、優先される型の順序です。

1. 現在のファイル内で定義された型
2. 単一型インポートされた型
3. 同一パッケージに属する型
4. オンデマンドインポートされた型

同じくインポートした型でも、記法によって優先順位が変化するわけです。これは望ましい状態ではありません。

> note 優先順位に依存したコードは、ひと目見て、どの名前（パッケージ）を指しているか判別できないという意味で読みにくく、結果として、思わぬバグの原因にもなります。名前が重複した場合には、単純名のシンプルさを捨ててでも、完全修飾名で表すのが無難です。
> また、そもそも自分でクラス／インターフェイスを定義する際には、少なくとも標準ライブラリの型名と重複しないよう、留意してください。

補足 オンデマンドインポートの誤解

オンデマンドインポートについて、以下のような点を懸念されることがありますが、いずれも誤解です。上でも述べたように、オンデマンドインポートはそもそも利用すべきではありませんが、理屈を理解しておくのは無駄なことではありません。

（1）オンデマンドインポートはパッケージ配下のすべての型を取り込むので、クラスファイルが肥大化する？

そんなことはありません。import命令が取り込むのは、あくまで名前解決のための情報であって、クラスファイルそのものを取り込むわけではありません（単一型インポートも同様です）。

同じ理由から、インポート先のクラスが更新されても、インポート元のクラスを再コンパイルする必要はありません（7.6.4項でも触れたように、定数を参照している場合は例外です）。

(2) オンデマンドインポートはサブパッケージまでインポートする？

たとえば「`import java.util.*`」によって、`java.util.regex`、`java.util.stream`のようなパッケージがインポートされるわけではありません（インポートされるのは、あくまで`java.util`パッケージだけです）。

パッケージは階層的に命名できますが、パッケージ同士に階層的な意味はないからです。`java.util`、`java.util.regex`、`java.util.stream`は見た目の階層構造に関わらず、互いにフラットな関係です。

同じ理由から、「`import java.*`」「`import java.*.*`」で、すべてのjava.～パッケージがインポートされることはありません。

 ## 7.8.3　staticインポート

厳密には、パッケージに関する機能ではありませんが、名前解決の一環ということで`import static`命令についても補足しておきます。`import static`命令を利用することで、（パッケージだけではなく）クラス／構造体、列挙体などの型を略記できるようになります。これを**staticインポート**と言います。

構文 import static命令

```
import static パッケージ名.クラス名.静的メンバー名
```

たとえばリスト7.43は、Mathクラスのabs静的メソッドを、staticインポートを利用して呼び出す例です。

▶リスト7.43　ImportStatic.java

```
import static java.lang.Math.abs; ─────────────────────────── ❶
...中略...
System.out.println(abs(-10));    // 結果：10
```

absメソッドを、あたかも関数のようにクラス名無しで呼び出せることが確認できます。❶は、以下のように書き換えてもかまいません（Mathクラス配下のすべての静的メソッドがstaticインポートされます）。

```
import static java.lang.Math.*;
```

staticインポートを利用することで、頻繁に利用する静的メソッド／定数、staticメンバークラス（7.6節）などではコードをシンプルに表現できます。ただし、自他いずれのクラスで定義されたメンバーかどうかを判別しにくくなるという問題もあります。乱用は控え、限定された範囲の中で利用することをお勧めします。

☑ この章の理解度チェック

[1] 表7.Aはオブジェクト指向の主要なキーワードについてまとめたものです。空欄を適切な語句で埋めて、表を完成させてみましょう。

❖表7.A　オブジェクト指向構文の主要なキーワード

キーワード	概要
①	メンバーに対するアクセスの可否を定義するキーワードの総称。　①　には public、　②　、　③　があります。
④	該当するメンバーがインスタンスを介さずに呼び出せることを示すキーワード。このようなメンバーを　⑤　と言います。
クラス ⑥	class {...}の直下で定義された　⑥　、読み取り専用のフィールドのこと。　⑦　修飾子を付与します。
⑧ 引数	任意個数の引数を受け取るための仕組みで、引数のデータ型の後ろに　⑨　を付けます。　⑨　を付けた場合、その引数の型は　⑩　となります。

[2] 以下の文章はオブジェクト指向構文について説明したものです。正しいものには○、誤っているものには×を付けてください。

（　　）　フィールド／メソッドは外部から呼び出すことが前提の仕組みなので、アクセス修飾子も既定はpublicである。

（　　）　データ型が異なっていれば、同じクラスに同名のフィールドを定義してもよい。

（　　）　フィールドとローカル変数の名前は重複してはならない。

（　　）　forループで宣言されたカウンター変数は、登場以降、そのメソッドの内部であればアクセス可能である。

（　　）　パッケージは、インターネットドメインを逆順にしたものをもとに命名すべきである。

[3] Hamsterクラスは、以下のメンバーを実装しています。

● String型のname（名前）フィールド、int型のage（年齢）フィールド
● 引数name、ageを指定できるコンストラクター
● 引数なしのコンストラクター（既定値としてnameには権兵衛、ageには0を設定）
● あらかじめ決められた書式に従って、name／ageフィールドを出力するshowメソッド

リスト7.Bの空欄を埋めて、コードを完成させてください。

▶リスト7.B　Hamster.java

```java
public class Hamster {
  public   ①   name;
  public int   ②  ;

  public Hamster(  ①   name, int   ②  ) {
      ③  .name = name;
      ③  .age = age;
  }

  public Hamster() {
      ③  (  ④  );
  }

  public   ⑤   show() {
    System.out.  ⑥  ("%s（%d歳）です。\n",   ③  .name,   ③  .age);
  }
}
```

[4] 引数の参照渡しに関する問題です。リスト7.Cのコードを実行したときの❶、❷の出力結果を答えてください。また、❸を「value = new int[] { 100, 200, 300};」とした場合の、同じく❶、❷の結果も答えてください。

▶リスト7.C　上：Practice4.java／下：Practice4Client.java

```java
public class Practice4 {
  public int[] change(int[] value) {
    value[0] = 100; ——————————————————————————— ❸
    return value;
  }
}
```
```java
var value = new int[] { 10, 20, 30 };
var p = new Practice4();
System.out.println(p.change(value)[0]); ——————————— ❶
System.out.println(value[0]); ———————————————————— ❷
```

オブジェクト指向構文──カプセル化／継承／ポリモーフィズム

この章の内容

8.1 カプセル化

8.2 継承

8.3 ポリモーフィズム

Chapter **8**

オブジェクト指向プログラミングを学ぶうえで、

- カプセル化
- 継承
- ポリモーフィズム

といったキーワードの理解は欠かせません。

　これらの仕組みは、オブジェクト指向であることのすべてではありませんが、理解するための基盤となる考え方を含んでいます。これらのキーワードを理解することで、よりオブジェクト指向的なコードを —— そう書くことの必然性を持って書けるようになるはずです。

　ここまでの章に比べると、抽象的な解説も増えてきますが、構文の理解だけに終わらないでください。構文はあくまで表層的なルールにすぎません。その機能の必要性、前提となる背景を理解するように学習を進めてください。

8.1　カプセル化

　カプセル化（Encapsulation）の基本は、「使い手に関係ないものは見せない」です。クラスで用意された機能のうち、利用するうえで知らなくても差し支えないものを隠してしまうこと、と言い換えてもよいでしょう。

　たとえば、よく例として挙げられるのは、テレビのようなデジタル機器です。テレビの中には様々で複雑な回路が含まれていますが、利用者はその大部分には触れられませんし、そもそも存在を意識することすらありません。利用者には、電源や画面、チャンネルなど、ごく限られた機能だけが見えています。

　これが、まさにカプセル化です（図8.1）。私たちが触れられる機能はテレビに用意された回路全体からすれば、ほんの一部かもしれません。しかし、それによって私たちが不便を感じることはありません。むしろ無関係な回路に不用意に触れてしまい、テレビが故障するリスクを回避できます。

　小さなこどもから機械の苦手なお年寄りまでがテレビを気軽に利用できるのも、余計な機能が**見えない**状態になっているからなのです。

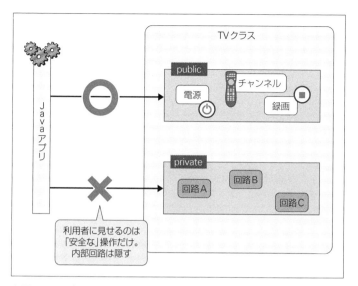

❖図8.1 カプセル化

クラスの世界でも同様です。クラスにも、利用者に使ってほしい機能と、その機能を実現するためだけの内部的な機能とがあります。それら何十個にも及ぶメンバーが区別なく公開されていたら、利用者にとっては混乱のもとです。しかし、「あなたに使ってほしいのは、この10個だけですよ」と、最初から示してあれば、クラスを利用するハードルは格段に下がります。

より安全に、より使いやすく —— それがカプセル化のコンセプトです。

 ### 8.1.1　アクセス修飾子

クラスの世界で、特定のメンバーを見せるかどうかを管理しているのは**アクセス修飾子**です。すでに、これまでの解説でも何度か登場していますが、ここで改めてまとめておきます（表8.1）。

❖表8.1　アクセス修飾子

アクセス修飾子	概要
public	すべてのクラスからアクセス可能
protected	現在のクラスと派生クラス、同じパッケージのクラスからアクセス可能
なし	現在のクラスと同じパッケージのクラスからアクセス可能
private	現在のクラスからのみアクセス可能

たとえばリスト7.4（p.299）で作成したPersonクラスでshowメソッドの権限をpublicからprivateに変更したうえで、サンプルを実行してみましょう。次のように、コンパイルエラーとなります。

```
private String show() {
  return String.format("%s (%d歳) です。", this.name, this.age);
}
```

```
The method show() from the type Person is not visible
（メソッドshow()は型Personで不可視です）
```

　アクセス修飾子を明記しない場合、そのメンバーは同じパッケージ内でのみアクセスできます。この状態のことを**パッケージプライベート**と言います。

　アクセス修飾子を付与する際の指針は、1つだけ、

　　要件を満たす範囲で、できるだけ強い制約を課す

です。特に、`public`／`protected`と、それ以下の権限には、大きな隔たりがあります。パッケージプライベートは、クラスとそのメンバーが、あくまでパッケージ内部で閉じていることを意味します（＝万人に公開されたAPIではありません）。よって、実装を修正するにも互換性の維持を意識する必要はありません。しかし、`public`／`protected`は公開メンバーです。メンバーはいったん公開された時点で、利用者に対して互換性維持の責任を負うことになります（仕様を変更した場合にも、なんらかの告知が必要となります）。

　よって、トップレベルのクラスであれば、パッケージ外からのアクセスを意図していない限り、パッケージプライベートを基本とすべきですし、メソッドの権限も`private`を基準と考えてください。そのうえで、たとえばパッケージ内の他のメンバーからのアクセスが必要になった場合には、その時点でパッケージプライベートに格上げしても遅くはありません。

 note Java 9以降では、`public`／`protected`とパッケージプライベートとの隔たりを埋める目的で、モジュールという概念が追加されました。詳しくは、11.3節を参照してください。

 ## 8.1.2　フィールドのアクセス権限

　これまでクラス内で保持するデータを、フィールドという形で外部に公開してきました。リスト8.1のようなコードです。

```java
public class Person {
  public String name;
  public int age;

  public Person(String name, int age) {
    this.name = name;
    this.age = age;
  }

  public String show() {
    return String.format("%s （%d歳） です。", this.name, this.age);
  }
}
```

しかし、結論から言うと、インスタンスフィールドは原則として**public**宣言すべきでは**ありません**。理由は、以下の通りです。

（1）読み書きの許可／禁止を制御できない

　フィールドとは、オブジェクトの状態を管理するための変数です。その性質上、値の取得は許しても、変更にはなんらかの制限を課したいという場合がほとんどです（複数のフィールドが互いに関連を持っている場合には、なおさらです）。

　しかし、フィールドは単なる変数なので、アクセスの可否を決めるのはアクセス修飾子だけ。アクセスを許可した時点で、その値を取得／変更するのは利用者の自由です（**final**修飾子で読み取り専用にはできますが、クラス内部からも変更できなくなってしまいます）。

> *note* そもそも内部状態はインスタンス化のタイミングで固定し、その後は変更したくないということもあります。一般論としては、そのほうが状態の変化を意識しなくてよいため、扱いが容易になるからです。インスタンス化以降は内部状態を変更できないクラスのことを**不変クラス**と言います。クラス設計に際しては、用途が許す範囲で、できるだけ不変クラスとすべきです。

（2）値の妥当性を検証できない

　たとえば**Person**クラスの**age**フィールドであれば、正の整数であることを期待されています。しかし、標準のデータ型では正の整数型はないので、フィールドとして負数の代入を制限することはできません。

　もちろん、フィールドを参照しているメソッドでチェックすることもできますが、あまりよい方法

ではありません。複数のメソッドから参照している場合、同様の検証ロジック（また、その呼び出し）がそちこちに散在するのは、コードの保守性などという言葉を持ち出すまでもなく、望ましい状態ではないからです。

（3）内部状態の変更に左右される

　そもそもフィールドとは、オブジェクトの内部的な状態を表すものです。実装の変更によって、将来的には、内部的な値の持ち方も変化するかもしれません。たとえば現在、ageフィールドはint型ですが、double型に変更されたらどうでしょう（あるいは、birthフィールドを新設して、そこからageを求めるようになったら？）。ageフィールドを参照するすべてのコードが影響を受けます。

8.1.3　アクセサーメソッド

　このような理由から、オブジェクトの内部状態（フィールド）は、外部からは直接にはアクセスできないようにして、取得するにも変更するにもメソッドを介するべきです。これもまた、一種のカプセル化です。

　このような仕組みを実現するための一般的な手法が、**アクセサーメソッド**（Accessor Method）です。フィールドはprivate宣言しておいて、その読み書きにはアクセスのためのメソッドを利用するアプローチです。

　たとえばリスト8.2であれば、getName／getAgeが値取得のための、setName／setAgeが値設定のためのメソッドです。それぞれを区別して、**ゲッターメソッド**（Getter Method）、**セッターメソッド**（Setter Method）、あるいは、単に**ゲッター／セッター**と呼ぶ場合もあります。

▶リスト8.2　上：Person.java／下：AccessorBasic.java（chap08.accessorパッケージ）

```java
public class Person {
  // フィールドはprivate扱い
  private String name;
  private int age;

  // nameフィールドのゲッター
  public String getName() {
    return this.name;
  }

  // nameフィールドのセッター
  public void setName(String name) {
    this.name = name;
  }
```

```
    // ageフィールドのゲッター
    public int getAge() {
      return this.age;
    }

    // ageフィールドのセッター
    public void setAge(int age) {
      if (age <= 0) {
        throw new IllegalArgumentException("年齢は正数で指定してください。");
      }
      this.age = age;
    }

    public String show() {
      return String.format("%s（%d歳）です。", getName(), getAge());
    }
}
```

❶

```
var p = new Person();
p.setName("山田太郎");
p.setAge(30);
System.out.println(p.show());      // 結果：山田太郎（30歳）です。
p.setAge(-30);                     // エラー：年齢は正数で指定してください。(負数なのでエラー)
```

　一般的に、アクセサーメソッドの名前は、

　　　フィールド名の先頭は大文字にし、その前にget／setを付与

します。よって、nameフィールドに対応するアクセサーメソッドはgetName／setNameですし、ageフィールドに対応するのはgetAge／setAgeです。

構文　ゲッター／セッター

```
public データ型 getフィールド名() {
  return this.フィールド名;
}
```

```
public void setフィールド名(データ型 引数) {
  this.フィールド名 = 引数;
}
```

> **note** ただし、対象となるフィールドがboolean型である場合には、例外的に、ゲッターメソッドは`isXxxxx`と命名します。

　アクセサーメソッドは「メソッド」なので、フィールドの読み書きにあたって、任意の処理を加えることもできます（図8.2）。リスト8.2の❶であれば、与えられた引数がゼロ以下の場合には例外を発生し、正数の場合にだけ値を設定しています（例外と`throw`命令は、9.2節で解説します）。これによって、不正値が代入された場合の問題を、水際で防いでいるわけです。

　もちろん、設定時だけでなく、取得時に値を加工することも可能です。内部的なデータの持ち方に変化があった場合にも、ゲッターを介することで呼び出し側に影響することなく、内部の実装だけを差し替えられます。

　あるいは、ゲッターだけを用意することで、フィールドを読み取り専用にすることもできますし、セッターだけにすれば書き込み専用となります。ただし先ほども触れたように、オブジェクトの状態は変化しないほうが扱いは簡単になります。無条件にゲッター／セッターをワンセットと捉えるのではなく、それで差し支えないのであれば、セッターは**書かない**ことを心掛けてください。

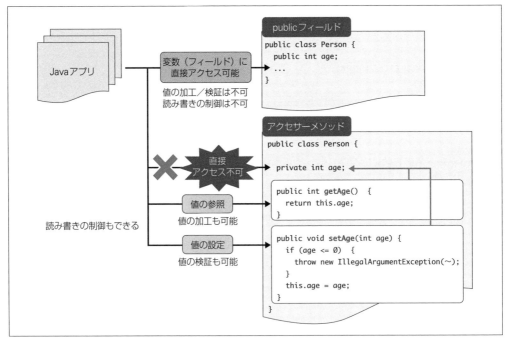

❖図8.2　アクセサーメソッドの意義

8.1.4 例 不変クラス

不変クラス（不変型）とは、オブジェクトを最初に生成したところから、一切の値（フィールド）が変化しないクラスのことです。オブジェクトの状態が意図せず変えられてしまう心配がないことから、いわゆる「可変クラス」よりも実装／利用が簡単になり、結果として、バグの混入を防げる、堅牢なコードにもつながる、などのメリットがあります。クラスを設計する際には、要件を満たす限り、不変クラスとするのが理想的です。

リスト8.3に、不変クラスの具体的な例を示します。

▶リスト8.3　上：Person.java／下：ImmutableBasic.java（chap08.immutableパッケージ）

```java
public final class Person {                          ❹
  private final String name;                         ❶
  private final int age;                             ❶

  // コンストラクター
  public Person(String name, int age) {
    this.name = name;                                ❷
    this.age = age;
  }
}
```

```
  // ゲッターメソッド
  public String getName() {
    return this.name;
  }

  public int getAge() {
    return this.age;
  }
}
```

③

```
var p = new Person("山田太郎", 3Ø);
System.out.println(p.getName());    // 結果：山田太郎
```

　不変クラスでは、すべてのフィールドは`private final`として定義します（①）。`final`とすることは本質的ではありませんが、再代入を禁止する意図をより明確に宣言できます。

　そして、これらの`private final`フィールドを初期化するのは、コンストラクターだけの役割です（②）。その他には一切の変更メソッドを設けません（変更メソッドのことをミューテーター（Mutator）と呼ぶ場合もあります）。値を取得するためのゲッター（③）を設けることは問題ありません。

　また、一般的には、クラスそのものを`final`宣言し、拡張できないことを保証します（④）。継承先のクラスが不変性を破るのを防止しているのです（`final`修飾子は8.2.6項でも解説します）。

不変性が破れる例

　このように、不変型のルールは、一見して簡単に見えます。しかし、以上の要件を守っていても、不変性が破れる場合があります（というか、簡単に破れます）。

　たとえばリスト8.4の例を見てみましょう。`Person`クラスに`birth`フィールドと、そのゲッターを追加した例です。

▶リスト8.4　Person.java（chap08.variableパッケージ）

```
import java.util.Date;

public final class Person {
  ...中略...
  private final Date birth;

  public Person(String name, int age, Date birth) {
    this.name = name;
    this.age = age;
    this.birth = birth;
```

```
  }
  ...中略...
  public Date getBirth() {
    return this.birth;
  }
}
```

　このようなPersonクラスの不変性は、リスト8.5のコードで簡単に破綻します。上はインスタンスに渡した値をあとから変更する例、下はインスタンスから取得した値を変更する例です（Dateクラスのset Dateメソッドは非推奨の扱いですが、あくまで説明のための例と捉えてください）。

▶リスト8.5　ImmutableFailure.java（chap08.variableパッケージ）

```
var birth = new Date();
var p = new Person("山田太郎", 3Ø, birth);
System.out.println(p.getBirth());      // 結果：Tue Sep 12 11:Ø5:29 JST 2Ø23
// インスタンス化に際して渡したオブジェクトを更新（日付を変更）
birth.setDate(15);
System.out.println(p.getBirth());      // 結果：Fri Sep 15 11:Ø5:29 JST 2Ø23

var p = new Person("山田太郎", 3Ø, new Date());
System.out.println(p.getBirth());      // 結果：Tue Sep 12 11:Ø7:19 JST 2Ø23
var birth = p.getBirth();
// ゲッター経由で取得したオブジェクトを更新（日付を変更）
birth.setDate(15);
System.out.println(p.getBirth());      // 結果：Fri Sep 15 11:Ø7:19 JST 2Ø23
```

　参照型の代入は参照そのものを渡すだけです。よって、実引数／戻り値で受け渡しした値を変更した場合、その内容はフィールドにも影響してしまうのです。リスト8.4の例が問題ないのは、すべてのフィールドが基本型、もしくは不変の参照型であったからです（String型が不変であることは3.2.2項でも触れました）。

　このような問題を防ぐには、以下のような手段があります。

　1. 引数／戻り値として受け渡しする際に防御的コピーする
　2. 戻り値として返す際に、不変型に変換する

　防御的コピーとは、引数／戻り値の際に（オブジェクトをそのまま受け渡しするのではなく）複製したオブジェクトを受け渡しすることです。リスト8.4の例であれば、リスト8.6のように書き換えます。

オブジェクト指向構文──カプセル化／継承／ポリモーフィズム

▶リスト8.6　Person.java（chap08.variableパッケージ）

```java
public final class Person {
  ...中略...
  public Person(String name, int age, Date birth) {
    this.name = name;
    this.age = age;
    this.birth = new Date(birth.getTime());
  }
  ...中略...
  public Date getBirth() {
    return new Date(this.birth.getTime());
  }
}
```

コンストラクターの引数birth、birthフィールドからgetTimeメソッドでタイムスタンプ値を取り出し、新たなオブジェクトを生成しているわけです。新たに生成されたオブジェクトは、もちろん元のオブジェクトとは別ものなので、呼び出し元の変更がクラスに影響することはなくなります。リスト8.5のコードでも確認しておきましょう。

 note 本文では扱っていませんが、引数の妥当性検証を実施するならば、**防御的コピーのあと**にしてください。さもないと、コピーと検証とのわずかなタイミングで、他のスレッド（11.1節）が値を変更してしまう可能性があるためです。

2.の不変型への変換とは、**StringBuilder**型のフィールドを、外部に引き渡す際には**String**型に変換するようなことを言います。コレクション型であれば、**unmodifiableXxxxx**メソッド（6.1.3項）で不変型を得られます（配列はそのままでは不変型にできないので、**asList**メソッドで**List**に変換してから不変型に変換します）。

ただし、変更不能コレクションでも、要素が参照型（可変型）である場合には、その内容の変更まで制限できるわけではありません。コレクションのすべての要素を防御的コピー、または不変型に変換する方法もありますが、その配下にさらに可変型がある場合、どこまで対処するのか、という問題も出てきます。現実的には、どこまで不変性を保証するのかの取り決めは必要となるでしょう。

練習問題　8.1

[1] アクセス修飾子について簡単に説明してみましょう。

[2] アクセサーメソッドを介してフィールドにアクセスするメリットはなんですか。簡単に説明してみましょう。

継承（Inheritance）とは、元になるクラスのメンバーを引き継ぎながら、新たな機能を加えたり、元の機能を上書きしたりする仕組みのことです（図8.3）。このとき、継承元となるクラスのことを**基底クラス**（または**スーパークラス**、**親クラス**）、継承してできたクラスのことを**派生クラス**（または**サブクラス**、**子クラス**）と呼びます。

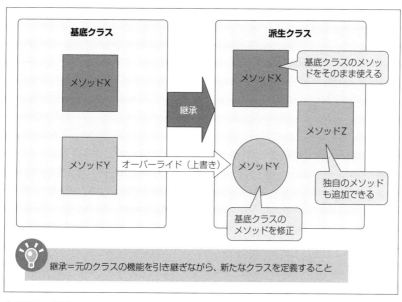

基底クラス

派生クラス

メソッドX

メソッドX

基底クラスのメソッドをそのまま使える

継承

メソッドZ

メソッドY

オーバーライド（上書き）

メソッドY

独自のメソッドも追加できる

基底クラスのメソッドを修正

継承＝元のクラスの機能を引き継ぎながら、新たなクラスを定義すること

❖図8.3　継承

　たとえば、先ほどのPersonクラスとほとんど同じ機能を持ったBusinessPersonクラスを定義したい、という状況を想定してみましょう。このようなときに、BusinessPersonクラスを一から定義するのは得策ではありません。その場の手間ひまはもちろん、修正の際にも重複した作業を強制されます。そして、そのような無駄は、いつか間違いの原因となります。

　しかし、継承を利用することで、無駄を省けます。Personの機能を引き継ぎつつ、新たに必要となった機能だけをBusinessPersonクラスで定義すればよいからです。コードの変更が必要になった場合にも、共通部分は基底クラスにまとまっているので、そこだけを修正すれば、変更は自動的に派生クラスにも反映されます。

　継承とは、機能の共通した部分を切り出して、差分だけを書いていく仕組みと言ってもよいでしょう（これを**差分プログラミング**と言います）。

note しかしながら、共通処理を切り出す手法は、継承が唯一ではありません。

たとえばユーティリティクラス（7.6.1項）も、アプリ共通で利用する機能を、独立したクラスとして切り出す手法の一種です。また、特定の役割を別のクラスとして切り出し、そのインスタンスをフィールドとして保持する**委譲**という手法もあります。

オブジェクト指向構文というと、まずは継承というキーワードが紹介されるせいか、継承にだけ目がいきがちですが、現実的な開発では、継承の用途は限定されます。状況に応じて、適切なアプローチを選択する目と、その前提となる引き出しを養うようにしてください。委譲と継承の使い分けについては、8.2.10項で詳しく解説します。

8.2.1　継承の基本

継承の一般的な構文は、以下の通りです。一般的なクラス宣言に加えて、extendsキーワードで継承元のクラス（基底クラス）を指定します。

構文 クラスの継承

```
[修飾子] class 派生クラス名 extends 基底クラス名 {
  ...派生クラスの定義...
}
```

extends句を省略した場合、暗黙的にObjectクラス（9.1節）を継承したと見なされます（これまでのクラス定義はこのパターンです）。Javaのすべてのクラスは、直接／間接を問わず、最終的にObjectクラスを継承するという意味で、Objectクラスはルートクラスとも言えます。

それでは、具体的な例も見てみましょう。リスト8.7は、Personクラスを継承し、BusinessPersonクラスを定義する例です。

▶リスト8.7　上：Person.java／中：BusinessPerson.java／下：InheritBasic.java

```java
public class Person {
  public String name;
  public int age;

  public String show() {
    return String.format("%s (%d歳) です。", this.name, this.age);
  }
}
```

```
public class BusinessPerson extends Person {
                    ①                    ②
  public String work() {
    return String.format("%d歳の%sは、働きます。", this.age, this.name);      ③
  }
}
```

```
var bp = new BusinessPerson();
bp.name = "山田太郎";
bp.age = 30;
System.out.println(bp.show());     // 結果：山田太郎（30歳）です。            ④
System.out.println(bp.work());     // 結果：30歳の山田太郎は、働きます。
```

順に、個々のポイントを見ていきます。

①命名は基底クラスよりも具体的に

　派生クラスには、基底クラスよりも具体的な命名をします。一般的には、2単語以上で命名します。その際、末尾に基底クラスの名前を付与すれば、互いの継承関係をより把握しやすくなるでしょう。たとえばHashMapクラスの派生クラスとして、LinkedHashMapクラスと命名するのは妥当です。

　逆に言えば、基底クラスは派生クラスの一般的な特徴を表した名前であるべきです。

> *note* ただし、Component（画面部品）クラスの派生クラスとして、ButtonComponent（ボタン）のような命名をするのはいきすぎです。Buttonだけで十分にComponentの一種であることを認識できるからです。名前は具体的であることを満たす範囲で、できるだけ端的な（短い）命名であるべきです。

②基底クラスは1つだけ

　Javaでは、

```
class BusinessPerson extends Person, Animal
```

のように、1つのクラスが同時に複数のクラスを親に持つような継承──すなわち、**多重継承**を認めていません（図8.4）。継承関係が複雑になる、名前が衝突した場合の解決が困難である、などがその理由です。

　つまり、ある派生クラスの基底クラスは常に1つだけです（これを**単一継承**と言います）。ただし、派生クラスを継承して、さらに派生クラスを定義するのはかまいません。

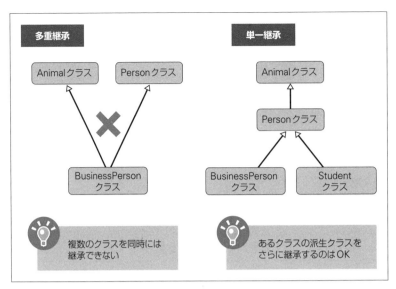

❖図8.4　多重継承と単一継承

❸派生クラスにメンバーを追加する

　ここでは、派生クラス独自のメソッドとしてworkメソッドを定義しています。これによって、正しくworkメソッドが呼び出せているのはもちろん、基底クラスで定義されたshowメソッドが、あたかもBusinessPersonクラスのメンバーであるかのように呼び出せることを確認してください（❹）。

　継承の世界では、まず現在のクラスで要求されたメンバーを検索し、存在しなかった場合には、上位のクラスで定義されたメンバーを呼び出します（図8.5）。

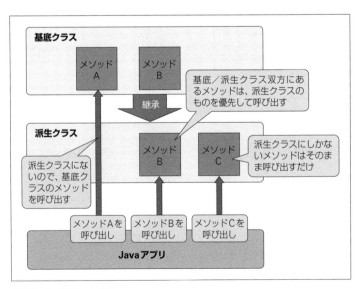

❖図8.5　継承の仕組み

リスト8.7ではメソッドを追加しているだけですが、基本的には7.1.3項で触れたすべてのメンバーを追加できます。

　逆に、基底クラスで定義されたメンバーを派生クラスで削除することはできません。言い換えると、派生クラスは**基底クラスのすべての性質を含んでいる**、ということです。

エキスパートに訊く

Q： どのような場合に、継承を利用すればよいのでしょうか。継承を利用する場合の注意点があれば教えてください。

A： 親クラスと子クラスに、is-aの関係が成り立つかを確認してください。is-aの関係とは「SubClass is a SuperClass」（派生クラスが基底クラスの一種である）ということです（図8.B）。たとえば、「BusinessPerson（ビジネスマン）はPerson（人）」なので、BusinessPersonとPersonの継承関係は妥当であると判断できます。

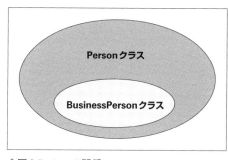

❖図8.B　is-aの関係

is-aの関係は、BusinessPerson（派生クラス）がPerson（基底クラス）にすべて含まれる関係、と言い換えてもよいでしょう（この逆は成り立ちません）。

このような関係をやや難しく言うと、BusinessPersonはPersonの特化（特殊化）であり、PersonはBusinessPersonの汎化である、となります。要するに、BusinessPersonはPersonの特殊な形態であり、逆にPersonは　BusinessPersonをはじめとするその他の概念 ── たとえば、Freeloader（遊び人）やStudent（学生）といったもの ── の共通点（人間であることなど）を抽出したものである、ということです。

構文としては、クラスはどんなクラスでも継承できます。Wife（妻）クラスがDinosaur（恐竜）クラスを継承していてもかまいません。しかし、これは継承として意味がないばかりでなく、クラスの意味をわかりにくくする原因にもなるので、注意してください。

継承の世界では、メンバーの追加は常に可能です。そして、削除は常に不可です。

では、変更はどうでしょうか。変更はメンバーによって可否が変化します。また、メンバーによって「オーバーライド」と「隠蔽」とに分類されます。具体的に、変更が可能なメンバーと、その種類は、以下の通りです。

- オーバーライド：メソッド
- 隠蔽　　　　　：フィールド、入れ子のクラス／インターフェイス

本項ではまず、より単純な隠蔽から解説していきます。

基底クラスの同名のフィールドを、派生クラスで定義した場合、基底クラスのフィールドは派生クラスのそれによって見えなくなります。これがフィールドの隠蔽です。

具体的な例も見てみましょう（リスト8.8）。

▶リスト8.8　上：Person.java／中：BusinessPerson.java／下：HideBasic.java（chap08.hiding パッケージ）

```java
import java.time.ZonedDateTime;
...中略...
public class Person {
  public String name;
  public ZonedDateTime birth = ZonedDateTime.now();
}
```

```java
import java.time.LocalDateTime;
...中略...
public class BusinessPerson extends Person {
  // 基底クラスのフィールドを隠蔽
  public LocalDateTime birth = LocalDateTime.now();      ─────── ❶

  public void show() {
    System.out.println(super.birth);      ─────── ❷
  }
}
```

```java
var bp = new BusinessPerson();
// BusinessPerson.birthフィールドを表示
System.out.println(bp.birth);      // 結果：2023-09-12T11:21:12.972801900
// Person.birthフィールドを表示
bp.show();      // 結果：2023-09-12T11:21:12.972801900+09:00[Asia/Tokyo]
```

基底クラスで定義されたbirthフィールド（ZonedDateTime型）が、派生クラスの同名の
フィールド（LocalDateTime型）によって見えなくなっているわけです。データ型が異なっていて
も、名前が同じでさえあれば、フィールドは隠蔽されます（❶）。

ただし、基底クラスのフィールドも見えなくなっているだけで、存在そのものがなくなってしまっ
たわけではありません。予約変数superを用いることで（❷）、隠蔽されたフィールドにアクセスす
ることも可能です（ただし、基底クラスのフィールドがprivateである場合には、superでもアク
セスできません）。

superは、thisと同じくあらかじめ用意された特別な変数であり、事前の宣言は不要です。

構文 superキーワード（フィールド）

```
super.フィールド名
```

以上が、隠蔽の基本的な挙動ですが、意図して利用すべき仕組みでは**ありません**。フィールドの隠
蔽は、そもそも意図したものなのかバグなのかを判別しにくく、コードの可読性も損なうからです。

たまたま同じ名前のフィールドを定義してしまったならば、衝突そのものを回避すべきですし、役
割が同じならば、はなから基底クラスのフィールドをそのまま利用すべきです。

8.2.3　メソッドのオーバーライド

メンバーを更新するもう1つの仕組みが、**オーバーライド**です。オーバーライドとは、基底クラス
で定義されたメソッドを派生クラスで上書きすることです（図8.6）。基底クラスで定義された機能
を、派生クラスで再定義すること、と言ってもよいでしょう。

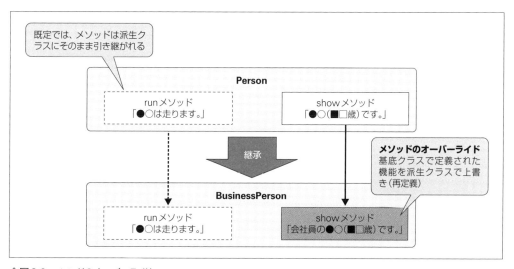

❖図8.6　メソッドのオーバーライド

リスト8.9は、Personクラス（p.364のリスト8.7）で定義したshowメソッドを、Business Personクラスで再定義する例です。

▶リスト8.9　上：BusinessPerson.java／下：OverrideBasic.java（chap08.overrideパッケージ）

```java
class BusinessPerson extends Person {
  public BusinessPerson() {}

  // 基底クラスの同名のメソッドをオーバーライド（上書き）
  @Override ─────────────────────────────────────────────── ❷
  public String show() { ─────────────────────────────┐
    return String.format("会社員の%s（%d歳）です。", this.name, this.age); ├─ ❶
  } ─────────────────────────────────────────────────┘

  public String work() {
    return String.format("%d歳の%sは、働きます。", this.age, this.name);
  }
}
```

```java
var bp = new BusinessPerson();
bp.name = "山田太郎";
bp.age = 3Ø;
System.out.println(bp.show());     // 結果：会社員の山田太郎（3Ø歳）です。
System.out.println(bp.work());     // 結果：3Ø歳の山田太郎は、働きます。
```

メソッドがオーバーライドであるための条件は、表8.2の通りです（❶）。隠蔽とは異なり、見るのは名前だけでは**ない**点に注目です。

❖表8.2　オーバーライドの条件

項目	条件
メソッド名	完全に一致していること
仮引数	データ型／個数が一致していること（名前は不一致でもかまわない）
戻り値	型が一致しているか、派生型であること
アクセス修飾子	一致しているか、基底型のそれよりも緩いこと
throws句	一致しているか、派生型であること

戻り値／例外（throws句）の型が派生型までを許容するのに対して、引数型だけは完全に一致していなければなりません。よって、たとえば、基底型の run(CharSequence s) メソッドを、派生型の run(String s) メソッドでオーバーライドすることはできません。

アクセス修飾子は、

public ＞ protected ＞ 無指定（パッケージプライベート）＞ private

の順で制約が厳しくなります（privateが最も制約されます）。よって、たとえばprotectedメソッドのオーバーライドでは、public／protectedは許容されますが、無指定／privateは不可です。また、privateメソッドは、そもそもオーバーライド自体ができません。

　以上の条件を満たしていない場合には、メソッドのオーバーライドではなく、メソッドの追加であると見なされます。

 note　ただし、オーバーライドの条件を満たしているとしても、オーバーライド時にアクセス権限（修飾子）を緩めるのは望ましくありません。アクセスの権限を広げるということは、基底クラスで本来意図しなかったメンバーに、派生クラスではアクセスできるようになってしまう可能性があるからです。

@Overrideアノテーション

　しかし、オーバーライドであるための条件を、そこまで神経質に意識する必要はありませんし、それは生産的な労力でもありません。

　というのも、@Overrideを利用すればよいからです（❷）。@Overrideはアノテーション（11.2節）と呼ばれる注釈の一種で、このメソッドが

　　基底クラスのメソッドをオーバーライドしていること

を宣言します。なくてもエラーにはなりませんが、明示的に宣言しておくことで、メソッドが意図せずオーバーライドの条件を満たさなかった場合にも、コンパイラーが通知してくれます。たとえば以下は、リスト8.9のコードをあえてオーバーライドに**ならない**よう修正したコードと、そのときに通知されるエラーです。

```
@Override
public void show() {
  System.out.printf("%s (%d歳) です。\n", this.name, this.age);
}    // エラー (The return type is incompatible with Person.show())
```

　Androidアプリをはじめ、フレームワークを利用した開発では、基底クラス（フレームワーク）が用意する枠組みを、派生クラス（アプリ）で実装するという流れは定型です。その際にも、@Overrideアノテーションを明記することで、入力ミスなどによるバグの混在を確実に防げます。

 note　先ほど、基底クラスのメソッドは削除できないと述べましたが、オーバーライドを利用することで、疑似的に削除することはできます。派生クラスで例外をスロー（9.2.1項）することで、メソッド呼び出しを強制的に無効化してしまうのです。

```java
@Override
public String show() {
  // 未サポート (showメソッドは利用不可)
  throw new UnsupportedOperationException();
}
```

しかし、これは継承の原則である「派生クラスは基底クラスのすべての性質を含んでいる」というルールを損なうことになります。特別な理由がない限り、このようなコードは避けてください（そもそも、このようなコードが発生した時点で、継承そのものが妥当かどうかを再検討すべきです）。

 ## 8.2.4　superによる基底クラスの参照

　ただし、オーバーライドは、基底クラスの機能を完全に書き換えるばかりではありません。基底クラスでの処理を引き継ぎつつ、派生クラスでは差分の処理だけを追加したいということもあります。このようなケースでは、予約変数superを用いることで、派生クラスから基底クラスのメソッドを呼び出します。

構文 superキーワード（メソッド）

```
super.メソッド名(引数, ...)
```

　具体的な例も見てみましょう（リスト8.10）。BusinessPersonクラスを継承して、さらにEliteBusinessPersonクラスを定義しています。

▶リスト8.10　上：EliteBusinessPerson.java／下：InheritBaseCall.java

```java
public class EliteBusinessPerson extends BusinessPerson {
  @Override
  public String work() {
    var result = super.work();                                        ❶
    return String.format("%sいつでもテキパキと", result);
  }
}

var ebp = new EliteBusinessPerson();
ebp.name = "山田太郎";
ebp.age = 30;
System.out.println(ebp.work());                                       ❷
    // 結果：30歳の山田太郎は、働きます。いつでもテキパキと
```

ここでは、❶で基底クラスBusinessPersonのworkメソッドを呼び出したうえで、Elite BusinessPersonクラス独自の処理を記述しています。一般的に、superによるメソッド呼び出しは、派生クラスの他の処理に先立って、メソッド定義の先頭で記述します。

　❷でも、確かに派生クラスの結果に、基底クラスの結果が加わっていることが確認できます。

 ## 8.2.5　派生クラスのコンストラクター

　クラスが継承された場合のコンストラクターの挙動は、メソッドとは異なるので要注意です。というのも、コンストラクターはメソッドのようには派生クラスに引き継がれないからです。

　たとえばリスト8.11の例を見てみましょう。

▶リスト8.11　上：MyParent.java／中：MyChild.java／下：InheritConstruct.java

```java
public class MyParent {
  public MyParent() {
    System.out.println("親です。");
  }
}
```

```java
public class MyChild extends MyParent {
  public MyChild() {
    System.out.println("子です。");
  }
}
```

```java
var c = new MyChild();
```

```
親です。
子です。
```

　継承関係にあるクラスでは、上位クラスから順にコンストラクターが呼び出され、最終的に現在のクラスのコンストラクターが呼び出されます。基底クラスの初期化は基底クラスのコンストラクターが、派生クラスの初期化は派生クラスのコンストラクターが、それぞれ担うわけです。

では、リスト8.12のコードではどうでしょうか？ コンストラクターがなんらかの引数を受け取る場合です。

▶リスト8.12 上：MyParent.java／中：MyChild.java／下：InheritConstruct.java（chap08.construct パッケージ）

```java
public class MyParent {
  public MyParent(String name) {
    System.out.printf("%sの親です。\n", name);
  }
}
```

```java
public class MyChild extends MyParent {
  public MyChild(String name) {
    System.out.printf("子の%sです。\n", name);
  }
}
```

```java
var c = new MyChild("山田太郎");
```

このコードは、コンパイルエラーとなります。上位クラスで暗黙的に呼び出されるのは引数なしのコンストラクターだけだからです。明示的にコンストラクターを定義した場合、デフォルトコンストラクターは自動生成されません。その結果、**MyParent**クラスを初期化できなくなっているのです。

この場合は、派生クラスのコンストラクターから、明示的に引数付きのコンストラクターを呼び出す必要があります。これには、メソッドのときと同じく、予約変数**super**を利用しますが、構文が異なります。

構文 super キーワード（コンストラクター）

```
super(引数, ...)
```

先ほどのリスト8.12を、**super**キーワードを使って修正してみましょう（リスト8.13）。

▶リスト8.13　MyChild.java

```
public MyChild(String name) {
  super(name);
  System.out.printf("子の%sです。\n", name);
}
```

　今度は、正しく「山田太郎の親です。」「子の山田太郎です。」と表示され、基底クラス→派生クラスの順でコンストラクターが呼び出されていることを確認できます。

　なお、コンストラクターでのsuper呼び出しは、コンストラクターの最初の文でなければなりません（メソッドのそれと違って、必須ルールであることに注意してください）。もちろん、super呼び出しのあとで、派生クラス独自の初期化処理を追加するのは自由です。

8.2.6　継承／オーバーライドの禁止

　継承／オーバーライドは、オブジェクト指向構文の特徴的な機能の1つですが、反面、クラスの実装を難しくする要因でもあります。継承可能なクラスは、実装／修正にも、派生クラスへの影響を配慮しなければなりませんし、派生クラスの側でも、どのクラス／メソッドならば「安全に」継承／オーバーライドできるかを選別しなければならないからです。

　こうした問題を考えれば、一般的には、無制限に継承／オーバーライドを認めるのは避けるべきです。設計時点で、継承／オーバーライドを想定していないクラス／メソッドでは、継承／オーバーライドそのものを禁止してください（逆に言えば、継承／オーバーライドを認めるならば、ドキュメンテーションコメントにも、その旨を明記すべきです）。

　継承／オーバーライドを禁止するのは、final修飾子の役割です。たとえばリスト8.14は、Personクラスのshowメソッドをオーバーライド禁止に、BusinessPersonクラスそのものを継承不能に、それぞれ設定する例です。

▶リスト8.14　上：Person.java／下：BusinessPerson.java（chap08.nginheritパッケージ）

```
public class Person {
  ...中略...
  public final String show() {
    return String.format("%s （%d歳）です。", this.name, this.age);
  }
}
```

```
public final class BusinessPerson extends Person {
  public String intro() {
    return "会社員です。";
  }
}
```

オブジェクト指向構文——カプセル化／継承／ポリモーフィズム

8

final修飾子を付与することは、継承／オーバーライドの範囲を明確にするだけではありません。考えなければならないことを減らすのでコードの可読性が改善する、コンパイラーによる最適化がより適切になされる、などの効果もあります。

8.2.7　シールクラスによる継承先の制限 17

Javaの既定では、クラスを継承するのは自由です。前項の通り、final修飾子で継承を制限することもできますが、その場合はあらゆる継承が禁止されてしまいます。

そこで、継承できるのはあらかじめ許可したクラスに限定したい、という場合に利用できるのが**シールクラス**（Sealed Class）です。クラスと銘打っていますが、インターフェイスに対しても、同様に利用できます。

具体的な例も見てみましょう。リスト8.15は、図8.7のような階層をシールクラスを使って実際に定義した例です。

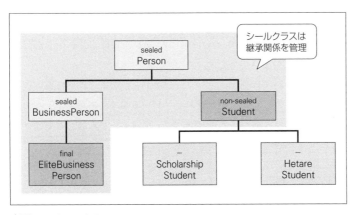

❖図8.7　シールクラス

なお、シールクラスと対応する派生クラスは、同一のモジュール（非モジュール環境では同一のパッケージ）に存在しなければなりません。

▶リスト8.15　ClazzSealed.java（chap08.sealパッケージ）

```
sealed class Person permits BusinessPerson, Student {} ───────────── ❶

sealed class BusinessPerson extends Person permits EliteBusinessPerson {} ── ❷

final class EliteBusinessPerson extends BusinessPerson {} ───────────── ❹

non-sealed class Student extends Person {} ───────────── ❸
```

```
class ScholarshipStudent extends Student {}

class HetareStudent extends Student {}
```
❺

シールクラスの一般的な構文は、以下の通りです。

構文 シールクラス

```
sealed class クラス名 permits 許可する派生クラス { ... }
```

「許可する派生クラス」はカンマ区切りで複数指定できます（❶であれば、BusinessPerson／Studentです）。シールクラスを継承した派生クラス（❷、❸）には、以下のいずれかの修飾子を付与しなければなりません。

❖表8.3　シールクラスの派生クラスに指定できる修飾子

修飾子	概要
sealed	permits句で指定されたクラスでさらに継承可能
non-sealed	任意のクラスでさらに継承可能
final	これ以上、継承できない

　この例であれば、BusinessPersonはsealed修飾子でEliteBusinessPerson（❹）による継承のみを認めていますし、Studentはnon-sealed修飾子で任意のクラスでの継承を認めています。この例では、❺のように、ScholarshipStudent／HetareStudentで継承していますが、もちろん、他のクラスで自由に継承してもかまいません。non-sealとはいったん制限（sealed）したクラスから制限を除去（non-sealed）する、と捉えると良いでしょう。

　non-sealedされなかった末端のsealed派生クラス（たとえば❹）では、最終的にfinal修飾子で「継承の末尾」であることを宣言しなければならない点にも注目です。

シールクラスを参照するコード

　このようなシールクラス（と、その派生クラス）を利用するコードは、以下の通りです。

▶リスト8.16　ClazzSealed.java（chap08.sealパッケージ）

```
Person p = new BusinessPerson();
// 型に応じてメッセージを表示
System.out.println(switch (p) {
  case BusinessPerson bp -> "BusinessPerson";
  case Student st -> "Stuent";
  case Person pp -> "Person";
});    // 結果：BusinessPerson
```

Person型と互換性のあるのは、BusinessPerson／Studentだけであることがわかっているので、switch式でもこれらを列挙するだけでcaseが網羅していることが保証されるわけです。switch式にdefault句が**いらない**点に注目してください。

 ## 8.2.8　参照型における型変換

継承／オーバーライドについて理解したところで、参照型の変換についてまとめておきます。基本型と同じく、参照型もまた、型変換が可能です。変換のルールは、基本型よりもシンプルで、

　型同士が継承／実装の関係にあること

です（実装は8.3.3項で解説します）。

アップキャスト

まず、派生クラスから基底クラスへの変換を**アップキャスト**と言います（図8.8）。

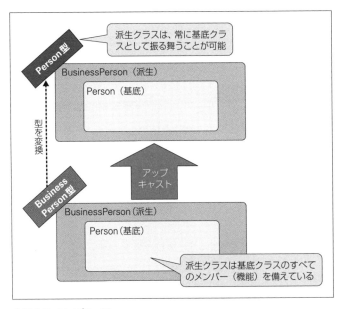

❖図8.8　アップキャスト

p.371のNoteでも触れたように、派生クラスでは基底クラスのすべてのメンバーを保証します（＝すべてのメンバーを含んでいます）。よって、派生クラスのインスタンスは基底クラスのインスタンスとして利用できますし、また、利用できるべきです。このため、派生クラスから基底クラスへの型変換は、特別な宣言を要せず、暗黙的に実施できます。

たとえばリスト8.17は、アップキャストの具体的な例です（BusinessPersonはPersonの派生クラスであるものとします）。

▶リスト8.17　CastUp.java（chap08.upcastパッケージ）

```
Person bp = new BusinessPerson();
```

派生クラスBusinessPersonは、基底クラスPersonとしても振る舞えるので、BusinessPersonオブジェクトをPerson型の変数に代入できる（変換できる）、というわけです。

> *note* 基本型のキャストと異なり、参照型のキャストでは、いわゆる情報落ちが発生することはありません。参照型のキャストとは、「オブジェクトがその型として振る舞う」ということの宣言であり、オブジェクトそのものの変換を意味しません。

ダウンキャスト

一方、基底クラスから派生クラスへの変換を**ダウンキャスト**と言います（図8.9）。

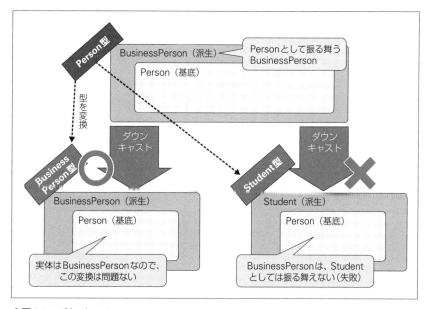

❖図8.9　ダウンキャスト

派生クラスは、基底クラスのメンバーに加えて独自のメンバーを追加している可能性があるので、（アップキャストと異なり）ダウンキャストが常に可能とは限りません。言い換えれば、基底クラスが常に派生クラスとして振る舞えるわけではありません。

オブジェクト指向構文──カプセル化／継承／ポリモーフィズム

よって、ダウンキャストでは、2.4.2項で触れたようなキャスト構文を用いて、明示的に型を変換しなければなりません。たとえば以下は、Person型のオブジェクトをBusinessPerson型に変換する例です。

▶リスト8.18　CastDown.java（chap08.upcastパッケージ）

```
Person p = new BusinessPerson();
BusinessPerson bp = (BusinessPerson)p;
```

変数の型とオブジェクトの型

　参照型のキャストを学ぶと、変数の型とオブジェクトの型についても区別する必要が出てきます。これまでは「X型の変数には、X型のオブジェクトだけを格納できる」と理解してきましたが、これは厳密には誤りです。たとえば、先ほども出てきた、

```
Person p = new BusinessPerson();
```

は、正しい代入です（BusinessPerson→Personはアップキャストなので、暗黙的な変換と代入が可能なのです）。そして、この場合、**変数の型**はPersonですが、**オブジェクトの型**はBusinessPersonと見なされます。

　これまで区別してこなかった2種類の型は、実際の挙動にどのように影響するのでしょうか？　具体的な例を見てみましょう。

　リスト8.9（p.370）のように、Personクラスはshowメソッドを、BusinessPersonクラスはshow（オーバーライド）、workメソッドを、それぞれ持つものとします（リスト8.19）。

▶リスト8.19　TypeDifference.java（chap08.overrideパッケージ）

```
Person p = new BusinessPerson();
p.name = "山田太郎";
p.age = 30;
System.out.println(p.work());  ──────────────────────────────────┐
  // エラー（The method work() is undefined for the type Person）──┘❶
System.out.println(p.show());     // 結果：会社員の山田太郎（30歳）です。─── ❷
```

　まず、その文脈で呼び出せるメンバーは、変数の型によって決まります。たとえばBusinessPerson型が独自のworkメソッドを定義していたとしても、上の変数pからは呼び出せません（❶）。変数の型はあくまでPersonなので、変数pがBusinessPersonとして振る舞うことはできないのです（図8.10）。

　一方、オブジェクトの型は、オブジェクトの実際の挙動を決めます。変数pがPerson型として振る舞うにせよ、実体（オブジェクト）はBusinessPersonなので、❷でもBusinessPersonクラス

のshowメソッドが呼び出されます（Personクラスのshowメソッドが呼び出されるわけではありません）。

　アップキャスト／ダウンキャストとは、オブジェクト（実体）はそのままに、その場での立場を入れ替える仕組み、と考えてみるとよいでしょう。

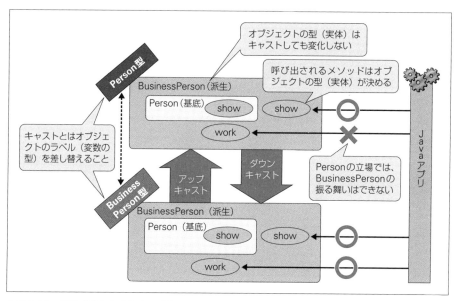

❖図8.10　変数の型とオブジェクトの型

補足 クラスメソッド／フィールドの場合

　クラスメソッド、フィールド（隠蔽）では、それぞれ事情が異なるので、補足しておきます。

（1）クラスメソッド

　まず、クラスメソッドでは、上で触れたようなメソッドの選択を意識する必要はありません。というのも、クラスメソッドは「クラス名.メソッド名(...)」で呼び出すので、変数の型／オブジェクトの型という区別そのものがないからです。常に、指定されたクラスに属するメソッドが呼び出されます（そもそもオーバーライドという概念がありません）。

　ただし、クラスメソッドをオブジェクト経由で呼び出した場合、呼び出されるメソッドは「変数の型」によって決まります。これはインスタンスメソッドの挙動とも異なることから、混乱のもととなります。そもそもオブジェクト経由でクラスメソッドを呼び出すべきではありませんが、このような混乱はバグのもとなので、絶対に避けてください。

（2）フィールド

　フィールドの隠蔽においては、フィールドの選択は「変数の型」によって決まります。たとえばリ

スト8.20は、リスト8.7（p.364）のPerson／BusinessPersonクラスを前提にした例です。Personクラスのbirthフィールドは ZonedDateTime型、BusinessPersonクラスのbirthフィールドはLocalDateTime型ですが、変数pの型はPerson型なので、リスト8.20ではZonedDateTime型の値を返します。

▶リスト8.20　HideBasic.java（chap08.hiding パッケージ）

```
Person p = new BusinessPerson();
System.out.println(p.birth);
    // 結果：2023-09-12T15:26:30.456098200+09:00[Asia/Tokyo]
```

オーバーライド（メソッド）とルールが異なることから混乱しやすい点も、隠蔽を避けるべき理由の1つです。

 8.2.9　型の判定

ダウンキャストは失敗する可能性があるという意味で、Unsafe cast（安全でないキャスト）とも呼ばれます。たとえば、以下のようなコードはClassCastException（キャストの失敗）例外を発生します（BusinessPerson／Studentは、いずれもPersonの派生クラスであるものとします）。

```
Person p = new BusinessPerson(); ─────────────────────────── ❶
BusinessPerson bp = (BusinessPerson)p; ────────────────────── ❷
Student st = (Student)p; ──────────────────────────────────── ❸
```

この場合、❶でBusinessPerson→Personはアップキャストなので成功します。そして、当然ですが、その逆となるPerson→BusinessPersonのダウンキャストも問題ありません。この挙動は、変数型とオブジェクト型の区別が理解できていれば当然です。アップキャストとは、あくまで変数としての型変換であって、オブジェクトそのものの型はあくまで元のBusinessPersonです（＝オブジェクトそのものがPersonに変化したわけではありません）。

では、変数pをStudent型にダウンキャストすると、どうでしょう（❸）。コンパイル時には、PersonとBusinessPerson／Studentの継承関係しかわからないので、❸は正しいキャストです。しかし、変数pの実体はBusinessPersonなので、実行時にエラーになるというわけです。

このようなエラーを避けるために、ダウンキャスト時にはあらかじめオブジェクトの型をチェックしてください。これを行うのがinstanceof演算子です。

instanceof演算子は、変数に格納されたオブジェクトの型が、指定の型に変換できる場合にtrueを返します。

構文 instanceof演算子

```
変数 instanceof 型
```

たとえば❸のコードであれば、次のように書き換えます。

```
if (p instanceof Student) {
  Student st = (Student)p;
  ...正しくキャストできた場合の処理...
}
```

　これによって、型チェックを通過した場合にだけダウンキャストを実施するので、Unsafe castを安全に実施できます。ダウンキャストに際しては、instanceof演算子による型チェックは必須です。

note instanceof演算子では、オペランドも制限されており、そもそも以下のような状況ではコンパイルエラーとなります。

　　　1. 左オペランドが基本型変数
　　　2. 右オペランドが基本型
　　　3. 左オペランドの変数型が、右オペランドの型と継承関係にない場合

　3. は、たとえば「str instanceof FileReader」(変数strはString型)のような場合です。オペランド同士が継承関係になければ、実行時の判定を待つまでもなく、キャストできないことは明らかです。

instanceof演算子の拡張構文 16

　Java 16以降では、instanceof演算子が拡張されて、変数の型判定とキャストとをまとめて行えるようになりました。

構文 instanceof演算子

```
変数 instanceof 型名 変換後の変数名
```

　これで、「変数」が「型名」に変換できる場合、変換結果を「変換後の変数」に格納しなさい、という意味になります。変換の可否判定と、変換とを同時に行うわけです。拡張構文を利用することで、先ほどの例は以下のように表せます。

```
if (p instanceof Student st) {
  ...正しくキャストできた場合の処理...
}
```

補足 型の取得

　特定の型と比較するinstanceof演算子に対して、オブジェクトの型を取得するgetClassメソッドもあります(リスト8.21)。

▶リスト8.21　TypeGetBasic.java

```
Person p1 = new Person();
System.out.println(p1.getClass());
    // 結果：class to.msn.wings.selfjava.chap08.Person
Person p2 = new BusinessPerson();
System.out.println(p2.getClass());
    // 結果：class to.msn.wings.selfjava.chap08.BusinessPerson
```
❶
❷

getClassメソッドの戻り値はClassオブジェクトです。Classオブジェクトは11.2.4項で詳しく解説するため、まずは型情報を取得し、その型を操作するための機能を提供するもの、とだけ覚えておいてください。

❶、❷の結果を見てもわかるように、getClassメソッドは変数の型に関わらず、オブジェクト（実体）の型を取得する点にも注目です。

> *note* ちなみに、特定の型に対してClassオブジェクトを取得するならば、クラスリテラル（.class）を利用します。たとえば以下は、Person型に対応するClassオブジェクトを取得する例です。
>
> ```
> var c = Person.class;
> ```
>
> クラスリテラルを受け取るのはあくまで静的な型そのものなので、**p1.class**のようにオブジェクトを指定することはできません。

8.2.10　委譲

継承は、Javaにおけるコード再利用の代表的なアプローチですが、唯一のアプローチではありませんし、常に最良の手段というわけでもありません。むしろ継承を利用すべき状況は相応に限られる、と考えておいたほうがよいでしょう。

まず、継承とは、基底クラスと派生クラスとが密に結びついた関係です。派生クラスは基底クラスの実装に依存しますし、である以上、内部的な構造を意識しなければなりません。基底クラスでの実装修正によって、派生クラスが動作しなくなることもあるでしょう。影響の範囲は、基底クラスが上位になればなるほど、継承構造が複雑になればなるほど広がり、修正コストも高まります。

継承を利用するのは、基底／派生クラスがis-a関係を満たしている場合、かつ、パッケージをまたがって継承するならば、そのクラスが「拡張を前提としており、その旨を文書化している」場合に限定すべきでしょう（8.2.6項で継承／オーバーライドを前提としていないクラスはできるだけfinal宣言すべきであると述べたのも、そのためです）。

継承が不適切な例

is-a関係を確認するための代表的なアプローチとして、**リスコフの置換原則**が挙げられます。リスコフの置換原則とは、

> 基底クラスの変数に、その派生型のインスタンスを代入しても、コードの妥当性が損なわれない

ことです。この原則に照らすと、たとえばリスト8.22のようなRouletteクラスは不当です。

▶リスト8.22　Roulette.java（chap08.nodelegationパッケージ）

```java
import java.util.Random;

public class Roulette extends Random {
  // ルーレットの上限値
  private int bound;

  public Roulette(int bound) {
    this.bound = bound;
  }

  // boundフィールドを上限とする値を取得
  @Override
  public int nextInt() {
    return nextInt(this.bound);                        ❶
  }

  // 他の不要なメソッドは無効化（8.2.3項）
  @Override
  public boolean nextBoolean() {
    throw new UnsupportedOperationException();          ❷
  }
    ...中略...
}
```

　この例では、RandomクラスのnextIntメソッドをオーバーライドして、boundフィールドの値を上限とする乱数を生成しています（❶）。ここまでは、一見問題ないように見えます。

　しかし、他のnextXxxxxメソッドはRouletteクラスでは不要なので、UnsupportedOperationException（操作できない）例外をスローして、疑似的にメソッドを無効化しています（❷）。これがリスコフの置換原則に反します。

　たとえば以下のような例を見てみましょう。

```java
Random rou = new Roulette(10);
System.out.println(rou.nextBoolean());  // エラー：UnsupportedOperationException
```

RouletteクラスがRandomクラスとしては動作できないのです。このような継承関係は、一般的に妥当ではありません。

委譲による解決

前置きが長くなりましたが、このような状況を解決するのが**委譲**です。委譲では、再利用したい機能を持つオブジェクトを、現在のクラスのフィールドとして取り込みます（図8.11）。

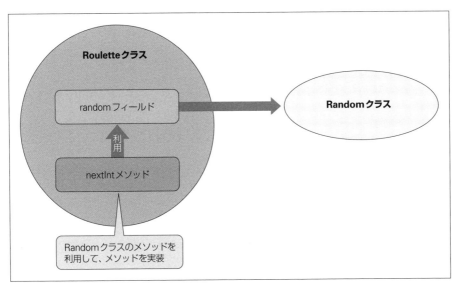

❖図8.11　委譲

図8.11の例であれば、randomフィールドにRandomオブジェクトを保持し、必要に応じて、そこからRandomクラスのメソッドを利用させてもらうわけです。他のインスタンスに処理を委ねる――委譲と呼ばれるゆえんです。

リスト8.23に書き換えた例も示します。

▶リスト8.23　Roulette.java（chap08.delegationパッケージ）

```java
import java.util.Random;

public class Roulette {
  private int bound;
  // 委譲先のオブジェクトをフィールドに保持
  private Random random = new Random();

  public Roulette(int bound) {
    this.bound = bound;
  }
```

```
   // 必要に応じて処理を委譲
   public int nextInt() {
     return this.random.nextInt(this.bound);
   }
}
```

　委譲のよい点は、クラス同士の関係が緩まる点です。利用しているのがpublicメンバーなので、内部的な実装に左右される心配はありません。また、フィールドでインスタンスを保持しているので、関係が固定されません。あとから委譲先を変更するのも自由ですし、複数のクラスに処理を委ねることも、インスタンス単位に委譲先を切り替えることすら可能です。継承がクラス同士の静的な関係とするならば、委譲とはインスタンス同士の動的な関係と言ってもよいでしょう。

　本項冒頭でも触れたように、継承を想定して設計されたクラスでないならば、まずは継承よりも委譲を利用すべきです。

練習問題　8.2

[1] 継承／オーバーライドを禁止にする修飾子を答えてください。また、継承／オーバーライドを想定していないならば、できるだけこれらを禁止しておいたほうがよい理由を説明してみましょう。

[2] ManクラスとBusinessMan／StudentManクラスとが継承関係にある場合、以下のコードは正しく動作しますか。正しいコードには○を、コンパイルエラーとなるコードには×を、実行時エラーとなるコードには△をそれぞれ付けてください。

（　　）Man m = new BusinessMan();

（　　）BusinessMan bm = (BusinessMan)m;

（　　）StudentMan s = (StudentMan)m;

（　　）StudentMan s2 = (StudentMan)bm;

8.3　ポリモーフィズム

　ポリモーフィズム（Polymorphism）は**多態性**と訳されますが、日本語にしても抽象的なところが、ポリモーフィズムを難しく見せている原因のようです。しかし、かみ砕いてみれば、なんということもありません。ポリモーフィズムとは、要は「同じ名前のメソッドで異なる挙動を実現する」ことを言います。

8.3.1 ポリモーフィズムの基本

まずは、具体的な例を見てみましょう。リスト8.24のTriangle、Rectangleクラスはいずれも Shapeクラスを継承しており、それぞれ同名のgetAreaメソッドを定義している点に注目です。

▶リスト8.24 上：Shape.java／中：Triangle.java／下：Rectangle.java

```java
public class Shape {
  protected double width;
  protected double height;

  public Shape(double width, double height) {
    this.width = width;
    this.height = height;
  }
  // 図形の面積を取得（派生クラスでオーバーライドするので、中身はダミー）
  public double getArea() {
    return 0d;
  }
}
```

```java
public class Triangle extends Shape {
  public Triangle(double width, double height) {
    super(width, height);
  }
  // 三角形の面積を取得
  @Override
  public double getArea() {
    return this.width * this.height / 2;
  }
}
```

```java
public class Rectangle extends Shape {
  public Rectangle(double width, double height) {
    super(width, height);
  }
  // 四角形の面積を取得
  @Override
  public double getArea() {
    return this.width * this.height;
  }
}
```

これらのクラスを実際に呼び出しているのが、リスト8.25のコードです。

▶リスト8.25　PolymorphismBasic.java

```java
Shape tri = new Triangle(10, 50);          ──────────────────────── ❶
Shape rec = new Rectangle(10, 50);         ────────────────────────
System.out.println(tri.getArea());         ──────────────────────── ❷
System.out.println(rec.getArea());         ──────────────────────── ❸
```

❶では、Shape型の変数に対して、Triangle／Rectangle型のオブジェクトを代入しています（アップキャストを伴う代入です）。そして、❷、❸でそれぞれのgetAreaメソッドを呼び出すと── さあ、どのような結果を得られるでしょうか？

同じShape型の変数なのだから、❷、❸ともに0が返される、と考えた人は残念。❷の結果は250.0、❸は500.0です。

8.2.1項の解説を思い出してください。このような状況で基底／派生クラスいずれのメソッドが呼び出されるかを決めるのは、（変数の型ではなく）オブジェクトの型であるということです。これが**ポリモーフィズム**と呼ばれる性質です（図8.12）。ポリモーフィズムを利用することで、異なる機能（実装）を同じ名前で呼び出せるので保守に優れる（機能の差し替えには、インスタンスそのものの差し替えだけで済みます）、開発者が理解しやすい、などのメリットがあります。

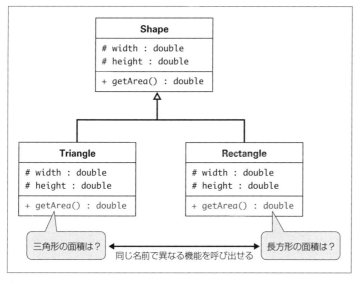

❖図8.12　ポリモーフィズム

> *note* ポリモーフィズムの対義語は、**モノモーフィズム**（Monomorphism。単態性）です。たとえば伝統的な関数の世界は、典型的なモノモーフィズムです。1つの名前は1つの機能を表し、異なる機能は異なる名前で表す必要があります。

ただし、これだけのことであれば、さほどの話ではありません。前節で学んだオーバーライドの機能だけで、最低限のポリモーフィズムは実現できているからです。

　しかし、ポリモーフィズムをきちんと実現するには、これでは不足です。というのも、この状態ではTriangle／RectangleクラスがgetAreaメソッドを実装することを保証できません。基底クラスShapeは、派生クラスがgetAreaメソッドをオーバーライドすることを期待しています。コメントなどでも、その意図を表明できるかもしれません。しかし、オーバーライドすることを強制するものではないのです。

8.3.2　抽象メソッド

　そこで登場するのが**抽象メソッド**です。抽象メソッドとは、それ自体は中身（機能）を持たない「空のメソッド」のことです（図8.13）。機能を持たないということは、これを誰かが外から与えてやらなければなりません。誰か —— それは派生クラスです。

　抽象メソッドを含んだクラスのことを**抽象クラス**と呼びます。抽象クラスを継承したクラスは、すべての抽象メソッドをオーバーライドしなければならない義務を負います（さもなければ、自分自身も抽象クラスとして、さらに派生クラスでオーバーライドしてもらうことになります）。

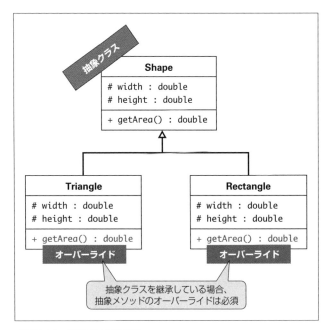

❖図8.13　抽象クラスの意味

すべての抽象メソッドをオーバーライドしていなければ、派生クラスはそもそもインスタンス化することすらできません（もちろん、抽象クラスそのものをインスタンス化するのも禁止です）。抽象メソッドによって、特定のメソッドが派生クラスでオーバーライドされることを保証できるのです。

ここで、具体例も見てみましょう。リスト8.26は、先ほどのShapeクラスを抽象クラスとして書き換えたものです。

▶リスト8.26　Shape.java

```
public abstract class Shape { ──────────────────── ❷
  ...中略...
  public abstract double getArea(); ──────────── ❶
}
```

抽象メソッドを定義するには、メソッド定義にabstract修飾子を指定するだけです（❶）。

構文 抽象メソッド（abstract修飾子）

[アクセス修飾子] **abstract** 戻り値の型 メソッド名(引数の型 引数名, ...);

繰り返しになりますが、抽象メソッドは派生クラスで必ずオーバーライドされるべきメソッドなので、基底クラスで中身を持つことはできません。メソッドの本体を表すブロック（{...}）もなく、代わりにセミコロンで宣言を終えます。

たとえ中身がなくとも、抽象メソッドにブロックを記述してしまうと、コンパイルエラーとなるので注意してください。

```
public abstract double getArea() {}
  // エラー (Abstract methods do not specify a body)
```

同じく、抽象メソッドを含んだクラスには、classブロックにも明示的にabstract修飾子を付加しなければなりません（❷）。

構文 抽象クラス（abstract修飾子）

[アクセス修飾子] **abstract** class クラス名 {
  ...クラスの定義...
}

この状態で、派生クラスTriangle／Rectangleからため getAreaメソッドを取り除くと、確かにコンパイルエラーになることも確認してください。抽象クラスが派生クラスに対して、getAreaメソッドのオーバーライドを強制しているのです。

8.3.3 インターフェイス

ただし、抽象クラスによるポリモーフィズムには問題もあります。Javaが多重継承を認めていない――つまり、一度に継承できるクラスは常に1つだけである、という点です。複数のクラスを同時に継承することはできません。

それが、どのような問題につながるのでしょうか？ 図8.14のようなケースを想定してみましょう。

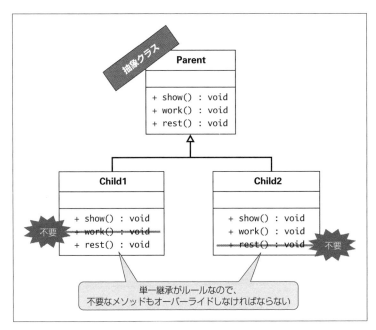

❖図8.14　インターフェイスが存在しないと...

多重継承ができないということは、ポリモーフィズムを実現したいすべての機能（メソッド）を1つの抽象クラスにまとめなければならないということです。つまり、必ずしも派生クラスでその機能を必要としない場合にも、とりあえず機能をオーバーライドしなければなりません。

これは、コードが冗長になるだけでなく、派生クラスの役割がわかりにくくなるという意味で、望ましい状態ではありません。たとえばRectangleクラスにいきなりbite（かみつく）のようなメソッドが混入してきたら、困惑することでしょう。

そこで登場するのが**インターフェイス**です。インターフェイスとは、ざっくりと言うと、配下のメソッドがすべて抽象メソッドであるクラスです。そして、抽象クラスと決定的に違うのは、多重継承が可能な点です。インターフェイスを利用することで、図8.14のケースは、図8.15のように修正できます。

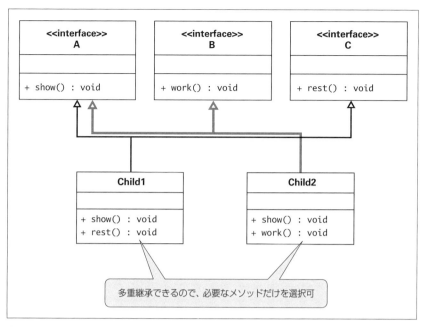

❖図8.15　インターフェイスは多重継承が可能

　それぞれのメソッドは、意味的なかたまりで異なるインターフェイスに振り分けます。これで、派生クラスの側でも、各々の用途に応じて、必要なインターフェイスだけを選択できるようになります。

インターフェイスの定義

　インターフェイスの概要を理解したところで、具体的な例も見てみましょう。リスト8.27は、先ほどのリスト8.26をインターフェイスで書き換えた例です。

▶リスト8.27　Shape.java（chap08.implementパッケージ）

```java
public interface Shape {
    double getArea();
}
```

　インターフェイスを定義する際のポイントを、以下にまとめます。

（1）interface命令で定義

　インターフェイスを定義するには、（class命令の代わりに）interface命令を使います。

```
[修飾子] interface インターフェイス名 {
  ...インターフェイスの定義...
}
```

interface命令で指定できる修飾子は、表8.4の通りです。

❖表8.4　interface命令で利用できる主な修飾子

修飾子	概要
public	すべてのクラスからアクセス可能
abstract	抽象クラス
sealed	permits句で指定されたクラス／インターフェイスでのみ継承／実装可能（8.2.7項）
non-sealed	任意のクラス／インターフェイスで継承／実装可能（8.2.7項）
strictfp	浮動小数点数を環境に依存しない方法で演算（7.1.2項）

　ただし、インターフェイスの場合は、配下に抽象メソッドを含むことは明らかなので、abstract修飾子を付けても付けなくても同じ意味となります。であれば、冗長な記述は避けたほうがよいので、省略するのが一般的です。

　インターフェイスの名前は、クラスと同じく、Pascal記法が基本です。ただし、いわゆるモノの名前だけでなく、機能付与型のインターフェイスに対しては、Runnable（スレッドによる実行が可能）、Comparable（順序付け、比較が可能）のように接尾辞「～able」を付けた形容詞で命名することもあります。

（2）インターフェイスで定義できるメンバー

　インターフェイス配下で定義できるメンバーは、その性質上、クラスよりも限定されています。

- 抽象メソッド
- defaultメソッド
- クラスメソッド
- 定数フィールド
- 入れ子のstaticクラス／インターフェイス（9.5節）

　インターフェイスそのものはインスタンス化できないので、たとえばコンストラクター／インスタンスフィールドなどは持てないわけです。

　また、インターフェイス配下のメソッドは、既定でpublic abstract（抽象メソッド）です。修飾子を明記しても誤りではありませんが、冗長なだけで意味がないので、一般的には略記します（protected、private、finalなどの修飾子は利用できません）。

　その他、defaultメソッド、クラスメソッドなどのメンバーについては、8.3.4項で解説します。

インターフェイスの実装

定義済みのインターフェイスを「継承」してクラスを定義することを、インターフェイスを**実装す
る**と言います。また、インターフェイスを実装したクラスのことを**実装クラス**と呼びます。

たとえばリスト8.28は、先ほど定義したShapeインターフェイスを実装したRectangleクラスの
例です。

▶リスト8.28　Rectangle.java（chap08.implementパッケージ）

```
public class Rectangle implements Shape {  ─────────────────────────  ❶
  private double width;
  private double height;

  public Rectangle(double width, double height) {
    this.width = width;
    this.height = height;
  }

  @Override  ───────────────────────────────────────────
  public double getArea() {                                              ❷
    return this.width * this.height;
  }
}
```

インターフェイスを実装したクラスの構文は、以下の通りです。

構文 インターフェイスの実装

```
[修飾子] class クラス名 implements インターフェイス名, ... {
  ...クラスの定義...
}
```

インターフェイスを実装するには、クラス名の後方に`implements`キーワードでインターフェイス
名を指定するだけです（❶）。複数のインターフェイスを実装（多重継承）するには、「`implements
Shape, Hoge`」のようにカンマ区切りで列挙してもかまいません。

また、継承（`extends`）と合わせることもできます。その場合は「`extends MyParent
implements Hoge`」のように、`extends`→`implements`の順で表します。

メソッドをオーバーライド（❷）する際のルールについては、8.2.3項でも触れている通りです。合
わせて参照してください。

```
interface Hoge extends Foo, Piyo { ... }
```

 8.3.4　インターフェイスのメンバー

インターフェイスでは、抽象メソッドの他にも、定数フィールド、そして、Java 8以降ではdefaultメソッド／staticメソッドなどを持つことができます。以下、それぞれについて補足しておきます。

定数フィールド

先ほども触れたように、インターフェイスはインスタンス化できないので、インスタンスフィールドは定義できません。フィールド定義は、無条件にpublic static finalと見なされます。明示してもエラーではありませんが、冗長なだけなので、以下のように略記しましょう。

```
interface MyApp {
  String TITLE = "独習Java";
  double RATE = 1.08;
}
```

定数だけをまとめることを目的としたインターフェイスもありますが、インターフェイスが本来、振る舞いの定義を目的としていることを考えれば、望ましい書き方ではありません。まずは関連するクラス／列挙型でまとめ、（定数記述の簡単化を目的とするならば）staticインポート（7.8.3項）を利用してください。

staticメソッド

Java 8以降の機能です。一般的なクラスと同じ構文で表せます。

ただし、インターフェイスでのstaticメソッドを積極的に利用する機会はあまりないでしょう。インターフェイスは、まずは他のクラスに対して、振る舞いを規定するのが一義の目的であるからです。

staticメソッドの定義がありきではなく、既存のインターフェイスに関連して、なんらかの機能をまとめて定義しておきたいという場合に利用する程度になるでしょう。

privateメソッド

Java 9以降の機能です。privateなので、インターフェイス内部 —— defaultメソッド、staticメソッドから共通して利用することを想定したメソッドです。

```
private static void log(String msg) { ... }
```

インターフェイスのprivateメソッドは、暗黙的にstaticとして扱われるので、薄字の部分は省略して表してもかまいません。

defaultメソッド

Java 8以降の機能です。default修飾子で宣言します（アクセス修飾子は暗黙的にpublicなので、一般的には省略します）。名前の通り、実装クラスの側で明示的に実装されない場合に、既定で採用される実装です。

具体的な例も見てみましょう（リスト8.29）。

▶リスト8.29　上：Loggable.java／中：LoggableImpl.java／下：InterfaceDefault.java（chap08.implementパッケージ）

```
public interface Loggable {
  default void log(String msg) {
    System.out.println("Log: " + msg);
  }
}
```
- - -
```
public class LoggableImpl implements Loggable {}
```
- - -
```
var l = new LoggableImpl();
l.log("WINGS");    // 結果：Log: WINGS ───────────────────── ❶
```

実装クラス（LoggableImpl）ではlogメソッドをオーバーライドしていないので、その呼び出しでも既定の実装（defaultメソッド）が呼び出されていることが確認できます（❶）。

superキーワードを用いれば、実装クラスから明示的にdefaultメソッドを呼び出すこともできます。以下は、その例です。

```
public class LoggableImpl implements Loggable {
  @Override
  public void log(String msg) {
    Loggable.super.log(msg);
    System.out.println("LogImpl: " + msg);
  }
}
```

```
Log: WINGS
LogImpl: WINGS
```

既定の実装を呼び出す際には、「インターフェイス名.super.～」のように、インターフェイス名を先頭に冠します。

多重継承の問題点

複数のインターフェイスを同時に実装できるようになると、いわゆる名前の衝突という問題が出てきます。いくつかの場合に分けて、その解決方法を解説します。

（1）抽象メソッドの重複

まず、メソッド名だけが同じで、引数の型／個数が異なるならば、問題ありません。これはメソッドのオーバーロードであり、互いに区別されるからです。

そして、メソッド名、引数の型／個数、戻り値の型が一致する場合も、問題ありません。実装クラスとしては、1つの実装を持てばよいだけです。

問題となるのは、メソッド名と引数の型／個数は同じで、戻り値の型だけが異なるというケースです（リスト8.30）。

▶リスト8.30　上：Hoge.java／中：Hoge2.java／下：HogeImpl.java（chap08.methodパッケージ）

```java
public interface Hoge {
  void foo();  ─────────────────────────────────────────── ❶
}


public interface Hoge2 {
  String foo();  ───────────────────────────────────────── ❷
}


public class HogeImpl implements Hoge, Hoge2 {
  @Override
  public String foo() { ... }  ─────────────────────────── ❸
}
```

これは「The return type is incompatible with Hoge.foo()」（戻り値の型はHoge.foo()と互換性がありません）のようなエラーとなります。メソッドのシグニチャに戻り値が含まれないので、Hoge／Hoge2のfooメソッドを双方オーバーロードすることはできませんし、さりとて、どちらかを実装すれば、戻り値型に互換性がなくなってしまうわけです。

ただし、戻り値の型同士に継承関係がある場合は可です。たとえば❶が「CharSequence foo();」であれば、❶、❷の戻り値型が継承関係にあるので、❸は許容されます。ただし、実装側の戻り値型は**最下位の派生型**でなければなりません。この例であれば、

```java
public CharSequence foo() { ... }
```

は不可です（Hoge2クラスのfooメソッドと互換性がなくなるからです）。

（2）定数フィールドの重複

　定数フィールド名の重複は不可です。データ型が異なる場合はもちろん、型／値が等しい場合も、いずれを参照すべきかがあいまいとなるため、参照時にエラーとなります（リスト8.31）。

▶リスト8.31　上：Hoge.java／中：Hoge2.java／下：HogeImpl.java（chap08.constantパッケージ）

```java
public interface Hoge {
  int DATA = 0;
}
```

```java
public interface Hoge2 {
  String DATA = "This is data.";
}
```

```java
public class HogeImpl implements Hoge, Hoge2 {
  public void foo() {
    System.out.println(DATA);    // エラー（The field DATA is ambiguous）
  }
}
```

　この問題は、実装クラス（HogeImpl）で定数フィールドを再定義することで解消しますが、フィールドの隠蔽は8.2.2項でも触れた理由から望ましくありません。極力避けてください。

（3）defaultメソッドの重複

　defaultメソッドの重複は実装を持つため、メソッドの名前、引数（型／個数）、戻り値型すべてが合致した場合にもエラーとなります（リスト8.32）。

▶リスト8.32　上：Hoge.java／中：Hoge2.java／下：HogeImpl.java（chap08.defaultmethodパッケージ）

```java
public interface Hoge {
  default void log(String msg) {
    System.out.println("Hoge: " + msg);
  }
}
```

```java
public interface Hoge2 {
  default void log(String msg) {
    System.out.println("Hoge2: " + msg);
  }
}
```

```java
public class HogeImpl implements Hoge, Hoge2 {
}
```

オブジェクト指向構文──カプセル化／継承／ポリモーフィズム

上の例では、「Duplicate default methods named log with the parameters (String) and (String) are inherited from the types Hoge2 and Hoge」（重複したdefaultメソッドlogがHoge／Hoge2から継承されている）のようなエラーとなります。

これを解決するには、実装クラスでdefaultメソッドをオーバーライドしてください。先ほどと同じく、実装クラスで「インターフェイス名.super.メソッド名(...)」の形式で、defaultメソッドを明示的に参照することは問題ありません。

```java
public class HogeImpl implements Hoge, Hoge2 {
  @Override
  public void log(String msg) {
    Hoge.super.log(msg);
  }
}
```

ちなみに、同じdefaultメソッドでも、階層関係に差がある場合はどうでしょうか？　同名のdefaultメソッドを、直接のインターフェイスであるHoge2と、Hogeを介して、その上位インターフェイスであるParentが提供している場合です（リスト8.33）。

▶リスト8.33　上：Parent.java／中：Hoge.java／下：Hoge2.java（chap08.defaultmethod2パッケージ）

```java
public interface Parent {
  default void log(String msg) {
    System.out.println("Parent: " + msg);
  }
}
```
```java
public interface Hoge extends Parent { }
```
```java
public interface Hoge2 extends Parent {
  default void log(String msg) {
    System.out.println("Hoge2: " + msg);
  }
}
```

この場合は、リスト8.34のように実装しても問題ありません。

▶リスト8.34　HogeImpl.java（chap08.defaultmethod2パッケージ）

```java
public class HogeImpl implements Hoge, Hoge2 {}
```

この場合は、より近い実装関係にある（＝直接の実装関係にある）Hoge2クラスのlogメソッドが優先されます。ただし、暗黙的な選択に頼ったコードはコードの可読性を損なうので、極力避けるようにしてください。

8.3.5 インターフェイスと抽象クラスの使い分け

インターフェイス／抽象クラスと、役者が出そろったところで、最後に、双方をどのような観点で使い分けるのか――大まかな指針をまとめておきます。

結論から言ってしまうと、いずれかを迷ったら、インターフェイスを優先して利用してください。

インターフェイスと抽象クラスとの本質的な違いは、抽象クラスがクラス階層の一部を構成するのに対して、インターフェイスは独立している点です（図8.16）。

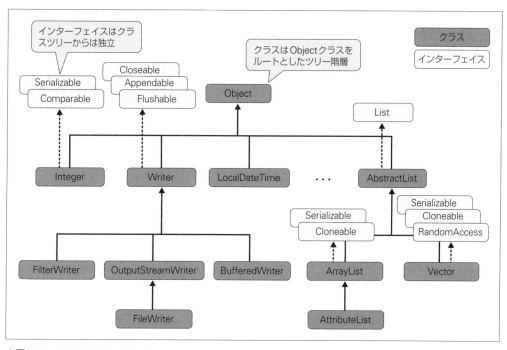

❖図8.16　クラスとインターフェイス

型階層は厳密な体系化には優れていますが、必ずしも現実を再現できるわけではありません。たとえば、自動車クラスと豹（ヒョウ）クラスは、いずれも「走る」という機能を持ちますが、Runnerのような抽象クラスを設けるのは得策ではありません。というのも、それぞれのクラスは、より緊密に関係する乗り物クラス、哺乳類クラスのような基底クラスを持つのが自然であり、そこにRunnerクラスが割り込む余地は、（おそらく）ないからです。

しかし、インターフェイスであれば、型階層からは独立しているので、特定の機能を割り込ませることは自由です。豹クラスがどのような基底クラスを持つにせよ、新たにRunnableインターフェイスを実装する妨げにはなりません。要求される機能が複数ある場合にも、インターフェイスであれば、多重継承が許されています。

この違いは、既存のクラスに対して機能を追加する場合には、より顕著となります。インターフェイスは型階層から独立しているので、現在の型階層に関わらず、新たな機能の割り込みは自由です。しかし、抽象クラスではそうはいきません。関係するクラスを洗い出し、そのすべての上位クラスとなる位置に挿入する必要があります。しかも、階層の途中に、その機能を必要としないクラスが挟まっていたとしても、継承を拒む手段はないのです。

一方、抽象クラスを採用するのは、振る舞い（＝そのクラスがどのメソッドを持つのか）以上に実装そのものに関心がある場合です。派生クラスでの共通的な処理をまとめたり、実装すべき処理の骨格を提供するためなどに用います。

たとえばリスト8.35は、Writerクラス（java.ioパッケージ）のコードです。Writerクラスは BufferedWriter、OutputStreamWriter、PrintWriterといったライターの基底クラスで、Xxxxx Writerの枠組みを提供しています。

▶リスト8.35　Writer.java

```java
public abstract class Writer implements Appendable, Closeable, Flushable {
  ...中略...
  public void write(int c) throws IOException {
    synchronized (lock) {
      if (writeBuffer == null){
        writeBuffer = new char[WRITE_BUFFER_SIZE];
      }
      writeBuffer[0] = (char) c;
      write(writeBuffer, 0, 1);
    }
  }

  public void write(char cbuf[]) throws IOException {
    write(cbuf, 0, cbuf.length);
  }

  // 個々の実装は派生クラスに委ねる（抽象メソッド）
  public abstract void write(char cbuf[], int off, int len) throws IOException;
  ...中略...
}
```

☑ この章の理解度チェック

[1] 以下の文章はオブジェクト指向構文について説明したものです。正しいものには○、誤っているものには×を付けてください。

（　）派生クラスから基底クラスのメソッドを呼び出すには、**this**キーワードを利用する。

（　）基底クラスのメソッドを派生クラスで再定義した場合、**@Override**アノテーションの宣言は必須である。

（　）抽象クラスのメソッドはすべて実装（本体）を持ってはならない。

（　）**instanceof**演算子は左オペランドが右オペランドの型に変換できる場合に**true**を返す。

（　）インターフェイスを複数実装することはできるが、クラスの継承と一緒に実装することはできない。

[2] リスト8.Aは、**Father**／**Mother**インターフェイスを実装し、**Person**クラスを継承した**Parent**クラスの例です。空欄を埋めて、コードを完成させてください。

▶リスト8.A　上：Father.java／中：Mother.java／下：Parent.java（chap08.practiceパッケージ）

```java
public  ①  Father {
   ②  void run() {
    System.out.println("I am a father.");
  }
}
```

```java
public  ①  Mother {
   ②  void run() {
    System.out.println("I am a mother.");
  }
}
```

```java
public class Parent  ③  Person  ④  Father, Mother {
  public void run() {
     ⑤ .run();    // Fatherの実装を呼び出し
     ⑥ .run();    // Motherの実装を呼び出し
  }
}
```

[3] リスト8.Bは、以下のような要件を前提に、Animalクラスを定義したコードですが、誤りがいくつかあります。これを指摘して、正しいコードに修正してください。

- name（名前）／age（年齢）フィールドを持つこと
- name／ageフィールドを設定するコンストラクターを持つこと
- name／ageに既定値として「名無権兵衛」「0」を設定する引数なしのコンストラクターを持つこと
- name／ageフィールドの読み書きにはアクセサーメソッドを経由すること
- ageフィールドに負数を代入したときには、強制的に0を設定
- name／ageフィールドの内容を決められた書式で整形するintroメソッドを持つこと

▶リスト8.B　Animal.java（chap08.practiceパッケージ）

```java
public class Animal {
  public String name;
  public int age;

  // コンストラクター
  public void Animal() {
    super("名無権兵衛", 0);
  }

  public Animal(String name, int age) {
    name = name;
    age = age;
  }

  // アクセサーメソッド
  public String getName() {
    return this.name;
  }

  public String setName(String name) {
    this.name = name;
  }

  public int getAge() {
    return this.age;
  }
```

```
  public void setAge(int age) {
    if (age < 0) {
      age = 0;
    }
    this.age = age;
  }

  // メソッド
  public String intro() {
    return String.format("わたしの名前は$s。$d歳です。", getName(),
                          getAge());
  }
}
```

[4] リスト8.Cのコードは、継承関係にあるPractice4／Practice4Subクラスを定義したもの
です。Practice4Subクラスではshowメソッドをオーバーライドし、戻り値となる文字列全
体を[...]でくくるように変更しています。空欄を埋めて、コードを完成させてください。

▶リスト8.C　上：Practice4.java／中：Practice4Sub.java／下：Practice4Client.java
　　　　　　（chap08.practiceパッケージ）

```
public class Practice4 {
  public double value;

  public String show() {
    return String. ① ("値は ② です", this.value);
  }
}
```

```
public class Practice4Sub  ③  Practice4 {
   ④
  public String show() {
    return String. ① ("[%s]",  ⑤ );
  }
}
```

```
var ps = new Practice4Sub();
ps.value = 123.456;
System.out.println(ps.show());    // 結果：[値は123.46です。]
```

[5] リスト8.Dは、インターフェイスとその実装クラスを定義したコードですが、いくつか誤りがあります。誤っている点を指摘してください。

▶リスト8.D　上：Mammal.java／下：Hamster.java（chap08.practice パッケージ）

```java
public interface Mammal {
  void move()  {
    System.out.println("歩きます。");
  }
}
```

```java
public class Hamster extends Mammal {
  private String name;

  public Hamster(String name) {
    this.name = name;
  }

  public override void move() {
    System.out.printf("%sは、トコトコ歩きます。", this.name);
  }
}
```

Javaのコードを手軽に確認できる「JShell」

JShellは、Java 9で追加されたツールで、簡単なJavaコードをコマンドライン上で対話式に実行するREPL（Read-Eval-Print Loop）環境です。これまでは、ちょっとしたコードを実行するにも、クラスを作成して、コンパイル＆実行という手順を踏む必要がありました。これは、VSCodeのような開発環境を利用していたとしても、相応な手間です。しかし、JShellを利用すれば、これを即座に実行できます。

以下は、JShellを起動して、数行のコードを実行する例です（p.43のように、環境変数PATH（`$Env:Path`）が設定されていることを前提とします）。JShellは、`jshell`コマンドで実行できます。JShellのプロンプトは「`jshell>`」です。

```
> jshell ─────────────────────────── JShellを起動
|   JShellへようこそ ── バージョン21
|   概要については、次を入力してください: /help intro

jshell> import java.util.*; ──────────────── ❶パッケージをインポート
jshell> new ArrayList<>(List.of(15, 20, 30)); ────── ❷リストを定義
$2 ==> [15, 20, 30]
jshell> $2.get(1); ───────────────────── ❸中身の要素にアクセス
$3 ==> 20
jshell> /exit ──────────────────────── ❹JShellを終了
|   終了します


> ───────────────────────────── 元のプロンプトに戻る
```

ライブラリを利用する場合は、`.java`ファイルと同じく、`import`命令を利用できます（❶）。標準外のライブラリを利用する際には、`/env`コマンドで、以下のようにCLASSPATHを設定してください。

```
jshell> /env –class-path gson-2.8.5.jar;javax.mail.jar
|   新しいオプションの設定と状態の復元。
```

以降のコード（❷）は、`main`メソッドの配下のコードと見なされます（`main`の外枠は不要です）。また、変数定義も不要です。定義したオブジェクトは、そのまま自動変数`$1`、`$2`...に代入されるからです。❸でも変数`$2`経由で`get`メソッドを呼び出せている点に注目です（もちろん、自分で変数を用意してもかまいません）。

JShellは、`/exit`コマンドで終了できます（❹）。プロンプトが「`>`」に戻っていることを確認してください。

　本書では、まずJavaのコーディングそのものに集中していただきたいという意図から、コードエディター環境を前提にしています。もっとも、昨今ではコードエディターの機能も向上しており、これはこれで軽快なプログラミングを体験できるのですが、本格的にアプリを開発していくにあたって、より高度な機能が欲しい、ということもあります。

　そのような場合には、**統合開発環境**（IDE：Integrated Development Environment）と呼ばれるソフトウェアを採用しても良いでしょう。統合開発環境にもさまざまなものがありますが、Javaの世界であれば代表格はなんといっても**Eclipse**。プラグインと呼ばれるソフトウェアを追加インストールすることで、さまざまな機能を自在に追加できるのが特徴です。

　Eclipseにはいくつかのエディションが用意されていますが、Javaの開発を行うならば、Pleiades（`https://willbrains.jp/`）で提供されているJava Full Editionを採用するのが良いでしょう。Java Full Editionには、以下のような機能が標準搭載されています。

❖図8.C　Eclipseの開発画面

　Eclipse（Pleiades）のインストール方法については、著者のサポートサイト「サーバーサイド技術の学び舎 - WINGS」から以下のページを参照してください。

・サーバーサイド環境構築設定

`https://wings.msn.to/index.php/-/B-08/`

オブジェクト指向構文──入れ子のクラス／ジェネリクス／例外処理など

Chapter **9**

この章の内容

第7章、第8章では、オブジェクト指向構文の中核となるクラス／インターフェイス（と、そのメンバー）を中心に解説してきました。これでオブジェクト指向プログラミングの基本は押さえられたはずですが、Javaでは、クラス／インターフェイスの脇を固める様々な仕組みが豊富に取りそろえられているのが特徴です。以下に、本章で扱うテーマをまとめます。

- Objectクラス
- 例外処理
- 列挙型
- レコード
- 入れ子のクラス
- ジェネリクス

　これらを理解する中で、オブジェクト指向構文の理解をさらに深めていきましょう。脇を固めるとは言っても、特に例外処理、列挙型、レコードなどのトピックは開発に欠かせない、重要な知識です。

9.1 Objectクラス

　クラスを宣言する際にextends句を省略した場合に、暗黙的に継承されるのがObjectクラスです。すべてのクラスは直接／間接を問わず最終的にObjectクラスを上位クラスに持つという意味で、Objectクラスはすべてのクラスのルートであるとも言えます。

　Objectクラスでは、表9.1のメソッドを提供しています（つまり、すべてのクラスで、これらのメソッドを利用できます）。ただし、これらのメソッドをそのまま利用することはあまりなく、必要に応じて、派生クラスでオーバーライドするのが一般的です。

❖表9.1　Objectクラスの主なメソッド

メソッド	概要
Object clone()	オブジェクトのコピーを作成
void finalize()	オブジェクトを破棄するときに実行
boolean equals(Object *obj*)	オブジェクト*obj*と等しいか
Class<?> getClass()	オブジェクトのクラスを取得（8.2.9項）
int hashCode()	ハッシュコードを取得
String toString()	オブジェクトを文字列表現で取得

　以降では、それぞれの実装例を見ていきます。

note オブジェクトが生成される際に呼び出されるコンストラクターに対して、オブジェクトが破棄される際に、ガベージコレクターによって呼び出されるのが**finalize**メソッドです。もともとは、派生クラスでオーバーライドすることで、オブジェクトで利用したリソースを解放するなど、オブジェクトの後始末を目的としたメソッドですが、実際のアプリでは利用すべきではありません（Java 9以降でも非推奨となっています）。

というのも、ガベージコレクターによる**finalize**呼び出しは必ずしも保証されたものではないからです。保証されていないものに頼ることは、アプリの動作を不安定にする可能性があります。

 ## 9.1.1　オブジェクトの文字列表現を取得する ——toStringメソッド

toStringメソッドは、可能であるならば、すべてのクラスで実装すべきです。適切な文字列表現（**toString**メソッド）を用意しておくことで、ロギング／単体テストなどの局面でも、

```
System.out.println(obj);
```

とするだけで、オブジェクトの概要を確認できるというメリットがあります（**println**メソッドにオブジェクトを渡した場合、内部的には**toString**メソッドが呼び出されます）。

Objectクラスによる既定の実装では、「to.msn.wings.selfjava.chapØ9.Person@b97cØØ4」のような完全修飾名とハッシュ値（9.1.3項）の組み合わせが返されます。

リスト9.1は、**Person**クラスに対して**toString**メソッドを実装する例です。

▶リスト9.1　上：Person.java／下：ToStringBasic.java

```
public class Person {
  private String firstName;
  private String lastName;

  public Person(String firstName, String lastName) {
    this.firstName = firstName;
    this.lastName = lastName;
  }

  @Override
  public String toString() {
    return String.format("名前は、%s %s です。",
      this.lastName, this.firstName);
  }
}
```
❶

オブジェクト指向構文／入れ子のクラス／ジェネリクス／例外処理など

```
    public String getLastName() {
      return this.lastName;
    }

    public String getFirstName() {
      return this.firstName;
    }
  }
```

```
var p = new Person("太郎", "山田");
System.out.println(p);     // 結果：名前は、山田 太郎 です。
```

　toStringメソッドを実装する際には、そのクラスを特徴づけるフィールドを選別して文字列化するのがポイントです（❶）。すべてのフィールドを書き出すのが目的では**ありません**。

　また、toStringメソッドで利用した情報（フィールド）は、個別のゲッターでも取得できるよう配慮してください（❷）。さもないと、利用者側は個別の情報を取り出すために、toStringメソッドの戻り値を解析しなければならない羽目に陥るからです。

9.1.2　オブジェクト同士が等しいかどうかを判定する ——equalsメソッド

　equalsは、オブジェクトの同値性（3.3.1項）を判定するためのメソッドです。Objectクラスが既定で用意しているequalsメソッドでは、同一性（＝オブジェクト参照が同じオブジェクトを示していること）を確認するにすぎません。意味ある値としての等価を判定したい場合には、個別のクラスでequalsメソッドをオーバーライドしてください。

> *note* ただし、必要ないのであれば、equalsメソッドを無理に実装する必要はありません。たとえば、オブジェクトが（値ではなく）動作を表している——FileInputStream、OutputStreamWriterのようなものでは、値の同値性を判定する意味はありません。また、そもそも基底クラスで適切なequalsメソッドを提供しているならば、これをそのまま引き継ぐべきです。
> このあとでも触れますが、equalsメソッドの実装は意外と複雑で、時として、潜在的なバグの原因にもなります。これを回避するには、不要ならばequalsメソッドを実装しない、が最善の策です。

　では、具体的な例も見てみましょう。リスト9.2は、firstName／lastNameフィールドを持つPersonクラスに、equalsメソッドを実装する例です。

```java
import java.util.Objects;

public class Person {
  // 名前
  private String firstName;
  // 名字
  private String lastName;

  public Person(String firstName, String lastName) {
    this.firstName = firstName;
    this.lastName = lastName;
  }

  // 名前／名字ともに等しければ同値とする
  @Override
  public boolean equals(Object obj) {
    // 同一性の判定
    if (this == obj) { return true; } ──────────────────
    // 比較対象がnullならば常に等しくない                          ❶
    if (obj == null) { return false; } ─────────────────
    // 同値性の判定
    if (obj instanceof Person p) { ─────────────────────
      return Objects.equals(this.firstName, p.firstName) && ─── ❷
        Objects.equals(this.lastName, p.lastName); ────┘❹
    } ──────────────────────────────────────────────────
    return false; ──────────────────────────────────────── ❸
  }
}
```

同値性の判定は、以下のような段階を踏みます。

まず、❶では==演算子で同一性を確認しています。なくても成り立ちますが同一性が満たされていれば同値性は必ず真なので、特に、比較のオーバーヘッドが大きい場合には無駄を省けます。また、比較対象がnullの場合は常に等しくない（＝false）と見なします。

❷は、引数objをinstanceof演算子で型チェックしたうえで、現在の型にキャストします（8.2.8項でも触れたように、ダウンキャストの場合の定型です）。「equals(Person p)」のようなメソッドを定義したくなるかもしれませんが、これでは（オーバーライドではなく）オーバーロードになってしまいます。引数objが目的の型でない場合、equalsメソッドは無条件にfalseを返します（❸）。

最後に、❹が同値性の判定です。firstName／lastNameフィールドの同値性を判定し、いずれもtrueであれば、Personクラスのequalsメソッドとしてtrueと見なします。フィールド値が

nullである場合も加味したいので、`String#equals`ではなく、3.4.1項でも触れた`Objects.equals`メソッドを利用している点にも注目です。

equalsメソッドの実装ルール

equalsメソッドを実装するときには、表9.2のルールを守らなければなりません（ただし、比較値がnullの場合は常にfalse）。

❖表9.2　equalsメソッドの実装ルール

ルール	概要
反射性（Reflexive）	`x.equals(x)`は`true`
対称性（Symmetric）	`x.equals(y)`が`true`ならば、`y.equals(x)`は`true`
推移性（Transitive）	`x.equals(y)`、`y.equals(z)`がともに`true`ならば、`x.equals(z)`は`true`
一貫性（Consistent）	x、yに変更がなければ、`x.equals(y)`を複数呼び出しても常に`true`／`false`（結果は変化しない）

これらルールの中で、反射性／一貫性は比較的守りやすいものですが、対称性／推移性は、意図せず違反することがあります。典型的な例を見てみましょう。

まずはPersonクラスを継承したBusinessPersonクラスの例からです（リスト9.3）。firstName／lastNameフィールドに加えて、departmentフィールド（所属部門）を追加したので、equalsメソッドでもdepartmentフィールドを加味した比較を試みています。

▶リスト9.3　BusinessPerson.java（chap09.equalsパッケージ）

```java
import java.util.Objects;

public class BusinessPerson extends Person {
  // 所属部門
  private String department;

  public BusinessPerson(String firstName, String lastName, String department) {
    super(firstName, lastName);
    this.department = department;
  }

  @Override
  public boolean equals(Object obj) {
    // 同一性の判定
    if (this == obj) { return true; }
    // 比較対象がnullならば常に等しくない
    if (obj == null) { return false; }
```

```
    // 同値性の判定
    if (obj instanceof BusinessPerson bp) {
      return super.equals(bp) &&
        Objects.equals(this.department, bp.department);
    }
    return false;
  }
}
```

Personクラスのequalsメソッドでの判定に加えて、BusinessPersonクラスでは追加した
departmentフィールドの判定だけを実施しているわけです（太字部分）。これは一見して妥当な
コードに見えますが、対称性に違反しています（リスト9.4）。

▶リスト9.4　EqualsBasic.java（chap09.equalsパッケージ）

```
var p = new Person("太郎", "山田");
var bp = new BusinessPerson("太郎", "山田", "営業");
System.out.println(p.equals(bp));    // 結果：true ─────────────❶
System.out.println(bp.equals(p));    // 結果：false ─────────────❷
```

Personクラスのequalsメソッドではdepartmentフィールドを無視して比較するので、p／bp
は同値です（❶）。対して、BusinessPersonクラスのequalsメソッドでは、引数pがBusiness
Personでないので、同値とは判定されません。

これを回避するために、リスト9.3を、以下のように書き換えてみましょう。

```
@Override
public boolean equals(Object obj) {
  ...中略...
  if (obj instanceof Person) {
    // BusinessPerson型の場合、すべてのフィールドで比較
    if (obj instanceof BusinessPerson bp) {
      return super.equals(bp) &&
        Objects.equals(this.department, bp.department);
    // Person型ではdepartmentフィールドを無視して比較
    } else {
      return super.equals(obj);
    }
  }
  return false;
}
```

これで、引数objにPersonオブジェクトが渡された場合には、departmentフィールドを無視して比較するので、対称性違反は解消します。

```
var p = new Person("太郎", "山田");
var bp = new BusinessPerson("太郎", "山田", "営業");
System.out.println(p.equals(bp));      // 結果：true
System.out.println(bp.equals(p));      // 結果：true
```

しかし、今度は推移性違反が発生します。

```
var p = new Person("太郎", "山田");
var bp1 = new BusinessPerson("太郎", "山田", "営業");
var bp2 = new BusinessPerson("太郎", "山田", "総務");
System.out.println(bp1.equals(p));         // 結果：true
System.out.println(p.equals(bp2));         // 結果：true
System.out.println(bp1.equals(bp2));       // 結果：false
```

残念ながら、このような継承関係において、フィールドを追加しながら、equalsメソッドの原則を厳密に守ることはできません。原則を維持するならば、継承そのものを避けて、委譲（8.2.10項）を用いるという選択肢もあるでしょう。

9.1.3 オブジェクトのハッシュ値を取得する ——hashCodeメソッド

hashCodeメソッドは、オブジェクトのハッシュ値—— オブジェクトデータをもとに生成されたint値を返します。HashMap／HashSetなどのハッシュ表で値を正しく管理するための情報で、「同値のオブジェクトは同じハッシュ値を返すこと」が期待されています（異なるオブジェクトに対して、必ずしも異なるハッシュ値を返さなくてもかまいません）。その性質上、equalsメソッドをオーバーライドした場合には、hashCodeメソッドもセットでオーバーライドすべきです。

hashCodeメソッドの実装例

VSCodeを利用しているならば、hashCodeメソッドの典型的なコードは自動生成できます。本項では、自動生成されたコードでもって、ハッシュ値を求める定型を理解しておきましょう。

まずは、リスト9.5のようなコードを準備してください。

```java
package to.msn.wings.selfjava.chap09;

public class ObjectHash {
  private boolean boolValue;
  private int intValue;
  private long longValue;
  private float floatValue;
  private double doubleValue;
  private String stringValue;
}
```

　この状態で、class｛…｝の直下にカーソルを置いて右クリックし、表示されたコンテキストメニューから［ソースアクション…］－［Genarate hashCode() and equals()…］を選択します。

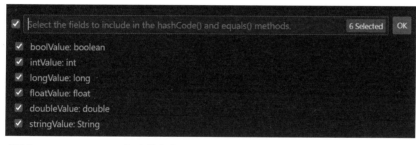

❖図9.1　hashCodeメソッドの自動生成

　定義済みのフィールドがリスト表示されるので、目的のフィールドを選択した上で、［OK］ボタンをクリックしてください。リスト9.6のようなhashCodeメソッドが生成されます（equalsメソッドも同時に生成されますが、ここでは無視します）。

▶リスト9.6　ObjectHash.java

```java
public class ObjectHash {
  ...中略...
  @Override
  public int hashCode() {
    final int prime = 31;
    int result = 1;
    result = prime * result + (boolValue ? 1231 : 1237);
    result = prime * result + intValue;
    result = prime * result + (int) (longValue ^ (longValue >>> 32));
    result = prime * result + Float.floatToIntBits(floatValue);
```

```
    long temp;
    temp = Double.doubleToLongBits(doubleValue);
    result = prime * result + (int) (temp ^ (temp >>> 32));
    result = prime * result + ((stringValue == null) ? 0 : stringValue.hashCode());
    return result;
  }
  ...中略...
}
```

ハッシュ値を求めているのは、太字の部分です。一見して複雑なコードにも見えますが、基本的にはフィールド値をひたすらに足しこんでいるだけです。頭を整理するために、より一般的な式に改めておきます。

```
hash = seed * 31ⁿ + v1 * 31ⁿ⁻¹ + ... + vn
```

seedは非ゼロの任意の整数値（コード上はresult）、v1～vnはn番目のフィールド値、そして、nはフィールド数を表します。v1～vnは、正しくはフィールド値のint表現です。求め方は、データ型によって変化するので、表9.3に一般的な手法をまとめておきます。

❖表9.3　フィールド値からint表現を求める式

データ型	求め方
boolean	v ? 1231 : 1237
byte、short、int、char	v
long	(int)(v ^ (v >>> 32))
float	Float.floatToIntBits(v)
double	Double.doubleToLongBits(v)
Object	v.hashCode()

doubleToLongBitsメソッドの戻り値はlong型です。よって、求めた値（サンプルではtemp）は、さらにlong値と同様の処理を施します。

 note 慣例的に、ハッシュ値の算出には素数を利用します。boolean型で利用している1231、1237は十分に大きな素数を意図していますし、prime（31）は「2ⁿ - 1」で表せる素数であることから、コンパイラーによる最適化が期待できるというメリットもあります。

なお、ここでは説明の便宜上、すべてのフィールドからハッシュ値を算出しましたが、一般的には、

同値性に影響するフィールド以外は除外

してください。同値性に影響する、とは、equalsメソッドで利用している、ということです。さもないと、hashCode／equalsメソッドの対応関係が崩れる可能性があります。

ハッシュ値のキャッシュ

クラスが不変（8.1.4項）であるならば、メソッド呼び出しのたびにハッシュ値を再計算するのではなく、フィールド値としてハッシュ値をキャッシュしておいてもよいでしょう。

リスト9.7は、Stringクラスの例です。

▶リスト9.7　String.java

```java
public int hashCode() {
  int h = hash;
  if (h == 0 && value.length > 0) {
    hash = h = isLatin1() ? StringLatin1.hashCode(value)
                          : StringUTF16.hashCode(value);
  }
  return h;
}
```

この場合、hashフィールドがキャッシュされたハッシュ値です。hashの値が0（既定値）、かつ、文字列長が1以上の場合にだけハッシュ計算を行い、それ以外の場合はhashの値をそのまま返しています。

9.1.4　補足 オブジェクトを比較する――compareToメソッド

compareToメソッドについては、5.2.2項でも触れています。オブジェクト同士を比較するためのメソッドで、Arrays.sortメソッドによるオブジェクトのソートや、TreeMap／TreeSetによる順序付きキーの管理にも利用します。

（Objectクラスではなく）Comparableインターフェイスに属するメソッドですが、値の大小に意味を持ったクラスなのであれば、まずは実装するのが基本、と覚えておきましょう。本書でも、共通で実装しておくべきメソッドという観点から、本項でまとめて実装方法を紹介しておきます。

たとえばリスト9.8は、Personクラスに対してcompareToメソッドを実装する例です。最初にlastNameKanaフィールド（名字カナ）で大小を比較し、等しい場合にだけfirstNameKanaフィールド（名前カナ）で大小を比較します。

```java
public class Person implements Comparable<Person> {  ────────────❶
  private String firstNameKana;    // 名前
  private String lastNameKana;     // 名字

  public Person(String firstNameKana, String lastNameKana) {
    this.firstNameKana = firstNameKana;
    this.lastNameKana = lastNameKana;
  }

  // 名字、名前カナで大小を判定
  @Override
  public int compareTo(Person o) {  ──────────────────────┐
    if (Objects.equals(this.lastNameKana, o.lastNameKana)) {
      return Objects.compare(this.firstNameKana, o.firstNameKana,
        Comparator.nullsFirst(Comparator.naturalOrder()));
    } else {                                                   ❷
      return Objects.compare(this.lastNameKana, o.lastNameKana,
        Comparator.nullsFirst(Comparator.naturalOrder()));
    }
  }  ────────────────────────────────────────────┘

  @Override
  public String toString() {
    return this.lastNameKana + " " + this.firstNameKana;
  }
}
```

compareToメソッドを実装するには、まず、Comparable<T>インターフェイスを実装します（❶）。Tは、比較対象となるオブジェクト —— ここではPersonを指定します。

あとは、compareToメソッドで大小の比較ルールを実装するだけです（❷）。compareToメソッドは大小に応じて、以下のルールで値を返すようにします。

- this ＞引数oの場合は正数
- thisと引数oが等しい場合はゼロ
- this ＜引数oの場合は負数

❷であれば、Objectsクラスのcompareメソッドを使って、lastNameKana／firstNameKanaを比較し、大小を決定しています。

構文 compareメソッド

```
public static <T> int compare(T a, T b, Comparator<? super T> c)
```

a、*b*：比較するオブジェクト
c ：比較ルール

compareメソッドは、引数a／bをルールcに基づいて比較し、等しい場合は0を、大きい場合は正数、小さい場合は負数を返します。比較ルールcには、ここでは自然順序（naturalOrder）で、ただし、nullsFirst（nullは最小）となるようなルールを指定しています。

compareToメソッドの実装ルールについてもまとめておきます。equalsメソッドにもよく似たルールなので、比較しながら理解を深めてください。なお、以下のsgnは仮想的な符号関数の意味で、引数が正数、ゼロ、負数の場合に、それぞれ1、0、−1を返すものとします。

1. すべてのx／yについて「sgn(x.compareTo(y)) == −sgn(y.compareTo(x))」であること（y.compareTo(x)が例外を投げる場合、x.compareTo(y)も例外を投げること）
2. 「x.compareTo(y) > 0 && y.compareTo(z) > 0」であれば「x.compareTo(z) > 0」であること（＝順序関係が推移的であること）
3. すべてのzに対して、「x.compareTo(y) == 0」であれば「sgn(x.compareTo(z)) == sgn(y.compareTo(z))」であること
4. 「(x.compareTo(y) == 0) == (x.equals(y))」であること（必須ではない）

4.は、compareTo／equalsメソッドの同値比較ルールは等しくあるべき、という意味です。絶対ではありませんが、双方の判定が異なることは利用者に混乱をもたらします。特別な理由がない限りは避けるべきですし、やむを得ない場合もドキュメントで明記してください。

Comparatorインターフェイスでは、本文で扱った他にも、比較ルールを生成するためのstaticメソッドを様々に用意しています。以下に、主なものをまとめておきます。

❖表9.A　主な比較ルール（Comparatorインターフェイスの主なメソッド）

メソッド	比較ルール
reverseOrder()	自然順序の逆
comparing(Function<? super T,? extends U> key)	指定されたキーで比較
nullsLast(Comparator<? super T> comparator)	指定されたルールにnullルールを追加（null値は最大）

compareToメソッドの動作確認

PersonクラスのcompareToメソッドを実装できたところで、Personオブジェクト配列をArrays.sortメソッドでソートしてみます（リスト9.9）。

▶リスト9.9　CompareBasic.java（chap09.compareパッケージ）

```java
var data = new Person[] {
  new Person("タロウ", "マツダ"),
  new Person("リコ", "モリヤマ"),
  new Person("コウスケ", "モリタ"),
  new Person("マリコ", "モリヤ"),
  new Person("ソウシ", "ムラカミ"),
  new Person("エミ", "ヤマダ"),
};
Arrays.sort(data);
System.out.println(Arrays.toString(data));
```

```
[マツダ タロウ, ムラカミ ソウシ, モリタ コウスケ, モリヤ マリコ, モリヤマ リコ, ヤマダ エミ]
```

Arrays.sortメソッドは、配列の要素型がComparableインターフェイスを実装していることを前提にしています。よって、非実装型を渡した場合には、ClassCastException例外が発生します。

9.1.5　オブジェクトを複製する——cloneメソッド

cloneは、オブジェクトの複製（コピー）を生成するためのメソッドです。コピーの正確な意味は、オブジェクトによって異なりますが、一般的には、以下の要件を満たすことです（絶対の要件ではありません）。

1. x.clone() != x（異なる参照であること）

2. x.clone().getClass() == x.getClass()（型が一致していること）

3. x.clone().equals(x)（同値性を満たすこと）

> *note* 代入演算子「=」では複製の意味にはならない点に注意してください（参照型の代入は、参照のコピーであるからです）。
>
> ```java
> var x_copy = x;
> ```
>
> 上のコードは、1. の要件を満たしません。

リスト9.10では、Personクラスを使って、具体的なcloneメソッドの実装例を見ていきます。

```java
public class Person implements Cloneable {                                    ❶
  private String firstName;
  private String lastName;

  public Person(String firstName, String lastName) {
    this.firstName = firstName;
    this.lastName = lastName;
  }

  @Override
  public Person clone() {                                                      ❹
    Person p = null;
    try {
      p = (Person)super.clone();                                               ❷
    } catch (CloneNotSupportedException e) {
      throw new AssertionError();                                              ❸
    }
    return p;
  }

  @Override
  public String toString() {
    return this.lastName + this.firstName;
  }
}
```

```java
var p1 = new Person("太郎", "山田");
var p2 = p1.clone();
System.out.println(p1 == p2);     // 結果：false
System.out.println(p2);           // 結果：山田太郎
```

cloneメソッドは、いささか特殊なメソッドで、利用にあたってはCloneableインターフェイスを実装して、明示的に複製を許可しなければなりません（❶）。Cloneableインターフェイスを実装していない場合には、CloneNotSupportedException例外を発生します。インターフェイスの使い方としては特殊なものですが、cloneメソッドを実装する際のルールとして覚えてしまいましょう。

> *note* Cloneableは、cloneメソッドを利用することを宣言するためだけのインターフェイスで、それ自身はメソッドを持ちません（あくまでcloneメソッドはObjectクラスで定義されています）。このようなインターフェイスのことを**マーカーインターフェイス**と呼びます。

9 オブジェクト指向構文——入れ子のクラス／ジェネリクス／例外処理など

複製すべきクラスが、基本型、もしくは参照型でも不変型（たとえばStringのような）のフィールドだけから構成される場合、cloneメソッドの実装はごくシンプルで、❷のように「super.clone()」でObjectクラスのcloneメソッドを呼び出すだけです。

CloneNotSupportedException例外の処理は、便宜的なものです（❸）。Cloneableインターフェイスを実装している限りは発生しないものなので、catchブロックではAssertionErrorを投げておきます。AssertionErrorとは、プログラムが予期しない動作をしている（＝本来であれば起こりえない）ことを表すエラーです。

cloneメソッドのシグニチャにも注目です（❹）。まず、Object.clone本来のシグニチャはprotectedですが、Cloneable実装クラスでは外部からも呼び出せるようにpublicとしておきます（もちろん、他クラスからの呼び出しが不要であればprotectedのままでもかまいません）。また、戻り値も本来のObject型ではなく、実装クラスの型（ここではPerson）に合わせます。利用者側でのキャストの手間を省くためです。

フィールドに可変型を含んでいる場合

標準的なObject.cloneメソッドの挙動は、フィールド個々の複製です。よって、参照型（可変型）のフィールドでは、複製の前後で同じオブジェクトを参照してしまいます（このような複製のことをシャローコピーと言います）。

そこで、フィールドに可変型を含んでいる場合には、cloneメソッドにも可変型対策のコードを追加しなければなりません。リスト9.11は、Personクラスに配列型のmemosフィールド（メモ）を追加した例です。

▶リスト9.11　Person.java（chap09.clone2パッケージ）

```java
public class Person implements Cloneable {
  private String firstName;
  private String lastName;
  private String[] memos;

  public Person(String firstName, String lastName, String[] memos) {
    this.firstName = firstName;
    this.lastName = lastName;
    this.memos = memos;
  }

  @Override
  public Person clone() {
    Person p = null;
    try {
      p = (Person)super.clone();
      p.memos = this.memos.clone();
```

```
    } catch (CloneNotSupportedException e) {
      throw new AssertionError();
    }
    return p;
  }


  @Override
  public String toString() {
    return  String.format("%s%s (%s) ",
        this.lastName, this.firstName, this.memos[1]);
  }
}
```

　しかし、cloneメソッドで変更したのは太字の部分だけです。該当するフィールドのcloneメソッドを呼び出すことで、オブジェクト（配列）を明示的に複製しています。これで配列配下の要素が個々に複製されます。

　このような複製のことを、（先ほどのシャローコピーに対して）**ディープコピー**と言います。

> *note* 本文では、一般的な参照型のコピーを意図して、配列のコピーにcloneメソッドを利用しました。しかし一般的な配列コピーには、よりパフォーマンスにも優れ、配列長の指定や部分的なコピーにも対応した Arrays.copyOf／copyOfRange メソッド（5.6.5項）を利用することをお勧めします。

練習問題　9.1

[1] 以下は、Personクラスのequalsメソッドの抜粋です。firstName／lastNameフィールドが等しい場合に同値である前提で、空欄を埋めてコードを完成させてみましょう。

```
@Override
public boolean equals( ①  obj) {
  if ( ②  == obj) { return true; }
  if (obj == null) { return false; }
  if (obj  ③  Person  ④ ) {
    return Objects. ⑤ (this.firstName, p.firstName) &&
      Objects. ⑤ (this.lastName, p.lastName);
  }
  return  ⑥ ;
}
```

 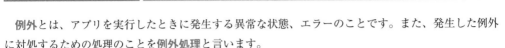

9.2 例外処理

　例外とは、アプリを実行したときに発生する異常な状態、エラーのことです。また、発生した例外に対処するための処理のことを**例外処理**と言います。

　もちろん、エラーの中には未然に防げるものもあります。たとえばメソッドを呼び出そうとしたらオブジェクトが存在しなかった（＝nullであった）、配列サイズを越えて要素にアクセスしようとした、などです。これらは例外などという言葉を持ち出すまでもなく、プログラムのバグなので、リリース前に開発者の責任で修正すべきものです。

　一方、開発者の責任では回避できない問題もあります。たとえばアクセスしようとしたファイルが存在しなかった、接続を試みたデータベースが停止していた、などの問題です。これらの問題が、本節で扱う狭義の「例外」です。狭義の例外は、開発者の責任ではありませんが、それでも、これらの問題に対処するのは開発者の責任です（意図せず、そのまま処理が継続されたり、フリーズの原因となるような状況は避けなければなりません）。

　そこでJavaでは、例外を検知し、対処するための標準的な仕組みとして、例外処理を提供しているのです。狭義の例外は、Javaにおいては処理も必須です（処理されない例外はコンパイルエラーとなります）。

 ### 9.2.1　例外処理の基本

　例外を処理するのは、`try...catch`命令の役割です。

構文 try...catch命令

```
try {
    ...例外を発生する可能性のあるコード...
} catch(例外型1 変数1) {
    ...例外型1が発生したときの処理...
}
...
} catch(例外型N 変数N) {
    ...例外型Nが発生したときの処理...
}
```

　`try`ブロックがアプリ本来の処理です。ここで例外が発生すると、その種類（型）に応じて、`catch`ブロックが呼び出されます。例外が発生することを、例外が**スロー**（throw）される、投げられる、などと言います。また、発生した例外を受け取ることを、例外をキャッチ（catch）する、ま

たは、**捕捉する**などと表現します。

Javaでは、例外もまた型（クラス）の一種である点に注目です。例外をクラス階層として表すことで、一般的な例外を上位クラスで、個々の状況に即した例外を下位クラスで、というように、例外を厳密に体系化できます。例外のクラス階層は、例外を処理する際にも、自ら例外をスローする際にも重要な概念なので、詳しくは9.2.4項で解説します。

catchブロックは、tryブロックで発生する可能性のある例外の種類に応じて、必要な数だけ列記できます（図9.2）。

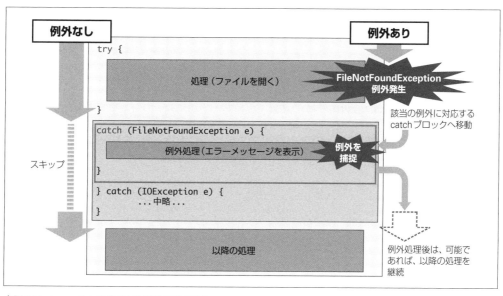

❖図9.2　try...catch命令による例外処理の流れ

具体的な例も見てみましょう。リスト9.12は、FileInputStreamでファイルをオープンする例です。指定されたファイルが存在しない場合、その旨をメッセージ表示します。

▶リスト9.12　TryBasic.java

```java
import java.io.FileInputStream;
import java.io.FileNotFoundException;
import java.io.IOException;
...中略...
try {
  var in = new FileInputStream("C:/data/nothing.gif");
  var data = -1;
  while ((data = in.read()) != -1) {
    System.out.printf("%02X ", data);
  }
```

オブジェクト指向構文——
入れ子のクラス／ジェネリクス／例外処理など

```
} catch (FileNotFoundException e) { ─────────────────────────── ❶
  System.out.println("ファイルが見つかりませんでした。");
} catch (IOException e) {
  e.printStackTrace(); ──────────────────────────────────── ❷
}
```

ファイルが見つかりませんでした。

FileInputStreamクラスは、指定されたファイルが存在しない場合に、FileNotFound
Exception（ファイルが見つからない）例外をスローします（❶）。コンストラクター／メソッドが
どのような例外を発生する可能性があるかは、APIリファレンス（https://docs.oracle.com/
en/java/javase/21/docs/api/）から確認できます（図9.3）。

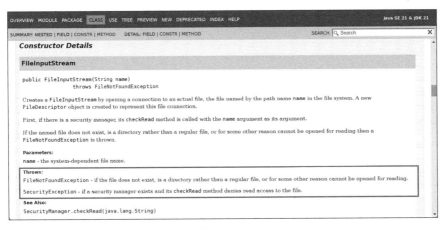

❖図9.3　FileInputStreamコンストラクターの詳細

> ⬡note VSCodeであれば、処理すべき例外を含んだコードに赤波線が付くので、そこをクリックしま
> す。左端に表示される電球アイコンをクリックすると、問題解決の候補が表示されるので、
> [Surround with try/catch]を選択してください。該当のコードで発生する可能性がある例外
> が検出され、try／catchブロックが自動的に生成されます。
>
> ❖図9.A　try／catchブロックの自動生成

catchブロックでは、指定された例外変数（ここではe）を介して、例外オブジェクトにアクセスできます（❷）。例外変数は、慣例的にe、exとするのが一般的です。Javaではブロック単位にスコープを持つので（7.4節）、複数のcatchブロックがある場合にも、同じ変数名を付けてかまいません。

　例外クラスで利用できる主なメソッドを、表9.4にまとめます。

❖表9.4　例外クラスの主なメソッド

メソッド	概要
String getMessage()	エラーメッセージを取得
String getLocalizedMessage()	ローカライズ対応したエラーメッセージを取得
Throwable getCause()	エラー原因を取得
StackTraceElement[] getStackTrace()	スタックトレースを取得
void printStackTrace()	スタックトレースを出力

　サンプルでは、printStackTraceメソッドで例外スタックトレースを出力しています。構文上、catchブロックを空にすることは可能ですが、そうすべきではありません。それは、発生した例外を無視する（握りつぶす）ということであり、バグの問題特定を難しくします。

　その場で例外を処理できない場合は、そもそも例外を再スロー（9.2.6項）すべきですし、最低でも、例外情報を標準出力／ログに出力し、例外の発生を確認できるようにしてください。

スタックトレース

　スタックトレースとは、例外が発生するまでに経てきたメソッドの履歴です（図9.4）。エントリーポイントであるmainメソッドを基点に、呼び出し順に記録されます。

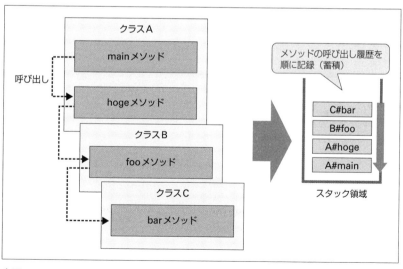

❖図9.4　スタックトレースとは？

例外が発生した場合にも、スタックトレースを確認することで、意図しないメソッドが呼び出されていないか、そもそもメソッド呼び出しの過程に誤りがないかなどを確認でき、問題特定の手がかりとなります。

スタックトレースは、VSCodeでも確認できます。ブレークポイント（1.3.4項）で処理を中断した状態で、［デバッグ］ビューの［コールスタック］ペインを確認してみましょう。図9.5の例であれば、main→hoge→foo→barの順でメソッドが呼び出されていることが見て取れます。

❖図9.5　VSCodeの［コールスタック］ペイン

 エキスパートに訊く

Q： そもそも、なぜtry...catch命令が必要なのでしょうか。メソッドの戻り値からエラーの有無を調べて、エラーがあった場合にだけ処理するという方法ではダメなのでしょうか。

A： もちろん、発生しそうな問題をif命令でチェックすることも可能です。しかし、一般的なアプリではチェックすべき項目が多岐にわたっており、本来のロジックが膨大なチェックに埋もれてしまうおそれがあります。これはコードの可読性という観点からも望ましい状態ではありません。

しかし、try...catchというエラー（例外）処理専用のブロックを利用することで、以下のようなメリットがあります。

- 例外の可能性があるコードをまとめてtryブロックでくくればよいので、逐一、チェックのコードを記述しなくてもよい（＝コードが短くなる）
- try...catchは例外処理のための命令なので、汎用的な分岐命令であるifと違って、本来の分岐と識別しやすい（＝コードが読みやすい）
- メソッドの戻り値をエラー通知のために利用しなくて済むようになる（＝戻り値は本来の処理結果、エラーは例外で、と用途によって区別できる）

try...catch命令を利用することで、例外をよりシンプルに、かつ、確実に処理できるようになるのです。

注意 **正常系の処理に例外を用いない**

例外処理とは、名前の通り、「例外的な」状況が発生したことを検知するための仕組みです。よって、正常系の制御のために例外処理を利用してはいけません。

というのも、例外処理は、他の制御構文に比べて低速です。また、そもそも正常系に例外処理を用いることで、コード本来の趣旨がわかりにくくなるのは望ましい状況ではありません。

たとえば、リスト9.13は配列要素を順に出力するためのコードです。これは動作はしますが、避けるべきコードです（拡張forブロックで十分です）。

▶リスト9.13　TryBad.java

```java
var data = new String[] { "Java", "C#", "Python" };
try {
  var i = 0;
  // 無限ループ（指定のインデックスが範囲外になったところで例外=終了）
  while (true) {
    System.out.println(data[i++]);
  }
} catch (ArrayIndexOutOfBoundsException e) { }
```

9.2.2　finally ブロック

try...catch命令には、必要に応じてfinallyブロックを追加することもできます。finallyブロックは、例外の有無に関わらず最終的に実行されるブロックで、一般的には、tryブロックの中で利用したリソースの後始末のためなどに利用します。複数列記できるcatchブロックに対して、finallyブロックは1つしか指定できません。

リスト9.14に、具体的な例を示します。

▶リスト9.14　TryFinally.java

```java
import java.io.FileInputStream;
import java.io.FileNotFoundException;
import java.io.IOException;
...中略...
FileInputStream in = null;
try {
  in = new FileInputStream("C:/data/nothing.gif");
  ...中略...
```

```
} catch (FileNotFoundException e) {
  System.out.println("ファイルが見つかりませんでした。");
} catch (IOException e) {
  e.printStackTrace();
} finally {
  // 例外の有無に関わらず、ファイルをクローズ
  try {
    if (in != null) {
      in.close();
    }
  } catch (IOException e) {
    e.printStackTrace();
  }
}
```

　ファイルのような共有リソースは確実に解放することを求められます。解放されずに残ったリソースは、メモリを圧迫したり、そもそも他からの利用を妨げる原因ともなるからです。

　しかし、tryブロックでcloseメソッドを記述してしまうとどうでしょう。処理の途中で例外が発生した場合、closeメソッドが呼び出されない（＝catchブロックにスキップしてしまう）可能性があります。しかし、finallyブロックでcloseすることで、例外の有無に関わらず、closeメソッドは必ず呼び出されることが保証されます。

note　try／catch／finallyでは、以下の組み合わせが可能です。

- try...catch
- try...catch...finally
- try...finally

tryを省略して、catch...finally、またはtryだけのパターンなどは不可です。

9.2.3　try-with-resources構文

　ただし、Java 7以降ではtry...finally構文でリソースを破棄することはあまりありません。というのも、リソース破棄に特化しており、try...finally構文よりもシンプルに表現できるtry-with-resources構文が用意されているからです。具体的な例についてはすでに5.5.1項でも触れましたが、ここで細かく構文を再確認しておきます。

　リスト9.15は、リスト9.14をtry-with-resources構文で書き換えたものです。

```java
import java.io.FileInputStream;
import java.io.FileNotFoundException;
import java.io.IOException;
...中略...
try (var in = new FileInputStream("C:/data/nothing.gif")) {
  var data = -1;
  ...中略...
} catch (FileNotFoundException e) {
  System.out.println("ファイルが見つかりませんでした。");
} catch (IOException e) {
  e.printStackTrace();
}
```

　tryブロックの先頭（太字部分）でリソースを宣言することから、try-with-resources（リソースを伴うtry）と呼ばれます。これによって、tryブロックを抜けるタイミングで、リソースが自動的に開放される（＝finally句が不要になる）ので、コードもぐんとシンプルになります。

　ただし、いくつかの注意点もあります。以下にまとめます。

（1）AutoCloseableインターフェイスを実装していること

　try-with-resources構文で解放できるリソースは、AutoCloseable実装クラスだけです（それ以外のリソースを指定した場合には、コンパイルエラーです）。AutoCloseableインターフェイスの主な実装クラス／インターフェイスには、Reader／Writerをはじめ、InputStream／OutputStream、Connection／Statement／ResultSet（データベース関連のクラス）などがあります。

（2）リソース解放の順序が変わる

　従来のtry...finally構文では、try→catch→finally（close）の順でリソースを解放していました。つまり、catchブロックの時点ではリソースは生きていたわけです。

　しかし、try-with-resources構文では、tryブロックを抜けたところで、リソースを解放します。つまり、try→close→catch→finallyの順で、処理が実施されます。たとえばcatchブロックでリソースを参照しているようなコードは、try-with-resources構文を利用できない場合があります。

（3）リソースのスコープが異なる

　従来のtry...finally構文では、ブロックをまたいでリソースを処理する都合上、リソース変数はtryブロックの外で宣言していました。この場合のリソース変数のスコープは、try...finally

オブジェクト指向構文──入れ子のクラス／ジェネリクス／例外処理など

ブロックの外まで及びます（図9.6）。

一方、try-with-resources構文では、tryブロックの配下に限られます。

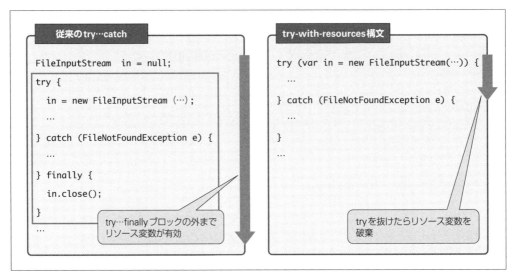

❖図9.6　リソースの有効範囲

ただし、Java 9以降では、tryブロックの外で宣言されたリソースを引用することも可能になりました。この場合、リソース変数のスコープは、try／catch／finallyブロックの外にまで及びます。

```
var input = new FileInputStream(...);
try (input) { ... }
```

9.2.4　例外クラスの階層構造

本項では、クラス階層という観点から、例外に対する理解を深めます。

まず、すべての例外／エラークラスは、Throwableクラス（java.langパッケージ）を頂点とした階層ツリーの中に属します（図9.7）。階層ツリーで上位の例外はより一般的な例外を、下位の例外はより問題に即した個別の例外を意味します。

例外／エラーは、階層ツリーに沿って、さらに大きく3種類に分類できます。

まず、Errorクラスは致命的なエラーを表します。配下の例外は**エラー例外**とも呼ばれ、代表的なものにIOError（重大な入出力エラー）、VirtualMachineError（仮想マシンレベルでの障害）があります。いずれもアプリでは処理できないレベルのエラーなので、一般的には例外処理として扱うべきではありません。

一方、Exception配下のエラーはアプリに起因する問題を表し、さらに、RuntimeException配下の例外と、それ以外とに分類できます。

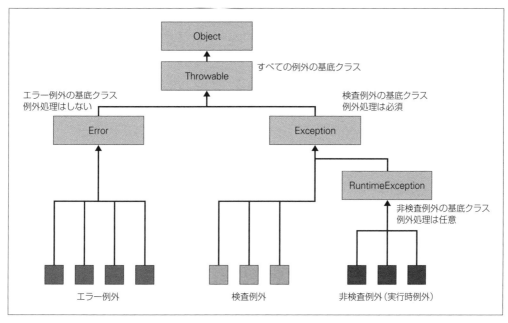

❖図9.7　例外型のクラス階層

　RuntimeExceptionと、その配下の例外は、いわゆる実行時エラーです。IllegalArgument
Exception（不正な引数）、NullPointerException（オブジェクトがnull）など、基本的には
正しいアプリでは発生しないはずのバグです。まずは、コードそのものを修正すべきなので、コンパ
イル時にも例外処理の有無はチェックされません（＝例外処理は必須ではありません）。**非検査例外**
（Unchecked exceptions）と呼ばれるゆえんです。

　そして、Exceptionクラスの配下で、RuntimeException配下**以外**に位置する例外が、狭義の
例外です。代表的なものに、FileNotFoundException（ファイルが存在しない）、SQLException
（データベースアクセス時の問題）などがあります。いずれもアプリの責任で回避できないものの、
事前に想定できる問題です。

　よって、アプリでは、例外として処理するか、呼び出し元に対してスロー（9.2.5項）するか、いず
れかの処理が必須となります。これらの処理を省いた場合には、コンパイルエラーとなる（＝例外処
理の存在がコンパイラーによってチェックされる）ことから、**検査例外**（Checked exceptions）と呼
ばれます。

> *note* 実行時例外には、（メソッドではなく）演算子によって発生するものもあります。たとえばゼロ除
> 算で発生するArithmeticExceptionは/演算子によって発生する例外です。その他、キャスト
> 演算の失敗によって発生するClassCastException、配列への範囲外アクセスによって発生す
> るIndexOutOfBoundsExceptionなどもあります。

例外処理の注意点

以上を前提に、例外を処理する際の注意点をいくつかまとめておきます。

(1) Exceptionで捕捉しない

catchブロックは、正しくは、発生した例外がcatchブロックで指定された例外型と一致、もしくは、発生した例外の基底クラスである場合に呼び出されます。よって、たとえば以下のようにすることで、すべての例外を捕捉できます。

```
try {
  ...任意のコード...
} catch(Exception e) {
  ...例外処理...
}
```

しかし、このようなコードは望ましくありません。というのも、Exceptionはすべての例外を表すので、例外処理の対象があいまいになりがちなためです。例外は、原則として、意味が明確となるException派生クラスとして受け取ります。

同じ理由から、たとえばファイルが存在しない場合の例外を捕捉するならば、上位の（一般的な）IOExceptionよりも、より具体的なFileNotFoundException例外を利用すべきです。

(2) マルチキャッチを活用する

Exceptionクラスで捕捉したくなる理由として、よくあるのが「複数の例外に対して同じ処理を施したい」という状況です。このような場合、従来であれば、同一のcatchブロックを列記しなければなりませんでした。

```
try (var in = new FileInputStream("C:/data/nothing.gif")) {
  ...中略...
} catch (FileNotFoundException e) {
  System.out.println("ファイルにアクセスできません。");
  e.printStackTrace();
} catch (IOException e) {
  System.out.println("ファイルにアクセスできません。");
  e.printStackTrace();
} catch (URISyntaxException e) {
  System.out.println("ファイルにアクセスできません。");
  e.printStackTrace();
}
```

同じ内容の
catchブロックを
列記しなければならない

このようなコードを嫌って、Exceptionクラスでまとめて捕捉したくなるわけですが、(1) で触れた理由からも避けるべきです。

このような状況で利用できるのが例外のマルチキャッチ構文です。マルチキャッチ構文では、対象の例外型を「|」で列挙するだけです（リスト9.16）。

```java
import java.io.FileInputStream;
import java.io.IOException;
import java.io.URI
import java.net.URISyntaxException;
...中略...
try (var in = new FileInputStream("C:/data/nothing.gif")) {
  ...中略...
} catch (IOException | URISyntaxException e) {
  System.out.println("ファイルにアクセスできません。");
  e.printStackTrace();
}
```

　これでIOException（FileNotFoundException）、URISyntaxException例外の**いずれか**に合致した場合に捕捉（処理）しなさい、という意味になります。複数の例外を1つのcatchブロックでまとめてキャッチ（マルチキャッチ）しているわけですね。ただし、マルチキャッチ構文で列挙できるのは、継承関係にない例外だけです。継承関係にある例外は、上位のクラスだけを指定するようにしてください。リスト9.16でも、FileNotFoundExceptionの上位クラスであるIOExceptionだけを指定しています。

（3）catchブロックの記述順

　catchブロックの記述順序にも要注意です。というのも、複数のcatchブロックがある場合には、記述が先にあるものが優先されるからです。たとえばリスト9.17のコードは、先頭のException例外がすべての例外を捕捉するので、2番目以降のcatchブロックが呼び出されることはなく、コンパイルエラーとなります（本来Exceptionで捕捉すべきでないことは、ここではおいておきます）。

▶リスト9.17　TryCatchOrder.java

```java
import java.io.FileInputStream
import java.io.FileNotFoundException;
import java.io.IOException;
...中略...
try (var in = new FileInputStream("C:/data/nothing.gif")) {
  ...中略...
} catch (Exception e) {
  e.printStackTrace();
} catch (FileNotFoundException e) {
  e.printStackTrace();
} catch (IOException e) {
  e.printStackTrace();
}
```

複数のcatchブロックを列記する場合、

　　より下位の例外クラスを先に、上位の例外クラスはあとに記述

しなければならない、ということです。例外は、最初は小さな網で捕らえ、だんだんと網の範囲を広げていくようなイメージで捉えておくとよいでしょう。

 ## 9.2.5　例外をスローする

例外は、標準で用意されたライブラリがスローするばかりではありません。throw命令を利用することで、アプリ開発者が自ら例外をスローすることもできます。

構文 throw命令

```
throw 例外オブジェクト
```

たとえばリスト9.18は、FileInputStreamコンストラクター（java.ioパッケージ）のソースコードからの引用です。

▶リスト9.18　FileInputStream.java

```
public FileInputStream(File file) throws FileNotFoundException {  ──────── ❷
  ...中略...
  if (name == null) {  ─────────────────────────────
    throw new NullPointerException();
  }
  if (file.isInvalid()) {                                                    ❶
    throw new FileNotFoundException("Invalid file path");
  }  ──────────────────────────────────
  ...中略...
}
```

throw命令には、任意の例外オブジェクトを渡せます。例外オブジェクトであることの要件は、Throwableクラスを継承していることだけです。ただし、アプリから明示的にスローするのは、Exceptionの派生クラスになるはずですし、また、そうすべきです。

❶の例であれば、

- 変数name（引数fileで指定されたファイルの名前）が空の場合には、NullPointerException例外
- 引数fileが不正なパスである場合には、FileNotFoundException例外

を、それぞれスローしています。一般的に、throw命令はなんらかのエラー判定（if命令）とセットで利用されます。

また、例外をスローする際には、メソッド／コンストラクター定義でも

    スローする可能性がある例外をthrows句で宣言

しなければならない点にも注目です（❷）。例外をスローするのはthrow命令（sなし）、メソッド／コンストラクターで宣言するのはthrows句（sあり）なので、間違えないようにしてください。

throws句で宣言された例外は、そのままメソッドの呼び出し側でも捕捉し、明確に処理することを強制されます。これによって、「起こりうる問題」をコードによっては処理していたりしていなかったり、という不均質を防げるわけです。

複数の例外がスローされる可能性がある場合には、以下のように、カンマ区切りで列挙します。

```
public void foo() throws IOException, SQLException { ... }
```

ちなみに、❷のthrows句でNullPointerExceptionを宣言していないのは、非検査例外だからです。非検査例外は例外処理を強制しないので、throws句での宣言も必須ではありません（宣言してもかまいませんが、処理を強制しない以上、意味はありません）。

> *note* 派生クラスでメソッドをオーバーライドした場合、throws句で指定できる例外型は制限されます。具体的には、
>
> **基底クラスと同じ例外型、または派生した例外型だけ**
>
> が指定できます。ただし、派生クラスで処理したなどの理由で不要になった例外を省略するのはかまいません。

例外をスローする際の注意点

構文規則ではありませんが、例外をスローする場合には、その他、以下のような点にも留意してください。

（1）Exceptionをスローしない

9.2.4項で触れたのと、同じ理由です。throw命令でも、例外の内容を識別できるよう、まずはException派生クラス（詳細な例外）をスローしてください。あとで触れるように、その目的のためにアプリ固有の例外を定義してもかまいません。

（2）検査例外／非検査例外を適切に選択する

検査例外は、呼び出し側での処理を強制します。言い換えれば、呼び出し側で問題を回復すること

オブジェクト指向構文──入れ子のクラス／ジェネリクス／例外処理など

を期待しているということです。

よって、検査例外を投げる場合、その例外は回復可能でなければなりません。回復できない例外を検査例外で投げることは、ただ、例外処理の手間を強制するだけで、なんのメリットもありません（呼び出し側は、ログを出力して、アプリを終了する程度のことしかできません）。そのような例外は非検査例外としてスローすべきです。

非検査例外としてスローすることは、例外の発生元が（例外として処理する前に）バグとしてコードを修正することを期待していることの意思表明にもなります。

（3）できるだけ標準例外を利用する

たとえば不正な引数が渡されたことを通知するために、標準ライブラリでは`IllegalArgumentException`例外を用意しています。にもかかわらず、あえて`InvalidArgsException`のような例外を自作＆スローすることには意味がありません（標準以外の例外を用いることで、特殊な意味を勘繰られる分だけ、コードは読みにくくなります）。

表9.5に、その他にも、よく見かける例外をまとめておきます。

❖表9.5　よく利用する例外クラス

例外	概要
NullPointerException	オブジェクトがnullである
IndexOutOfBoundsException	配列のインデックスが範囲外
UnsupportedOperationException	要求された操作が未サポート
IllegalArgumentException	メソッドに渡された引数に問題がある
IllegalStateException	意図した状態でないときにメソッドを呼び出した
ArithmeticException	計算で例外的な条件が発生
NumberFormatException	数値の形式が正しくない

（4）privateメソッドではassert命令で代用

リスト9.18のように、メソッドの引数は内容をチェックしてから利用するのが原則です。引数値が不正の場合に、対応する例外をスローするのは一種の定型句と言ってもよいでしょう。

ただし、privateメソッドのように、呼び出し元が限定されており、渡される値が信頼できる（できるべき）状況では、検査＋例外の手続きは不要です。代わりに、assert命令で引数が満たすべき条件を宣言してください。

構文 assert命令

```
assert 条件式 [:エラーメッセージ]
```

assert命令は、与えられた条件式がfalseの場合に`AssertionError`例外を投げます。`AssertionError`は`Error`クラス配下に属し、致命的なエラーの意味です（privateメソッドに

渡される引数が不正であるのは、完全なバグです）。

リスト9.19は、assert命令を利用した引数チェックの例です。

▶リスト9.19　AssertBasic.java

```java
private static double getTrapezoidArea(double upper, double lower, ⏎
double height) {
    // 引数がゼロ以下の場合に例外を発生
    assert upper > 0 && lower > 0 && height > 0 : "負数は指定できません";
    return (upper + lower) * height / 2;
}
```

一見してthrow命令と同じようにも見えますが、assert命令はjavaコマンドで-eaオプションを明示した場合にだけ動作します。つまり、開発環境でのみ-eaオプションを付与（＝本番環境では付与せずに実行）することで、そもそもassertのオーバーヘッドを減らすことができます。

逆に、assert命令によるチェックをすり抜けるのは、-eaオプションを外せばよいだけなので、ごく簡単です。その性質上、assert命令を利用するのは、あくまで信頼性の高い内部ロジック（privateメソッド）の範囲のみと捉えてください。そうした緩いチェックの中であれば、if／throw命令を除去できる分、コードの見通しもよくなります。

> *note* VSCodeでassert命令を確認するには、launch.jsonを以下のように編集してください。launch.jsonの作成方法、launch.jsonを有効にした実行方法については、p.144でも示しています。
>
> ```json
> {
>   "version": "0.2.0",
>   "configurations": [
>     {
>       "type": "java",
>       "name": "Current File",
>       "request": "launch",
>       "vmArgs": "-ea",
>       "mainClass": "${file}"
>     },
>     ...中略...
> }
> ```

9.2.6　例外の再スロー

　例外は、その場で処理するばかりではありません。その場ではログを出力するにとどめ、処理そのものは呼び出し元に委ねることもあります。これを例外の再スローと言います。

　その時点で適切な回復手段がないのであれば、むしろ積極的に上位のメソッドに処理を委ねるべきです。無理にその場で完結させるために、空の**catch**ブロックで例外を握りつぶすのは避けてください。

```java
public void referFile(String path) throws FileNotFoundException {
  try {
    var in = new FileInputStream(path);
    ...中略...
  } catch (FileNotFoundException e) {
    throw e;
  }
}
```

　また、上のような例であれば、最初から例外を捕捉せずに、**throws**句で例外をそのまま呼び出し元に伝播させることもできます。

```java
public void referFile(String path) throws FileNotFoundException {
  var in = new FileInputStream(path);
  ...中略...
}
```

> *note* 一般的には、例外を発生したその場で個別に処理するのは望ましくありません。例外処理そのものが散逸してしまうので、変更時の反映も困難になりますし、なによりコード本来の処理が埋没するおそれがあるためです。
>
> では、どこで処理するのか。個々の処理を呼び出し、アプリの流れそのものを制御しているより上位のコードです。処理を継続するか終了するかは、この階層のほうが判断しやすいですし、ということは、例外処理のコードもより自然に表現できます。
>
> もちろん、実際のアプリは、いくつもの階層が積み重なっています。処理ポイントがあいまいにならないよう、なんらかの基準（ルール）はあらかじめ決めておくことをお勧めします。

 例外型の適切な判定

　Java 7以降では、再スローする際の型判定がより賢くなっています（リスト9.20）。

▶リスト9.20　TryRethrow.java

```java
public static void rethrow(boolean flag) throws MySampleException, ⏎
MyLibException {
```

```
  try {
    if (flag) {
      throw new MySampleException();
    } else {
      throw new MyLibException();
    }
  } catch (Exception e) {
    throw e;
  }
}
```

　太字部分に注目してください。rethrowメソッドで発生する可能性があるのは、MySample
Exception／MyLibExceptionクラスです。しかし、catchブロックではException型で受け
て、これをそのまま再スローしています。この場合、Java 7以前のthrows句で宣言できるのは
Exception型だけです。

　しかし、Java 7以降では、MySampleException／MyLibExceptionを指定できます。tryブ
ロックを解析すれば、スローされるのがこれらの型であることは明らかであるからです。再スローす
べき型を特定するために、マルチキャッチ構文を利用する必要はありません。

例外翻訳

　先ほど「自らが処理できない例外は積極的に再スローすべき」と述べましたが、そもそも、メソッ
ド本来の処理とは関係ない例外を、無条件に再スローするのもよいことではありません。たとえば、
リスト9.21のreadHttpPagesメソッドは、あらかじめ用意されたlink.txtからURLリストを読
み出し、それぞれのURLからデータを取得＆表示することを想定しています。

▶リスト9.21　NoTrans.java

```
public void readHttpPages() throws IOException, InterruptedException { ——— ❶
  try (var reader = Files.newBufferedReader(Paths.get("C:/data/link.txt"))) {
    var line = "";
    // ページにアクセスして、その結果を出力
    while ((line = reader.readLine()) != null) {
      var client = HttpClient.newHttpClient();
      ...中略...
      System.out.println(res.body());
    }
  } catch (IOException | InterruptedException e) {
    throw e;
  }
}
```

オブジェクト指向構文／
入れ子のクラス／ジェネリクス／例外処理など

readHttpPages メソッドでは、IOException（入出力エラー／ファイルが見つからない）、InterruptedException（割り込みエラー）のような例外が発生しますが（❶）、いずれも呼び出し側にとっては、あまり関心のない情報です。関心のない例外は無用であるだけでなく、例外処理の手間を強制される分、有害です。

▶リスト9.22　NoTransClient.java

```java
var nt = new NoTrans();
try {
  nt.readHttpPages();
} catch (IOException e) {
  e.printStackTrace();
} catch (InterruptedException e) {
  e.printStackTrace();
}
```

また、将来的にコードに変更が加わった場合には、処理すべき例外も変化し、呼び出し側に影響が及ぶ可能性すらあります。

このような問題を避ける手法の一種が**例外翻訳**です。例外翻訳とは、個々の例外をいったん捕捉して、上位（アプリ）の例外として束ねたうえで再スローすることを言います（図9.8）。

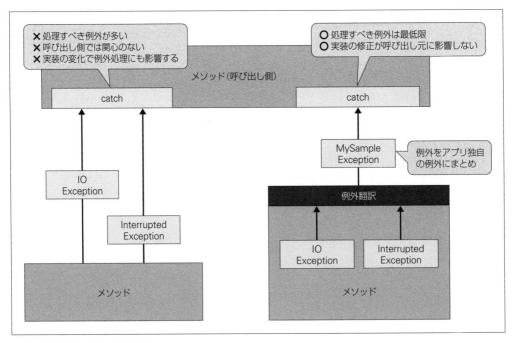

✤図9.8　例外翻訳とは?

リスト9.23は、リスト9.21のコードを、例外翻訳の手法で書き換えたものです。MySample
Exception例外は、アプリ独自で定義された例外を表すものとします。

▶リスト9.23　UseTrans.java

```java
public void readHttpPages() throws MySampleException {
  try (var reader = Files.newBufferedReader(Paths.get("C:/data/link.txt"))) {
    ...中略...
  } catch (IOException | InterruptedException e) {
    throw new MySampleException(e);
  }
}
```

　例外翻訳を用いることで、呼び出し側でも個々の例外（ということは、実装そのもの）を意識する
ことなく、より高いレベルでの例外（この例ではMySampleException）だけを意識すれば済みま
す。翻訳された上位例外から、本来の原因（下位例外）を取得するには、getCauseメソッドを利用
してください。

9.2.7　独自の例外クラス

　例外クラスは、アプリ独自に定義することもできます。これまで見てきたように、try...catch
命令は、発生した例外型に応じて処理を振り分けることができるので、アプリ固有のビジネスロジッ
クに起因する問題に対しては、適切な例外クラスを用意しておくのが望ましいでしょう（もちろん、
標準例外で事足りるものは、そちらを優先すべきです）。

　リスト9.24は、アプリレベルで発生した問題を表すMySampleException例外の例です。

▶リスト9.24　MySampleException.java

```java
public class MySampleException extends Exception {              ❶
  public MySampleException() {
    super();
  }

  public MySampleException(String message) {                    ❷
    super(message);
  }
```

```
  public MySampleException(String message, Throwable cause) {
    super(message, cause);
  }

  public MySampleException(Throwable cause) {
    super(cause);
  }
}
```

❷

例外クラスを定義する場合の基本的なルールは、以下です。

❶ Exception（またはその派生クラス）を継承していること

Errorは致命的なエラーを表すので、通常、アプリレベルで利用することはありません。で、検査例外（Exception配下）、非検査例外（RuntimeException配下）のいずれを選択するかについては、9.2.4項も参照してください。ただし、ライブラリ／フレームワークの傾向を見ると、上位の階層でまとめて処理することを想定してか、RuntimeException（非検査例外）に属するものが多いように思えます（発生したその場での例外処理を強制しないため、コードもシンプルになります）。

❷ コンストラクターをオーバーライドする

例外の種類を識別するのが目的であれば、特別な実装は不要です。Exceptionクラスで定義されたコンストラクターを再定義し、super呼び出しすれば十分です。表9.6は、Exceptionクラスで用意されているコンストラクターです。

❖表9.6　Exceptionクラスのコンストラクター

コンストラクター	概要
Exception()	エラーメッセージのない例外を作成
Exception(String *message* [,Throwable *cause*])	詳細メッセージ*message*と原因*cause*を使って例外を作成
Exception(Throwable *cause*)	指定された原因*cause*を使って例外を作成

独自の実装を持った例外

ほとんどの例外クラスは以上の書き方に従えば十分ですが、もちろん独自のフィールド／メソッドを定義することも可能です。リスト9.25は、PatternSyntaxException例外（java.util.regexパッケージ）の例です。PatternSyntaxExceptionは、正規表現パターンの誤りを通知するための例外です。

```
public class PatternSyntaxException extends IllegalArgumentException {
  ...中略...
  // 独自のフィールド
  private final String desc;        // エラーの説明
  private final String pattern;     // 対象のパターン
  private final int index;          // エラー位置（インデックス）
  ...中略...
  // 独自のコンストラクター
  public PatternSyntaxException(String desc, String regex, int index) {
    this.desc = desc;
    this.pattern = regex;
    this.index = index;
  }
  ...中略...
  // 独自のゲッター
  public int getIndex() {
    return index;
  }

  public String getDescription() {
    return desc;
  }
  ...中略...
}
```

練習問題　9.2

[1] catchブロックを複数列記する場合に注意すべき点を説明してください。

[2] 例外をスローする場合の注意点を「Exception」「検査例外と非検査例外」「標準例外」という言葉を用いて説明してください。

9

オブジェクト指向構文──
入れ子のクラス／ジェネリクス／例外処理など

値そのものには意味がなく、シンボル（名前）としてのみ意味を持つ定数の集合を表すために、final staticを利用するのは誤りです。

たとえば四季を表すために、リスト9.26のような定数があったとします。

▶リスト9.26　EnumConstSeason.java

```java
public class EnumConstSeason {
  // 四季を表すための定数群
  public final static int SPRING = 0;
  public final static int SUMMER = 1;
  public final static int AUTUMN = 2;
  public final static int WINTER = 3;

  public void processSeason(int season) {
    ...なんらかの処理...
  }
}
```

processSeasonメソッドは、定数SPRING、SUMMER、AUTUMN、WINTERを受け取って、その値によって処理を実施するものとします。しかし、このメソッドには問題があります。まずは意図したコードからです。

▶リスト9.27　EnumConstClient.java

```java
var ecs = new EnumConstSeason();
ecs.processSeason(EnumConstSeason.SPRING);
```

しかし、以下のようなコードも許容してしまいます。

```java
ecs.processSeason(4);        ➡想定しない値も受け取ってしまう
```

4はもともと想定していなかった値ですが、processSeasonメソッドの引数seasonはint型なので、0〜3以外の値を渡してもコンパイルエラーにはなりません。メソッド内の処理によってはエラーになるかもしれませんが、エラーが発覚するのは実行時です（実行時エラーにすらならず、意図しない結果だけを返す可能性もあります）。

あるいは、リスト9.28のようなint型の定数があれば、これも受け入れてしまう可能性があります（取って付けたような例ですが、意味的に似ていれば、十分に誤りのもととなります）。

▶リスト9.28　上：EnumConstMonth.java／下：EnumConstClient.java

```java
public class EnumConstMonth {
  // 月を表すための定数群
  public final static int JANUARY = 0;
  public final static int FEBRUARY = 1;
  ...中略...
  public final static int DECEMBER = 11;
}
```

```java
var ecs = new EnumConstSeason();
ecs.processSeason(EnumConstMonth.JANUARY);    ➡季節JANUARYを処理？？
```

このような問題を解決するのが、**列挙型**です。

9.3.1　列挙型の基本

列挙型を利用することで、先ほどの定数（群）は、リスト9.29のように書き換えることができます。

▶リスト9.29　Season.java

```java
public enum Season {
  SPRING,
  SUMMER,
  AUTUMN,
  WINTER,
}
```

enumブロックの配下に、名前をカンマ区切りで列挙するだけです。定数の一種なので、名前はアンダースコア記法（すべて大文字で、単語の区切りはアンダースコア）で表すのが一般的です。また、配列と同じく、列挙定数の末尾はカンマで終わってもかまいません（太字部分）。

【構文】enum命令

```
[修飾子] enum 名前 {
  列挙定数,
  ...
}
```

列挙型で利用できる修飾子は、表9.7の通りです。

❖表9.7　列挙型で利用できる主な修飾子

修飾子	概要
public	すべてのクラスからアクセス可能
strictfp	浮動小数点数を環境に依存しない方法で演算（7.1.2項）

　列挙型の値にアクセスするための構文は、以下の通りです。たとえば、Season型のSPRINGにアクセスするならば、「Season.SPRING」とします。

構文 列挙型へのアクセス

```
列挙型.列挙定数
```

　列挙型を利用することで、先ほどのprocessSeasonメソッドは、以下のように書き換えることができます。

▶リスト9.30　EnumSeason.java

```
public void processSeason(Season season)
```

　この場合、

```
var es = new EnumSeason();
es.processSeason(Season.SPRING);
```

を許容するのはもちろん、

```
es.processSeason(4);
es.processSeason(EnumConstMonth.JANUARY);
```

のようなコードに対しては、コンパイルエラーが発生するようになります。引数が（int型ではなく）Season型なので、Season型で定義されていない定数（値）は指定できないのです。

　また、定数（static final）では便宜的な識別のためだけに設置していた整数値がなくなったことで、コードもぐんとすっきりしています。関連する定数（群）の定義には、まずは列挙型を利用してください。

 note　マップでもキーを列挙型とする場合、HashMapではなく、専用のEnumMapを利用することをお勧めします。EnumMapでは、キーの個数があらかじめ想定されていることから、HashMapよりもシンプルで、一般的には高速に動作することが期待できます。

```
var map = new EnumMap<Season, String>(Season.class);
map.put(Season.SPRING, "春");
```

9.3.2 列挙型の正体

enumブロックで定義された列挙型ですが、その正体は実は、Enumクラス（java.langパッケージ）を暗黙的に継承したクラスです。表9.8に、Enumクラスで用意された主なメンバーをまとめます。

❖表9.8　Enumクラスの主なメンバー（Eは個々の列挙型。※は静的メソッド）

メソッド	概要
String name()	列挙定数の名前を取得
int ordinal()	列挙定数の序数を取得（0スタート）
String toString()	列挙定数の名前を取得
※E[] values()	すべての列挙定数を取得
※E valueOf(String name)	名前から列挙定数を取得

たとえばリスト9.31は、Season型を「インデックス番号： 名前」の形式で順に出力する例です。

▶リスト9.31　EnumMethod.java

```java
for (var se: Season.values()) {
  System.out.println(se.ordinal() + ":" + se.toString());
}
```

```
0:SPRING
1:SUMMER
2:AUTUMN
3:WINTER
```

列挙型で定義されたすべての列挙定数を取得するには、valuesメソッドを利用します。ここでは、これを拡張forループで順に取り出しています。

拡張forループによって取り出される列挙値は、それぞれの列挙型（ここではSeason）です。列挙型のインデックス値はordinalメソッドで、文字列表現（名前）はtoStringメソッドで、それぞれ取得できます。

太字の部分は「se.name()」で置き換えてもほぼ同じ意味です。ただし、nameメソッドが常に定義されたときの名前を返すのに対して、toStringメソッドは個々の型でより適切な文字列表現で置き換えられている（＝オーバーライドされている）可能性があります。確実に定義名を取得したいならば、nameメソッドを利用してください。

逆に、文字列表現から列挙型を取得したいならば、valueOf静的メソッドを利用してください。

```java
var s = Season.valueOf("SPRING");
System.out.println(s instanceof Season);    // 結果：true
```

`values`メソッドは、列挙定数を取り出す際に、宣言時の順序を維持することを保証しています が、これに依存したコードを書くべきではありません。列挙定数の並びを変更したり、定数その ものを追加／削除した場合に、呼び出し側のコードにそのまま影響してしまうからです。

同じ理由から、特別な理由がないならば、`ordinal`メソッド（インデックス番号）に頼ったコー ドを記述するのも避けてください。

9.3.3　メンバーの定義

前項でも触れたように、列挙型の実体はクラスです。よって、一般的なクラスと同じく、メソッド、 フィールド、コンストラクターなどのメンバーを定義できます。ただし、これまでに見てきたクラス と異なる点もあるので、そうした相違点に着目しながらサンプルを見てみましょう（リスト9.32）。

▶リスト9.32　上：Season.java／下：EnumBasic.java（chap09.memberパッケージ）

```java
public enum Season {
  SPRING(0, "春"),
  SUMMER(1, "夏"),
  AUTUMN(2, "秋"),
  WINTER(4, "冬");                                           ❸

  // フィールド宣言
  private int code;       // 季節コード
  private String jpName;  // 表示名                           ❶

  // コンストラクター
  private Season(int code, String jpName) {
    this.code = code;
    this.jpName = jpName;                                    ❷
  }

  // メソッド
  public int toSeasonValue() {
    return this.code;
  }

  @Override
  public String toString() {
    return this.jpName();                                   ❹
  }
}
```

```
System.out.println(Season.SPRING);                    // 結果：春
System.out.println(Season.SPRING.toString());         // 結果：春
System.out.println(Season.SPRING.toSeasonValue());    // 結果：0
```

❶フィールド定義

　列挙型に、それ自体の名前とは別に —— たとえば画面に表示する、データベースに保存するなど、特定の用途を持った値を持たせたい場合には、このようにフィールドを準備します。

　文字列表現であれば定義名をそのまま利用することもできますが、数値表現のために ordinal メソッドを利用すべきでないことは、前項でも触れた通りです。

❷コンストラクター定義

　フィールドを初期化するのは、コンストラクターの役割です。大まかな構文は7.5節で紹介したものと変わりませんが、以下の制約があります。

- アクセス修飾子は private で固定
- コンストラクター内での super 呼び出しはできない
- 同じ型内の非定数 static フィールドへのアクセスは不可

　列挙型は、一般的なクラスと異なり、new 演算子ではインスタンスを生成できません。Season.SPRING のような列挙定数の参照が、暗黙的にオブジェクトを生成するからです。

　よって、自分でコンストラクターを定義する際にも、アクセス修飾子は private でなければならないのです。単に「Season() {...}」（private なし）としても同じ意味ですが、ここではコードの可読性を優先して明記します。

❸列挙定数によるコンストラクター呼び出し

　コンストラクターを定義した場合には、列挙定数の側もコンストラクターのシグニチャに準じて「定数名(引数, ...)」の形式で指定しなければならない点に注意してください。

　また、列挙定数の末尾は、定数と、その他のメンバーの区切りとして「;」で終えなければなりません。

❹メソッド定義

　❶で準備したフィールドを取得するためのゲッターを用意しておきます。また、フィールドを追加したことで、（列挙定数そのものよりも）適切な文字列表現ができたならば、toString メソッドをオーバーライドして、そちらを返すようにします。

補足 定数個々の実装

　以下の構文で個々の列挙定数に対して、独自の実装を付与することもできます。

```
列挙定数(引数, ...) { ...固有の実装... }
```

リスト9.33は、リスト9.32を修正して、個々の定数に対してshowメソッドを追加する例です。

▶リスト9.33　上：Season.java／下：EnumMethod.java（chap09.memberパッケージ）

```
public enum Season {
  // 列挙定数
  SPRING(0, "春") {
    @Override
    public void show() {
      System.out.println("春はあけぼの");
    }
  },
  SUMMER(1, "夏") {
    @Override
    public void show() {
      System.out.println("夏は夜");
    }
  },
  AUTUMN(2, "秋") {                                             ❷
    @Override
    public void show() {
      System.out.println("秋は夕暮れ");
    }
  },
  WINTER(4, "冬") {
    @Override
    public void show() {
      System.out.println("冬はつとめて");
    }
  };
  ...中略...
  // 列挙定数が実装すべき機能（抽象メソッド）
  public abstract void show();                                 ❶
}

for (var se: Season.values()) {
  se.show();
}
```

```
春はあけぼの
夏は夜
秋は夕暮れ
冬はつとめて
```

大まかには、

❶ 個々の列挙定数で実装すべき機能を、抽象メソッドとして準備

❷ 列挙定数ブロックで抽象メソッドをオーバーライド

という構成が一般的です（抽象メソッドであることは必須ではありません）。

> *note* 本書では割愛しますが、さらに、列挙型の中では、初期化ブロック、入れ子のクラス／インターフェイス（9.5節）を定義することもできます（繰り返しですが、列挙型はあくまでクラスだからです）。
>
> ただし、列挙型をそこまで複雑化してしまうのは、本来の用途には外れるように思えます。基本的には、定数の列挙用途と、それらの補助情報（表示、データベース保管用の値）を管理する程度にとどめることをお勧めします。

9.3.4 ビットフィールドによるフラグ管理

ビットフィールドとは、複数のフラグ（オンオフ）をビットの並びとして表現する手法のことです。定数値として2の累乗を割り当てることで表現します。

たとえばリスト9.34は Pattern クラス（5.3節）のコードを引用したものです。

▶リスト9.34　Pattern.java

```java
public final class Pattern implements java.io.Serializable {
  public static final int UNIX_LINES = 0x01;        // 0001 = 1 << 0
  public static final int CASE_INSENSITIVE = 0x02;  // 0010 = 1 << 1
  public static final int COMMENTS = 0x04;          // 0100 = 1 << 2
  public static final int MULTILINE = 0x08;         // 1000 = 1 << 3

  ...
}
```

ビットフィールドは、| ビット論理和演算子を利用することで、1つにまとめられます（図9.9）。たとえば以下は、「大文字小文字を区別しない」「マルチラインモード有効」の正規表現パターンを定義する例です。

```
var ptn = Pattern.compile("^[a-z0-9._-]*",
  Pattern.CASE_INSENSITIVE | Pattern.MULTILINE);
```

これで内部的には、たとえば論理和をとった1010のような値が生成されるわけです（これが2の乗数にした意味です）。

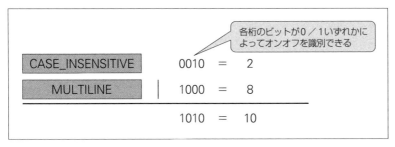

❖図9.9　ビットフィールド（|の意味）

ビットフィールドは、オンオフを検査するのも簡単です（リスト9.35）。

▶リスト9.35　EnumBit.java

```
var flags = Pattern.CASE_INSENSITIVE | Pattern.MULTILINE;
if ((flags & Pattern.COMMENTS) != 0) {
  System.out.println("COMMENTSは有効です。");
}
```

&ビット論理積演算子を利用することで、該当するビットがオン（1）でなければ、すべてのビットが0となります（図9.10）。

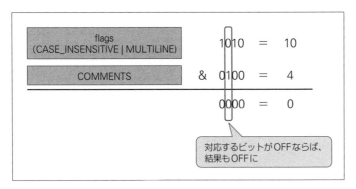

❖図9.10　ビットフィールド（&の意味）

より複雑なパターンとして、「CASE_INSENSITIVE／MULTILINEを含んでいるか」のような表現も可能です（リスト9.36）。

▶リスト9.36　EnumBit2.java

```
if ((flags & (Pattern.CASE_INSENSITIVE | Pattern.MULTILINE)) ==
  (Pattern.CASE_INSENSITIVE | Pattern.MULTILINE)) { ... }
```

理屈についても図示しておきます（図9.11）。

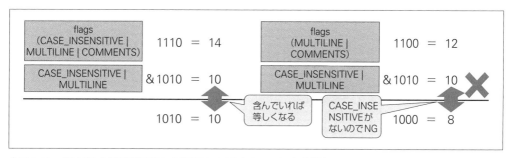

❖図9.11　「CASE_INSENSITIVE／MULTILINEを含んでいるか」を判定

EnumSetクラスによるビット管理

ビットフィールドはコンパクトにフラグ群を管理できるという意味で、優れた手法です。しかし、ビット操作は決して直観的ではありませんし、たとえばすべてのビット要素を取り出すだけでも煩雑なコードが必要になります。

そこで現在では、列挙型とEnumSetクラス（java.utilパッケージ）を利用することをお勧めします。

リスト9.37は、先ほどの正規表現オプションを列挙型で書き直してみたものです（以降のコードは、あくまで架空のもので実際のライブラリとは異なります）。

▶リスト9.37　PatternFlag.java

```
public enum PatternFlag {
  UNIX_LINES,
  CASE_INSENSITIVE,
  COMMENTS,
  MULTILINE,
}
```

この列挙型を受け取るPattern.compileメソッドのシグニチャは、以下のようになるでしょう。

```
public static Pattern compile(String regex, Set<PatternFlag> flags)
```

```
Pattern.compile("^[a-zØ-9._-]*",
  EnumSet.of(PatternFlag.CASE_INSENTIVE, PatternFlag.MULTILINE));
```

EnumSet.of静的メソッドは、与えられた列挙型を含んだSet（EnumSet）を生成します。標準的なセットの実装なので、あるフラグのオンオフをチェックするならばcontains／containsAllメソッドを利用できますし、すべてのフラグを取り出すならば拡張forループを利用できます。Setの具体的なコード例は、6.3節も参照してください。

> *note* ofメソッドの他にも、EnumSetクラスにはセット生成のために、以下のようなメソッドが用意されています。用法については、配布サンプルEnumsClient.javaにも収録しているので、合わせて参照することをお勧めします。

❖表9.B　EnumSetオブジェクト生成のためのメソッド（Eは列挙型）

メソッド	概要
allOf(Class<E> *clazz*)	指定された型に含まれるすべての列挙値を含むセットを生成
noneOf(Class<E> *clazz*)	指定された型で空のセットを生成
copyOf(EnumSet<E> *enums*)	指定されたEnumSet（enums）と同じ型のセットを生成 （初期値には元のセットに含まれる値を設定）
complementOf(EnumSet<E> *enums*)	指定されたEnumSet（enums）と同じ型のセットを生成 （初期値には元のセットに含まれない値を設定）
range(E *from*, E *to*)	指定された列挙値from〜toの範囲でセットを生成

練習問題　9.3

[1] Monday（月曜）〜Sunday（日曜）をメンバーとして持つ列挙型Weekdayを定義してみましょう。

[2] [1]で作ったWeekday型を「インデックス番号：名前」の形式で順に出力してみましょう。

 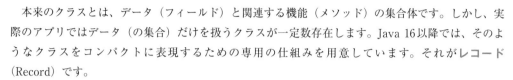

9.4 レコード 16

本来のクラスとは、データ（フィールド）と関連する機能（メソッド）の集合体です。しかし、実際のアプリではデータ（の集合）だけを扱うクラスが一定数存在します。Java 16以降では、そのようなクラスをコンパクトに表現するための専用の仕組みを用意しています。それが**レコード**（Record）です。

レコードを用いることで、以下のようなメリットがあります。

（1）定型的なメンバーを自動生成してくれる

具体的には、以下のようなメンバーを自動生成してくれます。

- コンストラクター
- フィールドアクセスのためのゲッター
- equals／hashCodeメソッド
- toStringメソッド

扱うべきデータに応じて実装すべきこれらのメンバーは、実装こそ定型的ですが、冗長になりがちです。冗長であるということは潜在的なバグの原因になるということであり、これらが自動生成できるのは、結果としてバグを未然に防ぐことにもなります。

（2）イミュータブルなオブジェクトを生成できる

標準的なclass命令で生成されるオブジェクトは、既定でミュータブル（可変）です。これをイミュータブル（不変）とするには、いくつかのしかけを施さなければなりませんが、レコードであれば、既定でイミュータブルなクラスを定義できます。

一般的には、クラスはイミュータブルである方が扱いが容易ですし、それが値の受け渡し用途であればなおさらです。

（3）メソッドは自由に追加できる

自動生成されるメソッドばかりではありません。これまでのclass命令と同じく、明示的に任意のメソッドを定義してもかまいません。

ただし、フィールドについては制約があり、自身で定義できるのはstaticなフィールドだけです。

このようなメリットからも、データ中心の型については、今後はレコードを積極的に利用していくことをお勧めします。

9

オブジェクト指向構文──入れ子のクラス／ジェネリクス／例外処理など

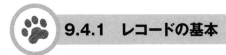

では、具体的な例も見ていきます。

▶リスト9.38　上：Person.java、下：RecordBasic.java（chap09.recordsパッケージ）

```
public record Person(String name, int age) {} ──────────────────── ❶

var p1 = new Person("山田太郎", 38); ─────────────────────┐
var p2 = new Person("山田太郎", 38); ─────────────────────┼❷
System.out.println(p1.name());        // 結果：山田太郎
System.out.println(p1);               // 結果：Person[name=山田太郎, age=38] ── ❸
System.out.println(p1.equals(p2));    // 結果：true ──────────┐
System.out.println(p1 == p2);         // 結果：false          ┴❹
```

レコードを利用するポイントは、以下の通りです。

❶record命令で宣言する

レコードを宣言するには、record命令を用います。

構文 record命令

```
[修飾子] record レコード名(型 フィールド名, ...)
  [implements インターフェイス, ...] {
  ...レコードの本体...
}
```

レコードでは、名前の後方にフィールド名を列挙する点に注目です。「型 フィールド名」の列挙を**レコードコンポーネント**、レコードコンポーネントを宣言する丸カッコ部分を**レコードヘッダー**と言います。この例であれば、

- String型のnameフィールド
- int型のageフィールド

とともに、これを初期化するためのコンストラクター、取得のためのゲッターなどが自動生成されるわけです。以下に、❶とほぼ等価なクラス宣言を挙げておきます。

```
public final class Person extends Record { ──────────────────── ⓐ
  private final String name;
  private final int age;
```

```
  // コンストラクター
  public Person(String name, int age) {
    this.name = name;
    this.age = age;
  }

  // フィールドアクセスのためのゲッター
  public String name() {
    return this.name;
  }

  public int age() {
    return this.age;
  }

  // その他のメソッド
  @Override
  public int hashCode() { ... }

  @Override
  public boolean equals(Object other) { ... }

  @Override
  public String toString() {
    return "Person[name=" + this.name + ", age=" + this.age + "]";
  }
}
```

ⓑ

レコードの実体はRecord派生クラスです（ⓐ）。record命令とは、Recordクラスを暗黙的に継承して、上のような実装を加えるシンタックスシュガーであったわけです（ただし、自身でRecordクラスを継承することはできません）。

ⓑは自動生成されたフィールドに対応するゲッターです。ゲッターとは称していますが、フィールド名と同名のメソッドで、8.1.3項で触れたルールとは異なる点に注意してください（当たり前ですが、イミュータブルなので、セッターに相当するメソッドは存在しません）。

> *note* レコードで利用できる修飾子は、public、final、strictfpに限られます。ただし、レコードは既定で継承を認めていないので、finalを明示的に指定する必要はありません。

❷レコードをインスタンス化する
レコードの実体はクラスなので、インスタンス化はやはりnew演算子で可能です。

ちなみに、レコードではレコードヘッダーがコンストラクターを肩代わりしますが、時として、設定に際して、なんらかのチェックを施したい場合もあります。そのような場合には、以下のように明示的にコンストラクターを宣言することも可能です。

```java
public record Person(String name, int age) {
  public Person {
    if (age < 0) throw new IllegalArgumentException();
  }
}
```

太字がコンストラクターです。一般的なコンストラクターにも似ていますが、

- 引数は受け取らない
- アクセス修飾子はレコードよりも緩いこと

などの制限があります。このようなコンストラクターのことを**正規コンストラクター**（Canonical constructor）と呼びます。

　ただし、引数については受け取れないわけではなく、正確には、レコードヘッダーで宣言された変数が引数を代替します。この例でも、暗黙的な引数ageをもとに、値をチェックし、ageが負数である場合に、IllegalArgumentException例外をスローしています。

　コンストラクターを定義した場合にも、フィールドへの値の割り当てそのものは、レコードが内部的に賄ってくれるので、「this.name = name;」のようなコードは不要です。そもそもthis経由でのフィールド設定はエラーです。たとえば引数ageが負数の場合に、強制的にゼロを設定するならば、以下のようにthisなしで引数に値を反映させます。

```java
public record Person(String name, int age) {
  public Person {
    if (age < 0) age = 0;
  }
}
```

note （正規コンストラクターではなく）標準的なコンストラクターを受け取ることも可能です。たとえば以下は、引数なしのコンストラクターを定義する例です。

```java
public record Person(String name, int age) {
  public Person() {
    this("名無権兵衛", 0);
  }
}
```

標準的なコンストラクターなので、今度は引数の丸カッコを明示しています。太字は、7.5.3項でも触れた別コンストラクター呼び出しの構文です。

❸レコードを文字列化する

レコードでは、配下のフィールド情報を

型名 [フィールド名＝値, ...]

の形式で整形するような toString メソッドを自動生成してくれます。❸でも println メソッドに
レコードを渡すことで、内部的には toString メソッドが呼び出され、上のような形式でオブジェ
クトの内容が出力されることが確認できます。

❹レコードを比較する

クラスの既定では、equals メソッドは同一性（＝参照の一致）を判定します。しかし、レコード
では、フィールド個々を equals ／＝＝比較し、その論理積を取るような equals メソッドが自動生成
されます。

つまり、リスト 9.38 では、以下のような equals メソッドが自動生成されたことになります。

```
@Override
public boolean equals(Object other) {
  if (this == obj) return true;
  if (obj instanceof Person p) {
    return this.name.equals(p.name) &&
            this.age == p.age;
  }
  return false;
}
```

 9.4.2　レコード型のパターンマッチング `21`

Java 21 以降では、レコード型がパターンマッチング（4.1.7項）に対応しました。具体的には、
switch、instanceof 演算子で、それぞれマッチしたレコード型から配下のフィールドを抽出する
ことが可能となります。

以下に、それぞれの具体的な例を確認しておきます。

instanceof演算子の場合

型名の後方に「型 フィールド名,...」を列挙することで、個々のフィールドに分解可能です。

```
Object p = new Person("山田太郎", 38);
if (p instanceof Person(var name, var age)) {
  System.out.println("name: " + name + ", age: " + age);
}
```

太字の部分は、以下のような書き方も可能です。

(1) 型を明示するパターン

型を明示して「String name, int age」としてもかまいません。継承関係が明らかなのであれば、（たとえば）StringをCharSequenceと指定するのは可です。ただし、プリミティブ型の場合は、厳密に一致しなければなりません。たとえば（互換性があったとしても）intをlongにすることは不可です。

(2) 定義順を変更するパターン

定義順を変えて「var age, var name」としてもかまいません。ただし、（たとえば）片方を省略したような「var name」のような記述は不可です。

(3) 名前を変更するパターン

そもそも名前を変更してもかまいません。「var x, var y」であれば、それぞれ定義順にx＝name、y＝ageに割り当てられます。ただし、名前を変更した場合は、型を明示したとしても定義順に変数を並べなければなりません。たとえば「int x, String y」のようなパターンは不可です。

note Java 21では、Previewながら無名変数「_」（アンダースコア）が追加され、パターンマッチングで「不要な」変数を明記できるようになりました。たとえば本文の例でageフィールドの値が不要なのであれば、以下のように表せます。

```
if (p instanceof Person(var name, _)) {
  System.out.println("name: " + name);
}
```

switch命令の場合

switch命令でも、考え方はinstanceof演算子と同じですが、いくつか注意すべき点があります。

▶リスト9.39　RecordSwitch.java（chap09.records.patternパッケージ）

```
record Person(String name) { }
record Student(String name) { }

public class RecordSwitch {
  public static void main(String[] args) {
    Object obj = new Student("山田太郎");
    // 変数objの型に応じて処理を分岐
    switch (obj) {
      case Person(var name):
        System.out.println("Person: " + name);
        break;
```

```
    case Student(var name):
      System.out.println("Student: " + name);
      break;
    default:
      System.out.println("Unknown...");
      break;
    }
  }
}
```

Student: 山田太郎

　まず、異なる case 句で同名の変数が存在したとしても許容します。この例であれば、name が重複していますが、これは妥当なコードです（パターンマッチング以外での変数宣言では、case 句を跨っていたとしても、重複を許容しません）。

　ただし、以下のようなフォールスルーは、変数名／型が一致したとしても許容しません（互いの変数に意味的な互換性があるとは限らないので、これは妥当なルールですね）。

```
switch (obj) {
  case Person(var name):
  case Student(var name):
    System.out.println("Student: " + name);
    break;
  ...中略...
}
```

9.4.3　レコードパターンのより複雑な例

　レコードパターンでは、より複雑な ―― 入れ子のレコード、ジェネリック型のレコードなどを扱うことも可能です。以下では、それぞれの例を示していきます。

ネストされたレコード

　たとえば以下は Student レコードの配下に Name レコードが配置されているケースです。

```
// Nameレコードを配下に保持するStudentレコード
record Name(String first, String last) {}
record Student(Name name, int age) {}

public class RecordNest {
  public static void main(String[] args) {
    Object obj = new Student(new Name("太郎", "山田"), 18);
    if (obj instanceof Student(Name(var first, var last), int age)) {
      System.out.println(first + last + ": " + age);
    }   // 結果：太郎山田: 18
  }
}
```

　そのような場合には、パターンの側もネストすることで（太字）、入れ子になったレコードから直接に値を取り出すことも可能です。

ジェネリクス型のレコード

　以下は、T型の値を保持するValueレコードの例です。要素型がString、Integerいずれであるかに応じて、文字列長、または絶対値を求める例です。

▶リスト9.41　RecordGeneric.java（chap09.recordsパッケージ）

```
// T型の値を保持するValueレコード
record Value<T>(T value) {}

public class RecordGeneric {
  public static void main(String[] args) {
    Value<Object> obj = new Value<>("Hoge");
    System.out.println(switch (obj) {
      case Value<Object>(String value) -> "文字列長：" + value.length();
      case Value<Object>(Integer value) -> "絶対値：" + Math.abs(value);
      default -> "Unknown...";
    }); // 結果：文字列長：4
  }
}
```

9.5 入れ子のクラス

クラスは、`class{...}`の配下に入れ子で定義することもできます。これを**入れ子のクラス**
（Nested Class）と言います。ネストの階層に制限はありませんが、あまりに深いネスト構造は、大
概、コードの見通しを悪くします。一般的には、一段以上のネストを利用する機会はほとんどないで
しょう。

入れ子のクラスは、さらに、図9.12のように分類できます。

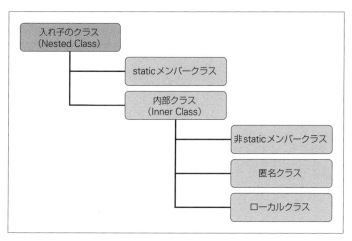

❖図9.12　入れ子のクラスの分類

以下では、図9.12の分類に沿って、それぞれの用法を理解していきます。

> 本節では、入れ子のクラスについて解説しますが、同じようにインターフェイスも入れ子にでき
> ます。ただし、インターフェイスについてはクラスよりも制約は強く、書けるのは、いわゆる
> 「`static`メンバークラス（インターフェイス）」だけです。

9.5.1　staticメンバークラス

たとえば、特定のクラス`MyClass`に、クラス`MyHelper`が強く依存しており、しかも`MyHelper`
が`MyClass`からしか呼ばれない、という状況を想定してみましょう。このような状況で、双方の関
連を手っ取り早く表現するには、単一の`.java`ファイルにまとめることです。

```
public class MyClass { ... }

class MyHelper { ... }
```

非publicなクラスであれば、1つの.javaファイルに複数のクラスをまとめることは構文上問題ないので、これは正しいコードです。ただし、アクセス制御という観点からは不完全です。

というのも、1つのファイルにまとめたとしても、MyHelperはあくまでパッケージプライベートであって、同じパッケージのクラスからは自由にアクセスできてしまうからです。もしもMyHelperをMyClassでしか利用しないならば、MyClassプライベートとするのが望ましい状況です。そのような場合に利用するのが、staticメンバークラスです。

具体的な例も見てみましょう（リスト9.42）。

▶リスト9.42　上：MyClass.java／下：NestBasic.java

```
public class MyClass {
  // staticメンバークラスの定義
  private static class MyHelper {  ─────────────────────────── ❷ ─┐
    public void show() {                                          │
      System.out.println("Nested class is running!");             ├─ ❶
    }                                                             │
  } ───────────────────────────────────────────────────────────── ┘

  public void run() {
    var helper = new MyHelper();  ─────────────────────────────── ❹
    helper.show();
  }
}
```
```
var c = new MyClass();
c.run();      // 結果：Nested class is running!

var h = new MyClass.MyHelper();      // 結果：エラー ──────────── ❸
```

まずは、構文的なルールから見ていきます。

❶classブロックの配下で定義する

入れ子のクラスを定義するには、class { ... }の配下でクラスを定義するだけです。staticメンバークラスであれば、class { ... }の直下で定義します。

入れ子のクラスと区別するために、入れ子のクラスを内側に含んだクラスのことを**エンクロージングクラス**、ネストしていない（＝ファイル直下の）クラスのことを**トップレベルクラス**と呼ぶ場合も

あります（図9.13）。

　本節冒頭でも触れたように、ネストのネストも可能なので、エンクロージングクラスが常にトップレベルクラスであるとは限りません。

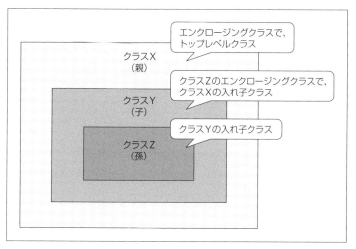

❖図9.13　入れ子のクラスの定義

❷利用できる修飾子が異なる

　入れ子になっても、クラスそのものの構文はこれまでと同じです。ただし、利用できる修飾子が異なります。トップレベルのクラスで利用できた修飾子に加えて、入れ子のクラスでは protected／private などの修飾子も利用できます。

　❷の例であれば、private 修飾子を付与しているので、メンバークラスは、エンクロージングクラス（MyClass）の外からは不可視となります。

　よって、❸で MyHelper を呼び出そうとしたときには、「The type MyClass.MyHelper is not visible（MyClass.MyHelper は不可視）」のようなエラーとなります。MyHelper のアクセス権限を public などに変更することで、コンパイルエラーが解消することも確認しておきましょう。

❸入れ子のクラスの名前は「エンクロージングクラス.入れ子クラス」

　入れ子クラスの型は「エンクロージングクラス.入れ子クラス」のように表せます。この例であれば、「MyClass.MyHelper」です。

　ただし、❹のようにエンクロージングクラスの内部であれば、単に「MyHelper」（メンバークラス名）だけでの呼び出しが可能です。また、import 命令で、

```
import to.msn.wings.selfjava.chap09.MyClass.MyHelper;
```

のように宣言すれば、エンクロージングクラスの外からも

```
var h = new MyHelper();
```

のような記述が可能になります（もちろん、アクセス修飾子が許容していることが前提です）。

> *note* メンバークラスを含んだクラスをコンパイルすると、本来の`MyClass.class`の他に、`MyClass`
> `$MyHelper.class`のようなファイルが作成されます。
> 「`$`」は自分でクラスを命名する際にも利用できますが、このような特別な意味も持つことから、
> 通常は利用すべきではありません。

9.5.2 非staticメンバークラス

`static`修飾子が付かないメンバークラスのことを、**非staticメンバークラス**と呼びます。

非staticメンバークラスとstaticメンバークラスとの相違点は、（staticの意味からも明らかなように）それがどこに属するかです。

- 非staticメンバークラス：エンクロージングオブジェクトに属する
- staticメンバークラス　：エンクロージングクラスに属する

その性質上、非staticメンバークラスは、以下の性質を持ちます。

- 非staticメンバークラスをインスタンス化するには、エンクロージングオブジェクトが必要
- 非staticメンバークラスからは、`this`変数経由でエンクロージングクラスのインスタンスメンバーにアクセスできる

裏返せば、非staticメンバークラスは「エンクロージングクラスのインスタンスフィールドを参照する用途」で利用します。

さもなければ、（非staticメンバークラスではなく）`static`メンバークラスを利用すべきです。というのも、非staticメンバークラスは、個々のインスタンスがエンクロージングオブジェクトへの参照を持ちます。それは相応にメモリを消費する原因にもなりますし、時として、参照の存在がエンクロージングオブジェクトの破棄を妨げることもあるからです。

非staticメンバークラスの例

リスト9.43は、非staticメンバークラスの具体的な例です。内外のクラスで、それぞれの`private`フィールドを参照します。

```java
class MyClass {
  private String str1 = "包含・インスタンス";
  private static String str2 = "包含・クラス";

  // 非staticメンバークラスの定義
  private class MyHelper {
    private String str1 = "ネスト・インスタンス";
    private static final String str2 = "ネスト・クラス";

    public void show() {
      System.out.println(MyClass.this.str1);   // 結果：包含・インスタンス ――――― ❷
      System.out.println(MyClass.str2);         // 結果：包含・クラス
    }
  }

  public void run() {
    var helper = new MyHelper();  ―――――――――――――――――――――――――――――――――― ❶
    helper.show();
    System.out.println(helper.str1);            // 結果：ネスト・インスタンス ――┐
    System.out.println(MyHelper.str2);          // 結果：ネスト・クラス ―――――┴❸
  }
}

var c = new MyClass();
c.run();
```

　非staticメンバークラスのインスタンスは、エンクロージングクラスのインスタンスメソッドで生成するのが一般的です（❶）。非staticメンバークラスの存在は、エンクロージングオブジェクトの存在が前提であるからです。

　これによって、非staticメンバークラスは、暗黙的にエンクロージングオブジェクトへの参照を持つようになります。この暗黙的な参照には「エンクロージングクラス名.this.～」でアクセスが可能です（❷）。

　ちなみに、エンクロージングオブジェクトからは、これまでと変わらず「オブジェクト変数.メンバー名」「クラス名.メンバー名」で、非staticメンバークラスにアクセスできます（❸）。

オブジェクト指向構文――
入れ子のクラス／ジェネリクス／例外処理など

9

```
var c = new MyClass();
var h = c.new MyHelper();
```

非staticメンバークラスの実用例

　非staticメンバークラスをprivate宣言した場合、エンクロージングクラスの外側からは見えなくなります。ただし、見えなくなるのは型名だけで、そのインスタンスへの参照までも制限するわけではありません。たとえばpublicメソッドの戻り値として、privateな非staticメンバークラスを返すことは可能です。

　リスト9.44は、ArrayListクラスで利用されている非staticメンバークラスの例です。

▶リスト9.44　AbstractList.java

```
public abstract class AbstractList<E> extends ... {
  ...中略...
  public Iterator<E> iterator() {                                    ──┐
    return new Itr();                                                   │──❷
  }                                                                  ──┘
  ...中略...
  private class Itr implements Iterator<E> {                         ──┐
    ...中略...                                                          │──❶
  }                                                                  ──┘
  ...中略...
}
```

　ここでは、Itrが非staticメンバークラスです（❶）。リスト内のprivateフィールドにアクセスして、配下の要素を順に取得するためのイテレーター（6.1.2項）実装を定義します。privateフィールドは、当然、クラス外部からはアクセスできませんが、イテレーターもまた、Iterator実装クラスとして別に定義しなければなりません。このような場合にも、非staticメンバークラスであれば、カプセル化を維持しつつ、privateフィールドと連携したイテレーターを準備できます。

　なお、Itrクラスはprivate宣言されているので、トップレベルからは見えませんし、内部的な実装を外に見せる意味はありません。外部からは、あくまで実装元であるIteratorという型が見えていれば十分なのです（iteratorメソッドの戻り値がIterator型である点に注目です❷）。

9.5.3 匿名クラス

　匿名クラス（無名クラス）は、まさに名前のないクラスです。名前がないので、特定の文の中でしか利用できませんし、あとから呼び出すこともできません。では、なんのために利用するのか——特定の処理のまとまりを表す器としてのみクラスを利用するような状況です。

　もちろん、これだけの説明ではイメージしづらいと思うので、以下ではAndroidアプリのイベントリスナーを例に挙げてみましょう。イベントリスナーとは、アプリで発生する出来事（たとえばユーザーによるタップなどの動作）を監視し、それに応じてあらかじめ決められた処理を実行するための仕組み（クラス）です。

> *note* Androidアプリについては、本書の守備範囲を超えるので、コードに関する詳細は割愛します。あくまで概要を把握するにとどめてください。詳しく学びたい方は、『TECHNICAL MASTER はじめてのAndroidアプリ開発 Java編』（秀和システム）などの専門書を参考にするとよいでしょう。

　リスナーは、その性質上、特定の文脈に強く関連していることから、他で再利用することはあまりありません。まさに、ある「処理のまとまりを表す器としてのみ」クラスを利用する状況なので、匿名クラスの出番となります（リスト9.45）。

▶リスト9.45　MainActivity.java

```java
import androidx.appcompat.app.AppCompatActivity;
import android.os.Bundle;
import android.view.View;
import android.widget.Button;
import android.widget.TextView;

import java.time.LocalDateTime;

public class MainActivity extends AppCompatActivity {

  @Override
  protected void onCreate(Bundle savedInstanceState) {
    super.onCreate(savedInstanceState);
    setContentView(R.layout.activity_main);
    Button btn = findViewById(R.id.btnCurrent);
```

```
    // イベントリスナーを登録
    btn.setOnClickListener(
      // 匿名クラス（イベントリスナー）を定義
      new View.OnClickListener() {
        // ボタンbtnクリック時にラベルtxtに現在時刻を表示
        @Override
        public void onClick(View view) {
          TextView txt = findViewById(R.id.txtResult);
          txt.setText(LocalDateTime.now().toString());
        }
      }
    );
  }
}
```

匿名クラスの構文は、以下です。

構文 匿名クラス

```
new 基底クラス(引数, ...) {
  ...クラスの本体...
}
```

　匿名クラスには名前がないので、new演算子にも基底クラス／インターフェイスの名前を指定します。この例であれば、clickイベントに対応するイベントリスナーを表すView.OnClickListenerインターフェイス（android.viewパッケージ）を利用します（❶）。

　インスタンス化のコードの後方では、{...}で具体的な実装を表します。❷であれば、ボタンクリック時に呼び出されるonClickメソッドをオーバーライドしています。

　用意したリスナー（のインスタンス）は、そのままsetOnClickListenerメソッド（❸）に渡せるので、クラスを個別に定義するよりも、コードのまとまりを把握しやすくなりますし、名前がないので名前空間を汚さない（＝余計な名前を付けなくてよい）、というメリットもあります。

note Java 8以降であれば、匿名クラスはほぼラムダ式で置き換えが可能ですし、そのほうがよりコードがシンプルになります。詳しくは10.1.4項を参照してください。

匿名クラスの制約

　匿名クラス配下の構文は、ほぼ一般的なクラスのそれに準じますが、以下のような制約もあります。

- コンストラクターを持てない（初期化ブロックは可）
- 継承はできない（暗黙的な final クラス）
- 抽象クラスの宣言は不可

　また、構文規則ではありませんが、匿名クラスは式の中に埋め込むことから、あまりに長いコードは好まれません。一概には言えませんが、コードの見通しを考慮すれば、10行程度にとどめるのが無難でしょう。

9.5.4　ローカルクラス

　ローカルクラスとは、メソッド／コンストラクターなどのブロック配下で定義されたクラスを言います。クラスが、特定のメソッド／コンストラクターでのみ利用される場合に利用します。いわゆるローカル変数と同じで、アクセス修飾子や static 修飾子は利用できません。

　ほとんどの場合は匿名クラスでも代用できるため、入れ子のクラスの中ではおそらく最も利用頻度の低いクラスです。ここでも、リスト9.45をローカルクラスで書き換えた例を挙げるにとどめます（リスト9.46）。

▶リスト9.46　MainActivity.java

```java
@Override
protected void onCreate(Bundle savedInstanceState) {
  super.onCreate(savedInstanceState);
  setContentView(R.layout.activity_main);
  // ローカルクラスを定義
  class MyClickListener implements View.OnClickListener {
    @Override
    public void onClick(View view) {
      TextView txt = (TextView)findViewById(R.id.txtResult);
      txt.setText(LocalDateTime.now().toString());
    }
  }
  Button btn = findViewById(R.id.btnCurrent);
  // イベントリスナーをインスタンス化＆登録
  btn.setOnClickListener(new MyClickListener());
}
```

　もちろん、再利用しないクラスにわざわざ MyClickListener のような名前を付けるのは無駄なことです。また、リスト9.45のようにリスナー定義と setOnClickListener メソッドとがまとまっていたほうがコードの見通しもよいことが再確認できるはずです。

9.6 ジェネリクス

ジェネリクス（Generics）は、汎用的な（＝任意の型を受け付ける）クラス／メソッドに対して、特定の型を割り当てて、その型専用のクラスを生成する機能です。

コレクションは、ジェネリクスの理解が前提となっているため、6.1.1項でまずジェネリクスの利用方法について解説しました。しかし、ジェネリクスそのものはコレクションに特化した機能ではありませんし、自作のクラスにジェネリクス構文を組み込むことも可能です。本節では、ジェネリック型のクラスを定義する方法を学ぶことで、よりジェネリクスへの理解を深めます。

 9.6.1　ジェネリック型の定義

ジェネリクスを利用した型（**ジェネリック型**）を定義するための基本を、ArrayListクラス（java.utilパッケージ）のコードを題材に学んでいきます（リスト9.47）。

▶リスト9.47　ArrayList.java

```java
public class ArrayList<E> extends AbstractList<E> ... {  ──────────────❶
  ...中略...
  transient Object[] elementData;
  ...中略...
  public E set(int index, E element) {
    ...中略...
    E oldValue = root.elementData(offset + index);
    ...中略...
    return oldValue;
  }
  ...中略...
  public E get(int index) {
    ...中略...
    return root.elementData(offset + index);
  }
  ...中略...
}
```

ジェネリック型の基本的な構文は、以下の通りです。

```
[修飾子] class クラス名<型パラメーター , ...> {
  ...クラス本体...
}
```

　ジェネリック型ではまず、特定の型を受け取るための**型パラメーター**（Type Parameter）を宣言します（❶）。クラス名の後方、`<...>`で囲まれた部分が型パラメーターです。ジェネリック型では、この型パラメーターを介して、インスタンス化に際してひもづけるべき型を受け取っているわけです（図9.14）。

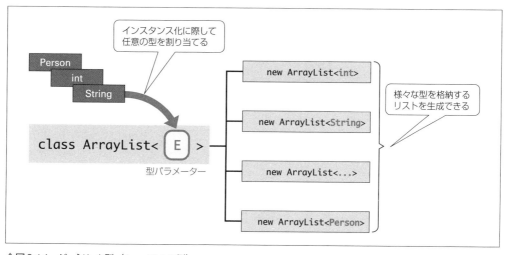

❖図9.14　ジェネリック型（ArrayListの例）

　型パラメーターの名前は、識別子のルールの範囲で自由に決められます。ただし、慣例的にはT（Type）、E（Element）、K（Key）、V（Value）のような大文字アルファベット1文字をよく利用します。

　マップのように、カンマ区切りで複数の型パラメーターを受け取ることもできます。この場合、K、Vはそれぞれキー／値の型を表します。

```
public class HashMap<K,V> extends ...
```

note ここでは、ジェネリック型をクラスに適用する例を示していますが、ジェネリック型はインターフェイスでも利用できます。型名の後方に`<...>`で型パラメーターを宣言する記法はいずれも同じなので、本節ではジェネリッククラスに絞って解説を進めます。

```
public interface List<E> extends Collection<E> { ... }
```

型パラメーター（`<...>`）の中で宣言された型のことを**型変数**（Type variable）と言います。リスト9.47の例であれば「E」です（太字部分）。型変数は、ジェネリック型配下のメンバー定義の中で型を表すために利用できます。具体的には、以下の箇所です。

- インスタンスメンバーの引数／戻り値型
- ローカル変数の型
- ネストした型

　つまり、クラスメンバーの型としては利用できません。

　というのも、ジェネリクスでは、インスタンス化に際して、`ArrayList<String>`、`ArrayList<Integer>`のような型が生成されるわけではありません。内部的には、あくまで`ArrayList<Object>`があるだけなのです。

　その理由は、ジェネリクスの目的を思い出してみれば明らかです。ジェネリクスの目的とは、あくまでメンバー要素の型をコンパイル時に保証することだったはずです。よって、「実行時には不要になる型情報」を、コンパイル時に`Object`型に変換することで除去しているのです。このようなジェネリクスの性質を**イレイジャ**（Erasure）と呼びます。

　クラスそのものが1つなのであれば、型変数をクラスメンバーで利用できないのも明らかです。同じ理由から、型変数を利用したオブジェクト／配列の生成——「`new T()`」「`new T[]`」も不可です（すべて`Object`型になるだけだからです）。

> **note** イレイジャの性質から、オーバーロードしたメソッドのシグニチャが、結果として衝突する可能性があることに注意してください。具体的には、以下のようなコードです。

```
public class MyGenerics<K, V> {
  public void run(K args) { ... }
  public void run(V args) { ... }
}
```

> K、Vが異なる型であったとしても、実行時の型はいずれもイレイジャによって`Object`となるので、シグニチャは同一と見なされ、コンパイルエラーとなります。

補足 ジェネリクス関連の用語

　ここで、ジェネリック型を扱う中で、よく出てくる用語についても軽くまとめておきます。

　まず「`new ArrayList<Integer>`」のように、ジェネリック型をインスタンス化する際に`<...>`で指定する具体的な型（ここでは`Integer`）のことを**実型パラメーター**（Actual Parameter）、または**型引数**と言います。また、型引数によって、特定の型が割り当てられたジェネリック型（ここでは`ArrayList<Integer>`）のことを、**パラメーター化された型**（Parameterized Type）と言います。

ジェネリック型は、以下のように、型引数を指定せずにインスタンス化することもできます。

```
var n = new ArrayList();
```

このようなジェネリック型のことを原型（Raw type）と言います。ただし、原型は6.1.1項でも触れた理由から型安全ではありません（ジェネリック型である意味がなくなります）。利用すべきではなく、コンパイラーでも「ArrayList is a raw type. References to generic type ArrayList<E> should be parameterized（ArrayListは原型なので、型引数を渡す必要がある）」のような警告を発生します。

 ### 9.6.2 型パラメーターの制約条件

型パラメーターは、すべての型を受け取るばかりではありません。たとえば、リスト9.48のような状況を想定してみましょう。

▶リスト9.48　GenericConstraint.java

```java
public class GenericConstraint<T> {
  public int Hoge(T x, T y) {
    return x.compareTo(y);
  }
}
```

もちろん、上記のコードはエラーです。T型の変数x、yが必ずしもcompareToメソッドを持つとは限らないからです。この場合、T型がcompareToメソッドを持つことを前提としたくなります。

> *note* compareToメソッドを持つということは、すなわち、Comparableインターフェイスを実装しているということです。Comparableインターフェイスは、String、Integer、Fileなどのクラスが実装しています。

このような状況で、ジェネリクスでは型パラメーターに対して制約（境界型）を付与することができます。

構文 型パラメーターの制約

```
<型パラメーター extends 境界型, ...>
```

これで、「型パラメーターは境界型を継承（実装）していること」という意味になります。イレイジャを意識するならば、

境界型を指定された型パラメーターは、コンパイル時に（Objectではなく）境界型に変換される

と言い換えてもよいでしょう（逆に言えば、境界型を明示しない<T>のような型パラメーターは、実は、<T extends Object>と等価だったわけです）。

先ほどのリスト9.48も、制約（境界型）を使って書き換えることで、コンパイルが可能になります（リスト9.49）。型パラメーターTがcompareToメソッドを持つことが保証されたからです。

▶リスト9.49　GenericConstraint.java

```java
public class GenericConstraint<T extends Comparable<T>> {
  public int hoge(T x, T y) {
    return x.compareTo(y);      ➡compareToメソッドを認識できる！
  }
}
```

この場合、Comparableインターフェイスを実装した（たとえば）String型などはGenericConstraintクラスに渡せますが、Person（7.1節）など制約に反する型を渡した場合にはコンパイルエラーとなります。

```java
var m = new GenericConstraint<String>();    ➡Comparableを実装しているので可
var n = new GenericConstraint<Person>();    ➡Comparableを実装していないのでエラー
```

境界型には、クラス／インターフェイスいずれも指定できます。ただし、いずれの場合もキーワードはextendsである点に注意してください（implementsではありません！）。また、境界型として複数の型を指定する場合には、アンパサンド（&）で連結します。

```java
public class MyGeneric<T extends Hoge & IFoo & IPiyo> { ... }
```

ただし、その場合は、以下の制限があります。

- インターフェイスは複数指定可能、クラスは1つのみ（ゼロでも可）
- クラス → インターフェイスの順で記述すること

9.6.3　ジェネリックメソッド／ジェネリックコンストラクター

ジェネリック型とよく似た概念として、**ジェネリックメソッド／ジェネリックコンストラクター**があります。引数／戻り値、ローカル変数などの型を、呼び出し時に決められるメソッド／コンストラクターです。修飾子の直後で、<...>の形式で型パラメーターを宣言します。

ジェネリックメソッド／コンストラクターともに構文は同等なので、以下では、ジェネリックメソッドを前提に解説を進めます。

```
[修飾子] <型パラメーター ,...> 戻り値型 メソッド名(引数の型 引数名, ...) [throws句] {
   ...メソッドの本体...
}
```

ジェネリック型の中のメソッド定義と混同してしまいそうですが、ジェネリックメソッドはジェネリック型とは独立したものです。よって、ジェネリックメソッドは非ジェネリック型の中でも定義が可能ですし、クラスメソッドとしてもかまいません。

note もちろん、ジェネリック型の中でジェネリックメソッドを定義することも可能です。ただし、その場合、ジェネリック型の型パラメーターとジェネリックメソッドの型パラメーターとが重複してはいけません（重複時もジェネリックメソッドの型が優先されますが、誤解を招きやすいので警告を発生します）。

たとえば以下は、Collections.singletonList静的メソッド（6.1.3項）のコードです。

```
public static <T> List<T> singletonList(T o) {
   return new SingletonList<>(o);
}
```

singletonListは、指定された値を1つだけ持つリストを生成するためのメソッドです。singletonListメソッドに渡される要素の型は、（宣言時ではなく）呼び出し時に決めたいので、ジェネリックメソッドとして定義されています。ジェネリック型と同じく、型パラメーターは、引数／戻り値、ローカル変数の型として利用できます。

ジェネリックメソッドは、普通のメソッドと同じく、以下のように呼び出せます。

▶リスト9.50　GenericMethodClient.java

```
System.out.println(Collections.singletonList("WINGS"));      // 結果：[WINGS]
```

引数の型から暗黙的に型パラメーターを判定するわけです。

ただし、引数を持たない —— たとえば、emptyListなどのメソッド（6.1.3項）は、呼び出しのタイミングで型を推論できません（型パラメーターが戻り値にしか現れません）。このような場合には、メソッド名の前方で型を明示することもできます。

```
var list = Collections.<String>emptyList();
```

型（太字部分）を省略した場合には、無条件にList<Object>型が生成されます。

9.6.4 境界ワイルドカード型

第6章などで、配列よりもコレクションを利用すべき、と述べました。その理由の1つが共変という言葉で説明できます。

というのも、配列は**共変**（covariant）の性質を持ちます。共変とは派生クラスを基底クラスに代入できることです。Parent／Childに継承関係があるならば、Child[]はParent[]にも代入できます。よって、配列では以下のコードが許可されます。

```
Object[] data = new String[5];
```

Object／Stringには継承関係があるので、まず、Object型配列にString型配列は代入可能です。当たり前のようにも見えますが、共変の性質によって、配列には以下のような問題があります。

```
data[1] = 10;
```

このようなコードがコンパイル時には許されてしまうのです（Object型はなんでもありの型です）。しかし、変数dataの実体はあくまでString[]なので、このコードはArrayStoreException例外で失敗します。

一方、ジェネリクスを利用したコレクションは、既定では**不変**（invariant）の性質を持ちます。**不変**とは、Parent／Childに継承関係があっても、たとえばArrayList<Child>はArrayList<Parent>には代入できないことを言います。よって、以下のコードもコンパイルエラーとなります。

```
ArrayList<Object> data = new ArrayList<String>();
```

不変の性質によって、配列であったような問題はそもそも起こりえないということです。

「cannot convert from ArrayList<String> to ArrayList<Object>」（ArrayList<String>からArrayList<Object>には変換できない）のようなエラーが発生することを確認してみましょう。

境界ワイルドカード型の基本

ただし、状況によっては、この不変の性質が扱いにくく感じる状況があります。たとえば、リスト9.51の例を見てみましょう（Parent、Childは継承関係にあるものとします）。

▶リスト9.51　上：GenericBounded.java／下：GenericBoundedBasic.java

```
import java.util.List;

public class GenericBounded {
  // List<Parent>型のリストを受け取り、その内容を出力
  public void show(List<Parent> list) {
    for (var p : list) {
      System.out.println(p.getName());
```

```
    }
  }
}
```

```
var cli = new GenericBounded();
var data1 = List.of(new Parent(...), ...);
var data2 = List.of(new Child((...), ...);
cli.show(data1);    // 正しい
cli.show(data2);    // コンパイルエラー ───────────────────── ❶
```

継承関係の有無に関わらず、List<Parent>型の引数にList<Child>型の値は渡せないので、
❶はエラーです。しかし、showはリストの中身を列挙する（＝参照する）だけのメソッドで、配列
で問題になったような値の代入（変更）は発生しません。このような条件下であれば、List<Child>
型の代入を認めてほしいところです。

そこで登場するのが、**境界ワイルドカード型**です。リスト9.51の引数型を、境界ワイルドカード型
で書き換えてみましょう。

```
public void show(List<? extends Parent> list) { ... }
```

太字部分が境界ワイルドカード型です。<? extends Parent>で、「Parent型、またはその派生
型を認める」（共変）という意味になります。これによって、List<Parent>型の引数にList<Child>
型を代入するような、先ほどのコードを限定的に認めているわけです。

> *note* 境界ワイルドカード型で宣言された引数（変数）に対して、要素を追加／更新するなどの操作は
> できません。たとえば以下の太字部分は、いずれもコンパイルエラーです。
>
> ```
> public void show(List<? extends Parent> list) {
>   list.add(new Parent("波平"));
>   list.set(0, new Child("カツオ"));
>   ...中略...
> }
> ```
>
> これらの操作は、配列であった問題を再び持ち出すことになるからです。境界ワイルドカード型
> の値に対してできることは、境界型で値を参照することだけです。

標準ライブラリの例

標準ライブラリでも、境界ワイルドカード型は利用されています。たとえばArrayListクラスの
addAllメソッドです（リスト9.52）。

```java
public boolean addAll(Collection<? extends E> c) {
  Object[] a = c.toArray();
  ...中略...
}
```

addAllメソッドが「addAll(Collection<E> c)」のように定義されていたら、たとえばArrayList<CharSequence>型に対して、ArrayList<String>、ArrayList<StringBuilder>型などの値をaddAllすることはできません。先ほど述べたように、ジェネリック型は不変であり、ArrayList<CharSequence>型とArrayList<String>／ArrayList<StringBuilder>型との間に継承関係は認められないからです。

しかし、境界ワイルドカード型を利用することで、引数として渡すリストの要素型は「CharSequence、またはその派生型」までを許容します（ArrayList<CharSequence>に、String／StringBuilder型の要素を追加できることを考えれば、この挙動は直観的です）。

ただし、その理解でArrayListクラスのaddメソッドを見ると、不思議に思うかもしれません。

```java
public boolean add(E e) { ... }
```

こちらは「boolean add(? extends E e)」のような指定は必要ないのでしょうか？　必要ありませんし、そもそも、そのような記法はありません（境界ワイルドカード型は、あくまで型引数でだけ利用できます）。

なぜなら、ArrayList<CharSequence>型のlistに対して「list.add(str)」（strはString型）は、一般的なアップキャストによって許容されているからです。

下限境界ワイルドカード型

<? extends E>で表される境界ワイルドカード型は、指定された境界型を上限にして、その下位型（派生型）を認めることから、**上限境界ワイルドカード型**とも呼ばれます。

一方、指定された境界型を下限にして、その上位型を認める**下限境界ワイルドカード**もあります。派生型に対して基底型を引き渡せる、この性質のことを**反変**（contravariant）と言います。

たとえばリスト9.53は、Collections.addAllメソッドのコードです。addAllメソッドは、コレクションcに対して、指定された要素群（elements）をまとめて追加します。

▶リスト9.53　Collections.java

```java
public static <T> boolean addAll(Collection<? super T> c, T... elements) {
  boolean result = false;
  for (T element : elements)
    result |= c.add(element);
  return result;
}
```

addAllメソッドの引数型「Collection<? super T>」がまさに下限境界ワイルドカード型で、「型T、またはその上位型を要素に持つコレクション」を意味します。これによって、たとえばリスト9.54のような呼び出しが可能になります。

▶リスト9.54　LowerBoundedBasic.java

```
import java.util.ArrayList;
import java.util.Collections;
...中略...
var list = new ArrayList<Object>();
Collections.addAll(list, "バラ", "ひまわり", "あさがお");
System.out.println(list);    // 結果：[バラ, ひまわり, あさがお]
```

ArrayList<Object>に対して、String型の要素（群）の追加は許容されるべきです。もしも下限境界ワイルドカード型がなければ、変数listは正しくArrayList<String>でなければなりません。しかし、下限境界ワイルドカードを用いることで、型パラメーターにObject、CharSequenceなどの上位型を渡すことを許容しているわけです。

note 上限／下限境界ワイルドカードの概念は、初学者にとっては難解で、いずれを利用すべきか悩むときがあるかもしれません。そのような場合には、以下の基準で判断してください。

- 値を取得するだけの引数（＝生産者）ならば上限境界ワイルドカード
- 値を設定するだけの引数（＝消費者）ならば下限境界ワイルドカード

これを、Producer（生産者）－Extends、Consumer（消費者）－Superの頭文字をとって、**PECS原則**とも呼びます。ちなみに、生産者でも消費者でもある引数には、ワイルドカードは利用できません（正確な型一致が要求されます）。

非境界ワイルドカード型

そもそも要素型を特定できない場合には、**非境界ワイルドカード型**を利用することもできます。非境界とは、境界型を持たないという意味で、たとえばList<?>のように表します。

リスト9.55に、非境界ワイルドカード型の具体的な例を示します。

```java
import java.util.List;
...中略...
public class UnBounded {
  public static void showList(List<?> list) {
    for (var item : list) {
      System.out.println(item);
    }
  }
...中略...
}
```

　showListは、指定されたコレクションの要素を順に出力するためのメソッドです。この例では、コレクションの型はあらかじめ想定できませんし（また、する必要もないので）、非境界ワイルドカード型で型引数を表しているわけです。

---

note 非境界ワイルドカード型は、あくまで要素型が不定であることを意味します。よって、型安全であることを保証するために、以下の制約が課せられます。型変数をTとした場合、

- Tを引数として受け取るメソッドを呼び出せない（例外的にnull渡しだけは可能）
- メソッドの戻り値となるTはすべてObject型

となります。
以下のコードは、いずれもshowListメソッド配下での記述を想定しています。

```java
list.add("Hoge");        // 型が決まっていないので、値の引き渡しは不可
list.add(null);          // 例外的にnullだけはOK
Object obj = list.get(0);  // 取得した結果はObject型（String型ではない！）
```

✓ この章の理解度チェック

[1] 以下の文章は本章で学んだ機能について説明したものです。正しいものには○、誤っているものには×を付けてください。

（　）catchブロックは、発生した例外がcatchブロックのそれと一致した場合にだけ実行される。

（　）メンバークラスは、エンクロージングクラスとの関係を明確にするために、エンクロージングクラスのインスタンスが不要な場合も、非staticとして宣言すべきである。

（　）匿名クラスは、コンストラクターを持つことはできないが、初期化ブロックを持つことはできる。

（　）列挙型ですべての列挙定数を取得するには、namesメソッドを利用する。

（　）Parent、Child型に継承関係がある場合、ArrayList<Parent>型の変数には無条件にArrayList<Child>型の値を代入できる。

[2] リスト9.Aは、標準ライブラリからCollections.addAll静的メソッドのコードを抜粋したものです。addAllメソッドは、指定されたコレクションcに、指定された要素elements（可変長配列）をまとめて追加します。戻り値は、呼び出しの結果、コレクションが変化したかを表すtrue／false値です。
空欄を埋めて、コードを完成させてみましょう。

▶リスト9.A　Collections.java

```
public static  ①  boolean addAll(Collection ②  c,  ③  ↩
elements) {
  boolean result = false;
  for (T element : elements)
    result |= c. ④ (element);
  return  ⑤ ｀
}
```

[3] リスト9.Bは、**Person**クラスを複製可能にするためのコードです。空欄を埋めて、コードを完成させてください。

▶リスト9.B　Person.java（chap09.practice パッケージ）

```java
public class Person  ①  {
  private String firstName;
  private String lastName;
  private String[] memos;

  public Person(String firstName, String lastName, String[] memos) {
    this.firstName = firstName;
    this.lastName = lastName;
    this.memos = memos;
  }

    ②
  public   ③   clone() {
    Person p = null;
    try {
      p =   ④  ;
      p.memos =   ⑤  ;
    } catch (   ⑥   e) {
      throw new AssertionError();
    }
    return p;
  }
  ...中略...
}
```

[4] 本章で学んだ構文を利用して、以下のようなコードを書いてみましょう。

①**Person**クラスに**toString**メソッドを実装する（**firstName**／**lastName**フィールドを使って「**Person：●○**」のような結果を返すものとします）。

②文字列表現 **"Monday"** から列挙型**Weekday**を取得し、**instanceof**演算子で**Weekday**型であるかを確認する。

③**IOException**／**SQLException**例外を1つの**catch**ブロックで受け取る（解答では**try**、**catch**ブロックの中身は空でかまいません）。

④**Main**クラス配下に、外部からはアクセスできない**static**メンバークラス**Sub**を定義する（解答では各クラスの中身は空でかまいません）。

⑤任意型の要素を可変長引数で受け取って、新規に**ArrayList**を生成する静的メソッド**newArrayList**を実装する（ただし、生成される**ArrayList**は変更可能とします）。

ラムダ式／Stream API

この章の内容

Chapter **10**

ラムダ式はJava 8から導入された構文で、登場の当初は一見独特な構文ゆえに敬遠する人もいたように思えます。しかし、それから10年を経て、執筆時点のバージョンはJava 21。ラムダ式を利用したコーディングは当たり前のものとなり、自分でコードを書くうえでも、他人のコードを読むうえでも、ラムダ式の知識は欠かせないものとなっています。

　本章では、まずラムダ式と、その前提となるメソッド参照について学びます。その後、ラムダ式の練習として、ラムダ式を前提としたコレクションフレームワークのメソッド解説を挟んだあと、章後半では、Stream APIについて解説していきます。Stream APIは（構文的には必ずしも必須ではないものの）ラムダ式の理解を前提としたライブラリです。

10.1　メソッド参照／ラムダ式

　Java 8以降では、メソッドも型の一種です。つまり、メソッドそのものもまた、他の数値型や文字列型と同じく、別のメソッドの引数として渡すことができます。そして、メソッドを受け渡しするための構文が、本節で学習するメソッド参照であり、ラムダ式なのです。

　ただし、「メソッドを引数として渡すとは？」と思う人もいるかもしれないので、まずはメソッド参照もラムダ式も利用しない例から見ていきます。そのうえで、メソッド参照／ラムダ式で表した場合へと徐々に書き換えていきましょう。

10.1.1　メソッド参照／ラムダ式を利用しない例

　リスト10.1のwalkArrayメソッドは、与えられた文字列配列から個々の要素を取り出して、前後にブラケットを加えたものを出力する例です。

▶リスト10.1　上：MethodRefUnuse.java／下：MethodRefUnuseBasic.java

```java
public class MethodRefUnuse {
  // 文字列配列の内容をブラケット付きで出力
  public void walkArray(String[] data) {
    for (var value : data) {
      System.out.printf("[%s]\n", value);
    }
  }
}
```

```
// 文字列配列dataの内容を順に出力
var data = new String[] { "春はあけぽの", "夏は夜", "秋は夕暮れ" };
var un = new MethodRefUnuse();
un.walkArray(data);
```

```
[春はあけぽの]
[夏は夜]
[秋は夕暮れ]
```

　しかし、ブラケットではなく、カギカッコでくくりたくなったら？　あるいは、文字列の最初の5文字だけを出力したくなったら？　似たようなwalkArrayメソッドをいくつも準備するのは非効率です（図10.1）。文字列を加工する処理だけを、外から引き渡せるようになれば、より汎用性が増します。

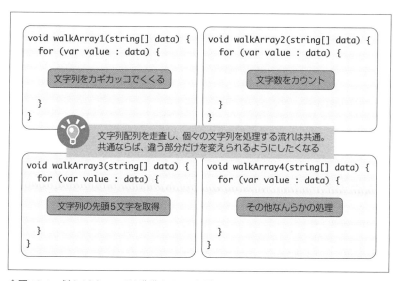

❖図10.1　似たようなメソッドを乱造するのは無駄

 ## 10.1.2　メソッド参照の基本

　そこで利用できるのがメソッド参照です。リスト10.2は、先ほどのwalkArrayメソッドに対して、配列要素を処理するコードだけを切り出して、あとから引き渡せるようにした例です。

▶リスト10.2　上：MethodRefUse.java／中：Output.java／下：MethodRefUseBasic.java

```java
public class MethodRefUse {
  // 配列要素の処理方法をメソッド参照で受け取れるように
  public void walkArray(String[] data, Output output) {
    for (var value : data) {
      output.print(value);                                    —— ⓐ —— ❸
    }
  }

  // Output型に対応したメソッド（渡された文字列をブラケットでくくる）
  static void addQuote(String value) {
    System.out.printf("[%s]\n", value);                       —— ❷
  }
}
```

```java
// String型の引数を受け取り、戻り値はvoidであるメソッド型
@FunctionalInterface
public interface Output {                                      —— ❶
  void print(String str);
}
```

```java
var data = new String[] {"春はあけぼの", "夏は夜", "秋は夕暮れ"};
var u = new MethodRefUse();
u.walkArray(data, MethodRefUse::addQuote);                     —— ❹
```

順番にポイントを見ていきます。

❶メソッドの型を表すのは関数型インターフェイス

メソッドを受け渡しできると言っても、なんでも渡せるわけではありません。引数の個数／型、戻り値の型が決まっている必要があります。

> note　メソッドのシグニチャとは異なる点に要注意です。シグニチャでは「メソッドの名前、引数の並び／型」が判別のキーでしたが、メソッドの型では名前は無関係です。代わりに、戻り値の型が判別のキーに加わります。

これを規定するのが、**関数型インターフェイス**の役割です。関数型、とはいってもなんら難しいことはなく、

　　配下の抽象メソッドが1つである

インターフェイスのことです。抽象メソッドなので、defaultメソッド（8.3.4項）、また、Object クラス（9.1節）のオーバーライドは、抽象メソッドとは見なされません。つまり、以下のインターフェイスは、いずれも関数型インターフェイスでは**ありません**。

```java
@FunctionalInterface
interface Hoge1 {
  default void print() {};        // defaultメソッド
}
```
```java
@FunctionalInterface
interface Hoge2 {
  boolean equals(Object obj);     // Objectクラスのオーバーライド
}
```

逆に、以下は（そうは見えないかもしれませんが）関数型インターフェイスです。

```java
@FunctionalInterface
interface Hoge {
  void print(String str);    // 抽象メソッドはこれだけ
  default void print() {};
  boolean equals(Object obj);
}
```

ただし、このようなルールは覚えにくく、誤りのもととなるので、コンパイル時にチェックする方法があります。これが@FunctionalInterfaceアノテーションの役割です。@Functional Interfaceは、対象のインターフェイスが関数型インターフェイスであることを宣言します。なくても誤りではありませんが、明示的に付与しておくことで、意図せず関数型インターフェイスの要件を満たしていなかった場合にも、コンパイラーが検出してくれます（@Overrideと同じ役割ですね）。

> *note* 抽象メソッドが1つだけであるインターフェイスのことを、**SAM**（Single Abstract Method）**インターフェイス**と呼ぶこともあります。

❷受け渡しすべきメソッド本体を準備する

準備したメソッド型に対応するメソッド本体を準備します。

インターフェイスそのものは型を宣言するだけの存在なので、インターフェイスを実装する必要はありませんし、（先ほど述べたように）メソッド名も違っていてもかまいません。この例であれば、関数型インターフェイスで定義されているのはprintメソッドですが、実体として定義しているのはaddQuoteメソッドです。

メソッドの型は、あくまで引数の個数／型、戻り値の型で識別されるのです。

❸引数経由でメソッド参照を受け取る準備

引数としてメソッド参照を受け取るには、引数型として関数型インターフェイスを指定するだけです（太字部分）。これで、仮引数outputには、「String型の引数を受け取り、戻り値はvoidであるメソッド参照」を渡せるようになります。

引数経由で受け取ったメソッド参照は、「引数名.メソッド名(...)」の形式で呼び出せます（ⓐ）。「メソッド名」は関数型インターフェイスで定義されたメソッド名（ここではprint）です。

❹メソッドにメソッド参照を引き渡す

あとは、実際にwalkArrayメソッドに対してメソッド参照を引き渡すだけです。メソッド参照を表すのは、表10.1の構文です。

❖表10.1　メソッド参照の構文

対象	構文
クラスメソッド	クラス名::メソッド名
インスタンスメソッド	オブジェクト変数::メソッド名（p.495を参照）
コンストラクター	クラス名::new

以上、内容を理解できたら、サンプルを実行してみましょう。先ほどと同じく、ブラケットが付与された文字列が順に出力されていれば、メソッド参照版のwalkArrayメソッドは正しく動作しています。

メソッドの差し替えも可能

もちろん、引数outputに渡すべきメソッドは、関数型インターフェイスで宣言された型（引数／戻り値の組み合わせ）の範囲で、自由に差し替えが可能です。たとえばリスト10.3は、walkArrayメソッドを使って、配列内の文字列長をカウントする例です。

▶リスト10.3　上：Counter.java／下：CounterBasic.java

```java
// 文字列長をカウントするためのCounterクラス
public class Counter {
  private int result = 0;                                          ❷

  public int getResult() {
    return this.result;
  }

  public void addLength(String value) {                           ❶
    this.result += value.length();
  }
}
```

```
var data = new String[] {"春はあけぼの", "夏は夜", "秋は夕暮れ"};
var u = new MethodRefUse();
var c = new Counter();
u.walkArray(data, c::addLength);
System.out.println(c.getResult());     // 結果：14
```

Counterクラスのadd Lengthメソッド（❶）は、引数valueの文字列長をresultフィールド（❷）に足しこんでいるので、walkArrayメソッドはそれ全体として、配列に含まれる文字列の長さの合計を求めることになります。

ここで、おおもとのwalkArrayメソッドは一切書き換えていない点に注目してください。メソッド参照を利用することで、枠組みとなる機能（ここでは配列を順に走査する部分）だけを実装しておき、詳細な機能はメソッドの利用者が決める —— より汎用性の高いメソッドを設計できるようになります（図10.2）。

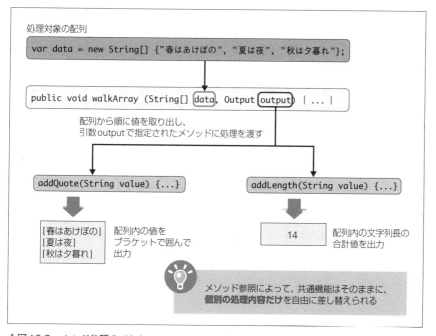

❖図10.2　メソッド参照のメリット

10.1.3 ラムダ式の基本

しかし、walkArray メソッドに渡すためだけに addQuote ／ addLength などのメソッドを定義するのは冗長です。addQuote ／ addLength は、あくまで walkArray メソッドに処理を引き渡すことを目的としたメソッドで、その場限りでしか利用しません。そのような、いわゆる使い捨てのメソッドのために名前を付けるのは無駄なので、できればなくしてしまいたいところです。

そこで登場するのが、**ラムダ式**です。ラムダ式とは、メソッド定義を式（リテラル）として表すための仕組み。式なので、メソッド呼び出しの文の中に直接記述でき、コードもすっきりと表せます。

リスト 10.4 は、リスト 10.2 の addQuote メソッドをラムダ式で書き換えたものです。

▶リスト 10.4　上：MethodLambda.java ／下：MethodLambdaBasic.java

```java
import java.util.function.Consumer;

public class MethodLambda {
  public void walkArray(String[] data, Consumer<String> output) { ─────── ❷
    for (var value : data) {
      output.accept(value);
    }
  }
}
```

```java
var data = new String[] { "春はあけぼの", "夏は夜", "秋は夕暮れ" };
var ml = new MethodLambda();
ml.walkArray(data, (String value) -> {
  System.out.printf("[%s]\n", value);                                    ─❶
});
```

ラムダ式を表すのは、以下の構文です（❶）。引数リストと本体ブロックを「->」でつなぎます。

構文 ラムダ式

```
(引数型 仮引数) -> {
  ...メソッドの本体...
}
```

ラムダ式によって名前がなくなっただけでなく、walkArray メソッドを呼び出すためのコードに、メソッド定義を直接埋め込めるようになります（これが「名前が不要で、その機能だけが必要な場合」といった意味です）。これによって、コードが短くなったのはもちろん、コードのまとまりがはっきりしたため、格段に読みやすくなったはずです。

もうひとつ、walkArrayメソッドの引数型として指定されているConsumerインターフェイスについても注目です（❷）。これは、標準ライブラリ（java.util.functionパッケージ）で提供されている関数型インターフェイスです。

```
@FunctionalInterface
public interface Consumer<T> {
  void accept(T t);
}
```

Tはジェネリクスの型パラメーターです。Consumerであれば、

T型の引数を受け取り、なんらかの処理を実行する（戻り値はない）メソッド型

を表します。

java.util.functionパッケージでは、よく利用する関数型インターフェイスがあらかじめ用意されており、これらを利用することで、大概のケースでは自ら関数型インターフェイスを準備しなくてもよいようになっています。

表10.2に、よく利用する標準の関数型インターフェイスをまとめておきます。

❖表10.2　java.util.functionパッケージで用意されている主な関数型インターフェイス（XxxxxはInt、Long、Double）

機能	インターフェイス	メソッド
値を返さない（処理だけ）	Consumer<T>	void accept(T *v*)
	XxxxxConsumer	void accept(xxxxx *v*)
	BiConsumer<T,U>	void accept(T *t*, U *u*)
	ObjXxxxxConsumer<T>	void accept(T *t*, xxxxx *v*)
値を返す（引数なし）	Supplier<T>	T get()
	XxxxxSupplier	xxxxx getAsXxxxx()
値を返す（引数あり）	Function<T,R>	R apply(T *t*)
	XxxxxFunction<R>	R apply(xxxxx *value*)
	BiFunction<T,U,R>	R apply(T *t*, U *u*)
	XxxxxToXxxxxFunction	xxxx applyAsXxxxx(T *value*)
	ToXxxxxFunction<T>	xxxxx applyAsXxxxx(T *value*)
	ToXxxxxBiFunction<T,U>	xxxxx applyAsXxxxx(T *t*, U *u*)
真偽値を返す（引数あり）	Predicate<T>	boolean test(T *t*)
	XxxxxPredicate	boolean test(xxxxx *value*)
	BiPredicate<T,U>	boolean test(T *t*, U *u*)
演算結果を返す（引数2つあり）	BinaryOperator<T>	T apply(T *t*, T *u*)
	XxxxxBinaryOperator	xxxxx applyAsXxxxx(xxxxx *left*, xxxxx *right*)
演算結果を返す（引数あり）	UnaryOperator<T>	T apply(T *t*)
	XxxxxUnaryOperator	xxxxx applyAsXxxxx(xxxxx *operand*)

ジェネリクスの型引数には基本型を渡せないため、基本型の受け渡しに特化したIntXxxxx、LongXxxxxのようなインターフェイスも用意されています。

ラムダ式の簡単化

ラムダ式によって、随分とコードがシンプルになりましたが、条件によってはさらに簡素化できます。まず、本体が一文である場合には、ブロックを表す{...}は省略できます。また、文の戻り値が暗黙的に戻り値と見なされるので、（ある場合は）returnキーワードも省略可能です。よって、サンプルの太字部分（リスト10.4の❶）は、以下のように書き換えできます。

```
(String value) -> System.out.printf("[%s]\n", value)
```

次に、引数の型は暗黙的に推論されるので、ラムダ式では略記するのが普通です。

```
(value) -> System.out.printf("[%s]\n", value)
```

さらに、引数が1個の場合には、引数をくくるカッコも省略できます（引数の型を明示した場合には省略できません。そうした意味でも、引数型は省略すべきです）。

```
value -> System.out.printf("[%s]\n", value)
```

ただし、そもそも引数がない場合には、カッコを省略することはできません。

```
() -> System.out.println("Hello, Java!!");
```

ラムダ式は、最初から最終形 —— 最も省略した形で見てしまうと、記号の羅列のようにも見えてしまうかもしれませんが、非省略形から省略のルールを追っていけば、なんら難しいものではありません。他の人が書いたラムダ式を見てとまどってしまったときには、ここに戻って、なにが略記されているのかを再確認してみるとよいでしょう。

補足 匿名クラスとの比較

ラムダ式／メソッド参照によってコードがシンプルになったことを、匿名クラス（9.5.3項）との比較で確認してみましょう。リスト10.5は、リスト10.4の❶を、匿名クラスを使って書き換えたものです。

▶リスト10.5　MethodLambdaBasic.java

```
import java.util.function.Consumer;
...中略...
ml.walkArray(data, new Consumer<String>() {
  @Override
  public void accept(String value) {
    System.out.printf("[%s]\n", value);
  }
});
```

walkArrayメソッドの第2引数は、Consumer型のオブジェクトです。よって、従来であれば、このような匿名クラスとして表す必要があったわけです。

しかし、Consumerという型はメソッドのシグニチャから推論可能です（図10.3）。そして、関数型インターフェイスである前提ならば、メソッドの名前や引数の個数／型も推論可能です。

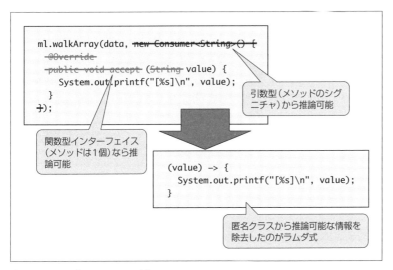

❖図10.3　匿名クラスとラムダ式

そこで推論可能なものを取り除いたのが、おおざっぱにラムダ式であると考えればよいでしょう。

 ## 10.1.4　ラムダ式における変数のスコープ

ラムダ式では、一般的なメソッドと異なり、それ自体がスコープを持ちません。言い換えれば、ラムダ式のスコープは、それを定義した要素と同じである、ということです。

具体的な例を見てみましょう。

▶リスト10.6　MethodLambdaScope.java

```java
public static void main(String[] args) {
  int radius = 1Ø;                                              ❶
  Runnable circle = () -> {
    System.out.println(Math.pow(radius, 2) * Math.PI);          ❷
  };
  circle.run();                                                 ❸
}
```

この例であれば、❶の変数radiusはmainメソッドのローカル変数ですが、ラムダ式からもこれを参照することが可能です（❷）。ただし、このような変数は実質的にfinalである、と見なされます。

たとえば、❷の直後に

```
radius++;
```

のような更新コードを書いてみましょう。すると、「Local variable radius defined in an enclosing scope must be final or effectively final」（上位スコープで定義されたローカル変数radiusはfinal、または実質的にfinalでなければならない）とのエラーになります。

つまり、ラムダ式と共有するローカル変数を変更（再代入）することは許されていないのです。Java 7以前では、そもそも明示的にfinal宣言しなければなりませんでしたが、Java 8以降では暗黙的にfinalと見なされ、再代入された場合にだけエラーが発生するようになりました。これが実質的に（effectively）final、の意味です。ちなみに、❷の直後に書いた「radius++;」を、❸の直後（ラムダ式の外）に移動しても結果は変わりません。

なお、同様の理由で、以下のようなラムダ式も不可です。

▶リスト10.7　MethodLambdaScope2.java

```java
import java.util.function.IntConsumer;
...中略...
public static void main(String[] args) {
  int radius = 10;

  IntConsumer c = radius -> {
    System.out.println(Math.pow(radius, 2) * Math.PI);
  };
}
```

「Lambda expression's parameter radius cannot redeclare another local variable defined in an enclosing scope」（引数が上位スコープのローカル変数と重複している）というわけですね。

note 実質的なfinalの理屈は、匿名クラスでも同様です。
ただし、匿名クラスとラムダ式とは等価ではありません。
たとえばリスト10.7は、匿名クラスであればエラーにはなりません。匿名クラス配下のメソッドは、上位要素とは別スコープであるからです。
また、匿名クラス配下のthisは匿名クラス自身を示しますが、ラムダ式ではラムダ式を定義した上位要素（クラス）を示します。

10.1.5 ラムダ式を伴うコレクション系のメソッド

コレクションフレームワーク（6.1節）では、引数としてラムダ式を指定できるメソッドが用意されています。本項では、ラムダ式に慣れるという意味でも、これらの中でもよく利用されると思われるものを、いくつか見ていきましょう。

指定されたルールで値を置き換える

replaceAllメソッドを利用することで、ラムダ式で指定された処理でリスト内の要素を加工できます。

構文 replaceAllメソッド

```
public void replaceAll(UnaryOperator<E> operator)
```

E	：リストの要素型
operator	：置き換えルール

たとえばリスト10.8は、リスト内の要素をそれぞれ先頭3文字だけ切り出し置き換える例です。ただし、文字列が3文字未満の場合はそのままの文字列を返します。

▶リスト10.8　CollReplace.java

```java
import java.util.ArrayList;
import java.util.List;
...中略...
var list = new ArrayList<String>(
  List.of("バラ", "チューリップ", "あさがお"));
list.replaceAll(v -> {
  if (v.length() < 3) {
    return v;
  } else {
    return v.substring(0, 3);
  }
});
System.out.println(list);    // 結果：[バラ, チュー, あさが]
```

引数operator（ラムダ式）は、引数として個々の要素を受け取り、変換した結果を戻り値として返します。引数／戻り値は同じ型を返さなければならないので、たとえば文字列リストを受け取って、その文字列長（int）リストに置き換える、といった操作はできません。

指定されたルールで値を置き換える（マップ）

replaceAllメソッドは、マップでも利用できます。指定されたルールで値を書き換えます。

構文 replaceAllメソッド

```
public void replaceAll(BiFunction<? super K,? super V,? extends V> function)
```

```
K        ：キーのデータ型
V        ：値のデータ型
function ：置き換えルール
```

たとえばリスト10.9は、マップの値にキーの頭文字を付与する例です。

▶リスト10.9　CollReplaceMap.java

```
import java.util.HashMap;
import java.util.Map;
...中略...
var map = new HashMap<String, String>(
  Map.of("orange", "みかん", "apple", "りんご", "strawberry", "いちご"));
map.replaceAll((k, v) -> k.charAt(0) + v);
System.out.println(map);
    // 結果：{orange=oみかん, apple=aりんご, strawberry=sいちご}
```

引数function（ラムダ式）は、引数として個々のキー／値を受け取り、変換した結果を戻り値として返します。

条件に合致した要素をリストから除去する

removeIfは、リストから条件に合致した要素を除去するためのメソッドです。

構文 removeIfメソッド

```
public boolean removeIf(Predicate<? super E> filter)
```

```
E      ：リストの要素型
filter ：検索条件
```

たとえばリスト10.10は、リストに含まれる5文字以上の文字列をすべて削除する例です。

▶リスト10.10　CollRemove.java

```
import java.util.ArrayList;
import java.util.List;
```

```
...中略...
var list = new ArrayList<String>(
  List.of("バラ", "チューリップ", "あさがお", "ヒヤシンス"));
list.removeIf(v -> v.length() > 4);
System.out.println(list);    // 結果：[バラ, あさがお]
```

引数filterは、引数として個々の要素を受け取り、決められた条件に合致するかどうかをtrue／falseで返すようにします。removeIfメソッドであれば、引数filterの戻り値がtrueであった要素だけを削除します。

なお、removeIfメソッドはCollectionインターフェイスで定義されたメソッドです。よって、リストだけでなく、セットでも利用できます。

マップに処理の結果を設定する

compute／computeIfPresent／computeIfAbsentメソッドを利用します。computeは無条件に指定された処理（ラムダ式）の結果を設定するのに対して、computeIfPresentは指定されたキーが存在する場合にだけ、computeIfAbsentは存在し**ない**場合にだけ設定します。

構文 compute／computeIfPresent／computeIfAbsentメソッド

```
public V compute(K key, BiFunction<? super K,? super V,? extends V> map)
public V computeIfPresent(K key,
  BiFunction<? super K,? super V,? extends V> map)
public V computeIfAbsent(K key, Function<? super K,? extends V> map)
```

```
K   ：キーのデータ型
V   ：値のデータ型
key ：キー
map ：値生成のための式
```

たとえばリスト10.11は、computeXxxxxメソッドで、それぞれマップを更新する例です。

▶リスト10.11　CollCompute.java

```
import java.util.HashMap;
import java.util.Map;
...中略...
// compute／computeIfPresent用の設定メソッド（キーの頭文字を値に付与）
public static String trans(String key, String value) {
  return key.charAt(0) + value;
}
```

```
// computeIfAbsent用の設定メソッド（キーそのものを値にも設定）
public static String trans(String key) {
  return key;
}

public static void main(String[] args) {
  var map = new HashMap<String, String>(Map.of("orange", "みかん"));

  // computeメソッド（無条件に値を設定）
  //map.compute("orange", CollCompute::trans);
  //map.compute("melon", CollCompute::trans);                    ❶
  //System.out.println(map);

  // computeIfPresentメソッド（値が存在する場合だけ設定）
  //map.computeIfPresent("orange", CollCompute::trans);
  //map.computeIfPresent("melon", CollCompute::trans);           ❷
  //System.out.println(map);

  // computeIfAbsentメソッド（値が存在しない場合だけ設定）
  //map.computeIfAbsent("orange", CollCompute::trans);
  //map.computeIfAbsent("melon", CollCompute::trans);            ❸
  //System.out.println(map);
}
```

❶～❸それぞれを有効化して、それぞれの結果を確認してください（上から❶～❸）。

{orange=**o**みかん, melon=**mnull**}

{orange=**o**みかん}

{orange=みかん, melon=**melon**}

　まず❶は値の有無に関わらず、処理を呼び出します。存在しないキーの値にはnullが割り当てられるので、存在しないmelonキーは「mnull」のような文字列が生成されます。

　一方、❷は値が存在する場合にだけ処理が実行されるので、もともと存在しないmelonキーは生成されません。

　❸は❷の逆で、キーが存在しないものだけが処理されます。よって、orangeキーは変化せず、melonキーだけが追加されます（値はキーと同じくmelon）。

重複したキーの値を加工する

mergeメソッドは、マップに指定されたキーがすでに存在する場合に、与えられた関数を実行し、現在値と設定値をもとに値を生成します。キーが存在しなければ、そのまま新しい値を設定します。

構文 mergeメソッド

```
public V merge(K key, V value,
  BiFunction<? super V,? super V,? extends V> remappingFunction)
```

K	：キーのデータ型
V	：値のデータ型
key	：キー
value	：値
remappingFunction	：値を加工するための関数

たとえばリスト10.12は、値が重複した場合に、値をカンマ区切りで連結する例です。

▶リスト10.12　CollMerge.java

```java
import java.util.HashMap;
import java.util.Map;
...中略...
// merge用の結合関数
public static String concat(String v1, String v2) {
  if(v2.isBlank()) {
    return null;
  }
  return v1 + "," + v2;
}

public static void main(String[] args) {
  var map = new HashMap<String, String>(Map.of("orange", "みかん"));
  map.merge("melon", "メロン", CollMerge::concat);                     ❶
  map.merge("orange", "オレンジ", CollMerge::concat);                   ❷
  System.out.println(map);     // 結果：{melon=メロン, orange=みかん,オレンジ}
  map.merge("orange", "", CollMerge::concat);
  System.out.println(map);     // 結果：{melon=メロン}                   ❸
}
```

キーが重複していないmelon（❶）についてはそのまま値が追加され、重複したorange（❷）だけがカンマ区切りで連結されます。連結関数（ここではconcat）は、引数として既存の値（v1）と新たに渡された値（v2）を受け取り、最終的に設定する値（ここではカンマ区切りで連結した文字列）を返します。

なお、結合関数（引数remappingFunction）がnullを返した場合には、キーそのものが破棄されます（❸）。

練習問題　10.1

[1] 以下のラムダ式をできるだけ簡単にしてみましょう。

```
(int i) -> {
  return i * i;
}
```

[2] リスト（ArrayList<String>）から5文字以上の要素を取り出して表示するコードを書いてみましょう。用意するリストの内容はなんでもかまいません。

10.2　Stream API

Stream APIは、ざっくり言うと、繰り返し処理をサポートするライブラリです。コレクション、配列、ファイルなどデータの集合体（**データソース**）から、個々の要素を取り出して、これを「処理の流れ」（Stream）に引き渡すための仕組みを提供します（図10.4）。

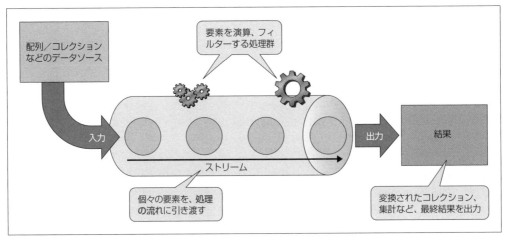

❖図10.4　ストリームとは?

ストリーム（Stream）とは、言うなれば、データを処理するためのベルトコンベアーです。Streamの中でデータが加工されていき、最終的な出口（終端）で加工した結果が得られます。

10.2.1 Stream APIの基本

Stream APIを利用した具体的なサンプルを見てみましょう（リスト10.13）。まずは、細かな構文よりも大まかなコードの作りに注目してみます。

▶リスト10.13　StreamBasic.java

```java
import java.util.List;
...中略...
// データソースを準備
var list = List.of("ant", "elephant", "hamster");

// ストリームによる処理
list.
  stream().                          ❶
  filter(s -> s.length() > 3).       ❷
  map(String::toUpperCase).          ❷
  forEach(System.out::println);      ❸
```

```
ELEPHANT
HAMSTER
```

Stream APIによる処理は、大まかに、

- データソースからのストリーム生成
- 抽出／加工などの**中間処理**
- 出力／集計などの**終端処理**

から構成されます（図10.5）。

10

ラムダ式／Stream API

上の例であれば、まず、あらかじめ用意されたリストからストリームを生成するのがstreamメソッドの役割です（**❶**）。この場合であれば、List<String>をもとにしているので、streamメソッドも、Stream<String>オブジェクト——String型のデータを処理するためのストリームを返します。もちろん、与えられるデータソースの型によって、型引数（ここではString）も変動しますし、ストリームの途中で値が加工されることで、型が変化していく場合もあります。

　ストリームを流れる値を処理するのが中間処理です（**❷**）。ここでは、filterメソッドで「文字数が3より大きい値だけを取り出し」、その値をmapメソッドで「大文字に変換」します。中間処理は、必要に応じて複数あってもかまいませんし、不要であれば、省略してもかまいません。

　中間処理後の値を最終的に処理し、結果を求めるのが終端処理です（**❸**）。この例であれば、forEachメソッドで、得られた値をSystem.out::printlnメソッドで出力しています。あとから詳しい構文は解説していますが、中間／終端処理にはラムダ式だけでなく、（型が合致しているならば）標準ライブラリをメソッド参照できる点にも注目です。

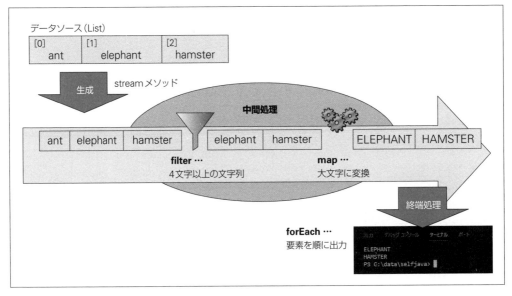

❖図10.5　ストリーム処理の流れ

　中間処理の戻り値は、いずれもStream<T>です。その性質から、Stream APIでは、ストリームの生成から中間処理／終端処理までを「.」演算子でひとまとめに連結できます（このような書き方のことを、メソッドの連鎖という意味で**メソッドチェーン**と呼びます）。このようなスマートな記述が許されている点も、ラムダ式と合わせて、Stream APIの特長です。

> *note*　ストリームの一連の処理が実行されるのは、終端処理のタイミングです。つまり、中間でフィルター／加工などの演算が呼び出されても、それはいったんストックされ、その場では実行されません。終端処理まで、処理の実施を待つわけです。これを**遅延処理**と言います。

10.2.2 ストリームの生成

　ストリーム処理の基本を理解したところで、「生成」「中間処理」「終端処理」それぞれで利用されるメソッドについて、詳しく見ていきます。まずは「生成」からです。

コレクション／配列から生成する

　stream メソッドを利用することで、コレクション／配列からストリームを生成できます。リスト10.14 は、リスト、配列、マップの内容をストリーム処理で出力する例です。いずれも利用するのはstream メソッドですが、それぞれの型によって構文は変化する点に注目です。

▶リスト10.14　StreamBasic2.java

```java
import java.util.Arrays;
import java.util.List;
import java.util.Map;
...中略...
// リスト
var list = List.of("ant", "elephant", "hamster");
list.stream().forEach(System.out::println);
System.out.println("----------------");

// 配列
var data = new String[] { "バラ", "あさがお", "チューリップ" };
Arrays.stream(data).forEach(System.out::println);
System.out.println("----------------");

// マップ
var map = Map.of("orange", "みかん", "apple", "りんご", "strawberry", "いちご");
map.entrySet().stream().forEach(System.out::println);
```

```
ant
elephant
hamster
----------------
バラ
あさがお
チューリップ
----------------
orange=みかん
apple=りんご
strawberry=いちご
```

ラムダ式／Stream API

10

streamメソッドの並列版としてparallelStreamメソッドもあります。たとえばリスト／マップなどのコレクションであれば、streamをparallelStreamに置き換えるだけで、並列処理が可能になります。扱う要素の数が多い場合には、並列処理を有効にすることで、効率的に処理できる場合があります（並列化のオーバーヘッドがあるので、必ずしも高速化するわけではありません）。

```
list.parallelStream().forEach(System.out::println);
```

また、既存のストリームを並列化、もしくは並列ストリームを直列化することも可能です。

```
var pstream = stream.parallel();          ➡直列→並列化
var sstream = pstream.sequential();        ➡並列→直列化
```

 note その他にも、表10.Aのようなクラスで、ストリーム生成のための機能を提供しています。

❖表10.A　ストリーム生成のためのメソッド

メソッド	概要
String#chars()	個々の文字をストリームとして取得
String#codePoints()	サロゲートペアに対応した文字をストリームとして取得
BufferedReader#lines()	読み込まれた行を要素としたストリームを取得
Files.lines(Path *path* [,Charset *cs*])	ファイル内のすべての行をストリームとして取得
Files.list(Path *dir*)	フォルダー配下のエントリーを要素に持つストリームを取得
Random#ints([int *begin*, int *end*])	指定範囲（*begin*~*end*）のint型乱数を含んだ無限ストリームを取得
Random#doubles([double *begin*, double *end*])	指定範囲（*begin*~*end*）のdouble型乱数を含んだ無限ストリームを取得

引数／ラムダ式からストリームを生成する

Streamクラスでは、ストリーム生成のためのファクトリーメソッドを提供しています。以下に、主なものを紹介します。

(1) ofメソッド

指定された可変長引数をストリームに変換します（リスト10.15）。最も基本的なファクトリーメソッドです。

▶リスト10.15　StreamOf.java

```
import java.util.stream.Stream;
...中略...
var stream = Stream.of("first", "second", "third");
stream.forEach(System.out::println);    // 結果：first、second、third
```

（2）generateメソッド

指定されたラムダ式の戻り値に基づいて、ストリームを生成します。たとえばリスト10.16は、1〜100の乱数を生成し、ストリーム化します（乱数なので、結果は実行のたびに異なります）。

▶リスト10.16　StreamGenerate.java

```java
import java.util.Random;
import java.util.stream.Stream;
...中略...
var stream = Stream.generate(() -> {
  var r = new Random();
  return r.nextInt(100);
});
stream.limit(10).forEach(System.out::println);
    // 結果：23、21、62、37、88、31、62、14、39、87
```

generateメソッドは、無限にストリームを生成します。よって、中間／終端処理で処理を明示的に中断してください（さもないと、無限ループとなります）。たとえばこの例であれば、limitメソッドで先頭10件のみを処理の対象としています。

> *note*　ここではgenerateメソッドの例として乱数生成していますが、本来のアプリで乱数ストリームを生成するならば、Random.intsメソッドを利用してください。

（3）iterateメソッド

指定された初期値とラムダ式からストリームを生成します（リスト10.17）。ラムダ式には、最初に初期値が、それ以降は、直前の結果が渡されます。generateメソッドと同じく、無限ストリームを生成します。

たとえば以下は1を初期値として、2倍ずつ増やした値を生成していきます。

▶リスト10.17　StreamIterate.java

```java
import java.util.stream.Stream;
...中略...
var stream = Stream.iterate(1, num -> num * 2);
stream.limit(10).forEach(System.out::println);
    // 結果：1、2、4、8、16、32、64、128、256、512
```

(4) builderメソッド

ストリームを組み立てるためのStream.Builderオブジェクトを生成します（リスト10.18）。Stream.Builderでは、addメソッドで値をあとから追加できます。最終的にbuildメソッドを呼び出すことで、Streamを生成します。

▶リスト10.18　StreamBuild.java

```
import java.util.stream.Stream;
...中略...
var builder = Stream.builder()
  .add("いちじく")
  .add("にんじん")
  .add("さんしょ");
builder.build().forEach(System.out::println);
    // 結果：いちじく、にんじん、さんしょ
```

(5) concatメソッド

複数のストリームを結合して、1つのストリームにまとめることもできます（リスト10.19）。

▶リスト10.19　StreamConcat.java

```
import java.util.stream.Stream;
...中略...
var stream1 = Stream.of("いちじく", "にんじん", "さんしょ");
var stream2 = Stream.of("しいたけ", "ごぼう", "むくろじゅ");
Stream.concat(stream1, stream2)
  .forEach(System.out::println);
    // 結果：いちじく、にんじん、さんしょ、しいたけ、ごぼう、むくろじゅ
```

基本型ストリームの生成

基本型に特化したIntStream／LongStream／DoubleStreamもあります。Streamと同じく、of、generate、iterate、builderなどのファクトリーメソッドが利用できる他、IntStream／LongStreamでは、指定範囲の値を持つストリームを生成するためのrangeメソッドも用意されています（リスト10.20）。基本型ストリームを利用することで、ボクシングの負担を軽減できます。

▶リスト10.20　StreamRange.java

```
import java.util.stream.IntStream;
...中略...
IntStream.range(10, 20)
  .forEach(System.out::println);
    // 結果：10、11、12、13、14、15、16、17、18、19
```

　結果を見てもわかるように、rangeメソッドでは上限値はストリームに含まれません（この例であれば10～19を出力します）。もしも上限値を含めたい場合には、代わりにrangeClosedメソッドを利用してください。

```
IntStream.rangeClosed(10, 20)
  .forEach(System.out::println);
    // 結果：10、11、12、13、14、15、16、17、18、19、20
```

 note ジェネリクスの型引数では、基本型は利用できません。よって、Stream<int>のような表現はコンパイルエラーとなります。

 ## 10.2.3　ストリームの中間処理

　ストリームを流れてくる値を加工／フィルターするのが中間処理の役割です。先ほども触れたように、中間処理が実行されるのは、あくまで終端処理が呼び出されたタイミングで、呼び出しのたびに実行されるわけではありません。

　p.510で触れたparallel／sequentialメソッドなども中間処理の一種です。

指定された条件で値をフィルターする

　filterメソッドを利用することで、与えられたラムダ式がtrueを返した要素だけを残すことができます。

　たとえばリスト10.21は、ストリームから「https://」で始まる文字列を取り出す例です。

▶リスト10.21　StreamFilter.java

```
import java.util.stream.Stream;
...中略...
Stream.of(
  "https://www.shoeisha.co.jp/",
```

```
  "SEshop",
  "https://codezine.jp/",
  "https://wings.msn.to/",
  "WingsProject"
)
  .filter(s -> s.startsWith("https://"))
  .forEach(System.out::println);
```

```
https://www.shoeisha.co.jp/
https://codezine.jp/
https://wings.msn.to/
```

与えられた値を加工する

mapメソッドを利用します。引数のラムダ式は、引数として、ストリームを流れる要素を受け取り、演算（加工）した結果を返すようにします。

たとえばリスト10.22は、文字列リストを、文字列長リストに変換／出力する例です。

▶リスト10.22　StreamMap.java

```
import java.util.stream.Stream;
...中略...
Stream.of("バラ", "あさがお", "チューリップ", "さくら")
  .map(s -> s.length())
  .forEach(System.out::println);    // 結果：2、4、6、3
```

上の例では、生成された直後はStream<String>ですが、mapメソッドを経たあとはStream<Integer>となります（mapメソッドによる加工によって、ストリームの型が変化してもかまいません）。

基本型ストリーム（IntStream／LongStream／DoubleStream）を生成するmapToInt／mapToLong／mapToDoubleメソッドもあります。たとえばリスト10.22は、mapToIntメソッドを使って書き換えてもかまいません（その場合はStream<Integer>ではなく、IntStreamが生成されます）。

```
Stream.of("バラ", "あさがお", "チューリップ", "さくら")
  .mapToInt(s -> s.length())
  .forEach(System.out::println);    // 結果：2、4、6、3
```

与えられた要素を加工する（1）

map／mapToXxxxxメソッドによく似たメソッドとして、flatMap／flatMapToXxxxxメソッド
（以降はflatMapと総称します）もあります。与えられた値を加工する点はmapメソッドと同じです
が、flatMapメソッドは変換結果を（値そのものではなく）**Stream型で返す**点が異なります。
個々の要素で返されたStreamは、最終的に結合して返されます。

具体的な例も見てみましょう。リスト10.23は、二次元配列listをflatMapメソッドを使って一
次元配列に変換する例です。

▶リスト10.23　StreamFlat.java

```java
import java.util.List;
...中略...
var list = List.of(
  List.of("あいう", "かきく", "さしす"),
  List.of("たちつ", "なにぬ"),
  List.of("はひふ", "まみむ")
);
list.stream()
  .flatMap(v -> v.stream()) ─────────────────────────────────── ❶
  .forEach(System.out::println);
```

```
あいう
かきく
さしす
たちつ
なにぬ
はひふ
まみむ
```

❶でflatMapメソッド（ラムダ式）に渡されるのは、入れ子になったリスト（たとえば[あいう，
かきく，さしす]）です。よって、ここではこれをstreamメソッドでストリーム化しているわけで
す。flatMapメソッドで生成されたストリームは連結されるので、結果として、一次元リストにフ
ラット化された結果を得ることができます（図10.6）。

ちなみに、太字の部分を「map」とした場合、生成されたStreamは連結されずに、そのまま
「StreamのStream」となるので、結果は以下のようになります（パイプラインへの参照を表すオブ
ジェクトが要素の数だけ生成されます）。

```
java.util.stream.ReferencePipeline$Head@17a7cec2
java.util.stream.ReferencePipeline$Head@65b3120a
java.util.stream.ReferencePipeline$Head@6f539caf
```

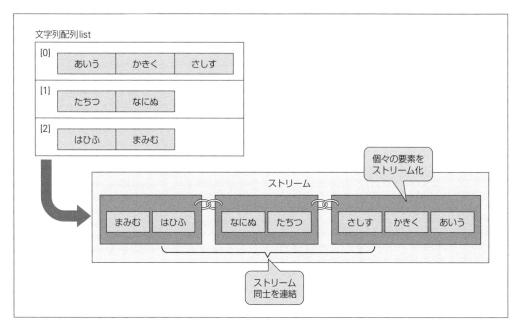

また、ストリームを生成する際に、入れ子で値を加工することも可能です。たとえば、以下は二次元リストをフラット化する際に、それぞれの頭文字を取り出す例です。

```
list.stream()
  .flatMap(v -> v.stream().map(str -> str.substring(0, 1)))
  .forEach(System.out::println);    // 結果：あ、か、さ、た、な、は、ま
```

与えられた要素を加工する（2） 16

flatMap／flatMapToXxxxxによく似たメソッドとして、Java 16以降ではmapMulti／mapMultiToXxxxxメソッドが利用できます（以降はmapMultiと総称します）。いずれも与えらえた値を複数の値にばらす（＝Streamとして流す）という意味では同等ですが、flatMapメソッドが直接にストリームを生成し、返すのに対して、mapMultiメソッドはConsumer#acceptに値を渡すことで、ストリームに流し込む点が異なります。

説明だけだとイメージしにくいので、具体的な例も見てみましょう。以下は、リスト10.23をmapMultiメソッドで書き換えた例です。

```
import java.util.List;
...中略...
var list = List.of(
  List.of("あいう", "かきく", "さしす"),
  List.of("たちつ", "なにぬ"),
  List.of("はひふ", "まみむ")
);
list.stream()
  .<String>mapMulti((sublist, consumer) -> {          ❶
    for(var str : sublist) {
      consumer.accept(str);                            ❷
    }
  })
  .forEach(System.out::println);
```

mapMultiメソッド（ラムダ式）は、引数として

- ストリームの個々の要素（ここではsublist）
- 演算結果をストリームに流し込むためのConsumer（ここではconsumer）

を受け取ります。新たなストリームに登録する値の型は、メソッドの要素型として宣言しておきましょう（ジェネリックメソッドに引数を渡す構文です❶）。

この例では、元のストリームが「リストのリスト」なので、引数sublistには、入れ子のリストが渡されるはずです。そこで、これをforループでさらに分解し、個々の要素をストリームに流し込んでいるわけです（❷）。ストリームに流し込むには、Consumer#acceptメソッドを呼び出します。

要素を並べ替える

sortedメソッドを利用することで、要素の順序をソートできます（リスト10.25）。

▶リスト10.25　StreamSort.java

```
import java.util.stream.Stream;
...中略...
Stream.of("バラ", "あさがお", "チューリップ", "さくら")
  .sorted()
  .forEach(System.out::println);
      // 結果：あさがお、さくら、チューリップ、バラ
```

10

ラムダ式／Stream API

sortedメソッドの既定の動作は、自然順序によるソートです。つまり、文字列であれば辞書順、数値であれば大小でのソートです。もしも独自のソート規則を設けたい場合には、6.4.2項と同じようにソート規則をラムダ式で設定してください。

たとえば以下は、文字列を文字列長の短い順にソートする例です。

```
Stream.of("バラ", "あさがお", "チューリップ", "さくら")
  .sorted((str1, str2) -> str1.length() - str2.length())
  .forEach(System.out::println);
    // 結果：バラ、さくら、あさがお、チューリップ
```

ちなみに、典型的なソート規則については、Comparatorインターフェイスのクラスメソッドから取得できます（表10.3）。

❖表10.3　標準のソート規則

メソッド	概要
naturalOrder()	自然な順序
reverseOrder()	自然な順序の逆順

たとえば、文字列を辞書逆順にソートするならば、以下のように表します。

```
import java.util.Comparator;
...中略...
Stream.of("バラ", "あさがお", "チューリップ", "さくら")
  .sorted(Comparator.reverseOrder())
  .forEach(System.out::println);      // 結果：バラ、チューリップ、さくら、あさがお
```

m〜n番目の要素を取り出す

skip／limitメソッドを利用します。skipはm番目までの要素を、limitはn＋1番目以降の要素を、それぞれ切り捨てます。

たとえばリスト10.26は、ストリームから5〜14番目の要素を取り出す例です。

▶リスト10.26　StreamLimit.java

```
import java.util.stream.IntStream;
...中略...
IntStream.range(1, 2Ø)
  .skip(4)
  .limit(1Ø)
  .forEach(System.out::println);
      // 結果：5、6、7、8、9、1Ø、11、12、13、14
```

この例であればskipメソッドで最初の4要素をスキップしたうえで、limitメソッドでそこから

10個分の要素を取り出しています。limitメソッドでは、すでに先頭が切り取られたストリームを操作するので、引数は（15ではなく）10である点に注意してください。

先頭から条件を満たす間の値を除去する

dropWhileメソッドを利用することで、条件式に合致している間、値をスキップします。たとえばリスト10.27は、ストリームの先頭から負数であるものを除去します。

▶リスト10.27　StreamDrop.java

```
import java.util.stream.IntStream;
...中略...
IntStream.of(-2, -5, 0, 3, -1, 2)
  .dropWhile(i -> i < 0)
  .forEach(System.out::println);    // 結果：0、3、-1、2
```

あくまで除去するのは「先頭から連続する値」で、途中に含まれる負数（この例であれば-1）を除去するわけではありません（その場合はfilterを利用します）。

先頭から条件を満たす間の値だけを取り出す

dropWhileメソッドとは逆に、先頭から「条件を満たす間の値だけを処理」するにはtakeWhileメソッドを利用します。

たとえばリスト10.28は、ストリームの先頭から負数であるものだけを処理する例です。

▶リスト10.28　StreamTake.java

```
import java.util.stream.IntStream;
...中略...
IntStream.of(-2, -5, 0, 3,  1, 2)
  .takeWhile(i -> i < 0)
  .forEach(System.out::println);    // 結果：-2、-5
```

dropWhileと同じく、処理するのは「先頭から連続する値」で、途中に含まれる負数（この例であれば-1）を拾い出すわけではありません。

ストリームの途中状態を確認する

peekメソッドを利用することで、ストリーム処理の途中で任意の処理を差し挟むことができます。peekメソッドそのものはストリームに影響を及ぼさないので、主にストリームの途中結果を確認するデバッグ用途で用いることになるでしょう。

たとえばリスト10.29は、ストリームの内容をソート前後で出力する例です。

▶リスト10.29　StreamPeek.java

```
import java.util.stream.Stream;
...中略...
Stream.of("さかな", "あか", "こだま", "きんもくせい")
  .peek(System.out::println)
  .sorted()
  .forEach(System.out::println);
```

```
さかな ─────────────────────────────────┐
あか                                    │
こだま                                   ├─❶ソート前の結果
きんもくせい ───────────────────────────┘
あか ───────────────────────────────────┐
きんもくせい                             │
こだま                                   ├─❷ソート後の結果
さかな ─────────────────────────────────┘
```

値の重複を除去する

distinctメソッドを利用することで、ストリームに含まれる値の重複を除去できます（リスト10.30）。

▶リスト10.30　StreamDistinct.java

```
import java.util.stream.Stream;
...中略...
Stream.of("あか", "さかな", "あか", "こだま", "こだま")
  .distinct()
  .forEach(System.out::println);     // 結果：あか、さかな、こだま
```

ただし、任意のクラスにおいて特定のフィールドをキーに重複を除去する、といったことはdistinctメソッドではできません。そのような場合には、filterメソッドを利用します。

たとえばリスト10.31は、Personクラスでnameフィールドをキーに重複をチェックする例です。

```
import java.util.HashSet;
import java.util.stream.Stream;
...中略...
var set = new HashSet<String>();
Stream.of(
    new Person("山田", 40),
    new Person("高野", 30),
    new Person("大川", 35),
    new Person("山田", 45)
  )
  .filter(p -> set.add(p.name)) ──────────────────────────── ❶
  .forEach(System.out::println);
    // 結果：山田（40歳）、高野（30歳）、大川（35歳）
```

```
public class Person {
  public String name;
  public int age;

  public Person(String name, int age) {
    this.name = name;
    this.age = age;
  }

  @Override
  public String toString() {
    return String.format("%s（%d歳）", this.name, this.age);
  }
}
```

　ポイントとなるのは❶です。filterメソッドの中で値をHashSetに追加しています。HashSet.addメソッドは、値を追加できなかった場合（＝重複していた場合）にfalseを返すので、結果として重複した値を除去できるわけです。

基本型ストリームの変換

　基本型ストリームでは、互いに型変換するためにasLongStream（IntStreamのみ）、asDoubleStream（IntStream／LongStreamのみ）などがあります。たとえばリスト10.32は、IntStream→DoubleStreamへの変換例です。

```
import java.util.stream.IntStream;
...中略...
IntStream.range(1, 5)
  .asDoubleStream()
  .forEach(System.out::println);     // 結果：1.0、2.0、3.0、4.0（double型）
```

また、基本型ストリーム⇔参照型ストリームで相互変換することも可能です。まずは、基本型ストリームから参照型ストリームに変換するには、boxedメソッド、またはmapToObjメソッドを利用します。

たとえばリスト10.33は、いずれもIntStreamからStream<Integer>に変換する例です。

▶リスト10.33　StreamBoxed.java

```
import java.util.stream.IntStream;
...中略...
IntStream.range(1, 5)
  .boxed()
  .forEach(System.out::println);     // 結果：1、2、3、4

IntStream.range(1, 5)
  .mapToObj(Integer::valueOf)
  .forEach(System.out::println);     // 結果：1、2、3、4
```

参照型ストリームから基本型ストリームへの変換には、先述したmapToXxxxxメソッドを利用します。リスト10.34は、Stream<Integer>からIntStreamへの変換例です。

▶リスト10.34　StreamUnboxed.java

```
import java.util.stream.Stream;
...中略...
Stream.of(1, 2, 3, 4)
  .mapToInt(i -> i)                  // アンボクシング（Integer→int）
  .forEach(System.out::println);     // 結果：1、2、3、4
```

10.2.4　ストリームの終端処理

ストリーム処理によって加工／フィルターされた値を最終的に出力／集計するフェーズです。繰り

返しですが、ストリームは終端処理の呼び出しをトリガーに、最終的にまとめて処理されるのでした。よって、中間処理は省略可能ですが、終端処理は省略**できません**。

また、終端処理を終えたストリームを再利用することはできません（`IllegalStateException`例外が発生します）。再びストリーム処理を実施する際には、ストリームそのものをデータソース（配列／コレクションなど）から再生成してください。

それぞれの要素を順に処理する

これまでに何度も登場してきた`forEach`メソッドの役割です。これまでは、`System.out::println`メソッド参照をそのまま渡してきましたが、もちろん、リスト10.35のようにラムダ式として渡すこともできます。

▶リスト10.35　StreamForEach.java

```java
import java.util.stream.Stream;
...中略...
Stream.of("バラ", "あさがお", "チューリップ", "さくら")
  .forEach(v -> System.out.println(v));
    // 結果：バラ、あさがお、チューリップ、さくら
```

ただし、`forEach`メソッドは並列ストリームでは順序を保証しない点に注意してください。以下はその例です（結果は異なる可能性があります）。

```java
Stream.of("バラ", "あさがお", "チューリップ", "さくら")
  .parallel()     // 並列化
  .forEach(v -> System.out.println(v));
    // 結果：チューリップ、さくら、バラ、あさがお
```

並列処理でも最終的に順序を保証するには、`forEachOrdered`メソッドを利用してください（ただし、順序の保証は並列性を損なう可能性があります。まずは、順序を維持する必要があるかを検討すべきです）。

```java
Stream.of("バラ", "あさがお", "チューリップ", "さくら")
  .parallel()
  .forEachOrdered(v -> System.out.println(v));
    // 結果：バラ、あさがお、チューリップ、さくら
```

最初の値を取得する

`findFirst`メソッドを利用します（リスト10.36）。

```
import java.util.stream.Stream;
...中略...
var str = Stream.of("バラ", "あさがお", "さざんか", "うめ", "さくら", "もも")
  .filter(s -> s.startsWith("さ"))
  .findFirst();  ─────────────────────────────────────────── ❷
System.out.println(str.orElse("－"));     // 結果：さざんか ─── ❶
```

　ストリームは空である可能性があるので、findFirstメソッドの戻り値はOptional型です。❶
でも、orElseメソッドでnull値の場合には「－」で置き換えている点に注目です。

　似たメソッドとしてfindAnyメソッドもあります。❷をそのまま置き換えても結果は変わりませ
んが、以下のように並列ストリームにすると、結果が変化する場合があります。

```
var str = Stream.of("バラ", "あさがお", "さざんか", "うめ", "さくら", "もも")
  .parallel()
  .filter(s -> s.startsWith("さ"))
  .findAny();
System.out.println(str.orElse("－"));     // 結果：さくら
```

　並列ストリームでは、findAnyメソッドは「得られた最初の結果」を返します。もともとの最初
を保証しないので、レスポンスが早まる可能性があります（直列ストリームでは、常にfindFirst
と同じ結果になります）。用途に応じて、使い分けてください。

値が特定の条件を満たすかを判定する

　ストリームを流れてきた要素が、条件式に合致するかを判定するには、表10.4のようなメソッドが
用意されています。

❖表10.4　条件判定のための終端メソッド

メソッド	概要
boolean anyMatch(Predicate<? super T> predicate)	条件式がtrueとなる要素が存在するか
boolean allMatch(Predicate<? super T> predicate)	条件式がすべてtrueとなるか
boolean noneMatch(Predicate<? super T> predicate)	条件式がすべてtrueにならないか

　たとえばリスト10.37は、リスト内の値がすべて0以上であるかを確認する例です。

▶リスト10.37　StreamMatch.java

```
import java.util.stream.IntStream;
...中略...
System.out.println(
```

```
IntStream.of(1, 1Ø, 5, -5, 12)
    .allMatch(v -> v >= Ø)
);    // 結果：false
```

太字部分を anyMatch で置き換えた場合には、今度は1つでも0以上の値であればよいので、結果は true となります。

配列／コレクションに変換する

処理済みのストリームを再度、配列やコレクションに変換することも可能です。たとえばリスト 10.38 は toArray メソッドで、ストリーム処理の結果を文字列配列として取得しています。

▶リスト 10.38　StreamTrans.java

```
import java.util.stream.Stream;
...中略...
var list = Stream.of("バラ", "あさがお", "さざんか", "うめ", "さくら")
  .filter(s -> s.startsWith("さ"))
  .toArray();
```

同じく、iterator メソッドでイテレーターを取得することも可能です。

また、コレクションに変換するならば、collect メソッドを利用します。リスト 10.39 は、ストリームの処理結果をリストに変換する例です。

▶リスト 10.39　StreamTrans2.java

```
import java.util.stream.Collectors;
import java.util.stream.Stream;
...中略...
var list = Stream.of("バラ", "あさがお", "さざんか", "うめ", "さくら")
  .filter(s -> s.startsWith("さ"))
  .collect(Collectors.toList());                              ❶
```

collect メソッドには、Collectors クラスにあらかじめ用意されている、表 10.5 のような変換メソッドを渡します（collect そのものは、より汎用的なまとめ処理を担うメソッドなので、詳細は改めて解説します）。

❖表 10.5　変換メソッド（Collectors クラスのクラスメソッド）

メソッド	概要
toList	リストへの変換
toSet	セットへの変換
toMap	マップへの変換
toCollection	一般的なコレクションへの変換

note Java 16以降では、StreamオブジェクトにtoListメソッドが追加され、リスト10.39−❶は「.toList()」と、よりシンプルに書けるようになりました。ここでは説明の都合上、collectメソッドを利用していますが、一般的にはtoListメソッドを直接利用すべきです（以降もtoListメソッドを優先します）。

toSet／toCollectionメソッドはtoListメソッドと同じ要領で利用できますが、toMapメソッドだけは若干複雑なので、以下にサンプルを示しておきます。

構文 toMapメソッド

```
public static <T,K,U> Collector<T,?,Map<K,U>> toMap(
  Function<? super T,? extends K> key,
  Function<? super T,? extends U> value,
  [BinaryOperator<U> merge])
```

T	：入力要素の型
K	：生成されるマップのキー型
U	：生成されるマップの値型
key	：マップのキーを生成する式
value	：マップの値を生成する式
merge	：キーが重複したときの解決に利用される式

たとえばリスト10.40は、Personオブジェクトの配列を「名前： メールアドレス」のマップ形式に変換する例です。同名のPersonがある場合には「名前： メールアドレス/...」のようにスラッシュ区切りでアドレスを連結します。

▶リスト10.40　上：StreamCollectMap.java／下：Person.java（chap10.mapパッケージ）

```
import java.util.stream.Collectors;
import java.util.stream.Stream;
...中略...
System.out.println(
  Stream.of(
    new Person("山田太郎", "tyamada@example.com"),
    new Person("鈴木花子", "hsuzuki@example.com"),
    new Person("井上三郎", "sinoue@example.com"),
    new Person("佐藤久美", "ksatou2@example.com"),
    new Person("山田太郎", "yamataro@example.com")
  ).collect(Collectors.toMap(
    Person::getName, ───────────────────────────── ❶
    Person::getEmail, ──────────────────────────── ❷
    (s, a) -> s + "/" + a ──────────────────────── ❸
```

```
    ))
  );     // 結果：{佐藤久美=ksatou2@example.com, 鈴木花子=hsuzuki@example.com, ↵
山田太郎=tyamada@example.com/yamataro@example.com, 井上三郎=sinoue@example.com}
```

```
public class Person {
  private String name;
  private String email;

  public Person(String name, String email) {
    this.name = name;
    this.email = email;
  }

  public String getName() {
    return name;
  }

  public String getEmail() {
    return email;
  }
}
```

　引数key（❶）、value（❷）はマップのキーを表す式です。キーの重複を想定していない場合には、これだけ指定すれば十分です。キーが重複する可能性がある場合には、引数mergeを指定してください（さもないと、重複時にIllegalStateException例外となります）。引数merge（ラムダ式❸）は、引数として重複した値（ここではs、a）を受け取り、重複を解決した結果を戻り値として返します。この例であれば、値同士を「/」区切りで連結したものを返していますが、もしもあとの値で上書きするのであれば、❸を以下のように書き換えてください。

```
(s, a) -> a
```

最小値／最大値を求める

　min／maxメソッドを利用します。引数には、比較ルール（Comparator型）を指定します。
　たとえばリスト10.41は、文字列リストから辞書的に最小のもの（＝先頭に来るもの）を取得しています。naturalOrder（10.2.3項）は標準で用意されている比較ルールの一種で、自然順ソートを意味します。

▶リスト10.41　StreamMin.java

```java
import java.util.Comparator;
import java.util.stream.Stream;
...中略...
var str = Stream.of("めばる", "さんま", "ひらめ", "いわし", "ほっけ")
  .min(Comparator.naturalOrder());
System.out.println(str.orElse(""));      // 結果：いわし
```

min／maxメソッドの戻り値はOptional型なので、値取り出しにはorElseメソッドを利用します。

要素の個数を求める

countメソッドを利用します。たとえばリスト10.42は、リストから文字列長が3より大きな文字列の個数を求める例です。

▶リスト10.42　StreamCount.java

```java
...中略...
System.out.println(
  Stream.of("バラ", "あさがお", "チューリップ", "さくら")
    .filter(s -> s.length() > 3)
    .count()
);    // 結果：2
```

合計値／平均値を求める

sum／averageメソッドを利用します。その性質上、IntStreamをはじめとする基本型ストリームでのみ利用できる終端メソッドです。

リスト10.43は、与えられたint配列の合計／平均値を求める例です。

▶リスト10.43　StreamSum.java

```java
import java.util.stream.IntStream;
...中略...
var list = new int[] { 5, 1, 10, -3 };
System.out.println(IntStream.of(list).sum());                // 結果：13
System.out.println(IntStream.of(list).average().orElse(0));  // 結果：3.25
```

averageメソッドの戻り値はOptionalDouble型なので、実際の値を取り出すにはOrElseメソッドを経なければならない点にも注目です。

ストリームの値を1つにまとめる

　ストリームを流れる要素を順に処理して、1つにまとめることを**リダクション**と言います。たとえば既出のmax／min、countメソッドなどもリダクションの一種です。

　reduceメソッドは、このリダクションを汎用的に行うためのメソッドです。reduceメソッドは3種類のオーバーロードを提供しているので、以降ではそれぞれの例を見てみます。

（1）引数が1個の場合

　最もシンプルな例です。たとえばリスト10.44は、reduceメソッドを使って文字列ストリームをカンマ区切りで1つにまとめる例です。

▶リスト10.44　StreamReduce.java

```java
import java.util.stream.Stream;
...中略...
System.out.println(
  Stream.of("バラ", "あさがお", "チューリップ", "さくら")
    .sorted()
    .reduce((result, str) -> result + "," + str)
    .orElse("")
);    // 結果：あさがお,さくら,チューリップ,バラ
```

　reduceメソッド（ラムダ式）は、引数として

- 演算結果を格納するための変数（ここではresult）
- 個々の要素を受け取るための変数（ここではstr）

を受け取ります。resultの内容は引き継がれていくので、（この例であれば）引数resultに対して「，要素値」を順に連結していく、という意味になります（図10.7）。

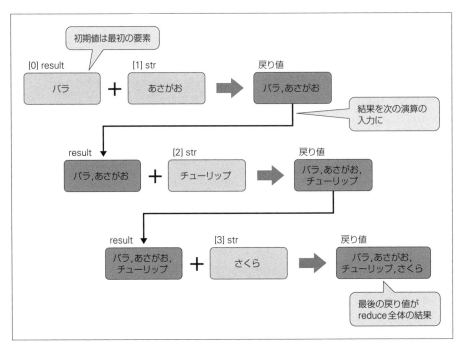

❖図10.7 reduceメソッドの挙動

forループを利用するならば、以下とほぼ同じ意味と捉えると理解しやすいかもしれません。

```java
var list = new String[] { "バラ", "あさがお", "チューリップ", "さくら" };
Arrays.sort(list);
var result = "";
for (var str: list) {
  result += str + ",";
}
System.out.println(result);    // 結果：あさがお,さくら,チューリップ,バラ,
```

（2）引数が2個の場合

リスト10.45のように初期値を受け取ることもできます。

▶リスト10.45　StreamReduce2.java

```java
import java.util.stream.Stream;
...中略...
System.out.println(
  Stream.of("バラ", "あさがお", "チューリップ", "さくら")
    .sorted()
    .reduce("ひまわり", (result, str) -> result + "," + str)
);    // 結果：ひまわり,あさがお,さくら,チューリップ,バラ
```

ただし、以下の点に注意してください。

- 結果は非nullであることが明らかなので、非Optionalです。つまり、OrElse経由でなくても、値を取得できます。
- 並列ストリームでは、分散された分だけ、初期値がラムダ式に適用されるため、結果が変化します。

```
System.out.println(
  Stream.of("バラ", "あさがお", "チューリップ", "さくら")
    .sorted()
    .parallel()
    .reduce("ひまわり", (result, str) -> result + "," + str)
);    // 結果：ひまわり,あさがお,ひまわり,さくら,ひまわり,チューリップ,ひまわり,バラ
```

この例であれば、並列化された分だけ、初期値の「ひまわり」が重複しています。一般的には、並列処理によって結果が影響を受けないよう、初期値は第2引数の処理によって影響を受けない値にすべきです。

(3) 引数が3個の場合

Streamの要素型と、最終的な結果型が異なる場合などに用います。たとえばリスト10.46は文字列として表された数値リストから、reduceメソッドを使って総和を求めています。

▶リスト10.46　StreamReduce3.java

```
import java.util.stream.Stream;
...中略...
System.out.println(
  Stream.of("153", "211", "112", "350", "418", "208")
    .parallel()
    .reduce(0,
      // 個々の要素を演算
      (result, value) -> result + Integer.parseInt(value), ─────────── ❶
      // 分散された結果をまとめ
      (result1, result2) -> result1 + result2 ─────── ❷
    )
);    // 結果：1452
```

❶は、個々の要素を処理するためのラムダ式です。引数として

- 演算結果を格納するための変数（ここではresult）
- 個々の要素を受け取るための変数（ここではvalue）

を受け取る点はこれまでと同じですが、result／valueが異なる型でもかまわない点が異なります。この例であれば、引数result（Integer型）に対して、文字列valueを数値に変換したものを加算しています。

❷は、並列ストリームでのみ実行される式で、並列に演算された結果（result1、result2）を受け取り、これをまとめて最終的な結果を返します。

ストリーム内の要素をコレクションなどにまとめる（1）

reduceメソッドと同じく、リダクション処理を担うメソッドとしてcollectがあります。reduceがストリーム内の要素をint、Stringのような単一値にまとめるのに対して、collectメソッドはコレクション／StringBuilderのように可変なコンテナー（入れ物）に対して値を蓄積してから返します（これを**可変リダクション**と呼びます）。

構文 collectメソッド（1）

```
public R collect(Supplier<R> supplier,
  BiConsumer<R, ? super T> accumulator, BiConsumer<R,R> combiner)
```

R	：可変コンテナーの型
T	：ストリームの要素型
supplier	：可変コンテナーを生成する式
accumulator	：コンテナーに値を引き渡す式
combiner	：引数accumulatorで生成されたコンテナーを結合する式（並列処理のみ）

たとえばリスト10.47は、与えられた文字列ストリームをソートしたうえで、リスト（ArrayList）に変換する例です。リストへの変換だけであれば、まずはtoListメソッド（p.525）を利用すべきですが、ここではcollectメソッドの例としてみてください。

▶リスト10.47　StreamCollect.java

```
import java.util.ArrayList;
import java.util.stream.Stream;
...中略...
System.out.println(
    Stream.of("バラ", "あさがお", "チューリップ", "さくら")
      .sorted()
      .collect(
        ArrayList<String>::new, ─────────────────────────── ❶
        (list, str) -> list.add(str), ──────────────────── ❷
        (list1, list2) -> list1.addAll(list2) ──────────── ❸
      )
);    // 結果：[あさがお, さくら, チューリップ, バラ]
```

引数supplier（❶）では、リダクション処理の最初に、値を格納するためのコンテナーを生成します。コンストラクター／ファクトリーメソッドへの参照を指定するのが一般的です。

　ラムダ式（引数accumulator❷）の引数は「コンテナー」「個々の要素」を表します。コンテナーとは、引数supplierで生成されたインスタンスです。ここでは、リストlistに対してaddメソッドで要素値を追加しています。

　引数combiner（❸）は、並列ストリームの場合にだけ利用されます。並列ストリームでは、引数supplierも複数回呼び出され、複数のコンテナーが生成されます。これらを最終的に結合するのが、combinerの役割です。引数として、結合対象のコンテナー（ここではlist1、list2）が渡されるので、ここではaddAllメソッドで統合しています。

---

note 解説の便宜上、collectメソッドにラムダ式を渡していますが、メソッド参照を利用して、より簡単に以下のようにも表せます。

```
.collect(
  ArrayList<String>::new,
  List::add,
  List::addAll
)
```

「インスタンス名 -> インスタンス名.メソッド名()」のようなラムダ式は、そのまま「クラス名::メソッド名」のようなメソッド参照に置き換え可能である点に注目です。同様に、ラムダ式「(インスタンス, arg) -> インスタンス.メソッド名(arg)」は、メソッド参照「クラス名::メソッド名」で置き換えが可能です。

ストリーム内の要素をコレクションなどにまとめる（2）

　collectメソッドは、以下のオーバーロードを持ちます。

構文 collectメソッド（2）

public *R* collect(Collector<? super *T,A,R*> *collector*)
R 　　　　：コレクターの結果型
T 　　　　：入力要素の型
A 　　　　：コレクターが蓄積する型
collector ：結果をまとめるための処理

　引数collector（Collector）は、先ほどのsupplier／accumulator／combinerをまとめたオブジェクトです（**コレクター**とも言います）。Collector.of静的メソッドで生成できます。

```
public static <T,R> Collector<T,R,R> of(Supplier<R> supplier,
  BiConsumer<R,T> accumulator, BinaryOperator<R> combiner,
  Collector.Characteristics... chara)
public static <T,A,R> Collector<T,A,R> of(Supplier<A> supplier,
  BiConsumer<A,T> accumulator, BinaryOperator<A> combiner,
  Function<A,R> finisher, Collector.Characteristics... chara)
```

T	：入力要素の型（ストリームの要素型）
A	：コレクターが蓄積する型
R	：コレクターの結果型
supplier	：可変コンテナーを生成する式
accumulator	：コンテナーに値を引き渡す式
combiner	：引数accumulatorで生成されたコンテナーを結合する式（並列処理のみ）
finisher	：最終的な結果の変換に用いる式
chara	：コレクターの特性を表す情報（表10.6）

❖表10.6　コレクターの特性（Collector.Characteristics列挙型のメンバー）

定数	概要
CONCURRENT	マルチスレッドでaccumulatorを実行可能
UNORDERED	要素の順序を保証しない
IDENTITY_FINISH	finisherを省略可能

　引数charaはコレクターの特性を示すもので、明示的に指定することで処理を効率化できる可能性があります。省略してもかまいません。

　たとえばリスト10.48は、リスト10.47を、ofメソッドを使って書き換えたものです。

▶リスト10.48　StreamCollectOf.java

```
import java.util.ArrayList;
import java.util.stream.Collector;
import java.util.stream.Stream;
...中略...
System.out.println(
  Stream.of("バラ", "あさがお", "チューリップ", "さくら")
    .sorted()
    .collect(
      Collector.of(
        ArrayList<String>::new,
        (list, str) -> list.add(str),
        (list1, list2) -> {
          list1.addAll(list2);
          return list1;
```

```
      },
      Collector.Characteristics.IDENTITY_FINISH
    )
  )
);   // 結果：[あさがお, さくら, チューリップ, バラ]
```

リスト10.49に、引数finisherを指定した例も示しておきます。生成したリストを配列に変換しています。

▶リスト10.49　StreamCollectOf2.java

```
import java.util.ArrayList;
import java.util.Arrays;
import java.util.stream.Collector;
import java.util.stream.Stream;
...中略...
System.out.println(
  Arrays.toString(
    Stream.of("バラ", "あさがお", "チューリップ", "さくら")
      .sorted()
      .collect(
        Collector.of(
          ArrayList<String>::new,
          (list, str) -> list.add(str),
          (list1, list2) -> {
            list1.addAll(list2);
            return list1;
          },
          list -> list.toArray()
        )
      )
  )
);
```

標準のコレクターを利用する

コレクターは一から作成するばかりではありません。Collectorsクラス（java.util.streamパッケージ）には、collectメソッドで利用できるコレクターを生成するためのファクトリーメソッドが用意されています。これらを活用することで、典型的なリダクション処理を手軽に実装できます。

> *note*　先ほど登場したtoList、toMapなどのメソッドも、Collectorsクラスに属するファクトリーメソッドです。

(1) joiningメソッド

文字列を結合するためのコレクターを生成します。

joiningメソッド

```
public static Collector<CharSequence,?,String> joining(
  [CharSequence delimiter [, CharSequence prefix, CharSequence suffix]])
```

delimiter：連結時の区切り文字
prefix　 ：連結した文字列の先頭に付与する文字
suffix　 ：連結した文字列の末尾に付与する文字

たとえばリスト10.50は、文字列リストをカンマ区切りで連結し、前後を<...>でくくる例です。

▶リスト10.50　StreamJoining.java

```
import java.util.stream.Collectors;
import java.util.stream.Stream;
...中略...
System.out.println(
  Stream.of("バラ", "あさがお", "チューリップ", "さくら")
    .sorted()
    .collect(Collectors.joining(",", "<", ">"))
);    // 結果：<あさがお,さくら,チューリップ,バラ>
```

(2) groupingByメソッド

指定されたキーで値をグループ化するためのコレクターを生成します。

groupingByメソッド

```
public static <T,K> Collector<T,?,Map<K ,List<T>>> groupingBy(
  Function<? super T,? extends K> classifier)
public static <T,K,A,D> Collector<T,?,Map<K,D>> groupingBy(
  Function<? super T,? extends K> classifier,
  Collector<? super T,A,D> downstream)
```

T　　　　　 ：入力要素の型
K　　　　　 ：グループ化キーの型
A　　　　　 ：引数downstreamでの中間型
D　　　　　 ：引数downstreamによる結果型
classifier ：キーによって値を分類するための式
downstream：グループ化後の処理を表すコレクター

たとえばリスト10.51は、文字列を長さ別に分類する例です。

▶リスト10.51　StreamGrouping.java

```
import java.util.stream.Collectors;
import java.util.stream.Stream;
...中略...
System.out.println(
  Stream.of("バラ", "あさがお", "さざんか", "うめ", "さくら")
    .sorted()
    .collect(
      Collectors.groupingBy(str -> str.length())
    )
);   // 結果：{2=[うめ, バラ], 3=[さくら], 4=[あさがお, さざんか]}
```

引数classifierでは、引数（ここではstr）として要素値を受け取り、グループ化キーを生成します。この例であれば、lengthメソッドで文字列長を求めているので、文字列長単位でグループ化します。

グループ化の結果は「キー：属する値のリスト」のマップとして返されます。

グループ化した結果を、さらに別のコレクターで処理するならば、引数downstreamを指定してください。リスト10.52は、グループごとの文字列を「/」区切りで連結した例です。

▶リスト10.52　StreamGrouping2.java

```
import java.util.stream.Collectors;
import java.util.stream.Stream;
...中略...
System.out.println(
  Stream.of("バラ", "あさがお", "さざんか", "うめ", "さくら")
    .sorted()
    .collect(
      Collectors.groupingBy(
        str -> str.length(),
        Collectors.joining("/")
    ))
);   // 結果：{2=うめ/バラ, 3=さくら, 4=あさがお/さざんか}
```

(3) partitioningByメソッド

groupByメソッドによく似たメソッドとして、partitioningByメソッドもあります。こちらもグループ化の処理ですが、条件式のtrue／falseで2分割しかできない点が異なります。よりシンプルな分割と捉えるとよいでしょう。

たとえばリスト10.53は、文字列を3文字以内か、それより長いかで区分けする例です。

▶リスト10.53　StreamPartition.java

```java
import java.util.stream.Collectors;
import java.util.stream.Stream;
...中略...
System.out.println(
  Stream.of("バラ", "あさがお", "さざんか", "うめ", "さくら")
    .sorted()
    .collect(
      Collectors.partitioningBy(
        str -> str.length() > 3
      )
    )
);    // 結果：{false=[うめ, さくら, バラ], true=[あさがお, さざんか]}
```

partitioningByメソッドの構文は、groupingByメソッドのそれに準じます。よって、グループ化された結果を、さらに別のコレクターで処理することも可能です。例は、groupingByメソッドのものを参考にしてください。

(4) collectingThenメソッド

コレクターを実行したあと、終了処理を実行できます。

構文　collectingAndThenメソッド

```
public static <T,A,R,RR> Collector<T,A,RR> collectingAndThen(
  Collector<T,A,R> downstream, Function<R,RR> finisher)
```

T	：入力要素の型
A	：コレクター（downstream）が蓄積する型
R	：コレクター（downstream）の結果型
RR	：メソッド全体としての結果型
downstream	：コレクター
finisher	：引数downstreamの結果を受けて実行される処理

構文だけを見ると難しく見えるかもしれませんが、要は、コレクターと後処理を連結するだけのメソッドです。たとえばリスト10.54は、toListメソッドでストリームをリスト化したあと、Collections::unmodifiableListメソッド参照で、読み取り専用リストに変換する例です。

▶リスト10.54　StreamThen.java

```java
import java.util.Collections;
import java.util.stream.Collectors;
import java.util.stream.Stream;
...中略...
System.out.println(
  Stream.of("バラ", "あさがお", "さざんか", "うめ", "さくら")
    .sorted()
    .collect(
      Collectors.collectingAndThen(
        Collectors.toList(),
        Collections::unmodifiableList
      )
    )
);    // 結果：[あさがお, うめ, さくら, さざんか, バラ]
```

（5）teeingメソッド

複数のコレクターを実行した結果をひとつにまとめます。

構文 teeingメソッド

```java
public static <T, R1, R2, R> teeing(
  Collector<? super T, ?, R1> stream1,
  Collector<? super T, ?, R2> stream2,
  BiFunction<? super R1, ? super R2, R> merger
)
```

T	：入力ストリームの型
R1	：1番目のコレクターの結果型
R2	：2番目のコレクターの結果型
R	：最終的な結果型
stream1、2	：ストリームを処理するコレクター
merger	：stream1、2の結果を結合する関数

複雑な構文ですが、ストリームを別個のコレクター（stream1、2）で処理し、その結果を関数（merger）で統合するメソッドです。

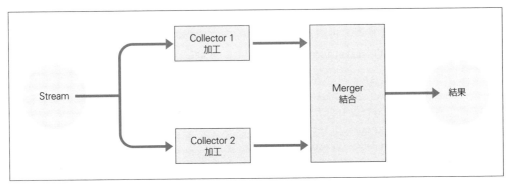

❖図10.8　teeingメソッド

　たとえば以下は、joiningメソッドでカンマ区切り（❶）、タブ区切り（❷）の文字列を生成し、その結果をmerger関数（❸）でマップに束ねる例です。

▶リスト10.55　StreamTee.java

```java
import java.util.Map;
import java.util.stream.Collectors;
import java.util.stream.Stream;
...中略...
var result = Stream.of("Java", "Python", "C#", "JavaScript")
  .collect(
    Collectors.teeing(
      // 元のストリームを個々に処理
      Collectors.joining(","), ────────────────────────────── ❶
      Collectors.joining("\t"), ───────────────────────────── ❷
      // コレクターの結果をマージ
      (r1, r2) -> { ──────────────────────────────────
        return Map.of(
          "comma", r1,
          "tab", r2
        );                                                    ❸
      } ──────────────────────────────────────────────
    )
  );

System.out.println(result.get("comma"));  // 結果：Java,Python,C#,JavaScript
System.out.println(result.get("tab"));    // 結果：Java Tab Python Tab C# Tab JavaScript
```

　merger関数は、以下の条件を満たしている必要があります。

- 引数としてstream1、2の結果を受け取る

- 戻り値としてstream1、2を統合した結果を返す

この例であれば、あらかじめ生成しておいたカンマ区切り、タブ区切りの文字列を、それぞれcomma、tabのキーでマップに登録しています。

（6）XxxxxSummaryStatisticsクラス

Collectorsクラスではありませんが、標準のコレクターという意味で、数値の基本的な統計情報を取得するためのXxxxxSummaryStatisticsクラスについても触れておきます。Xxxxxはストリームの型に応じて、Int、Long、Doubleのいずれかとなります。

たとえばリスト10.56は、IntSummaryStatisticsクラスの利用例です。

▶リスト10.56　StreamSummary.java

```
import java.util.IntSummaryStatistics;
import java.util.stream.IntStream;
...中略...
var summary = IntStream.of(5, 13, 7, 2, 30)
  .collect(
    IntSummaryStatistics::new,                              ──❶
    IntSummaryStatistics::accept,
    IntSummaryStatistics::combine
  );
System.out.println(summary.getMin());       // 結果：2
System.out.println(summary.getSum());       // 結果：57      ──❷
System.out.println(summary.getAverage());   // 結果：11.4
```

collectメソッドの引数には、先頭からコンストラクター、accept、combineメソッドの参照を渡します（❶）。これは、XxxxxSummaryStatisticsクラスの決まり事だと思っておけばよいでしょう。

XxxxxSummaryStatisticsクラスを利用した場合のcollectメソッドの戻り値は、XxxxxSummaryStatisticsオブジェクトです。XxxxxSummaryStatisticsは、統計情報を取得するために、表10.7のゲッターメソッドを提供します（❷）。

❖表10.7　XxxxxSummaryStatisticsクラスのゲッターメソッド
（Tはストリームの要素型に応じてint／long／doubleのいずれか）

メソッド	概要
double getAverage()	平均値（値がない場合は0）
long getCount()	要素の個数
T getMax()	最大値（値がない場合はMIN_VALUE）
T getMin()	最小値（値がない場合はMAX_VALUE）
T getSum()	合計値（値がない場合は0）

☑ この章の理解度チェック

[1] 以下の文章は、ラムダ式／Stream APIについて述べたものです。正しいものには○を、間違っているものには×を付けてください。

( ) 引数にメソッドを引き渡すような用途では、ラムダ式／メソッド参照よりも匿名クラスを利用すべきである。

( ) ラムダ式で引数がない場合には、「-> 式」のように引数そのものを省略できる。

( ) Stream APIによる処理は、大まかにストリーム生成、中間処理、終端処理から構成される。このうち、終端処理は省略してもかまわない。

( ) 既存のストリームを並列化することはできるが、並列ストリームを直列化することはできない。

( ) 並列ストリームにおいても、forEachメソッドは順序を保証する。

[2] リスト10.Aは、任意型のリストlistから、条件式condがtrueである要素だけを抜き出すgrepメソッドの例です。空欄を埋めて、コードを完成させてください。

▶リスト10.A　Practice2.java

```java
import java.util.ArrayList;
import java.util.List;
import java.util.function.Predicate;
...中略...
public static  ①  List<T> grep(List<T> list,  ②  cond) {
  var result = new ArrayList<T>();
  for(var value : list) {
    if (  ③  ) {
        ④  ;
    }
  }
  return result;
}

public static void main(String[] args) {
  var data = List.of("ラベンダー ", "ミント", "ローズマリー ");
  // 3文字より長い文字列だけを抽出
  var result = grep(data,  ⑤  );
  System.out.println(result);     // 結果：[ラベンダー , ローズマリー ]
}
```

[3] 本章で学んだ内容を利用して、以下のようなコードを書いてみましょう。

① 引数としてString型のstrを受け取り、戻り値はvoidである関数型インターフェイスHoge（メソッド名はprintとします）。

② 引数としてT型のv1、v2を受け取り、戻り値はR型である関数型インターフェイスFoo（メソッド名はprocessとします）。

③ 文字列リスト（"ABCDE"、"OP"、"WXYZ"、"HIJKL"）で、文字列が3文字以上の場合に、先頭3文字を切り出したもので置き換え。

④ 文字列"シュークリーム"、"プリン"、"マドレーヌ"、"ババロア"を文字列長の長い順に並べ替えて表示。

⑤ 5人のテストの結果「60点」「95点」「75点」「80点」「70点」から、最高点と平均点を表示。

Column ▶ Javaの「べからず」なコードを検出する──SonarLint

Javaに限ったことではありませんが、様々なコードを記述していくと、うっかり「文法／構文エラーではないが、望ましくないコード」を書いてしまうことはよくあります。たとえば、使わなくなってしまったにも関わらず、残ってしまった変数宣言──これは誤りではありませんが、ただのゴミなので、削除すべきものです。はたまた、p.532のリスト10.47であれば、メソッド参照（p.533の［Note]）で示した方が簡潔です。

このような問題は、時としてコードの読み手を混乱させますし、冗長さゆえに誤りを誘発する遠因になるかもしれません。そこで登場するツールがLinterです（**静的コード解析ツール**とも呼ばれます）。Linterを利用することで「べからず」なコードを機械的に検出できるようになります。SonarLintは、Javaに限らず、様々な言語に対応したLinterの一種です。

SonarLintは、1.2.3項と同じ手順で［拡張機能］ペインから「sonar」で検索することで、インストールできます。SonarLintが有効になったら、たとえばリスト10.47のコードを開いてみましょう。該当箇所に青い波線が引かれるので、該当箇所にマウスポインターを当てると、問題の詳細を確認できます。

❖図10.A　SonarLintによる問題の検出

問題の種類によっては［クイックフィックス...］を選択することで、適切なコードに修正することも可能です。この例であれば、［SonarLint: Replace with "List::add"］を選択します。

高度なプログラミング

この章の内容

Chapter **11**

最終章となる本章では、これまでの章では扱いきれなかった、以下の機能について取り上げます。

- マルチスレッド処理
- アノテーション
- モジュール

マルチスレッド処理、モジュールなどのテーマは、特に本格的なアプリ開発には欠かせない知識なので、基本的な用法だけでもきちんと理解しておきたいところです。

スレッド（Thread）とは、プログラムを実行する処理の最小単位です。既定で、アプリは**メインスレッド**と呼ばれる単一のスレッド（シングルスレッド）で動作しています（図11.1）。ざっくり言うと、mainメソッドで始まるスレッドです。

ただし、本格的なアプリでは、シングルスレッドだけでは事足りない状況があります。たとえば、ネットワーク通信を伴う処理です。ネットワーク通信は、一般的に、アプリ（メモリ）内部の動作に比べると、圧倒的に時間を食います。そして、シングルスレッドの環境下では、アプリの利用者は次の操作を、通信が終了するまで待たなければなりません。これは、利便性などという言葉を持ち出すまでもなく、望ましい状態ではありません。

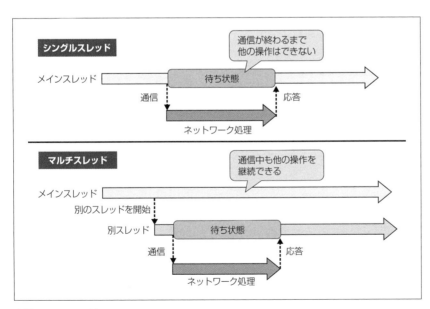

❖図11.1　スレッド

そこでJavaでは、（メインスレッドだけでなく）複数のスレッドを並行して実行するための仕組みを持っています。これを**マルチスレッド**と言います。マルチスレッドを利用することで、たとえばネットワーク通信のように時間のかかる処理はバックグラウンドで実施し、アプリ利用者はメインスレッド上で処理を継続できるようになります。

---

 note スレッドと同じく処理単位を表す概念としては、**プロセス**もあります。相互の関係としては、1つのプロセスに対して、1つ以上のスレッドが属するという関係です。プロセスは、いわゆるプログラムのインスタンスそのものであり、新たなプロセスの起動にはCPUとメモリの割り当てが必要になります。その性質上、独立したメモリ空間を必要としない状況では、メモリの消費効率がよくありません。

対して、スレッドとはメモリ空間を共有しながら処理だけを分離する仕組みです。その性質上、メモリの消費効率はよくなりますが、反面、スレッド間でデータを共有している場合に、同時アクセス（競合）を意識しなければなりません。これについては、11.1.2項で改めて触れます。

🐾 11.1.1　スレッドの基本

新たなスレッドを生成／実行するクラシカルな手段には、以下のものがあります。

- Threadクラスを継承する
- Runnableインターフェイスを実装する

あとで触れる理由から、現在ではThreadクラスを直接に利用する機会はほとんどありませんし、また利用すべきではありません。あくまで原始的なスレッド生成／実行の例として確認してください。

Threadクラスの例

まずは、Threadクラスの例から見ていきます。リスト11.1は、新たに生成したスレッドth1～3で、それぞれ0～30の範囲でカウントアップした結果を表示します。

▶リスト11.1　上：MyThread.java／下：ThreadBasic.java

```java
public class MyThread extends Thread {                                    ❶
  // スレッドの実処理
  @Override
  public void run() {
    for (var i = 0; i < 30; i++) {
      System.out.println(this.getName() + ": " + i);                      ❸  ❷
    }
  }
}
```

```
// スレッドを生成
var th1 = new MyThread();
var th2 = new MyThread();
var th3 = new MyThread();

// スレッドを開始
th1.start();
th2.start();
th3.start();
```

▶複数のスレッドを交互に実行

　スレッド処理は、Thread派生クラスとして表します（❶）。Thread派生クラスで最低限オーバー
ライドしなければならないのは、runメソッド —— スレッドを開始したときに呼び出されるエント
リーポイントです（❷）。

　runメソッドの中で呼び出しているgetNameメソッドは、スレッド名を取得します（❸）。既定で
は「Thread-N」のような名前になります。

　スレッドを準備できたら、あとは、これをメインスレッドから呼び出すだけです。これには、
Thread派生クラスをインスタンス化したうえで、startメソッドを呼び出します（❹）。

　実行結果を確認すると、スレッドth1～3がランダム、かつ交互に結果を出力しており、確かに複
数のスレッドが同時実行されていることが確認できます。

note Threadクラスには、start／getNameメソッドの他にも、表11.Aのようなメソッドが用意されています。

❖表11.A　Threadクラスの主なメソッド（※は静的メソッド）

メソッド	概要
※Thread currentThread()	現在実行中のスレッドを取得
long getId()	スレッドIDを取得
boolean isAlive()	スレッドが生存しているか
void join([long *millis*])	スレッドが終了するまで*millis*（ミリ秒）待機
void setPriority(int *newPriority*)	スレッドの優先順位を設定
※void sleep(long *millis* [,int *nanos*)])	スレッドの実行を休止

Runnableインターフェイスの例

リスト11.2に相当する例を、Runnableインターフェイスを使って表してみます。

▶リスト11.2　上：MyRunner.java／下：RunnableBasic.java

```java
public class MyRunner implements Runnable {  ─────────────────────── ❶
  // スレッドの実処理
  @Override
  public void run() {
    for (var i = 0; i < 30; i++) {
      System.out.println(Thread.currentThread().getName() + ": " + i);  ─── ❷
    }
  }
}

// スレッドを生成
var th1 = new Thread(new MyRunner());  ───────────────────────┐
var th2 = new Thread(new MyRunner());                          ├─❸
var th3 = new Thread(new MyRunner());  ───────────────────────┘

// スレッドを開始
th1.start();
th2.start();
th3.start();
```

Runnableインターフェイスはrunメソッドだけを定義したシンプルなインターフェイスです。継承（extends Thread）が実装（implements Runnable）になっただけで、スレッド処理そのも

11

高度なプログラミング

のはほとんど同じ要領で表せます（❶）。ただし、スレッド（の名前）にそのままではアクセスできないので、Thread.currentThread静的メソッドで現在のスレッドを取得してから、getNameメソッドにアクセスしています（あくまでサンプル上での個別の問題で、本質的な違いではありません❷）。

　スレッドをインスタンス化する際には、Threadコンストラクターに Runnable 実装クラスのインスタンスを渡します（❸）。

> *note* Thread／Runnable のいずれを利用するかは、著者はアプリの中で統一さえとれていれば、さほど神経質になる必要はない、と考えています。役割の分離という意味では、実行可能なコード（エントリーポイント）は Runnable インターフェイスで、スレッドの生成／実行を Thread クラスで表すほうがよい、とも言えますが、こだわるほどではありません。

補足 匿名クラスによるスレッド定義

　リスト11.1、リスト11.2ではスレッドを独立したクラスとして定義していますが、他で再利用しないならば、匿名クラス（9.5.3項）としてもかまいません。たとえばリスト11.3は、匿名クラスとしてスレッドを生成した例です。

▶リスト11.3　AnonymousThread.java

```java
// Thread派生クラス
var th1 = new Thread() {
  @Override
  public void run() {
    for (var i = 0; i < 30; i++) {
      System.out.println(this.getName() + ": " + i);
    }
  }
};

// Runnable実装クラス
var th2 = new Thread(new Runnable() {
  @Override
  public void run() {
    for (var i = 0; i < 30; i++) {
      System.out.println(Thread.currentThread().getName() + ": " + i);
    }
  }
});
th1.start();
th2.start();
```

❶

なお、Runnableインターフェイスはいわゆる関数型インターフェイスでもあります。よって、❶のコードは次のようにラムダ式で表しても同じ意味です。

```java
var th2 = new Thread(() -> {
  for (var i = 0; i < 30; i++) {
    System.out.println(Thread.currentThread().getName() + ": " + i);
  }
});
```

従来スレッドよりも軽量な仮想スレッド 21

従来型のスレッドはネイティブスレッド（＝OS側で生成されるスレッド）と1：1でした。ネイティブスレッドは、Java仮想マシンの外で生成／管理されるという性質上、オーバーヘッドの大きな処理で、特に大量のスレッドを処理しなければならないような状況には不向きでした。

そこでJava 21では、新たにJava内部で生成／破棄される**仮想スレッド**が利用できるようになりました。Java仮想マシンとして管理するので、生成のオーバーヘッドも小さく、大量のスレッドを処理しやすくなります。

以下は、仮想スレッドで生成＆実行するためのコードです。

▶リスト11.4　ThreadVirtual.java

```java
// 仮想スレッドを作成するファクトリーを準備
var factory = Thread.ofVirtual().name("MyThread").factory(); ——————————— ❶
// スレッドを生成
var th = factory.newThread(new MyRunner()); ——————————————————— ❷
// スレッドを開始＆待機
th.start();
th.join();
```

```
出力    デバッグ コンソール    ターミナル    ポート

MyThread: 25
MyThread: 26
MyThread: 27
MyThread: 28
MyThread: 29
PS C:\data\selfjava>
```

❖図11.2　スレッドでの結果を表示

❶でスレッドを生成するためのファクトリー（生成オブジェクト）を準備しています。ofVirtual メソッドは仮想スレッドを作成せよ、という意味で、太字部分を「ofPlatform」で置き換えることで、従来のネイティブスレッドを生成することも可能です（もちろん、リスト11.1～11.3で示した方法でスレッドを生成した場合にも、ネイティブスレッドが生成されます）。

nameメソッドで、スレッドの名前を指定しているのは、仮想スレッドでは既定で名前が空になるためです。今回は、結果でスレッド名を参照しているので明記していますが、もちろん、不要であれば省略してかまいません。

あとは、準備したファクトリーからnewThreadメソッドを呼び出すことで、スレッドを生成できます（❷）。

構文 newThreadメソッド

```
public Thread newThread(Runnable r)
```

r：スレッド処理

11.1.2　排他制御

本節の冒頭でも触れたように、スレッドは同一のメモリ空間で実行されます。よって、マルチスレッド処理では、データがスレッド間で共有されているかどうかを意識することが大切です。共有されたデータに対して複数のスレッドが同時に処理を実施した場合、データに矛盾が発生する可能性があるからです。

たとえばリスト11.5のコードは、意図したように動作しません。

▶リスト11.5　SynchronizedNotUse.java

```java
public class SynchronizedNotUse {
  // 複数スレッドで共有するデータ
  private int value = 0;

  // 10万個のスレッドを実行
  public static void main(String[] args) {
    // スレッドの個数
    final int TASK_NUM = 100000;
    var th = new Thread[TASK_NUM];
    var tb = new SynchronizedNotUse();
    // スレッドを生成＆実行
    for (var i = 0; i < TASK_NUM; i++) {
      th[i] = new Thread(() -> {
```

```
      tb.increment();
    });
    th[i].start();
  }

  // スレッドの終了まで待機
  for (var i = 0; i < TASK_NUM; i++) {
    try {
      th[i].join();
    } catch (InterruptedException e) {
      e.printStackTrace();
    }
  }
  System.out.println(tb.value);      // 結果：99997（実行のたびに異なります）
}


// valueフィールドをインクリメント
void increment() {
  this.value++;
}
}
```

　サンプルでは、メインスレッドで用意したvalueフィールドを、10万個のスレッドで並行してインクリメントし、その最終的な結果を表示しています。

　10万個で（ということは10万回）インクリメントするわけなので、結果は10万を期待しているわけですが、そうはなりません（たまにそうなることもあるかもしれませんが、それは偶然にすぎません）。

　ここで問題となるのは、個々のスレッドから利用されているSynchronizedNotUseクラスのincrementメソッドです。incrementメソッドはインスタンスフィールドvalueの値を++演算子で加算しているだけで、一見して、他のスレッドが割り込む余地はないように見えます。

　しかし、そうではありません。++演算子は、内部的には

　　変数の現在値を取得→値を加算→演算結果の再代入

という手順を踏みます。そして、処理の途中で他のスレッドによる割り込みが発生してしまうと、演算結果が正しく反映されない可能性があるのです（図11.3）。

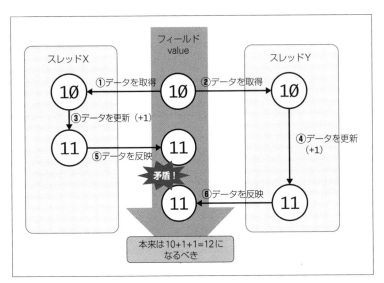

❖図11.3　マルチスレッド処理による矛盾

　このような割り込みの可能性は必ずしも高くありませんが、確実に発生しうる程度の可能性ではあります。実際、10万個のスレッドで一斉にインクリメントした結果が、10万にはなりません。

synchronizedブロック

　この問題を回避するのがsynchronized命令の役割です。

| 構文 | synchronized命令 |

```
synchronized(ロック対象のオブジェクト) {
  ...同期すべき処理...
}
```

　synchronizedブロックで囲まれた処理は、複数のスレッドから同時に呼び出されることがなくなります。ほぼ同時に呼び出された場合にも、先に呼び出されたほうの処理を優先し、あとから呼び出された側は先行する処理が終わるまで待ちの状態になります（図11.4）。

　このように、特定の処理を占有することを**ロック**を獲得する、と言います。また、ロックを使って同時実行によるデータの不整合を防ぐことを**排他制御（同期処理）**と言います。

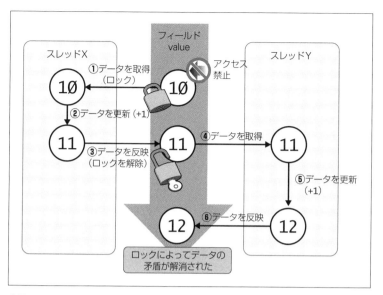

❖図11.4 synchronizedブロックによる矛盾の解消

リスト11.6は、リスト11.5をsynchronized命令で書き換えたものです。

▶リスト11.6 SynchronizedUse.java

```java
void increment() {
  synchronized(this) {
    this.value++;
  }
}
```

ここでは、ロック対象のオブジェクトとして現在のインスタンス（this）を指定していますが、ロック用途のオブジェクトを別に用意してもかまいません。ロックオブジェクトは、慣例的にObject型のフィールドとし、名前もlockとします。

```java
public class SynchronizedUse {
  private Object lock = new Object();
  ...中略...
  void increment() {
    synchronized(lock) {
      this.value++;
    }
  }
}
```

いずれの場合も結果は10万となり、インクリメント処理が同期化されていることが確認できます。なお、同期処理が正しく動作するのは、

> ロック対象のオブジェクトが同一のインスタンスである

場合に限ります。異なるロックオブジェクト間では、同期はとられません。逆に、同一のロックを参照するsynchronizedブロックが複数ある場合には、すべてのブロックが同期の対象となります。

synchronized修飾子

メソッド全体を同期化の対象としたいならば、synchronized修飾子を利用してもかまいません。リスト11.5は、synchronized修飾子を使って、以下のように書き換えてもほぼ同じ意味です。

```
synchronized void increment() {
  this.value++;
}
```

synchronized修飾子は、インスタンス（this）をロックオブジェクトとして、メソッド全体を同期化の対象とするsynchronizedブロック、とも言えます。synchronizedブロックと同じ理屈で、同じオブジェクトに複数存在する場合は、すべてのメソッドがロックの対象となります。つまり、あるスレッドがsynchronizedメソッド1を実行している間は、別のスレッドがsynchronizedメソッド2を実行することはできません（もちろん、ロックが働くのは、メソッドが属するインスタンスが一致している場合だけで、インスタンスが異なる場合はロックの対象外です）。

> *note* 処理を同期化する場合、その範囲はできるだけ小さくすべきです。同期化の範囲に比例して、ロックを獲得するまでの待ち時間は長くなるからです。
> 同じ理由から、メソッドの中でも同期化すべき処理が限定できるならば、synchronized修飾子よりもsynchronizedブロックを優先して利用すべきです。
> ただし、ループの中でのsynchronizedブロックには要注意です。というのも、ロックの範囲は小さくとも、ロック獲得／解放の頻度が高まるためです。ループ回数に比例して、パフォーマンスは劣化する可能性があります。
> もちろん、安易にループ全体をsynchronizedブロックでくくってしまうのも、ロックの範囲が広がってしまうので考えものです。現実的には、ループの想定される回数、処理内容などから、その時どきでバランスを検討しなければならないでしょう。

補足 処理の最適化とvolatile修飾子

最適化とは、ソースコードの中にある無駄な処理をカットすることです。具体的には、処理の中であるフィールド値を何度も参照しており、設定しないことがわかっている場合、その参照は無駄です。そこでコンパイラーは一度取得した値をキャッシュするようなコードを生成する場合があります。これが最適化です。

このような最適化は、シングルスレッド環境では問題ありません。しかし、マルチスレッド環境ではどうでしょう。他のスレッドが値を変更する可能性があります。にもかかわらず、値が変化しないことを前提に最適化されたコードは、予期せぬ挙動をもたらす可能性があります（そして、コンパイラーは他のスレッドによる割り込みまで監視することはできません）。

この問題を回避するには、まず、synchronized修飾子／命令を利用することです。排他制御下にあるフィールド値は、元のメモリ上から読み込まれ、変更された値も元の場所に書き戻されることが保証されます（synchronizedがマルチスレッド環境での変数の整合をとることを目的としていることを考えれば、当然です）。

ただし、変数の代入／取得を単体で行う場合に、これをいちいちsynchronizedブロックでくくるのは冗長です。そのような状況では、volatile修飾子を利用します。

```
private volatile int i = 0;
```

volatileとは「揮発性の」という意味で、フィールド値が変化しやすいことをコンパイラーに通知します。これによって、コンパイラーは最適化を行わなくなるので、上で触れたような問題も発生しなくなります。

ただし、volatile修飾子はあくまでコンパイラーによる最適化を抑制するだけです。たとえば先ほど問題になった++演算子に対する他スレッドの割り込みを、volatile修飾子によって排他制御できるわけではないので、混同しないようにしてください。

> *note* volatile修飾子は、final修飾子と同時に指定することはできません。というのも、final（再代入禁止）であれば、そもそも最適化に伴う問題が発生しようがないからです。8.1.4項などでも触れたように、フィールドは可能な範囲でfinalにすべきですが、それはこのような状況でも意味を持ってきます。

11.1.3 排他制御のその他の手段

排他制御を施すならば、まずはsynchronized修飾子／命令が基本です。言語標準で提供されていることから手軽に利用できますし、なによりブロック／メソッドを抜けたところで自動的にロックが解放されるので、ロックの放置が起こりません。手軽さと確実さを兼ね備えた排他制御の仕組みが、synchronized修飾子／命令です。

しかし、その手軽さゆえに、自由度は限定されます。たとえばメソッドをまたがったロックは表現できません。また、ロックを取得できるかを判定できません（ロックを得られるまで待機を強制されます）。

また、簡単な演算でも同期ブロックを用意しなければならない冗長さもあります。それはロック取得／解放のためのオーバーヘッドを強制する、ということでもあり、たとえばp.556で触れたループ内のロックでは、パフォーマンスと並行性といずれを優先するかという悩みの種にもなります。

このような短所を補うために、標準ライブラリでは排他制御のための別のアプローチ（クラス）を用意しています。

明示的なロック

ReentrantLockクラス（java.util.concurrent.locksパッケージ）を用いることで、**明示的なロック**を実装できます。明示的なロックとは、synchronizedがロックの獲得／解除を意識しなくてよい——いわゆる**暗黙的なロック**であることに対する用語で、明示的に獲得／解除しなければならないロックのことです。手間は増えますが、メソッドをまたがったロック、ロックの事前確認など、よりきめ細やかな制御が可能になります。

リスト11.7は、リスト11.6を明示的なロックで書き換えた例です。

▶リスト11.7　LockBasic.java

```java
import java.util.concurrent.locks.Lock;
import java.util.concurrent.locks.ReentrantLock;

public class LockBasic {
  private int value = 0;
  private final Lock lock = new ReentrantLock();
  ...中略...
  void increment() {
    // ロックを取得
    lock.lock();                                              ❶
    try {
      this.value++;
    } finally {
      // ロックを解除
      lock.unlock();                                          ❷
    }
  }
}
```

ロックを獲得するのは、Lock（ReentrantLock）クラスのlockメソッドの役割です（❶）。明示的なロックを獲得した場合には、

　　　その直後からコードをtryブロックでくくる

ようにしてください。これは、どのような場合にも、最終的にはfinallyブロックでロックが解除されることを保証するためです（❷）。ロックが解除されずに残ってしまうのは、言うまでもなく致命的な問題です。

tryLockメソッドを使えば、そもそもロックを獲得可能かどうか、事前にチェックすることもできます。

```
if (lock.tryLock(10, TimeUnit.SECONDS)) {
  try {
    ...排他制御すべき処理...
  } finally {
    lock.unlock();
  }
} else {
  ...ロックを獲得できない場合の処理...
}
```

tryLockメソッドは、ロックを獲得可能かをチェックし、可能な場合はロックを獲得＆trueを返します。さもなければ、falseを返します。引数にはロックの待ち時間も指定できるので、一定時間以上のロック待ちを回避できます。

構文 tryLockメソッド

```
public boolean tryLock(long time, TimeUnit unit)
```

time：ロック取得待ちの最大時間
unit：引数timeの単位（MINUTES、SECONDS、NANOSECONDSなど）

 note java.util.concurrent.locksパッケージには、標準的なReentrantLockクラスの他、読み書きロックを表すReentrantReadWriteLockクラスも用意されています。ReentrantReadWriteLockクラスでは、readLock／writeLockメソッドを利用することで、それぞれ、

- 読み込みロック：読み込みは並行実行できるが、書き込みを許可しない
- 書き込みロック：すべての並行実行を許可しない

を表現できます。読み込みの割合が多い場合には、ロック待ちを減らせるので、アプリ全体としてのパフォーマンスを改善できます。用法は、ReentrantLockクラスのlockメソッドと同様です。

ロックフリーな排他制御

synchronized命令、java.util.concurrent.locksパッケージが、いずれもロックを前提とした排他制御の仕組みであったのに対して、ロックを使わない（＝ロックフリーな）排他制御を提供するのが、java.util.concurrent.atomicパッケージです。

具体的には、単一の変数（boolean、int、long、int配列、long配列）に対する代入／加減算

などをハードウェアレベルでアトミックに実現します。ただし、アトミックな操作に対応できない環境では、`java.util.concurrent.atomic`パッケージでも内部的にロックを獲得する場合があります。

 note **アトミック**とは、途中に割り込みがないことを保証されている状態を言います。たとえばJavaでは、`long`／`double`型**以外**の変数への読み書きはアトミックであることが保証されています。

表11.1は、`java.util.concurrent.atomic`パッケージで提供されている主なクラスです。

❖表11.1　java.util.concurrent.atomicパッケージの主なクラス

クラス	概要
AtomicBoolean	boolean型の操作
AtomicInteger	int型の操作
AtomicIntegerArray	int型配列の操作
AtomicLong	long型の操作
AtomicLongArray	long型配列の操作
LongAdder	long型の合計操作
DoubleAdder	double型の合計操作

たとえばリスト11.8は、リスト11.5を、`AtomicInteger`クラスを使って書き換えたものです。

▶リスト11.8　AtomicBasic.java

```java
public class AtomicBasic {
  private AtomicInteger value = new AtomicInteger();
  ...中略...
  void increment() {
    value.getAndIncrement();
  }
}
```

先述したように、標準的な++演算子はアトミックではありません。しかし、`AtomicInteger`クラスの`getAndIncrement`メソッドを利用することで、同等の操作をアトミックに実施できます（つまり、現在値の取得から演算、再代入までを、他のスレッドに割り込まれる心配なく実行できます）。

その他、`AtomicXxxxx`／`XxxxxAdder`クラスでは、表11.2のようなメソッドも利用できます。

クラス	メソッド	概要
AtomicXxxxx共通	final xxxxx get()	現在の値を取得
	int getAndSet(xxxxx *new*)	指定の値を設定し、以前の値を取得
	void set(xxxxx *new*)	指定の値を設定
AtomicBooleanを除く AtomicXxxxx共通	xxxxx addAndGet(xxxxx *delta*)	指定の値を追加し、結果を取得
	xxxxx decrementAndGet()	現在の値を1デクリメントし、結果を取得
	xxxxx getAndAdd(xxxxx *delta*)	指定の値を追加し、以前の値を取得
	xxxxx getAndDecrement()	現在の値を1デクリメントし、以前の値を取得
	xxxxx getAndIncrement()	現在の値を1インクリメントし、以前の値を取得
	xxxxx incrementAndGet()	現在の値に1インクリメントし、結果を取得
	xxxxx xxxxxValue()	現在値を取得（AtomicInteger、AtomicLongのみ）
XxxxxAdder共通	void add(xxxxx *x*)	指定の値を加算
	void reset()	合計値をゼロにリセット
	xxxxx sum()	現在の合計値を取得
	xxxxx xxxxxValue()	現在の合計値を対応する型で取得
LongAdder	void decrement()	値を1デクリメント
	void increment()	値を1インクリメント

　なお、AtomicLongクラスは、long値の取得／代入をアトミックに実施するために利用されることもあります。先にも触れたように、long／double値の読み書きは必ずしもアトミックではないため、マルチスレッド環境では割り込み（結果としてのデータ破損）が発生する可能性があります。

　これを回避するために、synchronized命令を利用することもできますが、単一の操作への対策としてはおおげさです。そのような場合には、AtomicLongクラスを利用するか、（フィールド値であれば）volatile修飾子を頼ることになるでしょう。

11.1.4　スレッドプール

　スレッドはプロセスよりも軽量で、比較的小さなオーバーヘッドで生成／実行できるのが特長です。ただし、生成すべきスレッドが増えてくれば、アプリ全体のパフォーマンスに悪影響を及ぼします。そこで、アプリで利用するスレッドをあらかじめ用意＆プールしておく仕組み —— それが**スレッドプール**（Thread Pool）です（図11.5）。

　プールしておいたスレッドは、必要に応じて取り出して、使い終えたらプールに戻します。スレッドを再利用することで、生成／破棄のオーバーヘッドを節約できるというわけです。

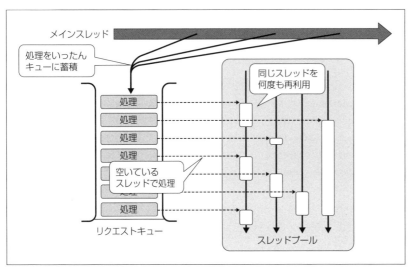

メインスレッド

処理をいったん
キューに蓄積

同じスレッドを
何度も再利用

処理
処理
処理
処理

空いている
スレッドで処理

処理

リクエストキュー

スレッドプール

❖図11.5　スレッドプール

　スレッドプールの標準的な実装は、`java.util.concurrent`パッケージで提供されています。まずはスレッドプールを利用した具体例を見てみましょう。リスト11.9は、リスト11.1（p.547）と同じく、3個のスレッドで個々に0～30の範囲でカウントアップした結果を表示します。

▶リスト11.9　上：ThreadPool.java／下：ThreadPoolBasic.java

```java
public class ThreadPool implements Runnable {
  @Override
  public void run() {
    for (var i = 0; i < 30; i++){
      System.out.println(Thread.currentThread().getName() + ":" + i);
    }
  }
}
```

```java
import java.util.concurrent.Executors;
...中略...
try(var es = Executors.newFixedThreadPool(10)) {  ──────────────❶
  es.execute(new ThreadPool());  ─────────────────────
  es.execute(new ThreadPool());                        ❷
  es.execute(new ThreadPool());  ─────────────────────
}
```

▶複数のスレッドを交互に実行

　スレッドプールを生成するには、Executorsクラス（java.util.concurrentパッケージ）を利用します。Executorsクラスでは、スレッドプールを生成するために、表11.3のようなファクトリーメソッドを準備しています。

❖表11.3　Executorsクラスの主なファクトリーメソッド（引数facはスレッド生成に利用するファクトリー）

メソッド	概要
ExecutorService newCachedThreadPool([ThreadFactory *fac*])	必要時に新規スレッドを作成。ただし、利用可能であれば以前のスレッドを再利用（一定時間でスレッドを破棄するため、短時間で繰り返し非同期実行するアプリで有効）
ExecutorService newSingleThreadExecutor([ThreadFactory *fac*])	単一のスレッドを準備し、再利用
ExecutorService newFixedThreadPool(int *size*[, ThreadFactory *fac*])	指定数のスレッドを準備
ExecutorService newThreadPerTaskExecutor(ThreadFactory *fac*)	タスクごとにスレッドを生成
ExecutorService newVirtualThreadPerTaskExecutor()	タスクごとに仮想スレッドを生成
ScheduledExecutorService newScheduledThreadPool(int *size*[, ThreadFactory *fac*])	指定の時間ごと実行するスレッドを生成
ScheduledExecutorService newSingleThreadScheduledExecutor([ThreadFactory *fac*])	指定の時間ごと実行するスレッドを生成（シングルスレッド）

　newXxxxxメソッドの戻り値は、ExecutorService／ScheduledExecutorServiceオブジェクトです。ExecutorServiceは基本的なスレッドプールの機能を、ScheduledExecutorServiceはそれに加えてスケジュール実行にも対応しています。

　❶では、newFixedThreadPoolで、スレッドを10個準備したスレッドプールを生成しています。なお、ExecutorService／ScheduledExecutorServiceオブジェクトを利用する際には、try-with-resources構文で宣言すべきです。これまでにも触れてきたように、これによって、利用後のスレッドプールを確実に破棄できます。プールを準備できたら、あとはexecuteメソッドを呼び

出すだけで、指定の処理をスレッド経由で実行できます（❷）。スレッドプールを利用することで、スレッド生成を意識する必要がなくなる点にも注目してください。

構文 executeメソッド

```
public void execute(Runnable command)
```

command：実行可能なタスク

スレッドプールの中では、Threadクラスのget Nameメソッドは、既定で「pool-N-thread-N」のような名前を返します。

 ExecutorService／ScheduledExecutorServiceがtry-with-resources構文に対応したのは、Java 19以降です。それ以前の環境でExecutorService／ScheduledExecutorServiceを利用する際には、以下のようにtry...finally構文で代替してください。以下は、リスト11.9を書き換えた例です。

```
var es = Executors.newFixedThreadPool(10);
try {
  es.execute(new ThreadPool());
  es.execute(new ThreadPool());
  es.execute(new ThreadPool());
} finally {
  es.shutdown();
}
```

shutdownメソッドを呼び出した場合、すでに実行中のタスクはそのまま実行しますが、新規のタスク受け入れはできなくなります。もしも実行中のタスク受け入れも含めて、直ちに停止するならば、shutdownNowメソッドを利用してください。

 11.1.5 定期的なスレッド実行

スケジュールを伴う実行には、ScheduledExecutorServiceオブジェクトを利用します。Executorsクラスのnew ScheduledThreadPool／new SingleThreadScheduledExecutorメソッドから生成できます。

具体的な例も見てみましょう。たとえばリスト11.10は、5秒おきに現在時刻を出力するコードです。

```java
import java.time.LocalDateTime;
import java.util.concurrent.Executors;
import java.util.concurrent.TimeUnit;
...中略...
// スレッドプールの準備
try(var sche = Executors.newScheduledThreadPool(2)) {
  // スケジュール実行を登録
  sche.scheduleAtFixedRate(() -> {
    System.out.println(LocalDateTime.now());
  }, 0, 5, TimeUnit.SECONDS);                                          ❶
  // スケジュール実行を待ってメインスレッドを休止
  Thread.sleep(10000);                                                 ❷
} catch (InterruptedException e) {
  e.printStackTrace();
}
```

```
2023-09-17T15:07:25.173972100
2023-09-17T15:07:30.175170100
```

ScheduledExecutorServiceオブジェクトでスケジュール実行するには、以下のメソッドを利用します（❶）。

構文 scheduleXxxxxメソッド

```
public ScheduledFuture<?> scheduleAtFixedRate(
  Runnable command, long init, long period, TimeUnit unit)
public ScheduledFuture<?> scheduleWithFixedDelay(
  Runnable command, long init, long period, TimeUnit unit)
public ScheduledFuture<?> schedule(Runnable command, long period, TimeUnit unit)
```

```
command：実行可能なタスク
init   ：実行までの遅延時間
period ：実行間隔
unit   ：引数init／periodの時間単位（HOURS／MINUTES／SECONDS／MICROSECONDSなど）
```

まず、scheduleメソッドは指定時間initが経過したあと、一度だけ処理を実行します。一方、指定時間periodの間隔で何度も処理を実行するのがscheduleAtFixedRate／scheduleWithFixedDelayメソッドです。双方が異なるのは、時間間隔の決定方法です（図11.6）。

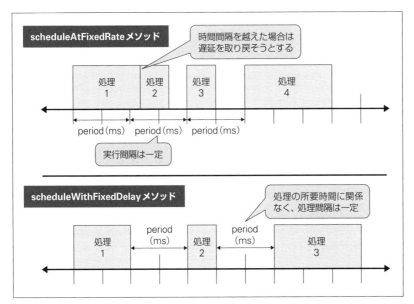

✤図11.6　scheduleAtFixedRateメソッドとscheduleWithFixedDelayメソッド

まず、scheduleAtFixedRateメソッドでの実行間隔は固定（FixedRate）です。処理そのものの時間に関わらず、init + period、init + period × 2...のように、開始時間を決定します。処理時間が時間間隔periodを越える場合、開始時間も遅延しますが（並行実行はされません）、それでも以降は遅延を取り戻そうと動作します。

一方、scheduleWithFixedDelayメソッドでは、処理同士の間隔を一定にします。直前の処理が終了したところから期間periodをカウントするので、実行間隔は処理時間によって変動します。

❷でメインスレッドを休止しているのは、スケジュール実行の間、アプリを待機するのが目的です。この記述がない場合、開始したスケジュールは即座にシャットダウンされます。

11.1.6　仮想スレッドを生成する 21

11.1.1項で解説した仮想スレッドも、Executors経由で生成＆利用するのが一般的です。

早速、例を見てみましょう。以下は100000個のスレッドを作成し、50000ミリ秒かかる処理を同時に実行する例です。

▶リスト11.11　ThreadVirtualEx.java

```
try(var es = Executors.newVirtualThreadPerTaskExecutor()){
  IntStream.range(0, 100000).forEach(i -> {
    es.execute(() -> {
```

```
    try {
      Thread.sleep(50000);
    } catch (InterruptedException e) {
      e.printStackTrace();
    }
    System.out.println("Thread: " + i);
  });
 });
}
```

```
出力    デバッグ コンソール    ターミナル    ポート

Thread: 99996
Thread: 99992
Thread: 99993
Thread: 99999
Thread: 99998
Thread: 98361
PS C:\data\selfjava> []
```

❖図11.7　100000個のスレッドを同時に実行

newVirtualThreadPerTaskExecutorは、タスク実行のたびに仮想スレッドを生成するための
メソッドです。呼び出しのメソッドが変化しただけで、コードそのものに特筆すべき点はありません。
では、上のコードをネイティブスレッドで実行するように書き換えてみましょう。

```
// ネイティブスレッド生成のためのファクトリーを準備
var factory = Thread.ofPlatform().factory();
try(var es = Executors.newThreadPerTaskExecutor(factory)){
  ...中略...
  });
}
```

newThreadPerTaskExecutorメソッドは、newVirtualThreadPerTaskExecutorメソッド
と同じく、タスクごとにスレッドを生成しますが、受け取るファクトリーに応じて生成するスレッド
を切り替えられます。タスク単位の仮想スレッド生成であれば、まずはnewVirtualThreadPer
TaskExecutorを利用すればよいので、ネイティブスレッドを生成するためのメソッドと捉えてお
けば良いでしょう（もちろん、太字部分をofVirtualとすれば仮想スレッドを生成できます）。

　さて、修正したコードを実行してみると、今度は著者環境では途中でターミナルがフリーズし、正
しくコードを実行できませんでした。このように、ネイティブスレッドをまとめて大量に生成するの
は困難である、ということです。

仮想スレッド対応のプールを作成するのは、本文で挙げたメソッドばかりではありません。表
11.3を見てもわかるように、Executorsクラスのその他のメソッドでも、ThreadFactory
（＝スレッド生成のためのファクトリー）を渡すことで、仮想スレッドに対応したプールを作成で
きます。

11.1.7 スレッドの処理結果を受け取る ──Callableインターフェイス

Runnableインターフェイス（runメソッド）は戻り値を持ちません。よって、サブスレッドからメイン
スレッドになんらかの結果を通知するような処理には対応できません。そのような状況では、Executor
Service／ScheduledExecutorService + Callableインターフェイスを利用してください。

具体的な例も見てみましょう。リスト11.12は、別スレッドで乱数を求めて、そのミリ秒数分だけ
スレッドを休止したあと、その値をメインスレッドで表示する例です。

▶リスト11.12　上：ThreadCallable.java／下：ThreadCallableBasic

```java
import java.util.Random;
import java.util.concurrent.Callable;

public class ThreadCallable implements Callable<Integer> {  ────────── ❶
  @Override
  public Integer call() throws Exception {  ──────────
    var rnd = new Random();
    var num = rnd.nextInt(1000);                                      ❷
    Thread.sleep(num);
    return num;
  }  ──────────
}
```

```java
import java.util.concurrent.ExecutionException;
import java.util.concurrent.Executors;
...中略...
// スレッドを実行
try (var exe = Executors.newSingleThreadExecutor()) {
  var r1 = exe.submit(new ThreadCallable());  ──────────
  var r2 = exe.submit(new ThreadCallable());                         ❸
  var r3 = exe.submit(new ThreadCallable());  ──────────
```

```
    // スレッドの結果を表示
    try {
      System.out.println("r1: " + r1.get());  ─────────────────┐
      System.out.println("r2: " + r2.get());                    ├─ ❹
      System.out.println("r3: " + r3.get());  ─────────────────┘
    } catch (InterruptedException | ExecutionException e) {
      e.printStackTrace();
    }
}
```

```
r1: 456
r2: 256
r3: 815
```

　Callable<T>インターフェイスの型引数Tは、戻り値の型を意味します。この例であれば、0〜1000の乱数を返したいので、Integer型を割り当てます（❶）。

　Callableインターフェイスで、実行すべきコードを表すのはcallメソッドです（Runnableインターフェイスのrunメソッドに相当します❷）。戻り値型には、先ほどCallableインターフェイスの型パラメーターに渡した型を指定します。

構文 callメソッド

public *V* call()

V：戻り値の型

　ここでは0〜1000の乱数を求めたあと、その時間だけ処理を休止し、休止時間を戻り値として返しています（もちろん、実行のたびに結果は異なります）。

　定義した処理（Callableオブジェクト）を実行するのは、ExecutorServiceクラスのsubmitメソッドの役割です（❸）。

構文 submitメソッド

public <*T*> Future<*T*> submit(Callable<*T*> *task*)

T　　：戻り値の型
task：実行するタスク

戻り値のFuture<T>型は非同期処理の結果を表します。型引数Tが戻り値型を表すので、この例であれば、Future<Integer>型です。

Future<T>型から、実際の戻り値を取り出すには、getメソッドを利用します（❹）。getメソッドは、非同期処理が完了していない場合、処理を待機します。Future<T>オブジェクトでは、この他にも表11.4のようなメソッドを用意しています。

❖表11.4　Future<T>インターフェイスの主なメソッド

メソッド	概要
boolean cancel(boolean *interrupt*)	処理をキャンセル
V get([long *time*, TimeUnit *unit*])	非同期処理完了まで、最大指定時間*time*だけ処理を待機し、その後結果を取得（*unit*は*time*の単位）
boolean isCancelled()	処理が正常に完了する前にキャンセルされたか
boolean isDone()	処理が完了したか（正常終了、例外、取り消し、いずれもtrue）

ここではExecutorServiceを例にしていますが、ScheduledExecutorServiceであればscheduleメソッドに対してCallable型の処理を引き渡せます。

11.1.8　スレッド処理の後処理を定義する ——CompletableFutureクラス

CompletableFutureクラスは、非同期処理の結果を受けた、その後処理を簡潔に表すための手段を提供します。前項で解説したFutureは、単一の処理結果を受け取るには便利な手段です。しかし、複数の非同期処理が連なる場合、結果取得（get）が他の処理をブロックするのを避けるために、また別スレッドに分離しなければならないなど、コードも複雑になりがちでした。

しかし、CompletableFutureを利用することで、そうした処理の連なりを同期的に（＝非同期であることをさほど意識することなく）記述できるようになります。5.6.8項で触れたHttpClientクラスも非同期メソッドはCompletableFutureベースとなっており、このようなライブラリは今後さらに増えていくものと思われます。

本項では、CompletableFutureの種々の機能の中でもよく利用すると思われる——「非同期処理を直列に実行する方法」「非同期処理を並列に実行する方法」について解説しておきます。

CompletableFutureの基本

まずは、CompletableFutureを利用した基本的なコードからです。リスト11.13は、別スレッドで乱数を求めて、そのミリ秒数分だけスレッドを休止したあと、その値を表示する例です。

▶リスト11.13　FutureBasic.java

```java
import java.util.Random;
import java.util.concurrent.CompletableFuture;
...中略...
public static void main(String[] args) {
  // 非同期処理を実行
  CompletableFuture.supplyAsync(() -> {
    var r = new Random();
    var num = r.nextInt(1000);
    heavy(num);
    return num;
  })
    // 完了後の処理
    .thenAcceptAsync(result -> System.out.println(result));
  System.out.println("...任意の後処理...");
  heavy(7000);
}

// ダミーの重い処理（ここでは指定時間だけ処理を休止）
public static void heavy(int num) {
  try {
    Thread.sleep(num);
  } catch (InterruptedException e) {
    e.printStackTrace();
  }
}
```

❶

❷

```
...任意の後処理...
785    ➡時間をおいてから表示
```

CompletableFutureでは、まず非同期で実行すべき処理をsupplyAsyncメソッドに渡すのが
基本です（❶）。

構文　supplyAsyncメソッド

```
public static <U> CompletableFuture<U> supplyAsync(Supplier<U> supplier)
```

U	：処理の戻り値型
supplier	：非同期で実行される処理

高度なプログラミング

11

supplyAsyncメソッドが戻り値としてその場で返すのがCompletableFutureオブジェクトです。そのthenXxxxx／whenCompleteメソッドで、非同期処理の後処理を準備しておきます。ここでは、最もシンプルなthenAcceptAsyncメソッドで後処理を定義します（❷）。

構文 thenAcceptAsyncメソッド

```
public CompletableFuture<Void> thenAcceptAsync(Consumer<? super T> action)
```

T　　　：前処理からの結果型
action ：前処理の結果を受けて実行すべき処理

thenAcceptAsyncメソッド（のラムダ式）は、引数として非同期処理の結果を受け取り、その結果に基づいた処理を実施します（サンプルでは、そのまま結果を表示しています）。

成功／エラー時の処理を振り分ける

whenCompleteAsyncメソッドを利用することで、非同期処理が異常終了した場合の処理を記述できます（リスト11.14）。

▶リスト11.14　FutureComplete.java

```
CompletableFuture.supplyAsync(() -> {
  ...中略（リスト11.13を参照）...
})
  .whenCompleteAsync((result, ex) -> {
    // 成功時
    if (ex == null) {
      System.out.println(result);
    // 失敗時
    } else {
      System.out.println(ex.getMessage());
    }
  });
```

whenCompleteAsyncメソッド（のラムダ式）は、引数として「非同期処理の結果」「例外」を受け取ります。ここでは例外（ex）が空であるかどうかを判定して、正常時の処理と異常時の処理を振り分けています。

複数の非同期処理を直列に実行する

しかし、ここまでの内容では、CompleteFutureのありがたみをイメージするのは難しいかもしれません。単一の非同期処理であれば、前項のFutureを利用すれば十分だからです。CompleteFutureが真価を発揮するのは、複数の非同期処理を連結するようになってからです。

たとえばリスト11.15は、3個の非同期処理を連結した例です。処理1で求めた乱数を、処理2、処理3で順番に2倍したものを出力します。

▶リスト11.15　FutureSeq.java

```java
import java.util.Random;
import java.util.concurrent.CompletableFuture;
...中略...
// 処理1（乱数の生成）
CompletableFuture.supplyAsync(() -> {                                    ❶
  var r = new Random();
  var num = r.nextInt(5000);
  heavy(2000);
  System.out.printf("処理1: %d\n", num);
  return num;
})
  // 処理2（乱数を倍に）
  .thenApplyAsync(data -> {                                             ❷
    var result = data * 2;
    heavy(2000);
    System.out.printf("処理2: %d\n", result);
    return result;
  })
  // 処理3（乱数をさらに倍に）
  .thenAcceptAsync(data -> {                                           ❸
    var num = data * 2;
    heavy(2000);
    System.out.printf("処理3: %d\n", num);
  });
```

```
処理1: 2383
処理2: 4766
処理3: 9532
```

それぞれのメソッドが受け取る引数は、以下の通りです。

❶ supplyAsync 　　　：Supplier（引数なし戻り値あり）

❷ thenApplyAsync　：Function（引数あり戻り値あり）

❸ thenAcceptAsync：Consumer（引数あり戻り値なし）

これらのメソッドを連結することで、処理の結果を順に引き渡せます（図11.8）。もちろん、thenXxxxxメソッドは、同じように接続することも可能です。

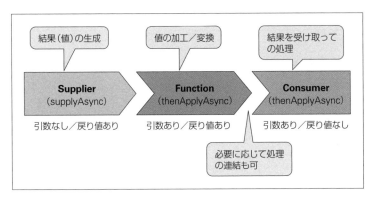

❖図11.8　非同期処理の連結

複数の非同期処理がすべて成功した場合に後処理を実行する

非同期処理は直列に連結するばかりではありません。allOfメソッドを利用することで、並列に非同期処理を実行し、そのすべてが成功した場合に後処理を実行することもできます（リスト11.16）。

▶リスト11.16　FutureAll.java

```java
import java.util.List;
import java.util.Random;
import java.util.concurrent.CompletableFuture;
import java.util.concurrent.ExecutionException;
...中略...
// 非同期で実行すべき処理（0～3000の乱数を生成＆出力）
public static int myTask(String name) {
  var r = new Random();
  var num = r.nextInt(3000);
  heavy(num);
  System.out.println(name + ": " + num);
  return num;
}

public static void main(String[] args) {
  // 同時実行すべき処理をリスト化
  var list = List.of(
    CompletableFuture.supplyAsync(() -> myTask("First")),
    CompletableFuture.supplyAsync(() -> myTask("Second")),
    CompletableFuture.supplyAsync(() -> myTask("Third"))
```

```
    );

    // 複数の非同期処理を実行
    CompletableFuture.allOf(                                               ──❶
      list.toArray(new CompletableFuture[list.size()]))
      // すべて完了したら...
      .whenComplete((result, ex) -> {
        if (ex == null) {
          System.out.println("───────────────────────");
          // 順に結果を出力
          list.forEach(future -> {
            try {
              System.out.println(future.get());
            } catch (InterruptedException | ExecutionException e) {    ──❷
              e.printStackTrace();
            }
          });
        } else {
          System.out.println(ex.getMessage());
        }
      });
    ...中略...
}
```

```
First: 16
Third: 949
Second: 1851

───────────────────────
16
1851
949
```

allOfメソッドは、CompletableFuture配列を受け取ります（）。

構文 allOfメソッド

```
public static CompletableFuture<Void> allOf(CompletableFuture<?>... cfs)
```

cfs：CompletableFuture配列

11

高度なプログラミング

ただし、allOfメソッドの戻り値はCompletableFuture<Void>（＝結果を返さない）です。この例であれば、引数resultからは結果を得られないので、allOfメソッドに渡したCompletableFuture配列を走査する必要があります（❷）。それぞれの処理結果を得るだけならば、getメソッドにアクセスするだけです。

複数の非同期処理のいずれかが成功した場合に後処理を実行する

anyOfメソッドは、allOfメソッドと同じく、非同期処理を並列に実行します。ただし、後続の処理が呼ばれるのは、非同期処理の**いずれか1つ**が最初に完了したところです。

リスト11.17は、リスト11.16をanyOfメソッドで置き換えたものです。結果の変化に注目してみましょう。

▶リスト11.17　FutureAny.java

```java
import java.util.List;
import java.util.Random;
import java.util.concurrent.CompletableFuture;
...中略...
CompletableFuture.anyOf(
  list.toArray(new CompletableFuture[list.size()]))
    .whenComplete((result, ex) -> {
      if (ex == null) {
        System.out.println(result);
      } else {
        System.out.println(ex.getMessage());
      }
    });
```

```
First: 423
423
Third: 941
Second: 2175
```

anyOfメソッドの戻り値は、（allOfメソッドと違って）Completable<Object>です。よって、この例であれば引数result経由で、最初に得られた結果にアクセスできます。

[1] synchronizedブロックの役割について説明してみましょう。

[2] 以下は、5秒おきに現在時刻を出力するコードですが、誤りがいくつかあります。誤りを正して、正しいコードにしてください。

```
try(var sche = Executors.newScheduledThreadPool(2)) {
  sche.schedule(() -> {
    System.out.println(LocalDateTime.now());
  }, 0, 5, TimeUnit.SECONDS);
  Thread.start(10000);
} finally {
  e.printStackTrace();
}
```

 **11.2** アノテーション

　アノテーション（Annotation）とは、クラス／インターフェイスなどの型、または、そのメンバーなどに対して付与できる注釈です。アノテーションを利用することで、@...の形式で、アプリ本来のロジックとは直接関係しない付随的な情報を、コードに追加できます。

　たとえば、JUnitというテスティングフレームワーク（＝単体テストを自動化するためのライブラリ）であれば、@Testというアノテーションを用意しています。以下のように、メソッド定義に対して@Testアノテーションをマークしておくことで、そのメソッドがテストのためのメソッドであることを識別できます（テストメソッドであることは、あくまでそのメソッドの役割であって、本来のロジックではありません）。

```
@Test
public void testShow() { ... }
```

　public、static、abstractのような修飾子とも似ていますが、修飾子が標準で用意されたものがすべてであるのに対して、アノテーションは（標準ライブラリで用意されているものを利用できるのはもちろん）アノテーションそのものを開発者が自由に定義できる点が異なります。

 11.2.1　アノテーションの記述位置

ここでは例として、8.2.3項などでも登場した@Overrideアノテーションを挙げておきます。

@Overrideは標準ライブラリで提供されるアノテーションで、「対象のメソッドが基底クラスのメソッドをオーバーライドしている」ことを宣言します（リスト11.18）。これによって、引数型の誤りなどでオーバーライドになっていない場合にも、コンパイラーが警告してくれるようになります。おそらく、最初のうちは最もよく目にするアノテーションの1つでしょう。

▶リスト11.18　Person.java

```
public class Person {
  ...中略...
  @Override
  public String toString() {
    return String.format("名前は、%s %s です。",
        this.lastName, this.firstName);
  }
  ...中略...
}
```

アノテーションは、対象となる定義の先頭に記述します。対象となる定義とは、具体的には、以下のものです。

- パッケージ宣言
- 型宣言（クラス、インターフェイス、enum、アノテーション）
- コンストラクター宣言
- メソッド宣言
- フィールド宣言（列挙定数を含む）
- パラメーター宣言
- ローカル変数宣言

note ただし、アノテーション個々では、記述できる場所は限られています。たとえば本節の冒頭で登場した@Testアノテーションは、メソッド定義に対してのみ指定できます。

定義の先頭ということは、リスト11.18は以下のように書いても誤りではありませんが、あまり好まれません。一般的には、アノテーションは**定義とは独立した行で記述する**のが通例です。

```
@Override public String toString() { ... }
```

アノテーションを複数指定する場合にも、以下のように1つ1つを改行するのがお作法です。空白区切りで列挙することもできますが、ひと目で把握しにくくなるので、お勧めしません。

```
@Override
@Deprecated
@SuppressWarnings("all")
public String toString() { ... }
```

```
@Override @Deprecated @SuppressWarnings("all")
public String toString() { ... }
```

11.2.2 アノテーションの基本構文

アノテーションの一般的な構文は、以下の通りです。

構文 アノテーション

```
@アノテーション名(属性名=値, ...)
```

アノテーションには、メソッドと同じく、パラメーター（属性）を渡すこともできます。ただし、属性値として利用できる値は、以下の型に限られます。

- 基本型
- 文字列型
- Class型
- 列挙型
- アノテーション型
- 上記の型を要素とする配列

たとえばリスト11.19は、サーブレットに付与するアノテーションの例です。サーブレットそのものについては、本書の守備範囲を超えるので、詳しくは『独習JSP＆サーブレット 第3版』（翔泳社）も合わせて参照してください。ここでは、アノテーションの記述例としてのみ引用します。

▶リスト11.19 InitParamServlet.java

```
@WebServlet(
  urlPatterns = { "/init-param" },                                          ❷
  initParams = { @WebInitParam(name = "path", value = "/WEB-INF/data/my.log") }
                                                                            ❶
)
public class InitParamServlet extends HttpServlet {
  ...中略...
}
```

@WebServletは、サーブレットの基本的な構成情報を表します。様々な属性を指定できますが、
ここで指定しているのは以下のものです。

- urlPatterns：サーブレットを呼び出すためのURL（複数指定可）
- initParams ：サーブレットで利用できるパラメーター情報（複数指定可）

以下に、注目すべきポイントを示します。

（1）アノテーションの入れ子も可能

上でも触れたように、属性値には入れ子でアノテーション（または、その配列）を指定できます。
この例では、initParams属性がそれです（❶）。@WebInitParamアノテーションが、単一のパラ
メーター情報（名前と値のセット）を表します。

（2）要素が1つならば、配列の{...}を省略できる

配列でも、要素が1つであるならば、{...}を省略してもかまいません。よって、❷は以下のよう
に表しても同じ意味です。

```
urlPatterns = "/init-param",
```

（3）属性名のvalueは省略可能

指定すべき属性が1つで、その名前がvalueである場合には、属性名を省略してもかまいません。
よって、次は意味的に等価です。

```
@WebServlet(value="/init-param")
@WebServlet("/init-param")
```

（4）属性がない場合は()は省略可能

そもそも指定すべき属性がない場合には、丸カッコを省略してもかまいません。たとえば以下は同
じ意味ですが、一般的には省略形で表すのが普通です。

```
@Override()
@Override
```

このように属性のない ―― 記述されていることそのものに意味があるアノテーションのことを
マーカーアノテーションと呼びます。@Overrideであれば、記述されていること自体によって、メ
ソッドがオーバーライドされていることを意味します。

11.2.3 標準のアノテーション

@Override以外にも、標準ライブラリでは表11.5のようなアノテーションが用意されています。

❖表11.5 標準ライブラリによるアノテーション

アノテーション	概要
@Override	基底クラスのメソッドを上書きしていることを宣言
@Deprecated	クラスやメンバーなどが非推奨であることを宣言
@SuppressWarnings	コンパイラーの警告を抑制
@SafeVarargs	可変長引数の型安全を宣言
@FunctionalInterface	インターフェイスを関数型インターフェイスとして定義することを宣言

このうち、@Overrideは8.2.3項で、@FunctionalInterfaceは10.1.2項で、それぞれ解説しているので、ここでは残るアノテーションについて解説しておきます。これらはいずれもjava.langパッケージに属するので、利用にあたってはインポートも不要です。

クラス／メソッドなどが非推奨であることを宣言する —— @Deprecated

クラス、またはそのメンバーが旧型式（非推奨）であることを宣言します。これによって、利用者が誤ってそのクラス／メンバーを利用してしまった場合にも、コンパイラーがその旨を警告してくれます。

たとえばリスト11.20は、Integerクラス（コンストラクター）のコードです。

▶リスト11.20 Integer.java

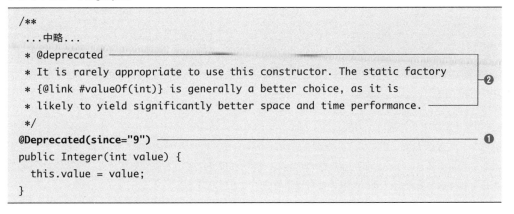

```
/**
 ...中略...
 * @deprecated
 * It is rarely appropriate to use this constructor. The static factory
 * {@link #valueOf(int)} is generally a better choice, as it is
 * likely to yield significantly better space and time performance.
 */
@Deprecated(since="9")
public Integer(int value) {
  this.value = value;
}
```

❶で、Integerコンストラクターが非推奨であることを意味します。since属性は非推奨になったバージョンを表します（ここではJava 9以降）。

@Deprecatedアノテーションを利用した場合には、❷のようにドキュメンテーションコメントで

も、非推奨となった理由と代替手段を示しておくべきです。さもないと、利用者はコードをどのように修正すべきかわかりません。

リスト11.21は、Integerコンストラクターを利用した場合の、VSCode上の表示です。問題のコードが線で打ち消され、［問題］ウィンドウでも警告メッセージを確認できます。該当のコードにマウスポインターを当てることで、詳細情報も確認できます。

▶リスト11.21　AnnotationBasic.java

```java
var i = new Integer(108);
```

▶非推奨の警告（VSCodeの場合）

（エラーではなく）警告なので、コンパイルそのものは通りますが、特別な理由がない限り、非推奨のコードは除去すべきです。非推奨APIは、一般的に、パフォーマンス、セキュリティなどの理由から利用すべきでなく、下位互換性のために一時的に残されているにすぎません。将来的に削除される可能性があるため、後々の保守にも課題を残すことになります。

> **note** Java 9以降では、forRemoval属性（boolean型）を指定することで、そのクラス／メソッドが将来廃止予定かを表せます。非推奨になったからといって、必ずしも廃止（削除）されるわけではありません。

コンパイラーの警告を抑制する —— @SuppressWarnings

コンパイラーによる特定の警告を非表示にします。

本来、コンパイラーによる警告は開発時に解消すべきものですが、その時どきの状況で修正が困難な場合もあります。たとえば、古いアプリを新しいバージョンのJavaでコンパイルしたら、大量の非推奨警告が発生した、ということはよくあります。しかし、これをすべて置き換えて回るのは現実的ではありません。

そのような場合に、本来確認すべき警告が埋もれてしまわないように、特定範囲／種類の警告だけを抑制（非表示に）するのです。これによって、

- 他の、確認すべき警告の見落としを防げる
- 意図して警告対象のコードを利用している、という意思表示にもなる

などのメリットがあります。

たとえばリスト11.22は、宣言した変数iを後続のコードで参照しなかった例です。

▶リスト11.22　AnnotationSuppress.java

```
var i = 0;
```

確かに、「The value of the local variable i is not used」（未使用の変数がある）のような警告が発生します。もちろん、本来はこのような無駄な変数は削除しておくべきですが、今回はあえて意図した問題であるとして、@SuppressWarningsアノテーションで警告を抑制してみましょう。

```
@SuppressWarnings("unused")
var i = 0;
```

未使用警告が表示**されなく**なっていることが確認できます。

@SuppressWarningsアノテーションでは、抑制すべき警告の種類を文字列（配列）として表します。指定できる主な文字列は、表11.6の通りです。

❖表11.6　@SuppressWarningsアノテーションの主な設定値

警告	概要
all	すべての警告を無効化
cast	不要なキャストの使用
deprecation	非推奨な項目の使用
divzero	0で除算している
empty	if以降が空の文である
fallthrough	switch文の中にbreakのないcase句がある
finally	正常に完了しないfinally節がある（return、throwなどを呼び出している）
removal	削除用にマークされたAPIの使用
serial	定数serialVersionUIDが未定義なシリアライズ可能なクラスの使用（5.5.4項）
unused	未使用の変数／メソッドがある

複数の設定値を列挙するには、配列構文で、

```
@SuppressWarnings({ "deprecation", "cast" })
```

のように表します。

可変長引数の型安全を宣言する ── @SafeVarargs

ジェネリック型（9.6節）を可変長引数とすると、以下のような警告が発生します。

```
public void hoge(List<String>... args) { ... }
    // 警告：Potential heap pollution via varargs parameter args
```

「可変長引数args経由の潜在的なヒープ汚染」という意味の、いかにも不吉な雰囲気の警告ですが、要は、ジェネリック型と可変長引数（配列）の組み合わせで、型安全が保証されないことに対する警告です。以下は、公式ドキュメントで示された例です。

```
static void m(List<String>... stringLists) {
  Object[] array = stringLists;
  List<Integer> tmpList = Arrays.asList(42);
  array[0] = tmpList;           // Object[]型に対して、List<Integer>型を代入（OK）
  String s = stringLists[0].get(0);    // 実体はInteger型なのでエラー
}
```

もともとはList<String>型の配列ですが、Object[]型の配列に変換したことで、型安全性が崩れてしまっているのです（詳しくは9.6.4項の共変についても確認してみましょう）。

しかし、このような問題がないコードでは、警告は抑制しておきたいところです。そこで@SafeVarargsアノテーションを付与することで、警告が表示されなくなります。

```
@SafeVarargs
static void m(List<String>... stringLists) { ... }
```

もちろん、例となっているmメソッドは型安全では**ありません**。@SafeVarargsの役割は、あくまで「型安全であることを開発者が認識している」ことの宣言で、コードの安全性をチェックするのは開発者の責任です。

11.2.4　アノテーションの自作

本節冒頭でも触れたように、アノテーションが修飾子と決定的に異なるのは、開発者が必要に応じ

て独自のアノテーションを自作できる点にあります。以降では、実際に簡単なアノテーションを定義することで、アノテーションへの理解を深めます。

アノテーションを定義する

たとえばリスト11.23は、クラスの情報を表す`ClassInfo`アノテーションの例です。`version`／`value`（バージョン情報）、`description`（クラスの説明）などの属性を持ちます。

▶リスト11.23　ClassInfo.java

```java
package to.msn.wings.selflearn.chap11;

import java.lang.annotation.Documented;
import java.lang.annotation.ElementType;
import java.lang.annotation.Retention;
import java.lang.annotation.RetentionPolicy;
import java.lang.annotation.Target;

@Documented
@Retention(RetentionPolicy.RUNTIME)                    ❸
@Target(ElementType.TYPE)
public @interface ClassInfo {
  String value() default "";
  String version() default "";               ❷        ❶
  String description() default "";
}
```

アノテーションを自作するうえでのポイントは、以下の3点です。

❶アノテーションは@interface命令で定義する

アノテーションもまた、これまでに見てきたクラス、インターフェイス、列挙型などと同じく、型の一種です。`@interface`命令で定義できます（`interface`の頭に`@`が付く点に注目です）。

構文　@interface命令

```
[アクセス修飾子] @interface アノテーション名 {
  ...本体...
}
```

`@interface`で定義されたアノテーション型は、暗黙的に`Annotation`インターフェイス（`java.lang.annotation`パッケージ）を実装します。

❷アノテーション型では属性を定義する

@interfaceブロックの配下では、アノテーションで利用できる属性を宣言します。@Override のようなマーカーアノテーションでは、空のままでかまいません。

構文 属性の宣言

```
データ型 属性名() [default 既定値]
```

構文は抽象メソッドに似ていますが、default句で既定値を指定できるあたりはフィールドにも似ています。ただし、利用できる型は11.2.2項で触れたものに限定されますし、引数／throws句も指定できません。

属性名はcamelCase形式で自由に命名できます。ただし、属性が1つしかない場合には「value」とすべきです。11.2.2項でも触れたように、valueである属性は、名前を略記できるからです。また、複数ある場合にも、他の属性が省略できる場合は、最も主となる属性の別名（エイリアス）としてvalueを用意しておくことをお勧めします。この例では、バージョン情報を、version属性、またはvalue属性（属性名の省略）のいずれかで指定できることを想定しています。

```
@ClassInfo(version = "2.1", description = "アノテーションの動作テスト")
@ClassInfo("2.1")
```

❸アノテーションの構成情報を宣言する

アノテーションの構成情報を宣言するためのアノテーションのことを**メタアノテーション**と言います。具体的には、表11.7のものです。

❖表11.7 主なメタアノテーション（いずれもjava.lang.annotationパッケージ）

アノテーション	概要	
@Documented	javadocにアノテーション情報を反映	
@Inherited	アノテーションが派生クラスにも継承	
@Target	アノテーションを適用する対象	
	設定値	**概要**
	ANNOTATION_TYPE	アノテーション宣言
	CONSTRUCTOR	コンストラクター宣言
	FIELD	フィールド宣言（列挙定数を含む）
	LOCAL_VARIABLE	ローカル変数宣言
	METHOD	メソッド宣言
	MODULE	モジュール宣言
	PACKAGE	パッケージ宣言
	PARAMETER	パラメーター宣言
	RECORD_COMPONENT `16`	レコードコンポーネント
	TYPE	クラス、インターフェイス、アノテーション、enum宣言
	TYPE_PARAMETER	型パラメーター宣言
	TYPE_USE	型の使用

アノテーション	概要		
@Retention	アノテーションを保持する期間		
	設定値	概要	
	CLASS	ソースファイル、クラスファイルに記録。ただし、実行時は情報をロードしない（既定）	
	RUNTIME	ソースファイル、クラスファイルに記録。実行時も情報をロード	
	SOURCE	ソースファイルのみ	
@Repeatable	同一の要素に対して複数のアノテーションを指定可能か		

アノテーションをどの要素に対して適用できるかを決めるのが、@Targetアノテーションです。アノテーションは、パッケージ、型、そのメンバー、引数／ローカル変数などに対して付与できますが、一般的には、特定の対象に対してしか意味をなさないものがほとんどです（たとえば@Testアノテーションをメソッド以外に付与することには意味がありません）。そこで@Targetアノテーションで適用できる箇所を宣言しているわけです。配列形式で複数の要素を宣言してもかまいません。

@Retentionアノテーションは、アノテーション情報をどのタイミングまで保持するかを決めます。ここでは、あとからアノテーションを実行時に読み取るので、RUNTIME（実行時まで）としていますが、たとえば@Overrideのようにコンパイラーから利用するような情報はSOURCE（ソースのみ）としておけば十分です。

 note 標準アノテーションのメタアノテーション宣言を確認しておきます（表11.B）。

❖表11.B　標準アノテーションのメタアノテーション設定

アノテーション	@Target	@Retention
@Override	METHOD	SOURCE
@Deprecated	{CONSTRUCTOR,FIELD,LOCAL_VARIABLE,METHOD,PACKAGE,MODULE,PARAMETER,TYPE}	RUNTIME
@SuppressWarnings	{TYPE,FIELD,METHOD,PARAMETER,CONSTRUCTOR,LOCAL_VARIABLE,MODULE}	SOURCE
@SafeVarargs	{CONSTRUCTOR,METHOD}	RUNTIME
@FunctionalInterface	TYPE	RUNTIME

アノテーションを利用する

リスト11.23を見てもわかるように、アノテーションでは型と属性の定義を持つだけで、それ自身はソースコードに対してなんら影響を及ぼすものではありません（まさに、単なる注釈です）。

アノテーションとは、これを読み取り、処理するためのコードがあって初めて、意味を持ちます。たとえば@Deprecatedアノテーションであれば、コンパイラーが「@Deprecatedの付いたメソッド呼び出しがあったら、警告を出力」して、@TestアノテーションであればJUnitが「@Testでマークされたメソッドだけをテストメソッドとして実行」して初めて、いずれも意味があるものです。

たとえばリスト11.24は、定義済みの ClassInfo アノテーションを読み込み、指定されたクラスの情報を出力する例です。

▶リスト11.24　AnnotationClient.java

```
@ClassInfo(version = "2.1", description = "アノテーションの動作テスト") ————— ❶
public class AnnotationClient {
  public static void main(String[] args) throws ClassNotFoundException {
    var clazz = AnnotationClient.class; ————————————————————————————— ❷
    var info = clazz.getAnnotation(ClassInfo.class); ——————————————— ❸
    System.out.println("バージョン：" +
      (info.value().equals("") ? info.version() : info.value()));
    System.out.println("説明：" + info.description());
  }
}
```

```
バージョン：2.1
説明：アノテーションの動作テスト
```

ClassInfo アノテーションを指定しているのが❶です。まず version 属性がバージョン情報、description 属性がクラスの説明を表すのでした。先ほども触れたように、もしも description 属性を略記するならば、

```
@ClassInfo("2.1")
```

のように書いてもかまいません。

このように指定したアノテーションにアクセスするには、**リフレクション**（Reflection）という仕組みを利用します。リフレクションとは、コードの実行中に型情報を取得／操作するための技術。Reflection（反射）という名前の通り、プログラムが自分自身に関わる情報を参照するわけです。

この例であれば、まず「.class」（クラスリテラル）で指定された型情報を Class オブジェクト（型）として取得します（❷）。リフレクションでは、Class オブジェクトを経由して、配下のメンバーを取得／操作していきます。そうした意味で、Class オブジェクトはリフレクションの基点とも言えるでしょう。

ただし、ここでは配下のメンバーには興味がないので、そのまま Class クラスの getAnnotation メソッドで、クラスに付与されたアノテーションを取得しています（❸）。

構文 getAnnotation メソッド

```
public <A extends Annotation> A getAnnotation(Class<A> clazz)
```

A   ：アノテーションの型
clazz：取得したいアノテーション

あとは、`ClassInfo`アノテーションの`value`／`version`、`description`属性にアクセスすることで、クラスの情報を取得できます（`value`／`version`はいずれかに値が入っているはずなので、`value`が空の場合にのみ`version`にアクセスするようにしています）。ここでは取得した情報を表示しているだけですが、一般的なアプリでは、この情報に基づいて、対応するメソッドを呼び出すなど、なんらかの処理を実施することになるでしょう。

なお、アノテーションが保持する情報（属性）ではなく、アノテーションの存在そのものに関心がある場合もあります。`@Override`のようなマーカーアノテーションがそれです。そのような場合には、`isAnnotationPresent`メソッドでアノテーションの有無だけを確認することもできます。

```java
if (clazz.isAnnotationPresent(ClassInfo.class)) {
  ...ClassInfoアノテーションが存在する場合の処理...
}
```

複数指定できるアノテーションを定義する

アノテーションに`@Repeatable`メタアノテーションを付与することで、同一の要素に対して同じアノテーションを複数指定できるようになります。たとえば以下は、型にメモ情報を付与するための`@Memo`アノテーションの例です。

▶リスト11.25　上：Memo.java／中：MemoList.java／下：MemoClient.java

```java
package to.msn.wings.selfjava.chap11;

import java.lang.annotation.Documented;
import java.lang.annotation.ElementType;
import java.lang.annotation.Repeatable;
import java.lang.annotation.Retention;
import java.lang.annotation.RetentionPolicy;
import java.lang.annotation.Target;

@Documented
@Repeatable(MemoList.class) ─────────────────────────────── ❶
@Retention(RetentionPolicy.RUNTIME)
@Target(ElementType.TYPE)
public @interface Memo {
  String value() default "";
}
```

```java
package to.msn.wings.selfjava.chap11;

import java.lang.annotation.Documented;
import java.lang.annotation.ElementType;
import java.lang.annotation.Retention;
```

```
import java.lang.annotation.RetentionPolicy;
import java.lang.annotation.Target;

@Documented ─────────────────────────────────────────┐
@Retention(RetentionPolicy.RUNTIME)                   ├─❸
@Target(ElementType.TYPE) ────────────────────────────┘
public @interface MemoList {
  Memo[] value(); ───────────────────────────────────── ❷
}
```

```
package to.msn.wings.selfjava.chap11;

@Memo("検証用") ──────────────────────────────────────┐
@Memo("列挙")                                          ├─❹
@Memo("出力") ────────────────────────────────────────┘
public class MemoClient {
  public static void main(String[] args) {
    var memo = MemoClient.class.getAnnotationsByType(Memo.class); ─── ❺
    for (var m : memo) { ──────────────────────────────┐
      System.out.println(m.value());                   ├─❻
    } ────────────────────────────────────────────────┘
  }
}
```

```
検証用
列挙
出力
```

　@Repeatableアノテーション（❶）を利用する際には、アノテーション本体（ここではMemo. java）だけでなく、複数のアノテーションを束ねるためのコンテナーアノテーションを用意しておかなければならない点に注意してください。この例であれば、MemoList.javaがそれです。@Repeatableアノテーションでも、引数としてコンテナーアノテーションを指定し、紐づけておきましょう。

　コンテナーアノテーションを定義する際の注意点は、以下の通りです。

- アノテーション本体を格納するための属性を配列型で準備（❷）
- メタアノテーションの定義は、紐づいたアノテーションのそれに準ずる（❸）

これで、❹のように複数の@Memoが指定できるようになります。

複数のアノテーションを取得するのは、getAnnotationsByTypeメソッドの役割です（❺）。

構文 getAnnotationsByTypeメソッド

```
public <A extends Annotation> A[] getAnnotationsByType(Class<A> clazz)
```

A　　　：アノテーションの型
clazz：取得したいアノテーション

getAnnotationsByTypeメソッドの戻り値はMemo配列なので、❻では順に走査し、そのvalue
メソッド（メモ本体）を列挙しています。

パッケージにアノテーションを付与する

11.2.1項でも触れたように、アノテーションはパッケージにも付与できます。ただし、パッケージ
のためのアノテーションは、クラスなどを定義した.javaファイルとは別に、package-info.javaで改
めて付与しなければならない点に注意してください。

たとえば以下は、to.msn.wings.selfjava.chap11.subパッケージに対して、@Deprecated
アノテーションを付与する例です（ここでは簡単化のために標準アノテーションを利用させてもらい
ますが、自作のアノテーションでも同様です）。

▶リスト11.26　package-info.java（chap11.subパッケージ）

```
@Deprecated(since="21", forRemoval=true)
package to.msn.wings.selfjava.chap11.sub;
```

このように定義したアノテーションを取得するには、以下のようにします。

▶リスト11.27　AnnotationPackage.java（chap11.subパッケージ）

```
var p = AnnotationPackage.class.getPackage(); ──────────────────❶
var dep = p.getAnnotation(Deprecated.class); ─────────────
System.out.println(dep.since() + "以降非推奨" +                    ❷
  (dep.forRemoval() ? "（削除予定）" : "")); ────────────
```

クラスをClassオブジェクトが表すのに対して、パッケージを表すのはPackageオブジェクトの
役割です。Class#getPackageメソッドで取得できます（❶）。

Packageオブジェクトを取得できてさえしまえば、あとはgetAnnotationメソッドで目的のア
ノテーションを取得、その情報を読み取る流れは、ここまで見てきたコードと同じです（❷）。

11.2.5 補足 **リフレクションの主なメソッド**

　前項でも触れたように、アノテーションの操作には、リフレクションの理解は欠かせないものです。本項では、リフレクションによる代表的な操作を、サンプルとともにまとめます。定型的な用例からリフレクションの基本的な理解の一助としてください。

オブジェクトを生成する

　オブジェクトを生成する方法は、生成する方法、対象によって、リスト11.28のような方法があります。

▶リスト11.28　ReflectInstance.java

```java
import java.io.File;
import java.lang.reflect.Array;
import java.lang.reflect.InvocationTargetException;
import java.util.Arrays;
...中略...
// Fileクラスを取得
var clazz = File.class;
// コンストラクター経由でFileオブジェクトを生成
var c = clazz.getConstructor(String.class);
var fl = c.newInstance("C:/data/data.txt");
System.out.println(fl);    // 結果：C:\data\data.txt

// サイズ2の配列を生成
var list = (File[]) Array.newInstance(File.class, 2);
Array.set(list, 0, fl);
System.out.println(Arrays.toString(list));
    // 結果：[C:\data\data.txt, null]
```

①
②

　まず、①はコンストラクター経由でインスタンスを生成する方法です。まずは呼び出すべきコンストラクター（Constructorオブジェクト）を、ClassクラスのgetConstructorメソッドで生成してください。

構文 getConstructorメソッド

```
public Constructor<T> getConstructor(Class<?>... types)
```

T 　　：クラスの型
types：コンストラクターが受け取る引数の型

ここではString型を1つだけ渡していますが、引数typesは可変長引数です。複数の引数を受け取るコンストラクターでは、カンマ区切りで引数型を列挙することも可能です。

生成したConstructorオブジェクトからは、newInstanceメソッドを呼び出すことで、オブジェクトを生成できます。newInstanceメソッドには、コンストラクターが本来受け取るべき引数を渡します。❷は、配列オブジェクトを生成する例です。Array.newInstanceメソッドを利用します。

構文 newInstanceメソッド

```
public static Object newInstance(Class<?> types, int length)
```

types ：配列の要素型
length ：配列のサイズ

生成した配列に対して要素を設定するには、setメソッドを利用してください。

構文 setメソッド

```
public static void set(Object array, int index, Object value)
```

array ：配列
index ：配列中のインデックス番号
value ：要素の値

すべてのメソッドを取得する

リフレクションでは、Classオブジェクトを介して配下のメンバーにもアクセスできます。たとえばリスト11.29は、getMethodsメソッドを使ってFileクラスで提供されているすべてのpublicメソッドを列挙する例です。

▶リスト11.29　ReflectMethods.java

```
import java.io.File;
...中略...
// Fileクラスを取得
var fl = File.class;
// File配下のpublicメソッドを列挙
for (var m : fl.getMethods()) {                                          ❶
  System.out.println(m.getName());                                       ❷
}
```

```
getName
equals
length
...中略...
wait
```

getMethodsメソッドは、publicメソッドをMethodオブジェクト（java.lang.reflectパッケージ）の配列として返します（❶）。ここでは、その内容を順に取り出して、getNameメソッドでメソッドの名前だけを列挙しています。

note publicメソッドではなく、protected～privateまでのすべてのメソッドを取得するならば、getDeclaredMethodsメソッドを利用します。ただし、getDeclaredMethodsメソッドが取得するのは、現在のクラスで直接定義されたメンバーだけです（getMethodsメソッドは上位クラスのメンバーも合わせて取得します）。

その他にも、Classクラスでは、表11.8のようなゲッターを用意しています。

❖表11.8　Classクラスの主なゲッターメソッド

メソッド	概要
<A extends Annotation> A getAnnotation(Class<A> *annotation*)	指定されたアノテーション型（存在しない場合はnull）
Annotation[] getAnnotations()	すべてのアノテーション型
Class<?>[] getClasses()	すべてのメンバークラス
Constructor<T> getConstructor(Class<?>... *param*)	指定されたpublicコンストラクター
Constructor<?>[] getConstructors()	すべてのpublicコンストラクター
Constructor<T> getDeclaredConstructor(Class<?>... *param*)	指定されたコンストラクター
Constructor<?>[] getDeclaredConstructors()	すべてのコンストラクター
Field[] getDeclaredFields()	すべてのフィールド
Method getDeclaredMethod(String *name*, Class<?>... *types*)	指定されたメソッド
Method[] getDeclaredMethods()	すべてのメソッド
Field getDeclaredField(String *name*)	指定されたフィールド
Class<?> getEnclosingClass()	エンクロージングクラスを取得
T[] getEnumConstants()	列挙型の定数群
Field getField(String *name*)	指定されたpublicフィールド
Field[] getFields()	すべてのpublicフィールド
Class<?>[] getInterfaces()	実装するインターフェイス群
Method getMethod(String *name*, Class<?>... *param*)	指定されたpublicメソッド
Method[] getMethods()	すべてのpublicメソッド

メソッド	概要
int getModifiers()	クラスまたはインターフェイスに付与されたすべての修飾子
Module getModule()	所属するモジュール
Package getPackage()	クラスが属するパッケージ
String getPackageName()	所属するパッケージの名前
RecordComponent[] getRecordComponents() `16`	レコードコンポーネント群
String getSimpleName()	クラスの単純名

　さらに、取得したConstructor、Method、Fieldなどのオブジェクトから取得できる情報となると、ここですべてを紹介できるものではありません。しかし、基本的な手続きを理解していれば、あとはほぼ同じ要領でアクセスできるはずです。

メソッドを実行する

　Methodオブジェクトを介することで、メソッドを実行することもできます。たとえばリスト11.30は、リフレクション経由でFileクラスのrenameToメソッドを呼び出す例です。

▶リスト11.30　ReflectInvoke.java

```java
import java.io.File;
import java.lang.reflect.InvocationTargetException;
import java.lang.reflect.Method;
...中略...
// Fileクラスを取得
var clazz = File.class;
// Fileオブジェクトを生成
var f1 = clazz.getConstructor(String.class).newInstance("C:/data/data.txt");
var f2 = clazz.getConstructor(String.class).newInstance("C:/data/sample.txt");
// renameToメソッドを取得＆実行
Method m = clazz.getMethod("renameTo", File.class); ──────────── ❶
System.out.println(m.invoke(f1, f2)); ──────────── ❷
```

　個別のメソッドを取得するには、getMethodメソッドを利用します（❶）。メソッドは名前と引数の型によって一意に特定できます。引数paramには、メソッドの受け取るべき引数型を列挙します（可変長引数です）。目的のMethodオブジェクトを取得できたら、あとはinvokeメソッドで実行するだけです（❷）。

構文	invokeメソッド

```
public Object invoke(Object obj, Object... args)
```

obj ：レシーバーオブジェクト
args：メソッドに渡す引数

レシーバーオブジェクトとは、メソッドが作用する対象となるオブジェクトのことです。obj.method(...)であれば、objがmethodに対するレシーバーです。

フィールドを取得／設定する

同じく、フィールド値を取得／設定してみます。リスト11.31の例では、Personクラス（p.319のリスト7.19）のlastNameフィールドを取得／設定しています。

▶リスト11.31　ReflectField.java

```
import java.lang.reflect.InvocationTargetException;
import to.msn.wings.selfjava.chap09.Person;
...中略...
var clazz = Person.class;
var con = clazz.getConstructor(String.class, String.class);
var p = con.newInstance("太郎", "山田");
var last = clazz.getDeclaredField("lastName");          ─── ❶
last.setAccessible(true);                               ─── ❸
last.set(p, "鈴木");                                    ─┐
System.out.println(last.get(p));    // 結果：鈴木        ─┴ ❷
```

フィールドは、getField、または、getDeclaredFieldメソッドで取得できます（❶）。両者の違いは、以下の通りです（getMethods／getDeclaredMethodsメソッドの関係と同じですね）。

- getField　　　　　：publicフィールド（上位クラスのメンバーも含む）
- getDeclaredField：public〜privateフィールド（ただし、現在のクラスのメンバーのみ）

この例であればprivateフィールド（lastName）にアクセスしたいので、getDeclaredFieldメソッドを利用します。

引数には、取得したいフィールドの名前を指定します（フィールドは、メソッドと異なり、名前だけで一意に特定できます）。

Fieldオブジェクトを取得できたら、あとは、そのget／setメソッドでフィールド値を取得／設定します（❷）。ただし、privateフィールドはそのままではアクセスできない点に注意してください。操作に先立って、setAccessibleメソッドでアクセスを明示的に許可する必要があります（❸）。

構文 get／setメソッド

```
public Object get(Object obj)
public void set(Object obj, Object value)
```

obj　：レシーバーオブジェクト
value：フィールド値

以上の例を見てわかるように、リフレクションは自由な型アクセスを可能にする仕組みです。リフレクションを利用することで、たとえば外部からの入力／条件に応じて、呼び出すべきメソッドをすげ替えるといったことも可能になります。

ただし、この柔軟さには代償もあります。まず、メンバー名を文字列で指定するので、誤りをコンパイル時に検出できません。また、サンプルを見てもわかるように、一般的なドット演算子によるアクセスに比べると、コードが冗長になりがちです。冗長であるということは、それだけ読みにくく、修正もしにくいコードであるということです。そして、決定的なことに、リフレクションは低速です。

このような点から、リフレクションはできるだけ利用すべきではありません。アノテーションのように、利用せざるを得ない局面は確かに存在しますが、一般的にはまず、リフレクション以外で実装できないかを検討してください。

練習問題　11.2

[1] メソッドがJava 9以降では非推奨であることを、アノテーションを使って表現してみましょう。

[2] 以下は、リフレクション経由でStringクラスのsubstringメソッドを呼び出すためのコードです。空欄を埋めて、コードを完成させてみましょう。

```
var clazz = String.  ①  ;
var con = clazz.  ②  (String.  ①  );
var str = con.  ③  ("こんにちは、Java！");
var m = clazz.  ④  ("substring", int.  ①  , int.  ①  );
System.out.println(m.  ⑤  (str, 6, 10));    // 結果：Java
```

11.3　モジュール

モジュールとはパッケージの上位概念で、パッケージ群と関連するリソース、そして、自身の構成情報を規定するモジュール定義ファイルから構成されます（図11.9）。Java 9で新たに導入されました。

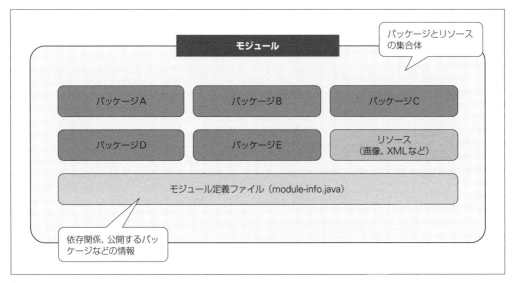

❖図11.9　モジュールとは?

　一見して、パッケージと同じく「クラスを機能単位に束ねる」ための仕組みですが、パッケージと
はなにが異なるのでしょうか?　それを理解するには、従来のパッケージの問題を理解しなければな
りません。

(1) パッケージ単位にアクセス権限を設定できない

　従来のJavaでは、publicとパッケージプライベートとの間に大きな落差がありました。というの
も、パッケージプライベートでは可視性はパッケージ内に制限されますが、public権限を与えた途
端に、すべてのクラスからアクセスが可能になります。

　しかし、中規模以上のライブラリ/フレームワークでは、図11.10のような状況によく遭遇します。

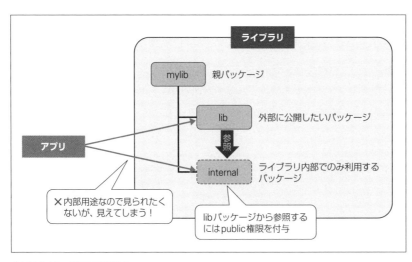

❖図11.10　従来の問題点

`mylib.internal`のような —— ライブラリ内部での利用を想定したパッケージの存在です。このようなパッケージ配下の`public`クラスは、あくまでライブラリ内の他のパッケージからのアクセスを想定したもので、ライブラリ外部からはアクセスさせたくないのが一般的でしょう。

しかし、従来のJavaでは、内部用途の`public`クラスを不可視にする手段はありません（ドキュメントでその旨を注記するくらいが関の山です）。

（2）.jarファイルは依存関係を表現できない

従来、Javaでは複数のパッケージを.jar形式の圧縮ファイルとしてまとめ、ライブラリとして提供するのが一般的でした。.jarは手軽なライブラリ化の手段ですが、単なるアーカイブなので、ライブラリ間の依存関係を表現することはできません。

つまり、.jarの中の「どの型（API）が外部からの利用を想定しているのか」「動作のために、どのライブラリを必要とするのか」は、.jarファイルを見ただけではわかりません。なにかしらライブラリが不足していた場合にも、開発者自身が不足分を探し当てる必要があったのです。

しかし、これらの問題がモジュールの導入によって解決します。モジュールを利用することで、特定のライブラリ／フレームワークをひとかたまりのグループとして、束ねられます。モジュール化されたライブラリでは、`public`クラスも、

- 現在のモジュールの中だけで`public`
- 特定のモジュールに対してのみ`public`
- すべてに対して`public`（従来の`public`）

と、より細かな管理が可能になります。上の例であれば、`mylib.internal`パッケージは現在のモジュールの中でだけアクセスできるようにするのが望ましいでしょう。

そして、モジュールは自身の構成情報を保持しています。これらの情報を参照することで、ライブラリの依存関係をごく簡単に把握できます。

 ## 11.3.1 モジュールの基本

さて、ここからは具体的なモジュールの用法について見ていきます。

とはいっても、1.3.1項の手順でプロジェクトを作成しているならば、モジュールはすでに導入できているはずです。/srcフォルダーの直下を確認すると、`module-info.java`というファイルを発見できます。これがモジュール定義ファイルです。既定では、リスト11.32のようなコードが作成されています。

```
module selfjava {
}
```

これで、ソースフォルダー配下のパッケージ一式が、selfjavaモジュールに属するという意味になります。一見して、モジュール名（selfjava）とパッケージ名（to.msn.wings.selfjava~）とに対応関係があるようにも見えますが、一致していなくてもかまいません（ただし、対応関係にあったほうが管理はしやすいでしょう）。

{...}配下には、このあと、モジュールが「依存するパッケージ」「外に公開するパッケージ」などの情報を列挙していきますが、現在のプロジェクト全体をモジュールとして扱うだけであれば、これで十分です。

モジュール名のルール

ここでは簡単化のために、プロジェクト名と同名のモジュール名を採用していますが、一般的には、モジュール名の先頭には、（パッケージ名と同じく）ドメイン名を逆順にしたものを付与するのが望ましいでしょう。

たとえば、モジュールが以下のようなパッケージを含んでいるとしたら、モジュール名はパッケージ名の共通部分である「to.msn.wings.selfjava」とすることをお勧めします。

- to.msn.wings.selfjava.app
- to.msn.wings.selfjava.lib
- to.msn.wings.selfjava.internal

11.3.2　標準ライブラリのモジュール

Java 9以降では、標準ライブラリもモジュール化されています。コマンドラインから、以下のコマンドを実行することで、標準で利用できるモジュールを「モジュール名@バージョン番号」の形式で確認できます（本書検証環境では70個のモジュールが表示されます）。

```
> cd C:/jdk-21/bin
> ./java --list-modules
java.base@21
java.compiler@21
java.datatransfer@21
java.desktop@21
java.instrument@21
...中略...
jdk.xml.dom@21
jdk.zipfs@21
```

5.6.8項では、java.net.httpモジュール（パッケージ）を利用するために、リスト11.33のようにモジュール定義ファイルを編集したことを思い出してください。

▶リスト11.33 module-info.java

```
module selfjava {
  requires java.net.http;
}
```

これで「selfjavaモジュールではjava.net.httpモジュールを必要（requires）とする」ことを意味します。requires宣言がない状態で、.javaファイルから対象のパッケージをインポートすると、「The type java.net.http.HttpRequest is not accessible」のようなエラーとなります。

モジュールの世界では、自分以外のモジュールを参照する場合、明示的にrequires宣言で必要とするモジュールを宣言しなければならないわけです（パッケージとimportの関係にも似ています）。

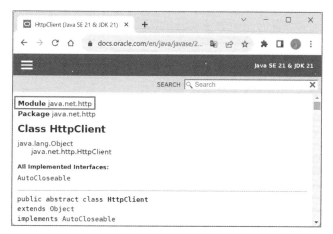

❖図11.A　HttpClientクラスが属するモジュール

基本モジュール java.base

ただし、標準ライブラリを利用するにも、いちいち requires を追加するのは面倒です。そこで標準ライブラリの中でもよく利用するパッケージについては、java.base モジュールとしてまとめられています。そして、java.base モジュールは暗黙的にロードされるため、明示的に requires 宣言する必要はありません。

java.base モジュールに属する主なパッケージは、以下です。

- java.io
- java.lang
- java.lang.annotation
- java.lang.reflect
- java.math
- java.net
- java.nio
- java.nio.file
- java.text
- java.time

- java.time.chrono
- java.time.format
- java.time.temporal
- java.util
- java.util.concurrent
- java.util.concurrent.atomic
- java.util.concurrent.locks
- java.util.function
- java.util.regex
- java.util.stream

ちなみに、Java標準ライブラリ全体を定義した java.se モジュールもあります。とりあえずモジュールを意識せずに、標準ライブラリを利用したい場合には、java.se モジュールを requires するとよいでしょう（ただし、不要なモジュールまでロードしてしまうので、本番環境で無制限に java.se を requires すべきではありません）。

 11.3.3　推移的な依存

java.se モジュールのモジュール定義ファイルを引用します（リスト11.34）。

▶リスト11.34　module-info.java

```
module java.se {
  requires transitive java.compiler;
  requires transitive java.datatransfer;
  requires transitive java.desktop;
  ...中略...
}
```

`requires transitive`は推移的な依存を表します（図11.11）。推移的とは、ロードしたモジュールの先でさらに他のモジュールに依存していた場合、芋づる式に依存先のモジュールもロードすることを言います。

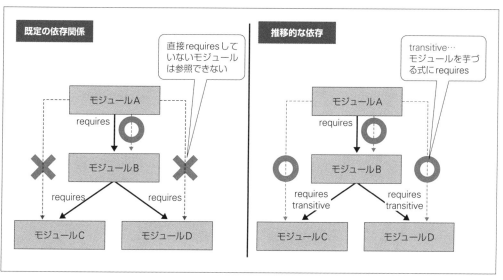

❖図11.11　推移的な依存

依存先モジュールの依存先を探って宣言するのは厄介なことですが、`requires transitive`によって、そうした手間を省けます。

note　その他にも、コンパイル時にだけ依存する（＝実行時には不要な）モジュールを表す`requires static`ディレクティブもあります。コンパイル時にのみ有効なアノテーションを扱う際などに利用することになるでしょう。

```
requires static lombok;
```

11.3.4　パッケージを公開する

以上が既存のモジュールを利用するうえでのルールです。続いて、自分でモジュールを定義して、誰かに対して開示する場合の方法を見ていきます。本節冒頭でも挙げた例ですが、図11.12のような状況を想定してみましょう。

11

高度なプログラミング

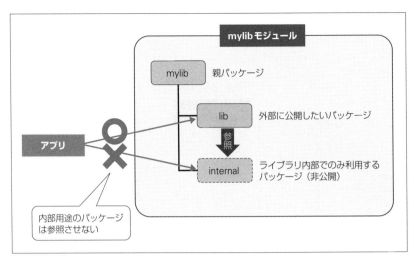

❖図11.12　本項で作成するサンプル

　internalパッケージは、モジュール内でのみ利用したい内部実装です。内部実装ということは、あとで変更される可能性もあるので、不特定多数に開示したくないものです（あくまでライブラリとして開示したいのはlibパッケージだけです）。

　この場合、リスト11.35のようにexportsディレクティブを用いることで、libパッケージだけをモジュールの外側に開示できます。

▶リスト11.35　module-info.java（mylibプロジェクト）

```
module mylib {
  exports mylib.lib;
}
```

　mylibモジュールに対して、実際にselfjavaプロジェクトからもアクセスしてみましょう（リスト11.36）。

▶リスト11.36　上：ModuleClient.java／下：module-info.java（selfjavaプロジェクト）❶

```
import mylib.lib.MainLib; ─────────────────────────────── ❶
import mylib.internal.SubLib; ─────────────────────────── ❷
...中略...
var main = new MainLib();
main.run();

module selfjava {
  ...中略...
  requires mylib;
}
```

❶は正しくインポートできるものの、❷はコンパイルエラーとなります。internalパッケージは不可視となっているわけです。

モジュールとは、これまでpublicとパッケージプライベートとの間に大きく開いていた権限の溝を埋めるための仕組みなのです（図11.13）。

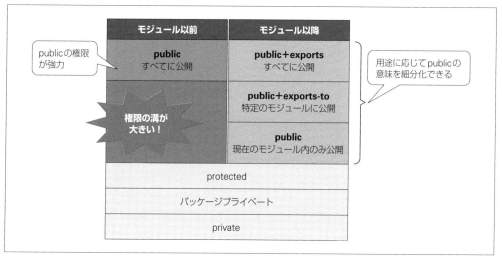

❖図11.13　権限の溝

補足 プロジェクトから.jarファイルを作成する

mylibモジュールは、配布サンプル上はmylibプロジェクトとしてまとめています。以下では、mylibプロジェクトを.jarファイルとしてエクスポートし、selfjavaプロジェクトから参照する手順をまとめておきます（配布サンプルでは、初期状態のmylib.jarを有効にしています）。

> **note** .jarとは「Java ARchive」の略で、名前の通り、ライブラリの動作に必要なファイルをまとめたアーカイブです。Javaの多くのライブラリは、.jar形式で提供されています。
> しかし、これだけの説明ではややイメージしにくいので、.jarファイルの中身をのぞいてみましょう。.jarファイルは内部的なフォーマットとしては.zipと同等なので、拡張子を.zipに変更するだけで一般的な解凍ソフトでも開けるようになります。たとえば図11.Bは、Gsonというライブラリを構成するgson-x.x.x.jarをgson-x.x.x.zipにリネームしたうえで解凍した結果です。中に様々なファイル（多くは.classファイル）が含まれていることを確認できます。

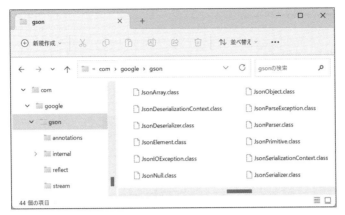

❖図11.B　.jarファイルの中身を解凍

Javaでは、このように実行に必要なファイルを1つのファイルにアーカイブとしてまとめることで、ライブラリの配布を容易にしているわけです。

----

[1] プロジェクトを.jarファイルにエクスポートする

VSCodeで`mylib`プロジェクトを開いた状態で、Ctrl + Shift + Pでコマンドパレットを開き、「jar」と入力してみましょう。

❖図11.14　プロジェクトから.jarファイルをエクスポート

表示されたコマンドの一覧から［Java: Export Jar...］を選択します。上のようなトーストが表示されれば、.jarファイルは正しく作成できています。［Reveal in File Explorer］ボタンからエクスプローラーを開けるので、プロジェクトルートに`mylib.jar`が生成されていることも確認しておきましょう。

生成された.jarファイルの詳細（追加されたファイル）については、ターミナルからも確認できます。

❖図11.15　mylib.jarの生成結果

[2] .jarファイルを配置する

作成したmylib.jarは、selfjavaプロジェクトから参照できるよう、/selfjava/libフォルダーにコピーしておきます。

これで、以下のコマンドで、リスト11.36をコンパイル&実行できるようになります（コマンドは配布サンプルのcommand.txtにも収録しています）。コピー先を変更した場合には、適宜コマンド（モジュールパス）も読み替えてください。

```
> $Env:Path += ";C:\jdk-21\bin"                            ➡Javaへのパスを追加
> cd C:\data\selfjava\src                                  ➡カレントフォルダーを移動

> javac --enable-preview -source 21 --module-path ".;../lib" to/msn/wings/⏎
selfjava/chap11/ModuleClient.java module-info.java          ➡コンパイル

> java --enable-preview --module-path ".;../lib" ⏎
--module selfjava/to.msn.wings.selfjava.chap11.ModuleClient  ➡実行
```

特定のモジュールに対してのみパッケージを公開する

exportsディレクティブにto句を付与することで、特定のモジュールに対してのみパッケージを公開することも可能です。

構文 exports...toディレクティブ

```
exports パッケージ to モジュール, ...
```

たとえばmodule-info.java（mylibプロジェクト）を、リスト11.37のように編集してみましょう。

```
module mylib {
  exports mylib.lib to selfjava;
}
```

この場合、libパッケージはselfjavaモジュールに対してのみ公開されます。公開先のモジュールはカンマ区切りで複数指定してもかまいません。

privateメンバーをオープンにする

リフレクション（11.2.5項）を利用すればprivateメンバーに強制的にアクセスすることも可能です。これを**ディープリフレクション**と呼びます（一般的なアプリではそうした用途はあまりないので、主にミドルウェアなどを開発する際の用途になるはずです）。

ただし、モジュールをexportsしただけでは、ディープリフレクションは許されません。たとえばリスト11.38のコードは、エラーとなります。

▶リスト11.38　ModuleClient2.java（selfjavaプロジェクト）❗

```
var clazz = MainLib.class;
var con = clazz.getConstructor();
var m = con.newInstance();
var name = clazz.getDeclaredField("name");
name.setAccessible(true);    // 結果：エラー（InaccessibleObjectException）
System.out.println(name.get(m));
```

そのような用途ではopensディレクティブで、パッケージを宣言してください（リスト11.39）。

▶リスト11.39　module-info.java（mylibプロジェクト）

```
module mylib {
  opens mylib.lib;
  ...中略...
}
```

あくまでopensディレクティブは、実行時にだけパッケージを公開するので、リフレクション以外でも型を参照している場合には、exportsディレクティブも併記しなければなりません。

exportsディレクティブと同じく、to句で開示先のモジュールを制限することも可能です。

また、moduleキーワードの前方にopenを付与することで、モジュール配下のパッケージをすべてopen扱いにすることも可能です（このようなモジュールを**オープンモジュール**と呼びます）。

```
open module mylib { ... }
```

11.3.5 特殊なモジュール

　モジュールはJava 9で導入された比較的新しい仕組みです。導入から相応に時間が経過したとは言え、まだまだレガシーなコードには非モジュールのものが残っているはずです。では、これらの資産とモジュールとを共存させることはできないのでしょうか。

　問題ありません。Javaでは、従来のライブラリ（＝モジュール定義ファイルを持たないライブラリ）を最低限モジュールとして扱うために、以下のような疑似的なモジュールの概念を提供しています。

- 自動モジュール
- 無名モジュール

以下では、これら特殊なモジュールの扱いについて解説しておきます。

> **note** これらの特殊なモジュールと区別する意味で、`module-info.java`を持つモジュールを**アプリケーションモジュール**（Application Module）、標準ライブラリを構成するモジュールを**プラットフォームモジュール**（Platform Module）と呼びます。

自動モジュール（Automatic Module）

　モジュールパスに配置された`.jar`ファイルで、モジュール定義ファイル（`module-info.class`）を持たないライブラリがこれです。自動モジュールの名前は、次のいずれかによって決定します。

> **note** **モジュールパス**とは、モジュール（`.jar`ファイル）の検索先を表すパスです。いわゆるクラスの検索先を表すクラスパス（CLASSPATH）のモジュール版ですが、クラスパスとは別ものです。p.43でもjavac／javaコマンドを呼び出す際に`--module-path`オプションでモジュールパスを指定していることを確認してみましょう。

（1）マニフェストファイルから決定

　マニフェストファイルとは、`.jar`ファイルの構成を表すためのファイル。`.jar`ファイルを生成する時に自動的に作られ、/META-INF/MANIFEST.MFとして保存されています（mylib.jarにもできているので、気になる人は覗いてみましょう）。

　自動モジュールの場合、このマニフェストファイルの`Automatic-Module-Name`属性で指定された名前をモジュール名とします（リスト11.40）。

高度なプログラミング

▶リスト11.40 MANIFEST.MF

```
Manifest-Version: 1.Ø
Automatic-Module-Name: hoge.bar
```

（2）.jarファイルの名前から決定

具体的なルールは、以下の通りです。

1. 拡張子「.jar」は削除

2. ハイフン以降の文字が数値／ドットのみの場合（＝正規表現で「-(\d+(\.|$))」に一致する場合）、ハイフン以降の除去

3. 英数字でない文字（ハイフン、アンダースコアなど）はドット（.）に変換

4. 繰り返しのドットは単一のドットに、先頭／末尾のドットは除去

たとえばhoge-bar-1.Ø.5.jarであれば、モジュール名はhoge.barとなります。

いずれで判定された場合も、自動モジュールは以下のルールで動作します。

● 配下の全パッケージをexports／opens

● モジュールパスに登録されたすべてのモジュール、および、すべての無名モジュール（後述）をrequires

ただし、自動モジュールでexports／opensされたパッケージを、他のモジュールから利用するにはrequiresは必要です。

無名モジュール（Unnamed Module）

クラスパス（p.44）に配置された.jarファイルです。無名（Unnamed）とあるように、モジュール名は付与されません。名前がないので、コンパイル時にも、アプリケーションモジュールからの参照はできません（図11.16。自動モジュールからは参照可能）。

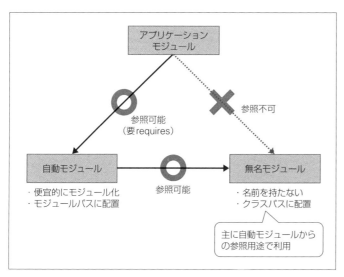

❖図11.16　無名モジュール

　よって、アプリケーションモジュールから既存のライブラリ（.jarファイル）を参照する場合には、.jarファイルをモジュールパスに移動し、自動モジュールとして扱う必要があります。

 11.3.6　例　非モジュールライブラリとの共存

　ここで、モジュールされたアプリから非モジュールライブラリを利用する場合に遭遇する問題と、その解決方法を具体的な例とともに、見ていきます。ここで扱うのはGson（`https://github.com/google/gson`）というライブラリです。Gsonは、JavaのオブジェクトをJSON形式の文字列に変換するためのライブラリで、

- `java.sql`パッケージ（`java.sql`モジュール）に依存
- 変換対象のJavaオブジェクトにディープリフレクション

しなければならない、という特徴があります。
　Gsonはバージョン2.8.5以前がモジュール非対応となっているので、本書でも2.8.5を利用していきます。

> *note*　JSON（JavaScript Object Notation）は、名前の通り、JavaScriptのオブジェクトリテラル形式に準じたデータフォーマットです。その性質上、JavaScriptとは親和性も高く、近年では外部サービスとの連携に際してもよく利用されています。

11

高度なプログラミング

リスト11.41は、Gsonを利用してArticle（記事）クラスをJSON文字列に変換する例です。Gsonライブラリ（gson-2.8.5.jar）は、あらかじめプロジェクトルート配下の/libフォルダーに配置しておくものとします。

▶リスト11.41　上：NoModuleLib.java／中：Article.java／下：module-info.java❶

```
import com.google.gson.Gson;
...中略...
var g = new Gson();
var a = new Article(
  "最新Javaアップデート解説", "https://codezine.jp/article/corner/839");
// オブジェクトの内容をJSON化した結果を出力
System.out.println(g.toJson(a));
```

```
public class Article {
  private String title;
  private String url;

  public Article(String title, String url) {
    this.title = title;
    this.url = url;
  }
  ...中略...
}
```

```
module selfjava {
  ...中略...
  requires gson;
}
```

期待される結果は、「{"title":"最新Javaアップデート解説","url":"https://codezine.jp/article/corner/839"}」のようなJSON文字列です。しかし、現在の設定では「Exception in thread "main" java.lang.NoClassDefFoundError: java/sql/Time」のような実行時エラーが発生します。Gsonが内部的に利用しているjava.sqlモジュールへの参照がないため、java.sql.Timeクラスにもアクセスできないわけです。

しかし、Gsonそのものはモジュール定義ファイルを持たないので、自身ではrequires設定はできません。そこで、実行オプションとして、明示的にモジュールを追加します。具体的には、以下のような--add-modulesオプションを追加します。

```
> java --module-path ".;../lib" --add-modules=java.sql --module selfjava/⏎
to.msn.wings.selfjava.chap11.NoModuleLib
```

結果はエラーとなりますが、その内容が変化します。

```
Exception in thread "main" java.lang.reflect.InaccessibleObjectException: ⏎
Unable to make field private java.lang.String mylib.lib.MainLib.name ⏎
accessible: module mylib does not "opens mylib.lib" to module selfjava
```

Gsonライブラリがselfjavaモジュール（内のArticleクラス）に対してディープリフレクションしていますが、権限がありませんよ、というわけです。そこでこれを解決するのが、--addopensオプションです。同じくjavaコマンドを、以下のように変更しましょう。

```
> java --module-path ".;../lib" --add-modules=java.sql --add-opens=selfjava/⏎
to.msn.wings.selfjava.chap11=gson --module selfjava/to.msn.wings.⏎
selfjava.chap11.NoModuleLib
```

--add-opensオプションの構文は、以下の通りです。

構文 --add-opensオプション

--add-opens=モジュール名/パッケージ名=アクセスを許可するモジュール

この例であれば、「selfjavaモジュールのto.msn.wings.selfjava.chap11パッケージをgsonライブラリからopensアクセス可能に」します。再度実行すると、エラーが解消され、意図した結果が得られるはずです。

なお、opens権限ではなく、exports権限を付与したい場合には、--add-exportsオプションを利用します。用法は、--add-opensオプションと同様です。

> note モジュール間の依存関係は、jdepsというコマンドを利用することで確認できます。たとえば、上で利用しているgsonモジュールの依存先を確認したいならば、以下のようにします。

```
> jdeps gson-2.8.5.jar
  com.google.gson         -> com.google.gson.internal           gson-2.8.5.jar
  com.google.gson         -> com.google.gson.internal.bind      gson-2.8.5.jar
  com.google.gson         -> com.google.gson.internal.bind.util gson-2.8.5.jar
...中略...
  com.google.gson.stream  -> java.lang                          java.base
```

結果に「見つかりません」のような表示がある場合には、依存している.jarファイルをすべて列挙したうえでjdepsコマンドを再実行します。

✓ この章の理解度チェック

[1] 以下は、本章で解説したテーマについて説明したものです。正しいものには○、誤っているものには×を付けてください。

( ) スレッドを維持しておくのはリソースの浪費なので、できるだけその場その場で解放するのが望ましい。

( ) `java.util.concurrent.atomic`パッケージは明示的なロックの仕組みを提供する。

( ) アノテーションの属性に指定できるのは、基本型、文字列型に限られる。

( ) 標準ライブラリの中でもよく利用するパッケージについては、`java.se`モジュールとしてまとめられており、暗黙的にロードされる。

( ) モジュール定義ファイルを持たないライブラリをモジュールパスに配置した場合、無名モジュールとして扱われる。

[2] リスト11.Aは、別スレッドで乱数を求めて、そのミリ秒数分だけスレッドを休止したあと、その値をメインスレッドで表示するコードです。空欄を埋めて、コードを完成させてみましょう。

▶リスト11.A　Practice2.java

```java
import java.util.Random;
import java.util.concurrent.ExecutionException;
import java.util.concurrent.Executors;
...中略...
// 単一のスレッドを準備
try (var exe = Executors. ①  ()) {
  // スレッドを実行
  var r = exe.submit( ②   {
    var rnd = new  ③  ();
    var num = rnd.nextInt(1000);
    Thread. ④ (num);
    return num;
  });
  // スレッドからの戻り値を表示
  System.out.println("結果: " + r. ⑤ ());
} catch (InterruptedException | ExecutionException e) {
  e.printStackTrace();
}
```

[3] 以下は、本章で解説した構文を利用したコードの断片です。誤っている場合には正しいコードに修正してください。ただし、コード内で利用されている変数／メソッドなどはあらかじめ用意されているものとします。また、正しい場合は「正しい」とだけ答えます。

```
①public class MyRunner implements Thread {...}
②synchronized void increment() {...}
③var sche = Executors.newSingleThreadScheduledExecutor(3);
④@Override
  public String toString() {...}
⑤opens module mylib {...}
```

[4] リスト11.Bは、複数の非同期処理を順に実行するためのコードです。最初の処理1で求めた乱数を、処理2、処理3でそれぞれ倍にし、最終的な結果を出力します（heavyは、指定されたミリ秒数だけ処理を休止するメソッドとします）。空欄を埋めて、コードを完成させてみましょう。

▶リスト11.B　Practice4.java

```
// 処理1
  ①  .supplyAsync(() -> {
  var r = new Random();
  var num = r.nextInt(2000);
  heavy(num);
  System.out.printf("処理1: %d\n", num);
  return num;
})
  // 処理2（乱数を倍に）
  .  ②  (  ③   {
    var num = data * 2;
    heavy(num);
    System.out.printf("処理2: %d\n", num);
    return num;
  })
  // 処理3（乱数をさらに倍に）
  .  ④  (  ③   {
    var num = data * 2;
    heavy(num);
    System.out.printf("処理3: %d\n", num);
  });
```

```
処理1: 299
処理2: 598
処理3: 1196
```

※結果は実行のたびに異なります。

「練習問題」「この章の理解度チェック」解答

付録 **A**

第1章の解答

この章の理解度チェック　p.42

[1] Javaは、オブジェクト指向言語の一種です。**オブジェクト指向**とは、プログラムの中で扱う対象をモノ（オブジェクト）になぞらえ、その組み合わせによってアプリを形成していく手法のことを言います。Javaで作成されたアプリは、**Java仮想マシン**の上で動作します。仮想マシンがプラットフォームごとの違いを吸収するので、基本的にJavaアプリは仮想マシンが対応するすべてのプラットフォームで動作します。また、**ガベージコレクション**という仕組みによって、メモリ管理が自動化され、アプリ開発者がメモリの解放などを意識する必要はありません。

[2] ① インポート
② クラス
③ コメント
④ メソッド
⑤ 命令文

Javaのソースコードを構成する基本的な要素を問う問題です。いずれも詳細はこれから学んでいきますが、まずはここでキーワードだけは押さえておきましょう。

[3] mainメソッド／エントリーポイント
Javaでは、アプリを起動したときに、まずmainメソッドを探し出して、これを実行します。

[4] ;（セミコロン）
文の終わりはセミコロンで表します。よって、文の途中で（キーワードの区切りであれば）改行や空白を加えてもかまいません。特に長い文は適宜、改行を加えることで、コードを読みやすくできます。

[5] //、/*...*/、/**...*/
それぞれの記法の違いについては、次のような点を挙げられれば正解です。

● //は単一行コメント、/*...*/は複数行コメント
● /**...*/はドキュメンテーションコメントで、クラス／メソッドの情報を表すのに利用する。その内容は、ツールを介してドキュメントに変換できる
● //、/*...*/であれば、まずは//を利用するのが望ましい

第2章の解答

練習問題　2.1　p.52

① 誤り。識別子を数字で始めることはできません（2文字目以降は可）。
② 正しい。変数はcamelCase記法が基本ですが、Pascal記法でも文法上の誤りではありません。
③ 正しい。識別子にはマルチバイト文字も利用できます。ただし、一般的には英数字、アンダースコアの範囲にとどめてください。
④ 誤り。予約語を識別子にはできません。
⑤ 誤り。「-」は演算子なので、識別子の一部として利用することはできません。

練習問題　2.2　p.60

[1] 以下から5つ以上挙げられれば正解です。詳しくはp.54の表2.3を参照してください。

● 整数型：byte、short、int、long
● 浮動小数点型：float、double
● 真偽型：boolean
● 文字型：char

[2] 基本型の変数には、値そのものが格納されます。一方、参照型の変数には値の格納場所を表す情報だけが格納されます。実際の値は、別の場所に格納されます。

練習問題 2.3 (p.66)

[1] 以下のようなリテラルを表現できていれば正解です。

① 0xFF

接頭辞が0xで、以降の数値は0～9、A～Fであること。

② 123_456

アンダースコアで、一般的には3桁ごとに数値を区切る。先頭／末尾のアンダースコアは不可。

③ """

こんにちは、あかちゃん！

ご機嫌いかがですか？ """

"""...""" でテキストブロックを表現できます。従来の文字列リテラルを利用するならば、「"こんにちは、あかちゃん！\nご機嫌いかがですか？"」のようにエスケープシーケンスで改行を表します。

④ 1.4142E-3

＜仮数部＞E＜符号＞＜指数部＞の形式。

⑤ 'あ'

シングルクォートで単一文字をくくっていること。

練習問題 2.4 (p.70)

[1] long型からint型のように、値範囲の広い型から狭い型へは暗黙的に代入（変換）できません。実際の値が、変換先の範囲に収まっている場合でも、明示的に型キャストします。リストA.1は、修正したコードです。

▶リストA.1 PCast.java

```
long m = 10;
int i = (int)m;
```

この章の理解度チェック (p.83)

[1] 次のポイントを挙げられれば正解です。

● 変数の宣言には、データ型（ここではString）、または型推論を表すvarが必要です。
● 文字列リテラルはシングルクォートではなく、ダブルクォートでくくります。
● 文の末尾にはセミコロンを付けます。

以上を修正したコードは、リストA.2の通りです。

▶リストA.2 Practice1.java

```
package to.msn.wings.selfjava.chap02.
practice;

public class Practice1 {
  public static void main(String[] args) {
    var data = "こんにちは、世界！";
    System.out.println(data);
  }
}
```

[2] ① 完全修飾名
② 単純名
③ import
④ 解決

import命令による宣言は、VSCodeの機能を利用することで簡単に挿入できます。今後もよく利用する操作なので、忘れてしまったという人はp.33～34の解説を再確認しておきましょう。

[3] ① final
② 0.9
③ DISCOUNT
④ println
⑤ int

結果は整数で表示、とあるので、⑤では型キャストを利用して結果をint型に変換しています。

[4] （○）正しい。

（×）文字列リテラルはダブルクォートでくくります。シングルクォートは文字リテラルを表すために利用します。

（×）shortの型サフィックスは存在しません。その範囲内にあるint型リテラルをshort型の変数に渡すことで、自動的にshort型に代入できるからです。

（×）int型からfloat型への変換などでは桁落ちが発生する可能性があります。

（×）クラスから直接呼び出せるメソッド／フィールドもあります。

[5] ① `var value = 10d;`

②
```
System.out.println("""
ようこそ
Javaの世界へ！""");
```

別解として、以下のようにエスケープシーケンスを利用してもかまいません。

```
System.out.println(⏎
"ようこそ\nJavaの世界へ！");
```

③ `String str = null;`

④ `int[][] data = new int[5][4];`

⑤
```
var list = new int[][] {
    { 2, 3, 5 },
    { 1, 2 },
    { 10, 11, 12, 13 },
};
```

第3章の解答

練習問題 3.1 p.94

[1] 前置演算と後置演算とは、加算（減算）してから値を代入するか、値を代入してから加算（減算）するかという点で異なります。よく理解していないという人は、3.1.3項の例を再度確認してみましょう。

[2] ① 45
② エラー
③ 1
④ Infinity
⑤ 2

インクリメント演算子はオペランドに対して直接作用するので、リテラルをそのまま渡すことはできません（②）。また、「/」「%」によるゼロ除算（④）は、オペランドが整数型、小数型いずれであるかによって挙動が変化する点に要注意です。

練習問題 3.2 p.105

[1] リストA.3のようなコードが書けていれば正解です。

▶リストA.3　PCondition.java
```
var value = "はじめまして";
System.out.println(value == null ? ⏎
"値なし" : value);
```

同様の操作は、後述するif／switch命令でも表せますが、単純な代入や演算を分岐する場合には、条件演算子を利用することでよりシンプルに記述できます。

[2] ① true
参照型の値はequalsメソッドで比較するのが基本です。
② エラー
==演算子で文字列と整数値とを比較することはできません。
③ false
参照型を==演算子で比較した場合、既定では参照先が等しいかを判定します。よって、③のように比較は見た目の値が等しくてもfalseとなります。
④ true
配列の比較では、そもそも配列自体のequalsメソッドは使えません。問題文のようにArraysクラス（java.utilパッケージ）のequalsメソッドを利用してください。

この章の理解度チェック p.113

[1] ① 算術演算子（代数演算子でも可）
② 代入演算子
③ ?:
④ 論理演算子
⑤ &、^、|、~、<<、>>、>>>から3個以上

[2] x：6
y：4
builder1、builder2ともに：いろはにほへと
基本型と参照型とで代入の挙動が異なる点に注意し

てください。参照型では値の格納先（アドレス）が引き渡されるだけなので、代入先の変更は代入元にも影響します。

[3] 変数strがnullの場合、endsWithメソッドの呼び出しがエラーとなります。よって、最初にnullチェックしてからメソッドを呼び出すように修正します。

```
if(str.endsWith(".java")) {
```
⬇
```
if (str != null && str.endsWith(".java")) {
```

「&&」「||」演算子はショートカット演算の特徴を持つので、変数strがnullの場合、endsWithメソッドはそもそも呼び出されなくなります。

[4] ① 優先順位
② 結合則
③ 高い
④ 同じ
⑤ 代入演算子

練習問題 4.1 p.132

[1] リストA.4のようなコードが記述できていれば正解です。if命令で多岐分岐を表現する場合には、条件式を記述する順番に要注意です。

▶リストA.4 PIf.java
```
var point = 75;

if (point >= 90) {
  System.out.println("優");
} else if (point >= 70) {
  System.out.println("良");
} else if (point >= 50) {
  System.out.println("可");
} else {
  System.out.println("不可");
}
```

[2] ベン図については、p.119の図4.1を参照してください。このような置き換えルールをド・モルガンの法則と言います。法則を忘れてしまった場合にも、ベン図で理解しておくことで、自分で置き換えが可能となります。

練習問題 4.2 p.146

[1] while命令は条件式を前置判定するのに対して、do...while命令は後置判定します。つまり、条件式が最初からfalseである場合、while命令はループを一度も処理しませんが、do...while命令はいかなる場合も一度はループを実行します。

[2] リストA.5のようなコードが書けていれば正解です。

▶リストA.5 PFor.java
```
for (var i = 1; i < 10; i++) {
  for (var j = 1; j < 10; j++) {
    var result = i * j;
    System.out.print(result + " ");
  }
  System.out.println();
}
```

このように、for命令はネストが可能です。その場合、カウンター変数の名前は、それぞれで異なるものを使用しなければなりません。

この章の理解度チェック p.151

[1] ① for
② args
③ value
④ i

コマンドライン引数の型は文字列です。よって、演算に際してはparseIntメソッドで整数に変換しなければなりません。コマンドライン引数の設定方法については、p.144も参照してください。

リストA.6のようなコードが書けていれば正解です。

▶リストA.6　Practice2.java

```java
var i = 1;
var sum = 0;

while (i <= 100) {
  sum += i;
  if (sum > 1000) {
    break;
  }
  i++;
}
System.out.println("合計が1000を超えるのは、⏎
1～" + i + "を加算したときです。");
```

カウンター変数を利用したループは原則としてfor命令で表現すべきですが、ここでは練習のためにwhile命令を利用しています。while命令では、カウンター変数の加算／減算が条件式から離れているため、そもそもの記述漏れに注意してください。加算／減算の漏れは、無限ループの原因となります。

[3]　リストA.7のようなコードが書けていれば正解です。

▶リストA.7　Practice3.java

```java
var sum = 0;
for (var i = 100; i <= 200; i++) {
  if (i % 2 == 0) {
    continue;
  }
  sum += i;
}
System.out.println("合計値は" + sum);
```

本文では偶数値を判定する例を紹介しました。ここではその逆なので、2で割り切れる数を取り除けば奇数値だけの合計を求めることができます。

[4]　リストA.8のようなコードが書けていれば正解です。

▶リストA.8　Practice4.java

```java
var language = "Kotlin";

switch (language) {
  case "Scala":
  case "Kotlin":
```

```java
  case "Groovy":
    System.out.println("JVM言語");
    break;
  case "C#":
  case "Visual Basic":
  case "F#":
    System.out.println(".NET言語");
    break;
  default:
    System.out.println("不明");
    break;
}
```

複数のcase句をbreakせずに実行させるフォールスルーは原則として禁止ですが、このように複数の条件式を表すために空のcase句を連ねる方法はよく使われます。覚えておくとよいでしょう。

その他、別解として、以下のような解答も可能です。

```java
var language = "Kotlin";

switch (language) {
  case "Scala", "Kotlin", "Groovy":
    System.out.println("JVM言語");
    break;
  case "C#", "Visual Basic", "F#":
    System.out.println(".NET言語");
    break;
  default:
    System.out.println("不明");
    break;
}
```

複数の値をカンマ区切りで列挙する新構文の記法です。

また、switch式を利用すれば、さらにシンプルになります。

```java
var language = "Kotlin";

System.out.println(switch(language) {
  case "Scala", "Kotlin", "Groovy" -> ⏎
"JVM言語";
  case "C#", "Visual Basic", "F#" -> ⏎
".NET言語";
  default -> "不明";
});
```

新構文の導入によって、switchでは様々な表現が可能になっています。同じ意味のコードを書き換えながら、表現の引き出しを増やしていくと良いでしょう。

[5] リストA.9のようなコードが書けていれば正解です。

▶リストA.9　Practice5.java

```java
var language = "Kotlin";
if (language.equals("Scala") || ⏎
language.equals("Kotlin") || ⏎
language.equals("Groovy")) {
  System.out.println("JVM言語");
} else if (language.equals("C#") || ⏎
language.equals("Visual Basic") || ⏎
language.equals("F#")) {
  System.out.println(".NET言語");
} else {
  System.out.println("不明");
}
```

|| 演算子ではなく、else ifブロックを条件値の数だけ記述してもかまいませんが、コードが冗長になるだけなので、通常は避けるべきです。また、ここでは練習のためにif命令を利用していますが、そもそもこのようなケースではswitch命令を優先して利用してください。

第5章の解答

練習問題　5.1　p.173

[1] リストA.10のようなコードが書けていれば正解です。

▶リストA.10　PSubstring.java

```java
var str = "プログラミング言語";
System.out.println(str.substring(4, 7));
```

substringメソッドは、開始位置～終了位置－1文字目の文字列を抜き出します。

[2] リストA.11のようなコードが書けていれば正解です。「\t」はエスケープシーケンスの一種で、タブ文字を表します。

▶リストA.11　PSplit.java

```java
var str = "鈴木\t太郎\t男\t50歳\t広島県";
var result = str.split("\t");
System.out.println(
  String.join("&", result));
```

練習問題　5.2　p.193

[1] リストA.12のようなコードが書けていれば正解です。

▶リストA.12　PMatches.java

```java
import java.util.regex.Pattern;
...中略...
var str = "住所は〒160-0000 新宿区南町0-0-0⏎
です。\nあなたの住所は〒210-9999 川崎市北町1-⏎
1-1ですね";
var ptn = Pattern.compile("\\d{3}-\\d{4}");
var match = ptn.matcher(str);
while (match.find()) {
  System.out.println(match.group());
}
```

Matcherオブジェクトからマッチした文字列を取り出すには、groupメソッドを利用します。

[2] リストA.13のようなコードが書けていれば正解です。

▶リストA.13　PReplace.java

```java
var str = "お問い合わせはsupport@example.⏎
comまで";
System.out.println(str.replaceAll(
  "(?i)[a-z0-9.!#$%&'*+/=?^_{|}~-]+⏎
@[a-z0-9-]+(?:\\.[a-z0-9-]+)*",
  "<a href=\"mailto:$0\">$0</a>"));
```

マッチした文字列を置換後の文字列に反映させるには、特殊変数として$0を利用するのでした。サブマッチ文字列を引用するならば$1、$2...を利用します。

[1] リストA.14のようなコードが書けていれば正解です。

▶リストA.14　PDateTimeNow.java

```
import java.time.LocalDateTime;
...中略...
var dt = LocalDateTime.now();
System.out.println(dt.getMonthValue() + ⏎
"月");
System.out.println(dt.getMinute() + "分");
```

日付や時刻の要素を取得するには、getXxxxxメソッドを利用します。ここでは、月を取得するgetMonthValueメソッドと分を取得するgetMinuteメソッドを使っています。

[2] リストA.15のようなコードが書けていれば正解です。

▶リストA.15　PAdd.java

```
import java.time.LocalDate;
import java.time.Period;
...中略...
var dt = LocalDate.now();
var period = Period.ofDays(20);
System.out.println("20日後は、" + ⏎
dt.plus(period));
```

[1] それぞれ、以下のようなコードが書けていれば正解です。

①var str = "となりのきゃくはよくきゃくく⏎
　うきゃくだ";
　System.out.println(str.lastIndexOf(⏎
　"きゃく"));

②var locale = "千葉";
　var temp = 17.256;
　System.out.println(String.format(⏎
　"%sの気温は、%.2fです。", locale, ⏎
　temp));

③var intro = "彼女の名前は花子です。";
　System.out.println(intro.replace(⏎
　"彼女","妻"));

④var dt = LocalDateTime.now();
　System.out.println(dt.plus(⏎
　Duration.parse("P5DT6H")));

⑤var dt1 = LocalDate.of(2024, 3, 12);
　var dt2 = LocalDate.of(2024, 11, 5);
　var period = Period.between(dt1, dt2);
　System.out.println("日付の差：" + ⏎
　period.getMonths() + "ヶ月" + + ⏎
　period.getDays() + "日間");

[2] ①java.util.regex.Pattern
　　②try
　　③Paths.get
　　④readLine()
　　⑤matcher
　　⑥line
　　⑦group()

正規表現とファイルの読み込みの複合問題です。間違ってしまったという方は、5.3節、5.5.2項をもう一度見直してみましょう。

[3] リストA.16のようなコードが書けていれば正解です。

▶リストA.16　Practice3.java

```
import java.io.IOException;
import java.nio.charset.Charset;
import java.nio.file.Files;
import java.nio.file.Paths;
import java.nio.file.StandardOpenOption;
...中略...
try (var writer = Files.newBufferedWriter(
  Paths.get("C:/data/data.dat"),
  Charset.forName("Windows-31J"),
  StandardOpenOption.CREATE,
  StandardOpenOption.APPEND)) {
  writer.write(String.join(",", args));
} catch (IOException e) {
  e.printStackTrace();
}
```

コマンドライン引数argsは文字列配列です。これをカンマで連結するにはjoinメソッドを利用します。

[4] それぞれ、以下のようなコードが書けていれば正解です。

① System.out.println(Math.pow(6, 3));

② System.out.println(Math.abs(-15));

③ var data = new int[] { ⏎
　　110, 14, 28, 32 };
　　Arrays.sort(data);
　　System.out.println(⏎
　　Arrays.toString(data));

第6章の解答

練習問題　6.1　p.263

[1] ジェネリクスとは、汎用的なクラスに対して特定の型を紐づけるための機能です。コレクションでジェネリクスを利用することで、格納される値の型が正しいことをコンパイル時にチェックでき、また、値を取り出すときのキャストも不要になります。

[2] 以下のようなコードが書けていれば正解です。ジェネリクスの型引数には基本型は指定できないので、整数型は（intではなく）Integerです。

```
var list = new ArrayList<Integer>⏎
(List.of(16, 24, 30, 39));
```

別解として、以下のいずれかでも正解です。

```
var list = new ArrayList<Integer>⏎
(Arrays.asList(16, 24, 30, 39));
```

または、

```
var list = new ArrayList<Integer>() {
  {
    add(16);
    add(24);
    add(30);
```

```
    add(39);
  }
};
```

練習問題　6.2　p.268

[1] ① <Integer>
　　② remove
　　③ 20
　　④ 2
　　⑤ i

最終結果からリストへの操作を推測する問題です。リストの基本的なメソッドの役割を思い出してみましょう。

練習問題　6.3　p.272

[1] セットは、リストと違って要素の重複を許さないコレクションで、数学の集合にも似た性質を持ちます。ある値がセットに含まれているか、セットの間での包含関係に関心がある場合などに利用します。
セットの代表的な実装は、HashSet／LinkedHashSet／TreeSetです。HashSetは順番を持たないのに対して、LinkedHashSet／TreeSetはいずれも順番を管理するセット実装です。

この章の理解度チェック　p.289

[1] （×）要素の挿入／削除は、要素の移動を伴うため、先頭に近くなるほど遅くなります。
　　（×）リンクの付け替えは一般的には高速です。要素の追加／削除が頻繁に発生する用途ではLinkedListが向いています。
　　（×）TreeSetの説明です。HashSetは要素の並び順を管理しません。
　　（○）正しい記述です。
　　（×）StackとQueueとが反対の記述になっています。

コレクションはそれぞれに得手不得手を持っています。用法そのものはいずれのクラスもほぼ共通しているので、その時どきの用途に応じて、適切なクラスを使い分けできるかが重要です。

[2] ① <String, String>
    ② "carrot", "ニンジン"
    ③ remove
    ④ replace
    ⑤ entry.getKey()
    ⑥ entry.getValue()

最終結果からマップへの操作内容を推測する問題です。put／removeなど、基本的なマップの操作を再確認してください。④のreplaceはキーが存在する場合にだけ値を置き換えます。この場合であれば、putでも問題ありません。

[3] ● ArrayListはジェネリック型なので、ArrayList<Integer>のように型パラメーターを明記する
    ● list.remove(5)はリストの範囲外。結果からlist.remove(3)が正しい
    ● ArrayList<Integer>から取り出した値なので、仮変数iの型はint型（またはvar）でなければならない

リストA.17を修正したコードは、以下の通りです。

▶リストA.17　Practice3.java

```java
import java.util.ArrayList;
import java.util.List;
...中略...
var list = new ArrayList<Integer>(⏎
List.of(1, 2, 3, 4));
list.add(100);
list.set(2, 30);
list.remove(3);
for (var i : list) {
  System.out.println(i);
}
```

第7章の解答

練習問題　7.1　p.314

[1] 以下の3点が指摘できていれば正解です。

● classブロックにアクセス修飾子protectedは指定できない
● フィールドではvar型推論は使用できない
● ifブロック内の変数dataは、その前の引数dataと重複している（引数もまたローカル変数の一種です）

以上を修正した正しいコードは、リストA.18の通りです。

▶リストA.18　PClass.java

```java
public class PClass {
  public int data = 10;

  public void hoge(int data) {
    if (data < 0) {
      data = 0;
    }
    System.out.println(data);
  }
}
```

[2] class {...}の直下（メソッドの外）で宣言されている変数のことを「フィールド」、メソッドの中で宣言されている変数のことを「ローカル変数」と言います。フィールドはクラス全体でアクセスできますが、ローカル変数はそのメソッドの中でのみ有効です。

練習問題　7.2　p.323

[1] リストA.19のようなコードが書けていれば正解です。

▶リストA.19　PCircle.java

```java
public class PCircle {
  public double radius;

  public PCircle(double radius) {
    this.radius = radius; ─────── ❷
  }
```

```
public double getArea() {
    return this.radius * this.radius *⏎
Math.PI;                                    ❶
    }
}
```

❶のthis参照は省略しても間違いではありません。しかし、❷はフィールドと引数の名前がかぶっているので、thisを省略することはできません。

[2] [1] のコードに対して、リストA.20のコンストラクターが追加できていれば正解です。

▶リストA.20 PCircle.java

```
public class PCircle {
    ...中略...
  public PCircle() {
    this(1);
  }
    ...中略...
}
```

コンストラクターをオーバーロードする場合に、「this(...)」で他のコンストラクターを呼び出す記法はイディオムです。きちんと覚えておきましょう。
以下でもとりあえず間違いではありませんが、冗長なだけでなく、なにかしら変更があった場合に複数のコンストラクターに影響が及ぶ可能性があるので、避けてください。

```
public PCircle() {
  this.radius = 1;
}
```

練習問題 7.3 p.332

[1] リストA.21のようなコードが書けていれば正解です。

▶リストA.21 PMyClass.java

```
public class PMyClass {
  public static double getBmi(double ⏎
weight, double height) {
    return weight / (height * height);
  }
}
```

練習問題 7.4 p.336

[1] リストA.22のようなコードが書けていれば正解です。可変長引数は、「double...」のように引数型に「...」（ピリオド3個）を付与することで表現できます。ここでは、拡張for命令で引数valuesの値を順に読み込み、変数resultに加算していき、最後に変数resultを引数の数で割っています。

▶リストA.22 PCalculation.java

```
public class PCalculation {
  public static double getAverage(⏎
double... values) {
    var result = 0.0;
    for (var value : values) {
      result += value;
    }
    return result / values.length;
  }
}
```

この章の理解度チェック p.349

[1] ① アクセス修飾子
    ② protected
    ③ private
    ④ static修飾子
    ⑤ 静的メンバー（クラスメンバーでも可）
    ⑥ 定数
    ⑦ final
    ⑧ 可変長
    ⑨ ...（ピリオド3つ）
    ⑩ 配列

オブジェクト指向の基本的な修飾子を問う問題です。②③は逆でもかまいません。

[2] （×）既定はパッケージプライベート（同じパッケージのクラスからのみアクセスが可能）です。異なるパッケージからアクセス可能にするには、明示的にpublicなどの修飾子を指定しなければなりません。

「練習問題」「この章の理解度チェック」解答

（×）データ型が異なっていても、同名のフィールドは定義できません。メソッドの場合は、オーバーロードで同名のメソッドを定義することが可能です。

（×）重複は望ましくありませんが、可能です。その際に双方を区別するために用いるのがthisキーワードです。

（×）forループで宣言されたカウンター変数は、forブロックの配下でのみ利用できます。

（○）正しい記述です。

[3] ① String

② age

③ this

④ "権兵衛", 0

⑤ void

⑥ printf

コンストラクター／フィールド／メソッドからなる総合問題です。このあともクラスを構成する様々な要素を学んでいきますが、まずは最低限、これらの基本要素についてはきちんと理解しておきましょう。

[4] 書き換え前：①100　②100
書き換え後：①100　②10

引数が参照型の場合、引数への変更は呼び出し元の変数にも影響します。基本型との挙動の違いを再度確認しておきましょう。

ただし、参照型が渡された場合も、参照そのものが書き換えられた場合には、呼び出し元には影響しません。

第8章の解答

練習問題 8.1 p.362

[1] クラスや、そのメンバー（フィールド／メソッドなど）に対するアクセスの可否を表すためのキーワードで、それぞれの宣言の先頭に付加できます。コード内のどこからでもアクセス可能なことを表すpublicの他、protected、privateなどがあります。

アクセス修飾子が付いていないものは、パッケージプライベート（パッケージ内でのみアクセス可能）と見なされます。

[2] 以下のような点が挙げられていれば、正解です。

● 読み書きの制御が可能になる

● フィールド値を設定する際に値を検証できる

● フィールド値を参照する際に値を加工できる

練習問題 8.2 p.387

[1] final修飾子を利用します。

禁止すべき理由としては、以下の点を説明できていれば正解です。

● 継承可能なクラスは、実装／修正に際しても派生クラスへの影響を配慮しなければならない。

● 派生クラスの側からもどのクラス／メソッドならば「安全に」継承／オーバーライドできるかを選別しなければならない。

● 以上の理由から、基底／派生クラスともに実装を難しくする。

[2]（○）派生クラスから基底クラスへのアップキャストは無条件に可能です。

（○）基底クラスから派生クラスへのダウンキャストは明示的な変換が必要です。

（△）継承関係にあるManからStudentManへのダウンキャストなので、コンパイルは通過します。しかし、変数mの実体はBusinessManなので実行時にエラーとなります。

（×）BusinessManとStudentManの間には継承関係はないので、キャストはできません。

この章の理解度チェック p.403

[1]（×）thisはsuperの誤りです。

（×）なくてもエラーにはなりませんが、宣言しておくことで、オーバーライドの条件を満たさなかった場合、コンパイラーが通知してくれます。

（×）抽象クラス配下の抽象メソッドは、です。本体を持った、普通の —— いわゆる非抽象メソッドを持つこともできます。

（○）正しい記述です。ダウンキャストする場合、instanceof演算子による型チェックは必須です。

（×）可能です。ただし、その場合はextends→implementsの順で指定します。

[2] ① interface
② default
③ extends
④ implements
⑤ Father.super
⑥ Mother.super

インターフェイス／クラスの実装／継承を同時に行う場合には、extends／implementsの順序に要注意です。また、インターフェイスのdefault実装は「インターフェイス名.super.メソッド(...)」で呼び出せます。

[3] 以下の点を指摘できていれば正解です。

● フィールドはprivate宣言しておいて、その読み書きにゲッター／セッターを使います。よって、「public String name;」「public int age;」は、それぞれ「private String name;」「private int age;」です。
● コンストラクターは戻り値を持ちません。戻り値型のvoidは不要です。
● コンストラクターのオーバーロードを呼び出すには、thisキーワードを利用します。
● ローカル変数とフィールド名とが重複する場合は、thisを明記します。
● セッターの戻り値型はvoidです。
● 「$s」は「%s」です。formatメソッドに埋め込む書式指定子は、%〜のように指定します。

以上を修正したコードがリストA.23です。

▶リストA.23　Animal.java（chap08.practiceパッケージ）

```java
public class Animal {
  private String name;
  private int age;
           ┌─削除
  public void Animal() {
    this("名無権兵衛", 0);
  }

  public Animal(String name, int age) {
    this.name = name;
    this.age = age;
  }

  public String getName() {
    return this.name;
  }

  public void setName(String name) {
    this.name = name;
  }

  public int getAge() {
    return this.age;
  }

  public void setAge(int age) {
    if (age < 0) {
      age = 0;
    }
    this.age = age;
  }

  public String intro() {
    return String.format("わたしの名前は↵
%s。%d歳です。", getName(), getAge());
  }
}
```

[4] ① format
② %.2f
③ extends
④ @Override
⑤ super.show()

④の@Overrideは省略しても間違いではありませんが、スペルミスなどを防ぐ意味でも明示する癖を付けてください。また、基底クラスのメソッドを呼び出すには、superキーワードを利用します。

以下の点を指摘できていれば正解です。

- 抽象メソッドには本文を指定できません（default メソッドならば、defaultキーワードを付与します）。
- インターフェイスを実装するには、extendsではなく implements を利用します。
- メソッドのオーバーライドを宣言するのは override 修飾子ではなく、@Override アノテーションです。

▶リストA.24　上：Mammal.java／下：Hamster.java
（chap08.practice パッケージ）

```
public interface Mammal {
  void move(); {
    System.out.println("歩きます。");
  }
}                                    削除

public class Hamster implements Mammal {
  private String name;

  public Hamster(String name) {
    this.name = name;
  }

  @Override      削除
  public override void move() {
    System.out.printf("%sは、
トコトコ歩きます。", this.name);
  }
}
```

第9章の解答

練習問題　9.1　p.425

[1] ① Object
　　② this
　　③ instanceof
　　④ p
　　⑤ equals
　　⑥ false

equals メソッドの典型的な実装を問う問題です。同一性の確認、型キャスト、同値性の確認、という流れを再確認しておきましょう。

練習問題　9.2　p.447

[1] より下位の例外クラスを先に記述します。catch ブロックは先に書かれたものが優先されるため、たとえば Exception クラスを最初に記述した場合には、すべての例外がそこで捕捉されてしまい、以降の catch ブロックが呼び出されることはありません。

[2] 以下のような点を説明できていれば正解です。

- 具体的な例外の内容を識別できるよう、汎用的な Exception のスローは避ける
- 回復可能な例外は検査例外で、さもなければ非検査例外として投げる
- 標準的な例外が用意されているものは、独自例外よりも標準例外を利用する

練習問題　9.3　p.458

[1] リストA.25のようなコードが書けていれば正解です。

▶リストA.25　Weekday.java（chap09.practice パッケージ）

```
public enum Weekday { Monday, Tuesday,
Wednesday, Thursday, Friday, Saturday,
Sunday }
```

[2] リストA.26のようなコードが書けていれば正解です。

▶リストA.26　WeekdayClient.java
（chap09.practice パッケージ）

```
for (var day : Weekday.values()) {
  System.out.println(day.ordinal() +
":" + day.toString());
}
```

この場合、toString メソッドは name メソッドでも正解です。ただし、toString メソッドがオーバーライドされている場合、双方の戻り値は変化する可能性があります。

[1]　（×）catchブロックは、発生した例外がcatchブ
　　　　　ロックのそれと一致、または派生クラスであ
　　　　　る場合に呼び出されます。

　　　（×）メンバークラスはできるだけstatic宣言すべ
　　　　　きです。非staticメンバークラスは、個々の
　　　　　インスタンスがエンクロージングオブジェクト
　　　　　への参照を持つので、メモリを消費する、ま
　　　　　た、参照の存在がエンクロージングオブジェ
　　　　　クトの破棄を妨げることがあるからです。

　　　（○）正しい記述です。

　　　（×）valuesメソッドの誤りです。name（sなし）
　　　　　メソッドは、列挙定数の定義名を返します。

　　　（×）ジェネリクスは既定では不変の性質を持ちます。
　　　　　よって、型パラメーター同士に継承関係があっ
　　　　　ても、ArrayList<Child>型はArrayList
　　　　　<Parent>型の変数には代入できません。

[2]　① <T>

　　　② <? super T>

　　　③ T...

　　　④ add

　　　⑤ result

　　　ジェネリックメソッド、境界ワイルドカードを交え
　　　た問題です。②のsuperキーワード（下限境界）は、
　　　パラメーターを設定用途で利用する場合に利用でき
　　　ます。
　　　⑤の戻り値resultは、コレクションが変化された
　　　かどうかを表すフラグです。addメソッド（④）が
　　　追加に成功した場合にtrueを返すことを利用して、
　　　|=演算子でresultに足しこんでいます。これで、
　　　一度でもaddメソッドが成功した場合にresultは
　　　trueとなります。

[3]　① implements Cloneable

　　　② @Override

　　　③ Person

　　　④ (Person)super.clone()

　　　⑤ this.memos.clone()

　　　⑥ CloneNotSupportedException

　　　典型的なcloneメソッドの実装です。cloneメソッ
　　　ドを実装する際には、単にObjectクラスのそれを
　　　オーバーライドするだけでなく、明示的にCloneable
　　　インターフェイスを実装しなければならない点に注
　　　意してください。Cloneableそのものは、メソッド
　　　を持たないマーカーインターフェイスです。

[4]　以下のようなコードが書けていれば正解です。

　　　①public class Person {
　　　　　public String firstName;
　　　　　public String lastName;

　　　　　@Override
　　　　　public String toString() {
　　　　　　return String.format("Person：↵
　　　%s %s", this.lastName, ↵
　　　this.firstName);
　　　　}
　　　}

　　　②var day = Weekday.valueOf("Monday");
　　　System.out.println(day instanceof ↵
　　　Weekday);

　　　③try {
　　　　...
　　　} catch (IOException | ↵
　　　SQLException e) {...}

　　　④public class Main {
　　　　private static class Sub { ... }
　　　}

　　　⑤public static <T> ArrayList<T> ↵
　　　newArrayList(T... data) {
　　　　return new ArrayList<T>↵
　　　(List.of(data));
　　　}

第10章の解答

練習問題 10.1 p.506

[1] `i -> i * i`

簡単化のポイントは、以下の通りです。

- 引数のデータ型は省略できる。
- 引数が1つの場合は丸カッコも省略できる。
- 文が1つの場合は{...}は省略できる。
- 文が1つの場合はreturnも省略できる。

[2] リストA.27のようなコードが書けていれば正解です。5文字以上の文字列を取り出すので、5文字未満の文字列を除去しています。

▶リストA.27　PCollRemove.java

```
import java.util.ArrayList;
import java.util.List;
...中略...
var list = new ArrayList<String>(
  List.of("シュークリーム", 
"エクレア", "マドレーヌ", "ババロア"));
list.removeIf(v -> v.length() < 5);
System.out.println(list);
    // 結果：[シュークリーム, マドレーヌ]
```

この章の理解度チェック p.542

[1] （×）逆の記述です。メソッドの引き渡しでは、匿名クラスよりもラムダ式／メソッド参照のほうがシンプルに表現できます。

（×）引数がない場合には、空の丸カッコを使って「() -> 式」のように表します。

（×）省略できるのは終端処理ではなく、中間処理です。

（×）直列→並列化も、並列→直列化もどちらも変換可能です。詳しくはp.510を参照してください。

（×）並列処理で順序を保証するには、forEachOrderedメソッドを利用してください。

[2] ① <T>

② Predicate<T>

③ cond.test(value)

④ result.add(value)

⑤ v -> v.length() > 3

標準ライブラリで用意されている主な関数型インターフェイスはざっくりとでも覚えておくべきです。未知のメソッドを利用する場合にも、構文を見ただけで用法がおおよそ理解できます。

ジェネリックメソッドは第9章の内容ですが、忘れてしまったという人は復習しておきましょう。

[3] 以下のようなコードが書けていれば正解です。

```
①@FunctionalInterface
  public interface Hoge {
    void print(String str);
  }
```

```
②@FunctionalInterface
  public interface Foo<T,R> {
    R process(T v1, T v2);
  }
```

```
③var list = new ArrayList<String>(
    List.of("ABCDE", "OP", "WXYZ", 
"HIJKL"));
  list.replaceAll(v -> {
    if (v.length() < 3) {
      return v;
    } else {
      return v.substring(0, 3);
    }
  });
```

```
④Stream.of("シュークリーム", "プリン", 
"マドレーヌ", "ババロア")
    .sorted((str1, str2) -> 
str2.length() - str1.length())
    .forEach(System.out::println);
```

⑤`var list = new int[] { 6Ø, 95, 75,↵`
`8Ø, 7Ø };`
`System.out.println(IntStream.↵`
`of(list).max().orElse(Ø));`
`System.out.println(IntStream.↵`
`of(list).average().orElse(Ø));`

リフレクションによるメソッド実行の流れを確認します。リフレクションの機能は多岐に及びますが、Classオブジェクトの取得、コンストラクター／メソッドの取得、実行という基本的な手順を理解しておけば、あとはAPIドキュメントを確認しながらでも様々な操作が可能になるはずです。

第11章の解答

練習問題 11.1 p.577

[1] synchronizedブロックで囲まれた処理は、複数のスレッドから同時に呼び出されなくなります。ほぼ同時に呼び出された場合にも、先に呼び出されたほうの処理を優先し、あとから呼び出された側は先行する処理が終わるまで待ちの状態になります。これによって、同時実行によるデータの不整合を防ぎます。

[2] 以下の点が指摘できていれば正解です。正しいコードは、p.565のリスト11.10を参照してください。

- scheduleはscheduleAtFixedRateの誤りです。scheduleメソッドは1回だけしか実行しません。
- Thread.startはThread.sleepの誤りです。sleepメソッドでメインスレッドを休止し、スケジュール実行の間、アプリを待機します。
- 例外処理ブロックは、finallyではなくcatchです。

練習問題 11.2 p.597

[1] 以下のようなコードが書けていれば正解です。

`@Deprecated(since="9")`

[2] ① class
② getConstructor
③ newInstance
④ getMethod
⑤ invoke

この章の理解度チェック p.614

[1] （×）スレッドの生成／破棄はオーバーヘッドの大きな処理です。スレッドプールを利用して、できるだけ再利用を検討すべきです。

（×）java.util.concurrent.locksパッケージの誤りです。java.util.concurrent.atomicパッケージはロックフリーな排他制御の仕組みを提供します。

（×）他にも、列挙型、Class型、アノテーション型などを指定できます。

（×）java.seはjava.baseの誤りです。java.seモジュールは、Java標準ライブラリ全体を含むモジュールです。

（×）無名モジュールは自動モジュールの誤りです。非モジュールをクラスパスに配置することで、無名モジュールとして扱われます。

[2] ① newSingleThreadExecutor
② () ->
③ Random
④ sleep
⑤ get

スレッドの処理結果を受け取るには、Callableインターフェイスを利用します。Callableインターフェイスは関数型インターフェイスなので、ここではラムダ式で表しています。匿名クラスでの表記は、9.5.3項も参照してください。

[3] ① `public class MyRunner implements` ⏎
`Runnable {...}`
スレッドを生成するには、Runnableインターフェイスを実装します。もしもThreadからスレッドを定義するならば、以下のように表します（implementsではなくextendsです）。

`public class MyThread extends Thread {...}`

② 正しい。メソッド全体を同期化対象とする場合、synchronized修飾子を利用します。

③ `var sche = Executors.` ⏎
`newScheduledThreadPool(2);`
複数のスレッドを用意するにはnewScheduledThreadPoolメソッドを使います。

④ 正しい。@Overrideは、該当のメソッドが基底クラスのメソッドを上書きしていることを宣言します。

⑤ `open module mylib {...}`
「s」は要らない。モジュール配下のパッケージをすべてopen扱いにする場合は、moduleキーワードの前方にopenを付与します。

[4] ① `CompletableFuture`
② `thenApplyAsync`
③ `data ->`
④ `thenAcceptAsync`

CompletableFutureによる直列処理を問う問題です。初期処理はsupplyAsyncで立ち上げ、その結果を得るのがthenApplyAsync／thenAcceptAsyncメソッドです。thenApplyAsyncメソッドはさらに結果を返す場合、thenAcceptAsyncメソッドは結果を返さない場合に、それぞれ用います。

著者紹介

山田祥寛（やまだ よしひろ）

静岡県榛原町生まれ。一橋大学経済学部卒業後、NECにてシステム企画業務に携わるが、2003年4月に念願かなってフリーライターに転身。Microsoft MVP for Visual Studio and Development Technologies。執筆コミュニティ「WINGSプロジェクト」の代表でもある。

主な著書に「独習シリーズ（JSP＆サーブレット・C#・Python・PHP・Ruby・ASP.NET）」「10日でおぼえる入門教室シリーズ（JSP/サーブレット・jQuery・SQL Server・ASP.NET・PHP・XML）」（以上、翔泳社）、『改訂3版 JavaScript本格入門』『Angularアプリケーションプログラミング』（以上、技術評論社）、『はじめてのAndroidアプリ開発 Kotlin編』（秀和システム）、『書き込み式SQLのドリル 改訂新版』（日経BP社）、「これからはじめるReact実践入門」（SBクリエイティブ）、「速習シリーズ（ASP.NET Core・Vue.js・React・TypeScript・ECMAScript、Laravelなど）」（Amazon Kindle）など。売り上げの累計は100万部を超える。

装丁　　会津 勝久
DTP　　株式会社シンクス

独習Java 第6版

2024年2月15日　　初版第1刷発行

著　　者　　山田祥寛（やまだ よしひろ）
発 行 人　　佐々木 幹夫
発 行 所　　株式会社翔泳社（https://www.shoeisha.co.jp）
印刷・製本　中央精版印刷株式会社

ISBN978-4-7981-8094-6　　　　Printed in Japan